温室工程
实用创新技术
集锦 ②

周长吉 著

中国农业出版社
北京

作者简介

　　周长吉，博士，二级研究员，主要从事设施农业工程技术的研究、设计、咨询和标准化工作。主持和参与完成国家、省部级科研项目30多项，完成各类规划、设计和咨询项目数百项；编写出版《现代温室工程》等著（译）作36部，其中主编（译）22部；主持和参与完成温室工程领域国家、行业标准32部，企业、团体标准5部；发表学术论文100多篇，科普文章200多篇；获得省部级科技进步奖6项，全国行业协会成果奖7项；被农业部授予"有突出贡献的中青年专家""全国农业科研杰出人才""全国农业先进个人"等称号，获得中国农学会第七届青年科技奖，被中国工程建设标准化协会评为2014年中国工程建设标准化年度人物，享受国务院政府特殊津贴。农业农村部农业设施结构工程重点实验室第一任主任，目前担任农业农村部规划设计研究院常务副总工程师、《农业工程技术（温室园艺）》编委会主任、《农业工程学报》编委、《中国农业机械工业年鉴》编委、*International Journal of Agricultural and Biological Engineering* 编委、中国农业工程学会设施园艺工程专业委员会副主任委员、中国园艺学会设施园艺分会副会长、北京农业工程学会常务理事、北京农业工程学会农业建筑专业委员会主任、中国农业机械化协会设施农业分会专家组组长等职，带领的科研团队被农业农村部授予"农业科研创新团队"称号。

自序

//

　　1980年我考上了北京农业机械化学院（现中国农业大学）农业建筑专业，那一年我16岁，正是一个懵懂少年。从甘肃省武威县祁连山深处的一个小山村（现划归武威市天祝县）来到北京上大学，开始了和农业建筑的情缘。刚刚踏入校门的我还不知道什么是农业建筑，就像我对大学生活一无所知一样。农业建筑是新办专业，1979年第一批招生，我这个不知来北京学什么的大学生就成了这个专业的第二届学生。老师们是在探索中教学，教材更是现编现用，所有的专业教材都是油印本，"开蒙"不易，至今我还留存着当年的一些书本。

　　机械化养鸡场是当时我们农业建筑专业学生所能看到的最直观的农业建筑了，所以在大学期间的专业课学习中我们学习了大量的畜禽养殖场的设计方法，包括机械化养鸡场、工厂化养猪场等，温室工程的理论基本上都是穿插在畜禽建筑与环境课程中学习的。由于是新建专业，除了本专业的专业基础课程如动物环境原理、植物环境原理以及专业课如工厂化养鸡场、冷藏库等之外，课程设计中还大量设置了土木工程的专业基础课和专业课，由此在学校里老师们给我们传授了农业建筑工程设计相关的广泛知识，为我今天成为一名温室建筑的工程师打下了坚实的基础。

　　虽然在研究生期间作为毕业论文的研究课题我专门研究过蜂窝纸降温湿帘、扦插育苗的环境控制等专项技术，但从整体上研究和设计温室工程应该是我博士毕业进入中国农业工程研究设计院（现农业农村部规划设计研究院）后才开始。

　　幸运的是1991年我刚参加工作不到一年就承担了农业部"八五"重点攻关课题"日光温室结构性能优化与配套栽培技术研究"，并主持其中的"日光温室结构性能优化"子课题，从此踏上了中国日光温室研究设计的征程。在研究日光温室的同时，农业部规划设计

//

研究院（现为农业农村部规划设计研究院）设施农业研究所还积极引进了瑞典LS公司生产的遮阳网材料，在推广的过程中，与荷兰和瑞典公司技术人员的交流使我对连栋温室的环境控制有了比较深入的理解。1996年设施农业研究所派遣我到荷兰欧亚温室公司进行技术支持，主要引进和推广荷兰温室工程，期间还派我到美国作访问学者，通过与专家们的交流学习、现场施工安装以及运行测试，我全面学习和掌握了文洛型玻璃温室的技术要领。1997年我主持开发了一套连栋塑料薄膜温室，建设在北京小汤山。自此我们基本掌握了日光温室、连栋玻璃温室、连栋塑料薄膜温室等各种类型温室的设计和建造方法。在不到10年的时间里，从研究日光温室起步，我已经全面进入了温室工程的研究、设计和建造领域。

从踏入大学至今，是我学习和研究温室工程技术的40年，也是见证中国温室工程技术从起步走向现代化发展历史的40年。

按照园艺设施的发展足迹，20世纪60年代我国从日本引进聚氯乙烯塑料薄膜并在长春建起第一座竹木结构塑料大棚算是开启了我国设施园艺发展的序幕，直到80年代初，我国成功引进日本装配式钢管骨架塑料大棚并实现完全国产化后，我国的园艺设施装备算是进入了工业化生产的初级阶段，至今装配式钢管骨架塑料大棚仍是我国园艺设施中的主力。

连栋温室的国产化进程，我们走过了非常曲折的道路，从玻璃温室、聚碳酸酯板温室到塑料薄膜温室，我国的温室工业都是在引进学习的基础上发展起来的，先后引进过包括日本、保加利亚、罗马尼亚、荷兰、法国、西班牙、美国、韩国、以色列等世界上几乎全部设施园艺发达国家的温室。80年代初从罗马里亚和保加利亚引进文洛型玻璃温室，从日本引进玻璃钢温室，但由于只引进温室结构硬件而没有配套相应的栽培技术软件，我国的首次引进几乎全军覆没，也直接导致我国大型连栋温室发展走向了低谷；2000年前后我国从荷兰、美国、西班牙、以色列、法国等设施园艺发达国家引进玻璃温室和连栋塑料温室掀起了我国二次引进温室的高潮，期间不仅引进温室结构硬件，而且引进了温室栽培技术软件，同时还配套了国产化的技术队伍和国家资金，大量设施设备形成自主知识产权实现国产化，我国的温室工业算是正式起步。经过近10多年的研究和发展，缀铝遮阳网、高透光散射玻璃、各类铝合金型材、纸质湿帘、滴灌设备等一些关键材料和设备已经实现了完全国产化，建设标准化、配套专业化的局面基本形成，经过这一阶段的发展应该说我们已经建立起了我国温室工业的生产体系。2017年以来，我国连栋温室蔬菜种植以国产化玻璃温室结合荷兰种植管理模式，大面积连栋建设（单体温室面积在3hm²以上）、工业化企业管理，在北京、山东、河北、河南、陕西、甘肃、海南等地接踵而起，一种现代化的设施农业繁荣发展景象已经展现在我们面前。现代化连栋温室，我们走过了引进学习和自主研发的道路，迈出国门，走向世界已经成为当前和未来我国园艺设施发展新的方向。

提到园艺设施，日光温室应该说是中国人自己创造并受到世界关注的一种温室形式。从20世纪80年代开始，我国的科研工作者和民间工匠们不断创新和发展，创造了一代又一代的温室结构，不仅解决了我国北方地区冬季鲜菜的供应问题，而且大幅提高了种植农户的生产收益，尤其大量节约了能源投入，开发了冬闲土地，由此产生了巨大的社会和生态效益。从理论创新上我们走过了从墙体被动储放热理论到墙体、地面土壤主动储放热理论的升华，由此在工程上将传统的厚重墙体革新为内层被动储放热、外层隔热保温的双层被动储放热墙体以及墙体隔热保温、气/水主动储热的完全装配式结构单层墙体日光温室，从而大大节约了建设用地，提高了土地利用率，使个体建设的日光温室逐渐走向工业化建设的道路。

长期在温室工程领域的研究和设计经历，再加上在国内外考察学习和交流，造就了我对温室工程技术职业敏感的神经，听到哪里出现了温室工程的新技术或新产品总想去看看，看见过的新技术、新产品又总想分享给大家，这样自觉不自觉地养成了我发现新东西、总结新知识、传播新思想的一种习惯。进入21世纪以来，我不断学习和总结，先后出版了著作30多部，发表文章200多篇，还编写了30多部温室工程相关国家和行业标准，尤其是从2011年开始在《农业工程技术（温室园艺）》上开设"周博士拾零"专栏以来，更是期期不落、笔耕不辍，虽然是一些边走边看零零散散的随笔点滴，但也不乏一些代表性的著作和在行业内受到高度关注的热点文章。《现代温室工程》出版了2版全部售罄，至今仍是大学里设施农业专业学生们争先借阅的紧俏读本；《温室工程设计手册》出版10多年来，一直是行业内温室工程设计中难以替代的工具类用书。连载9年的"周博士拾零"专栏吸引了一批未曾谋面的"铁杆粉丝"，也有行业内非常熟悉的朋友和老师，见面寒暄中说期期不落"审阅"我的文章，有人甚至说拿到《农业工程技术（温室园艺）》首先就是直奔"周博士拾零"专栏，看看周博士又去了哪里，又看到了什么新的"玩意儿"。这时，我似乎找到了一份安慰，为我每天的伏案苦耕而欣慰，也更增强了我继续"拾零"的信心和干劲。

《温室工程实用创新技术集锦》是以我在《农业工程技术（温室园艺）》中"周博士拾零"专栏中发表的文章为骨干，收录同期在其他期刊发表的文章后形成的一个文集。从2011—2019年我已经在"周博士拾零"专栏中连续发表了百篇文章，对我而言也算一个值得纪念的"里程碑"。说实在的，连续9年，月月不落，不仅需要大量的素材，更需要坚韧的毅力，一份坚持，带来的是一份收获，百篇文章汇成了2部沉甸甸的著作。2016年收集整理了2011—2016年上半年的文章，出版了《温室工程实用创新技术集锦》，之后我又连续撰写了50篇文章，形成了今天呈现给大家的《温室工程实用创新技术集锦2》。两部文集共收录125篇文章，包括日光温室技术、塑料大棚技术、连栋温室技术以及各种技术集成的综合温室工程技术等，汇集了10多年来考察和学习到的各种自认为是温室工程最新的理论、技术、方法、工艺和产品，从温室的基础设计理论到温室整体设计案例、温室配套设备、温室管理技术、温室改造和修缮技术、温室运行灾害评估、温室相关国家政策等方方面面都有涉猎，两部文集就是一个温室工程技术的"杂货铺"，只要你仔细搜索，你想要的东西或多或少都能够在这里找到。

2019年6月于北京

前言

//////////////////////////////////

随着《农业工程技术（温室园艺）》"周博士拾零"专栏第100期的到来，《温室工程实用创新技术集锦2》也如约与大家见面了。从2011年开始，历时9年，每月1篇，笔耕不辍，成就了2部"拾零集锦"，其中记载了笔者遍走各地的印记，更记载了民间温室工程技术的无穷创新，每一篇"拾零"的背后都饱含着各路"工匠"们的智慧，每一个案例的字里行间都深藏着创新者们的艰辛。作为一名"拾荒者"，笔者在走访、调研过程中聚力寻找和挖掘每项技术的创新点和闪光点，并用镜头客观地如实记录，再用并不精彩的文字将这些镜头中的图片串联在一起，在完成"周博士拾零"专栏任务的同时也形成了一个个鲜活的案例。当将这些碎片的案例整理汇集在一起时，忽然感觉又出现了几条脉络，从点到线再到面，自觉不自觉地将他们分门别类地进行梳理后仿佛在眼前呈现出了近年来我国温室工程技术创新层出不穷、蒸蒸日上的整体繁荣景象，一个创新的社会似乎已经走到了我们的身旁，正所谓全民创新的共享经济时代就在我们不知不觉的岁月年轮中早已融入我们的日常工作和生活中。本书的内容实际上就是这个经济时代中国温室工程技术中一株结满果实的"温室小树"。

《温室工程实用创新技术集锦2》秉承了2016年出版的《温室工程实用创新技术集锦》的风格，全书共收集笔者2016—2019年的"拾零"文章50篇，并将其归类分为上、中、下三篇：上篇为日光温室工程技术；中篇为塑料大棚和连栋温室工程技术；下篇为温室工程综合创新技术。另外，笔者将平日里收集的一些与本书内容相关的现场视频技术解析动漫提供给出版社，出版社将这些资源做成二维码附于书中，以期多方位为读者提供学习资源，延伸本书的阅读价值。

书中每篇文章自成体系，形成完整的案例，内容聚焦、图文并茂、深入浅出，每个案例都来源于科研与生产一线，具有可复制、可应用、可推广的特征，既适合生产一线温室建设和生产管理者阅读和实践，也适合从事科研和教学的温室工程技术研究人员和老师们参考和借鉴，更适合初入温室行业的大学生和研究生学习和研究。读者如能将两本书联系起来阅读，或许能够勾勒出我国温室工程技术发展的技术体系，也或许能够从一个个鲜活的案例中启发自己找到自己的研究主题或者直接借鉴书中案例解决生产实践中的具体问题。

本书的出版得到了北京丰隆温室科技有限公司、绵阳兴隆科技发展有限公司、江阴市顺成空气处理设备有限公司、江苏润城温室科技股份有限公司的大力支持；书中报道的一些企业新产品和新技术得到了相应企业的准许与广大读者分享，有的企业还为本书的出版贡献了力量，在此一并表示衷心的感谢！

书中不妥之处在所难免，敬请广大读者批评指正！

周长吉

2019年6月于北京

目录 //////////////////////////////////////
Contents

自序

前言

上篇　日光温室工程技术

中国日光温室结构的改良与创新（一）
　　——基于被动储放热理论的墙体改良与创新　·　3

中国日光温室结构的改良与创新（二）
　　——基于主动储放热理论的墙体改良与创新　·　10

中国日光温室结构的改良与创新（三）
　　——温室屋面结构的改良与创新　·　21

寿光归来思考中国日光温室的发展方向　·　28

滑盖式日光温室　·　36

中以温室技术的结晶
　　——艾森贝克对中国日光温室的改良与创新　·　45

一种以喷胶棉轻质保温材料为墙体和后屋面的组装式日光温室　·　54

一种以涤棉轻质保温材料为墙体和后屋面的组装式日光温室　·　65

以EPS空腔模块为围护墙体的钢骨架装配式日光温室　·　70

一种适合于高寒多雪气候的双膜单被内保温装配结构日光温室
　　——记哈尔滨鸿盛集团在日光温室上的创新　·　84

双膜双被水墙装配结构日光温室
　　——记内蒙古农业大学崔世茂教授对高寒地区日光温室结构性能的探索与实践　·　96

一种采光面覆盖光伏板的光伏日光温室及其性能　·　109

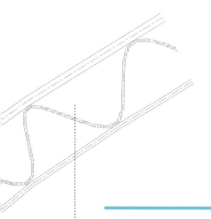

光伏板在温室大棚上的多样化布置形式
　　——从山东省新泰市农光互补设施农业产业园谈起　·　121

桁架结构日光温室骨架及其构造　·　129

单管骨架日光温室结构及其构造　·　138

日光温室卷帘机的创新与发展　·　147

日光温室遮阳降温的形式与结构　·　158

日光温室前屋面开机具作业门处骨架的处理方法　·　165

一种电动日光温室外保温被防雨膜　·　170

日光温室外保温被固定边在后屋面上的固定方式　·　174

一场暴雨引发日光温室倒塌的成因分析　·　178

倒塌日光温室的新生　·　184

水灾纪实
　　——记寿光"8·20水灾"后日光温室的灾情及救灾措施　·　193

河北唐山"3·26日光温室蔬菜基地火灾"带给我们的思考　·　207

一种保留墙体、更换骨架、整体提升温光性能的日光温室结构改造方案　·　222

一种保留骨架翻修墙体的日光温室结构改造方案　·　228

一种机打土墙结构日光温室修补墙体、更新骨架的改造方案　·　236

"大棚房"清理带给我们的思考　·　245

中篇　塑料大棚与连栋温室工程技术

合成木骨架塑料大棚　·　259

一种装配式外保温塑料大棚　·　263

一种装配式内保温双层结构主动储放热塑料大棚　·　269

一种模块化内保温连栋塑料温室　·　278

平卷被多层内保温塑料温室
　　——中国农业机械化协会设施农业分会2017年设施农业装备优秀创新成果评介　·　285

大跨度保温塑料大棚的实践与创新　·　294

塑料薄膜温室生态餐厅　·　310

蝶形屋面温室
　　——中国农业机械化协会设施农业分会2018年设施农业装备优秀创新成果评介　·　314

"长城"温室
　　——记成都市新津县花舞人间花卉博览园温室　·　324

连栋温室墙面硬质板窗户的安装与开启方法　·　331

连栋温室墙面塑料薄膜卷膜开窗机的类型　·　336

光管散热器在连栋温室中的布置形式　·　341

短日照作物长日照季节温室遮光催花的遮光降温方法　·　348

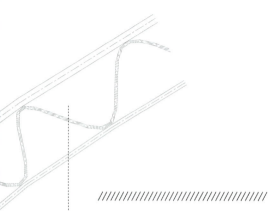

下篇 温室工程综合创新技术

面对问题，抓细节、求创新、图提升
　　——记成都佳佩科技发展有限公司在连栋温室结构构造和开窗拉幕系统上的技术创新 · 353

从引进到自主创新
　　——记兴邦（漳州）温室制造有限公司的创新之路 · 362

丰富多彩的葡萄栽培设施
　　——陕西省西安市鄠邑区设施葡萄种植基地考察纪实 · 372

创新荟萃的教学科研试验基地
　　——参观山东农业大学园艺科学与工程学院园艺实验站纪实 · 380

哈萨克斯坦国家马铃薯与蔬菜研究所引进韩国温室观感 · 388

一种可复制能盈利的连栋温室蔬菜生产技术模式 · 394

探访以色列阿拉瓦（ARAVA）科研基地的温室设施 · 403

河北省永清县日光温室创新技术巡礼 · 409

戈壁滩上的设施农业园
　　——新疆克孜勒苏柯尔克孜州阿克陶县现代农业开发区设施农业园侧记 · 419

上篇 日光温室工程技术

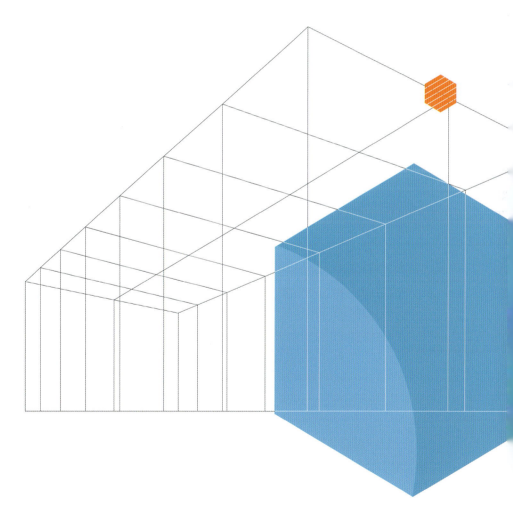

中国日光温室结构的改良与创新（一）

——基于被动储放热理论的墙体改良与创新

　　我国日光温室从20世纪80年代开始起步，至今已经发展了30多年。日光温室的发展，首先解决了长期困扰我国北方地区冬季鲜菜生产和供应的问题，极大地丰富了城乡居民的"菜篮子"；其次，解决了北方地区冬季农业生产和农民就业的问题，使传统的农业生产由"冬闲"变成了"冬忙"，不仅提高了农民收入，也稳定了社会治安；第三，有效开发了北方地区冬季"沉睡"的土地资源，提高了土地的复种指数，促进了土地资源的高效开发利用；第四，大量节约了温室生产能耗，不仅减轻了我国能源供应的压力，而且对减少"温室气体"排放、保护生态环境做出了杰出的贡献。30多年来，中国日光温室从实践到理论、从试验研究到大面积推广应用走出了一条具有中国特色的创新发展之路，其中民间的创新更是这条创新之路上不可或缺的骨干力量。科学界的贡献主要表现在方法创新和理论提升上，其中墙体的被动储放热和主动储放热理论是日光温室结构创新过程中两项重要的基础理论，在不同理论的指导下建设的温室从结构、建材以及建造方法和造价上都有显著差别，当然温室的性能也有差异。本文回顾和总结了30多年来日光温室墙体结构在被动储放热理论指导下的创新和发展之路，以期对未来的创新发展有所借鉴。

　　中国最早的日光温室可追溯到20世纪30年代的鞍山型温室，但真正对中国日光温室发展起到带动和示范作用的是辽宁省大连市瓦房店的"琴弦式"日光温室和"感王式"日光温室（图1）。其共同特点是：用土墙做围护墙体，低矮的空间采用严密的保温来实现喜温果菜类蔬菜的越冬生产。这种温室之所以能够在辽南地区冬季−20℃以下的严寒气候条件下越冬生产喜温果菜类蔬菜，一方面是靠严密的保温（包括一层纸被和双层草苫），另一方面则主要靠后墙白天的储热和夜间的放热。这种利用墙体白天吸热储存

a   b   c

图1 中国早期的日光温室
a."琴弦式"日光温室 b."感王式"日光温室外景 c."感王式"日光温室内景

a   b

图2 干打垒土墙结构日光温室
a.外景 b.内景

热量、夜间放热补充温室热损失的日光温室墙体热物理过程称为墙体的被动式储放热。之所以被称为"被动式储放热",是因为不论是白天墙体吸收和储存多少热量,还是夜间释放多少热量,它均是一种无法人为控制的热物理过程。在这种理论指导下建设的日光温室要求墙体材料热惰性大,白天能吸收和储存更多的热量,同时夜间也就能释放出更多的热量。热惰性大、价格低廉且能承重的适合作为日光温室墙体的材料主要包括土壤、石块和实心砖。

一、土/石单质材料墙体日光温室建造方法的改良与创新

土/石是一种热惰性大、可就地取材的廉价材料,因此在日光温室研究和推广中一直备受重视,包括对土/石墙建造方法的研究和土/石墙厚度在不同室外环境条件下对室内温度影响的研究。

1. 干打垒墙体

土墙在西北地区最早多采用干打垒的方法建造(图2)。干打垒墙体强度高、耐久性好,而且墙体厚度薄(多控制在50～100cm)、占地面积小,建造墙体用土量少,对土壤的破坏影响小,尤其适合黏度适中的黄土和轻质黏土。但干打垒墙体建造时间长、劳动强度大,不论是人力夯杵打墙,还是用蛙夯机筑墙,其建设速度都远跟不上日光温室发展的要求。

a   b

图3 机打土墙结构日光温室
a.外景   b.内景

a   b

图4 机压大体积土坯墙日光温室
a.大体积土坯制作设备   b.温室实景

2. 机打土墙

为了进一步提高温室墙体的建设速度，也为了使更多类型的土质能够用于日光温室墙体的建设，山东寿光的农民发明了机打土墙日光温室，即用挖掘机挖取地面土壤到墙体，用链轮拖拉机或压路机分层压实，之后再用挖掘机修理温室内墙面，可快速建造日光温室墙体，且建造成本低，彻底摆脱了干打垒墙体用人力夯实墙体的局面，提高了墙体建造的机械化水平。由于墙体厚（300～700cm），温室的保温性能好，墙体储放热能力强，这种墙体很快在我国北方地区得到了大面积推广应用，成为当前我国日光温室墙体的主要形式（图3）。但这种墙体建造用土量大，占地面积大，土地利用率低，对土壤破坏严重，而且由于链轮拖拉机的自身重量所限，压制墙体的密实度不够，墙体使用寿命短。虽然这种结构的温室因其造价低廉、保温性能好而在生产中得到大量推广应用，但由于其对土壤破坏严重，在学术界一直存在很大争议。随着近年来新技术的不断发展，要求改造和停止这种类型温室建设的呼声越来越高。

3. 机压大体积土坯墙

为了减少土墙建设的用土量，同时增强土墙结构强度，近年来出现了一种机压大体积土坯的土墙日光温室结构（图4）。这种墙体采用压铸的方法将松散的土体挤压成体积

a   b   c

图5 石墙结构日光温室
a.砌筑石墙　b.整体钢筋笼内填石料墙体　c.小钢筋笼石料码垛墙体

为1.2m×1.2m×1.2m的立方体土坯，砌筑时不需要任何胶黏剂，通过错缝垒筑即成为承重和保温墙体，而且由于是压制成型，所以在土坯内部可以压铸出契口和通风通道，便于紧密砌筑和墙体内部储热。由于自身强度高，墙体不仅可以自承重，而且如同干打垒墙体或砖石墙体一样具有承载温室骨架荷载的能力，同时温室的使用寿命也大大延长。此外，由于墙体厚度只有机打土墙的1/5~1/3，与干打垒墙体厚度接近，所以大大减少了墙体的占地面积，用土量也相应减少，对土壤的破坏影响也有所减少。相比干打垒土墙，其建造的机械化水平更高，土坯自身的强度也更强，且可以人为控制土坯的体积和土坯的密实度，还可以在土体中添加草秸等骨料和胶黏剂，进一步提高土坯的强度。

不论是干打垒墙体、机打土墙结构墙体，还是机压大体积土坯墙体，其共性优点都是采用土作为建筑材料，材料来源丰富、可就地取材、建造成本低、储放热能力强；但其共性缺点是用土壤作为建筑材料，对耕地土层破坏严重，给未来土壤恢复带来很大困难，就地取土还造成建设场地整体低洼，给场区排水造成困难，经常发生雨季场区积水、泡塌温室墙体的事件。随着国家对耕地质量保护要求的不断加强和人们对生态保护意识的不断加强，以及我国社会经济水平的不断提高，土墙结构日光温室迟早会退出历史舞台。

4. 石墙

石墙是一种比土墙热惰性更大的温室墙体，最早采用的是砌筑的方法（图5a）。由于砌筑石墙不能太薄，最小厚度为500mm，所以砌筑石墙的厚度大多在1 000mm左右。用石块砌筑的温室墙体承载能力强、储放热性能好、墙体使用寿命长，但这种方法要求石块体积大，而且砌筑时间长、劳动强度大。为了解决这一问题，采用了钢筋笼装石料筑墙的方法，包括先整体搭建墙体钢筋笼后填装石料一次成型筑墙法和先用小钢筋笼装石料后码垛砌筑墙体两种方法（图5b、c）；不仅提高了建设速度，而且对石块大小没有严格要求，极大地丰富了建材原料的来源，还省去了水泥、砂浆等胶黏剂。此外，由于石块之间的缝隙还可以将热量传递到墙体的更深位置，更有利于提高墙体储放热量的性能。但由于建造日光温室需要消耗大量的石料，而石料不像土壤那样来源丰富、造价低

温室工程实用创新技术集锦 ❷

WENSHI GONGCHENG
SHIYONG CHUANGXIN JISHU
JIJIN 2

a   b

图6 三层结构复合墙体日光温室
a.内层夹土的复合墙体　b.内层加聚苯板的复合墙体

廉，因此在一定程度上限制了这种日光温室形式的发展。

二、复合墙体温室的改良与创新

为了解决土/石墙结构日光温室墙体占地面积大、对土壤破坏严重的问题，在被动式墙体储放热理论指导下，日光温室研究和建设早期对墙体结构的改造基本都是采用异质复合墙体，包括三层结构复合墙体和双层结构复合墙体，其中三层结构复合墙体在日光温室发展的早期应用最为广泛，后来随着对墙体传热理论的不断深入研究，近年来更倾向于采用双层结构复合墙体。

1. 三层结构复合墙体

由于材质不同，三层结构复合墙体的做法也各异，大体可分为3类：砖墙+空心+砖墙、砖墙+松散保温材料+砖墙、砖墙+保温板+砖墙（图6）。其中，砖墙既是温室的承重结构，又是中间保温层的围护结构，内墙是温室被动储放热的墙体，外墙是温室隔热和围护的墙体。不论是内墙还是外墙，其厚度要求遵从砖墙的建筑模数，多为240mm或360mm，高寒地区的外墙厚度有的为500mm。

（1）**空心复合墙体**　是利用干燥、静止空气的绝热性能来隔断室内热量向室外传递，从而起到保温隔热的效果。其中，空心的厚度基本控制在300mm以内，多为240mm（与砖墙的建筑模数一致）。这种结构用材省、建造速度快。但在实际生产中发现，由于温室砖墙建造的密封性差（有的是由于砂浆强度不够风化后造成，有的则是砌筑时砂浆不饱满造成，很多温室甚至不做勾缝处理），室外冷风可直接渗透到温室中。此外，由于空气间层的空间较大，事实上在两层砖墙之间根本不可能形成静止空气层，砖墙内部的空气对流也大大削弱了墙体的保温性能。因此，这种墙体结构的日光温室在实际应用中保温性能并不理想，在10多年来的应用越来越少。

（2）**保温材料填充墙**　用松散材料填充两层砖墙的夹层，墙体厚度因材料的保温性

a   b

图7 双层结构复合墙体日光温室
a.外贴聚苯板结构　b.外挂彩钢板结构

能不同而有差异。常用的松散保温材料有陶粒、珍珠岩、蛭石、土等无机建筑材料，也有用稻壳、秸秆等有机材料的。松散材料的导热系数越小，墙体厚度也越薄，除了填充土层的厚度为500~1 000mm外，其他松散保温材料的厚度多为200~300mm。用松散保温材料填充两层墙体之间的夹层，解决了墙体夹层内的空气对流；而且由于保温层的热阻较大，温室墙体的保温性能得到大大提升。但由于松散保温材料容易吸潮，吸潮后保温性能显著下降，而且随着温室使用年限的增加，松散材料在墙体内不断下沉，使墙体内下部松散材料密度增大，上部出现空气间层，总体上温室墙体的保温性能在不断降低。为此，改进的复合墙体用保温板（主要是聚苯板）代替了松散材料，一方面可以解决松散材料吸潮或下沉造成保温性能下降的问题；另一方面还可以进一步减小墙体的厚度（因为聚苯板的导热系数更小，保温板厚度多在100mm左右），节约土地面积。但由于在施工中往往是先施工两侧墙体，之后再将保温板填塞进夹层中，难以将聚苯板与两侧墙体紧密贴合，而且保温板相互之间的对接和密封也不严密，实际运行中温室墙体的保温性能并没有达到理想的状态。

2. 双层结构复合墙体

从理论上分析，三层结构复合墙体的内层砖墙是被动式储放热层，中间空心层或保温层是隔热层，而外层砖墙实际上就是中间保温层的保护层，自身的保温性能在整个温室墙体中的贡献很小。为此，近年来新的复合墙体改进方法是将三层复合结构改变为双层结构，即取消外层砖墙，将中间保温板直接外贴在内墙上。这种做法不仅墙体各层功能明确，而且可减少墙体占地面积、降低温室造价、加快温室建设速度，成为目前复合墙体结构的主流模式。其中，内层砖墙承担储放热和结构承重的功能，厚度多为240mm或360mm；外层保温层承载隔热功能，厚度多为100~150mm，可以用聚苯板外挂水泥砂浆，也可以直接用彩钢板（图7），将隔热、防水和美观集于一体。温室墙体总厚度基本控制在500mm以内，大大节约了墙体占地面积。

3. 相变材料墙体

相变材料是日光温室复合墙体的研究热点。无论是三层结构复合墙体还是双层结构复合墙体，将相变材料置于温室内墙，利用材料相变储放热的功能可以大幅度提高温室内墙储放热量的性能。针对日光温室内种植作物的要求和墙体的储放热特点，对墙体相变材料要求白天室内温度超过25℃后开始吸收温室内热量，材料从固态相变为液态储存热量；而当温室内温度下降到16～18℃时，材料开始从液态相变为固态向温室内释放热量。由于日光温室对相变材料的这种特殊要求，单一材质的相变材料难以满足要求，所以在科研中大都采用复合材料通过配比来实现这一目标。由于相变材料每天从固态变为液态，又从液态变为固态，这种频繁的固、液态变化要求材料不能从墙体中渗漏，也不能对墙体的强度造成影响，所以盛装和密封相变材料成为工程中的一大难题。此外，在对相变材料的配方研究中一直也没有找到一种既能满足温室对相变温度要求，又价廉物美的材料，所以相变材料墙体一直还处于试验研究阶段，大面积的推广应用尚待时日。

中国日光温室结构的改良与创新（二）

——基于主动储放热理论的墙体改良与创新

日光温室主动储放热理论是我国日光温室发展中一项重要的理论创新。在此理论的指导下，中国日光温室建设彻底摆脱了厚重墙体结构，开始走向构件工厂化生产、现场组装式安装的工业化发展道路。一方面大大提高了温室建设的工业化、标准化水平，使温室建设的规范性和建设速度大大提升；另一方面也显著减小了温室墙体建设的占地面积，减少了墙体建设对土地的破坏，进而引领日光温室建设朝着生态化方向发展。此外，采用主动储放热技术还彻底摆脱了被动储放热日光温室靠天生产的被动局面，在保证室内适宜温度的同时，有的技术还可调控温室内的空气湿度，降低作物病害，提高产品品质，从而显著提高温室越冬生产的安全性。应用日光温室主动储放热技术研究和开发各种形式的新型日光温室结构，应该是我国当前和未来设施农业工程科研和推广的主战场。本文在阐述日光温室主动储放热基本原理的基础上，系统总结了以墙体、骨架和地面为吸热体，以空气、水、土壤为储放热载体的主动储放热方法，并全面总结了应用主动储放热技术的组装式日光温室在墙体结构上的创新和变迁，以期对未来的创新发展有所借鉴。

一、主动储放热的原理与方法

主动储放热就是以最大限度吸收和储存白天温室内富裕热量并在夜间根据需要高效利用和释放白天储存热量为目标，人为控制温室墙体、地面储存和释放热量的时间和数量的技术与方法。

目前在科研和生产中应用的主动吸热和储热的方法有后墙表面吸热介质储热法、骨架表面吸热介质储热法、循环空气墙体储热法和循环空气地面储热法等。

1. 后墙表面吸热介质储热法

后墙表面吸热介质储热法根据后墙表面吸热方法和吸热器吸热面积的不同，可分为

温室工程实用创新技术集锦 ❷

WENSHI GONGCHENG
SHIYONG CHUANGXIN
JIJIN 2

a

b

图1 后墙表面管道吸热

a. 管道横向排列　b. 管道竖向排列

图2 后墙表面墙板吸热

管道吸热法、墙板吸热法和夹层墙面吸热法。

（1）**管道吸热法**　是将黑色塑料管或表面涂黑钢管密集排列在温室的后墙内表面，依靠室内高温和直接照射在管道表面的直射和散射辐射将管道表面加热，通过管道内介质的强制流动将管道表面吸收的热量传入流动介质使介质温度提高而储存热量（吸收的热量存储在流动的介质中）。管道中经济的介质可以是空气，也可以是水，由于水的热惰性较大，所以工程中大多使用水作介质储存热量。根据管道在后墙表面的布置方向不同，管道吸热可分为横向和竖向两种布置方式（图1）；布置面积可以是全后墙完全布置，也可以只在后墙的局部面积（如上部1/2部位）布置。对于种植如黄瓜、番茄、辣椒、茄子等高秧作物的温室，由于后墙的下部受到植株的遮挡，直接接受的阳光不多，所以从经济的角度设计，一般将集热管布置在温室后墙距离地面1/3墙体高度（1m）以上，同时考虑后屋面可能会遮光，所以也不一定将集热管布置到墙体的顶面。

（2）**墙板吸热法**　墙板吸热法的原理和管道吸热法的原理基本相同，所不同的是将后墙表面线条式分布的管道改变成为具有一定面积的吸热板，顺序排列贴挂在温室的后墙内表面（图2）。吸热板可以采用中空PC板，在PC板的中空孔中注水吸收表面热量；也可以采用特制的外表面为黑色塑料薄膜、背板为保温板、中间流水的封闭组件吸收热量。相比管道吸热法，采用吸热板的方法吸热表面积显然增加了很多，吸收的热量也更多。

（3）**夹层墙面吸热法**　不论是管道吸热还是墙板吸热，都无法将传递到整个后墙表面的热量全部吸收，而夹层墙面吸热法是在温室的后墙内表面安装一个铺满整个后墙表面的夹层水袋，通过均匀输水管道（在输水管道上均匀开孔）将循环水从夹层内喷射到夹层水袋的外表面（朝向温室室内的表面），从而吸收水袋外表面获得的室内太阳辐射

图3 后墙表面夹层墙吸热

a

b

c

图4 骨架表面吸热介质储热
a. 脊部　b. 整体　c. 前部

和室内空气对流换热量（图3）。由此可见，夹层墙面吸热法吸收的热量应该最大，但由于夹层水袋内部空腔较大，在喷水过程中水的蒸发同时要消耗空腔内空气中一部分热量（这些热量最终还是来自于水袋表面吸收的热量），所以总的热效率不一定比墙板吸热法高。但从造价来讲，夹层墙面应该是最经济的，而且完全解决了管道和墙板局部漏水的问题（夹层墙面吸热是在夹层水袋的底部设置集水槽，集水槽可以兼作储水池，也可以作为输水渠道将热水导流到温室内的储水池中）。

从墙面吸收的热量通过提升介质温度而储存在介质中，一般在温室内应设计一个储水池，大多设置在温室内地面下，一方面不影响温室地面的种植面积，另一方面地下土壤的温度比较稳定，在做好储水池外保温的前提下对储存热量的损失也较少。

2. 骨架表面吸热介质储热法

骨架表面吸热介质储热法，是利用上下弦杆为圆管或方管的桁架结构形成一个闭环的水循环系统。由于桁架的上弦杆外表面在塑料薄膜的覆盖下直接对外，不受室内种植作物的影响，可接受更多的室外太阳辐射，桁架的下弦杆也可同时接受室内太阳辐射并吸收室内空气对流换热，事实上形成了桁架上下弦杆白天同时为吸热体的一种吸热体系。每根桁架是一个独立的微循环系统，将温室内所有的桁架通过主管并联在一起即形成一个大的储放热循环系统，可以将所有骨架表面吸收的热量集中回收到储热池中（图4）。到了夜间，随着室内温度的降低，温室的所有桁架又是散热器，将白天储存在储热池中的热量通过水泵回流到骨架中，由于钢管的散热能力强，而且骨架在温室中分布均

a   b

图5 循环空气水平流动墙体储热
a.进风口   b.风机口

匀，所以在温室中释放热量也更均匀。为了增强管道表面的吸热能力，一般在管道表面涂刷黑色涂料，涂料应无毒、无味，对钢材和塑料薄膜没有腐蚀作用。

这种系统省去了专门配置在墙面吸热的设备，大大减少了温室建设投资，也不会有更多的设备占用温室空间。但由于该系统温室桁架是承重结构，在温室运行过程中桁架会随着风雪荷载、作物荷载等作用的变化发生变形，因此对水循环系统连接处的密封性要求较高。此外，在桁架的上下弦杆上安装水循环回路连接件，需要在钢管上开孔，会对结构的强度产生影响，在结构强度设计中应给予高度重视，不能顾此失彼。

3. 循环空气墙体储热法

循环空气墙体储热法是白天将温室中的高温空气通过风机和管道导入温室的后墙内，通过提高温室后墙内部的温度将热量储存在温室后墙内的一种储热方法。夜间，当室内温度降低到设定温度时，开启风机将白天储存在墙体内部的热量再释放到温室中补充温室的热量损失，保证温室生产需要的适宜温度。

根据气流在墙体内的运动方向不同，空气循环分为水平气流法和垂直气流法。

（1）水平气流法   也称为纵向气流法，即导入墙体内部的气流是沿着温室的长度方向在墙体内同一高度位置流动（图5）。由于温室长度方向的气流在墙体内的流道较长，为了减小气流在墙体内管道中的空气阻力和空气进出口的温差，使导入温室墙体内的热量分布更均匀，一般沿温室长度方向每组通风管道的长度控制在30～40m，且沿温室墙体的高度方向设置3～5组。在墙体内管道中的气流一般采用负压送风，即在通风管的出口安装排风风机。

白天当室内温度超过25℃后即可打开风机，将室内高温空气抽进设置在墙体内的通风管中，提高墙体内部温度，并将热量储存在墙体内；到了夜晚，当室内温度下降到设定温度后，再打开风机，将白天储存在墙体内的热量回送到温室内，补充温室夜间散失的热量，保证温室内适宜的温度。

图6 循环空气垂直流动墙体储热

墙体内部的通风管可以是塑料管，也可以是在墙体砌筑过程中直接砌筑而成的砖通道。最新开发的机压大体积土坯墙体日光温室，可将通风通道直接预制在土坯块上，码砌土坯后自然形成墙体内的通风通道。

（2）**垂直气流法** 也称为竖向气流法，即在温室后墙的上部设置进风口（因为温室白天上部的空气温度高），在墙体的下部设置出风口，墙体内气流沿墙体高度方向自上而下流动，将温室内热量储存在后墙内的一种方法（图6）。采用垂直气流法的储放热墙体多采用空心墙，将两层墙之间的空间作为气流通道，可大大降低气流的阻力，而且墙体建造速度快，也不需要其他的附加管道，相应建设造价也低，温度在墙体内的分布也更均匀。

不论是水平气流法，还是垂直气流法，由于墙体为储热体，所以要求墙体建造材料的热惰性大，而且建造墙体的厚度不能过小，所以砖墙、石墙和土墙是使用这种系统比较理想的墙体。

采用墙体储放热，除了能够白天储热、夜间放热提高温室夜间空气温度外，由于气流在墙体内和温室内循环，温室内的空气基本处在高湿状态，而墙体材料又具有较强的吸湿性，所以在空气交换的过程中还可有效降低温室内的空气湿度，这对控制温室种植作物的病虫害、提高产品品质起到了间接的作用。

4. 循环空气地面储热法

循环空气地面储热法的原理和墙面储热法的原理基本相同，所不同的是储热体由墙面变为了地面。由于地面土体体积大、热容量大，所以能够储存更多的热量。采用地面储热后可完全释放墙体的储热功能，温室墙体可以摆脱厚重墙体，更适于完全组装式结构的温室。与墙面储热一样，根据气流在温室地面中的流动方向不同，地面储热法也分为纵向气流法和横向气流法。

（1）**横向气流法** 即气流在地面土壤中沿温室跨度方向流动。一般在温室内屋脊位置沿温室长度方向通长设一根或多根（根据温室长度确定，一般每根长度控制在50m左右）进风管，进风管两端封闭，管壁上均匀打孔形成进风孔。进风管的中部沿温室墙体

温室工程实用创新技术集锦❷

WENSHI GONGCHENG SHIYONG CHUANGXIN JISHU JIJIN 2

a   b

图7 循环空气横向流动地面储热
a. 整体   b. 出风口

a   b   c

图8 循环空气纵向流动地面储热
a. 进风口   b. 风机口（温室中部）   c. 风机口（山墙端）

高度方向垂直进风管安装集风管，集风管上安装风机，通过三通将进风管收集的热空气汇集到集风管中。集风管的下端通过三通安装沿温室长度方向布置的热风分配管（埋置在地下），将集风管汇集的热风再均匀分配到热风分配管。与热风分配管垂直，间隔50～150cm通过三通安装换热管，换热管埋置在地表下30～50cm位置，沿温室跨度方向布置，换热管的末端通过弯头在温室的南侧伸出地面20～30cm。上述进风管、集风管、分配管、换热管和风机等形成一套完整的换热系统（图7），白天风机运行将室内高温空气导入地下土壤，提升土壤温度储存热量；夜间当室内温度降低到设定温度时，开启风机将地下土壤中储存的热量再导流到温室内，补充温室热量损失，保证温室适宜的温度。这种方法不仅可提高温室内空气温度，而且可提高温度土壤温度，更有利于作物根系的发育和对养分的吸收。同样，利用埋设在土壤中管道表面的结露，也能在一定程度上控制室内的空气湿度。

（2）纵向气流法　即气流在温室土壤中沿温室长度方向流动。一般在温室地表以下30～50cm沿温室跨度方向布置3～5列沿温室长度方向的散热管，散热管的两端在靠近山墙（或在温室中部）的位置伸出地面，并在其中一端的管道上安装风机，一端为进风口，另一端为出风口（图8）。对于长度较长的温室，也可以将散热管沿温室长度方向分为两段，分别设置进风口和出风口。

相比横向气流法，纵向气流法使用的管道少，安装散热管需要的开沟工程量小，相应工程造价也低；但由于散热管的表面积总量小，总体而言其储存和释放的热量也相应较少。

a   b   c

图9 草墙温室内表面及其防护
a. 裸露的草墙表面　b. 用无纺布防护　c. 用水泥瓦楞板防护

为了增大地面贮放热的能力，近年来有的学者将换热管中的循环介质由空气替换成了水，集热方式也从风管集热换为墙面集热，一是增大了介质的热惰性；二是提高了介质与管道的传热效率，使整个系统的换热能力更强。当然，这种方法使用的动力也更大，管道任何的跑冒滴漏都会给系统造成损害。

二、主动蓄热温室墙体的改良与创新

主动储热技术的出现彻底解除了温室后墙储放热的功能，同时也释放了墙体的承重功能，使温室后墙的功能只局限在保温围护的范畴内，完全工业化的组装式结构可直接应用在日光温室的结构中，由此引起了日光温室结构的一次新的重大革命，更多新型保温材料的轻型组装式日光温室应运而生。

1. 草墙温室

所谓草墙温室，就是用稻草、麦秸或玉米秸等农业种植的副产品做墙体围护材料的温室。这种材料保温隔热性能好、可就地取材、成本低廉，而且为解决农作物秸秆难处理的问题开辟了一条新途径。

草墙建设的方法有两种：一种是先将草秸打成方捆，像砌筑砖墙一样，将草捆码垛形成30～50cm厚温室墙体；另一种是先将草秸编制成厚度为10～20cm的草苫或者称草砖，草苫幅宽1～2m，长度可按照温室的墙体高度和后屋面坡长确定，施工时直接将草苫一端固定在温室屋脊，另一端顺温室后屋面和后墙平铺，后端部固定在温室的墙基，草苫一般采用双层错缝平铺，使温室墙体和后屋面的厚度达到30～50cm，草墙与温室骨架的连接多采用镀锌钢丝扣接，在温室后屋面梁和后墙立柱上每隔30～50cm固定一次。

草墙的表面吸水性能较强，在日光温室上应用可以将草墙的内表面直接裸露在温室室内（图9a），能有效降低温室内空气的相对湿度，减少温室作物病害。但为了增强对草墙的防护，生产中对草墙内表面大多采用无纺布防护（图9b），不仅可保护草墙，而且无纺布也能够吸收和释放室内空气湿度，使温室墙体成为一种"会呼吸的墙体"。也有用水泥瓦楞板等不吸水的材料做防护的（图9c）。

a

b

c

图10 草墙温室的外墙防护
a. 无纺布防护　b. 草泥和空心砖防护　c. 塑料薄膜防护

a

b

c

图11 喷胶棉保温被温室
a. 南侧采光面及山墙　b. 北侧保温面　c. 温室内景

a

b

图12 针刺毡保温被温室
a. 温室外景　b. 温室内景

　　草墙由于自身的防火性能和防水性能较差，因此在建造草墙温室时对草墙外表面的防护非常重要。目前在生产中应用的草墙外表面保护方法有塑料薄膜包裹、不织布包裹、水泥或钢板瓦楞板保护、草泥保护、空心砖保护、外挂水泥砂浆保护等方法（图10）。这些方法的防水效果较好，但防火效果都难以达到建筑防火的要求，因此建造草墙温室一定要加强温室内及温室生产区的防火。

　　草是一种有机材料，在长期的运行中容易腐烂，而且草墙内经常有老鼠做窝，这些都直接影响温室的使用寿命。但从目前的使用情况来看，部分草墙温室已经使用了10年以上，且保温性能仍然不减，足见这种材料的温室使用寿命也不会太短。

2. 保温被墙体温室

　　与草墙温室一样，用工业化的柔性保温毯或保温被做日光温室的围护墙体（包括后墙和山墙）和后屋面即形成保温被墙体日光温室。目前在日光温室上使用的保温被材料有喷胶棉保温被（图11）和针刺毡保温被（图12）等。为了防潮、防雨、延长保温材料的使用寿

a   b   c

图13 泡沫砖墙日光温室
a.温室后墙及屋檐　b.温室墙体与壁柱　c.温室内层储热层

命，包裹保温芯的面层材料都是具有防水、防紫外线等抗老化功能。

保温被墙体的保温材料材质轻、保温性能好、可实现工业化生产，产品的标准化水平高，建造温室的规范性好，尤其建材对温室结构产生的荷载很小，在一定程度上能显著减小温室结构构件的截面尺寸，从而减少温室用材，降低温室工程造价。

3. 泡沫砖墙温室

泡沫砖墙温室是以发泡聚苯乙烯为原料，将其发泡成型为空心并带契口的各种型材，按照温室基础转角、墙体转角、屋檐以及标准墙体等不同部位的形状要求发泡成型不同形状和规格的"成型砖"。施工建设中直接将不同部位的成型砖通过契口装配在一起即形成温室的基础、墙体以及屋檐（图13a）。由于成型砖内部为空心，而且自身质量轻、强度很低，作为温室墙体无法承受外界风雪荷载和温室骨架施加在墙体上的荷载。为此，这种温室建造时在成型砖的空心内现浇钢筋混凝土立柱和钢筋混凝土立柱的连系梁（图13b），立柱的间距一般为3m、4m或6m，柱顶用圈梁连接，温室屋面骨架通过柱顶圈梁将荷载传递到后墙立柱。为了增强立柱的整体性，沿立柱的高度方向每隔1.5～2.0m设置一道沿温室长度方向通长的纵向连系梁，通过地梁、圈梁和中间连系梁将所有立柱形成一个平面网架。由于立柱、圈梁、地梁和连系梁均暗藏在空心成型泡沫砖的内部，这些导热系数很大的钢筋混凝土构件完全被保温隔热性能良好的泡沫砖所包围，因此这种墙体结构基本不存在结构件引起的传热"冷桥"。

从温室墙体结构讲，这种墙体仍然是一种只有保温隔热单一功能的围护墙体，自身没有储放热能力。为了弥补墙体的储放热，除了采用主动储放热技术外，在温室的后墙内侧通过钢筋混凝土护板增设一层500mm厚土层，高度距离地面2m，即可实现被动储放热墙体的功能（图13c）。生产中在500mm厚的土层上也可以种植叶菜类蔬菜或盆栽植物，不会造成温室种植面积的浪费。生产实践证明，这种类型的温室也具有良好的储放热和保温隔热性能，在华北平原、新疆南疆等地应用可以实现喜温果菜类蔬菜的安全越冬生产，而且使用寿命较长。

4. 发泡水泥墙温室

发泡水泥墙温室，即用发泡水泥通过自发泡形成墙体的一种温室形式（图8a、c）。发泡水泥自身质量轻、导热系数小、热阻大、保温性能好，而且是现场发泡成型，墙体

a   b

图14 发泡水泥墙温室
a. 墙体施工过程　b. 温室外墙改造

a   b

图15 松散保温材料墙体温室
a. 温室内景　b. 温室外景

无接缝、密封性能好。这种温室墙体可深入地基形成温室四周的绝热层，可完全隔绝室内地面热量向室外的传导，因此是一种保温性能非常高的日光温室形式。

　　但这种温室墙体施工需要大型建筑模板（图14a），施工时先支好墙体模板，然后将配置好的发泡水泥灌注进墙体模板中，随着发泡水泥的不断凝固和膨胀，将自行填充建筑模板的空间，拆除模板即形成温室墙体。由于发泡水泥在凝固的过程中需要养护，而且墙体养护都是在现场作业，相对而言，温室墙体的建设周期长，建设现场需要的大型建筑模板用量大，对建设温室数量较少的生产园区相对建设成本较高。

　　此外，这种墙体材料不能自承重，温室后墙内侧需要立柱，柱顶设圈梁，温室承力体系实际上是一种梁柱结构，墙体只起保温和围护的作用。

　　这种墙体建造技术不仅可以独立使用建造新的温室，而且可以用来改造旧的温室。当前我国各地老旧温室存量很大，对那些墙体风化严重、开裂或漏风的温室，在原有墙体的外侧建造一层发泡水泥墙（图14b），不仅可以大大提高温室的保温性能，而且温室墙体的密封性能也得到大大加强。因此，这项技术也成为温室改造工程中的新宠儿。

5. 松散保温材料墙体温室

　　松散保温材料墙体温室，如同我国早期的双层砖墙中间夹松散保温材料的被动储放热墙体一样，所不同的是双层砖墙被透光的塑料片材或薄膜所替代（图15）。具体设计

19

a   b   c

图16 滑盖温室
a. 南侧采光面　　b. 北侧保温面　　c. 温室内景

中可按照经济适用、就地取材的原则采用不同材质的材料来替代砖墙。这种结构的墙体保温性能好，尤其到了夏季或者温室不需要保温的季节，还可以将夹层中的松散保温材料用风机吸出，或直接从外层的护板下开洞使松散保温材料从墙体中流出并集中存放，这样日光温室的墙体将变为了一种由双层透光围护材料形成的保温墙体，可完全克服后墙对温室的遮光，大大提高温室内光照的均匀性，从而提高温室生产产品的品质和商品性。

6. 滑盖温室

滑盖温室从外形上彻底颠覆了日光温室直立后墙和坡面后屋面的外形，将温室的前屋面、后屋面和后墙光滑地过渡连接成为一个圆拱屋面大棚（图16）。从温室前屋面保温覆盖材料的角度看，滑盖温室将柔性的保温被改变成为刚性的弧形保温盖板，通过滑动保温盖板覆盖或揭开温室的采光面，实现温室白天采光和夜间保温。

这种温室结构除了屋面的保温盖板能够滑动实现采光屋面的覆盖和揭开外，温室的山墙也能部分打开，上午提早打开东侧山墙、下午延后关闭西侧山墙，可有效延长温室的采光时间，增加温室有效光照，尤其对提高温室两侧山墙附近地面光照水平和光照均匀度都具有非常积极的作用。但由于这种温室驱动保温盖板和滑动两侧山墙均需要机械传动，温室的传动设备、温室主动储放热设备以及温室的保温板等设备和材料的成本较高（据测算，每667m²温室造价50万元左右），在很大程度上造成了这种温室推广应用比较困难。

中国日光温室结构的
改良与创新（三）

—— 温室屋面结构的改良与创新

　　典型日光温室的屋面分为前屋面（采光面）和后屋面两个屋面。前者面南，表面覆盖活动保温被（或保温板），白天打开保温被温室采光，夜间覆盖保温被温室保温；后者面北，周年固定保温。为了增加日光温室的采光量，许多学者对前屋面形状和尺寸进行了深入的优化研究，也提出过一些前屋面几何尺寸的设计方法，但对日光温室后屋面的研究相对较少，设计和建设中对后屋面的几何尺寸、材料、做法、保温性能要求千差万别。本文就日光温室前屋面和后屋面的演变和发展进行系统梳理和总结，以期对未来日光温室屋面的研究和设计有所启迪。

一、日光温室前屋面的改良与创新

1. 日光温室前屋面几何形状的变迁

　　（1）一坡一立式结构　　日光温室前屋面几何形状的改良与创新是随着建筑材料的革新和室内种植要求的变化而不断发展和创新的。早期的日光温室（20世纪80年代至90年代初）采用竹木结构，温室屋面以平坡屋面为主（因为竹木结构弯曲加工的难度较大），典型的温室形式为一坡一立式（图1）。这种结构的屋面梁采用圆木或竹竿（图1a），用钢筋混凝土立柱或圆木、钢管等支撑屋面梁。为了固定塑料薄膜，早期的做法是在塑料薄膜的外部压竹条，用细铁丝将塑料薄膜上部的竹条紧压在塑料薄膜下部的屋面梁上（图1b）。这种做法在塑料薄膜上扣压竹条时细铁丝必须要穿破塑料薄膜，不仅会造成温室屋面漏气，降低温室的保温性能，而且在大风情况下容易将塑料薄膜撕裂。因此，后来改进使用绳索在两根屋面梁之间采用外压的方式固定塑料薄膜（图1c），彻

上篇　日光温室工程技术

21

图1 早期一坡一立式日光温室及前屋面塑料薄膜的固定方法
a. 一坡一立式温室内景　b. 竹条外压塑料薄膜　c. 绳索外压塑料薄膜

图2 一坡一立式日光温室方便保温被卷放的措施
a. 采用斜支撑　b. 采用斜拉索

底解决了上述问题。目前大都采用专用的压膜线替代绳索，有的生产者甚至在温室设计中直接采用卡槽卡簧固定塑料薄膜，固定更可靠。

一坡一立式日光温室由于前部立面的存在，给保温被的卷放造成了很大困难，尤其在卷帘机广泛应用之后，在立墙上卷放保温被不仅要求卷帘机的输出功率大，而且保温被展开后密封不严。为此，有的温室设计者在立墙的部位增设一组斜立的支撑（图2a），从而将卷被的直立面改为斜立面，使保温被的卷放更轻便且展开后密封也更严密。但这种斜立杆需要另外附加杆件，增加了建设成本。为此，有人改进直接用压膜绳绷紧倾斜固定在地基中，用压膜绳充当斜支撑来支撑保温被卷放（图2b），不仅解决了保温被平稳卷放的问题，而且也省去了附加构件，价廉物美，具有更好的经济效益。

（2）**全弧面结构**　一坡一立式日光温室屋面结构用材截面大，构件遮光严重，而且随着我国日光温室面积的快速发展，大量的竹木建材供应越来越困难，人们开始大量使用工业化生产的钢材（主要是钢筋和钢管，后来发展到外卷边C形钢、椭圆管等）做屋面承重结构，不仅提高了温室建设的工业化水平，而且由于钢结构承载能力强、构件截面小，对室内的遮光阴影面积也大幅度减少。为了更好地发挥钢结构的强度并适应固定塑料薄膜的需要，温室屋面形状也由早期的一坡一立式改变成一个整体的弧面结构。对日光温室采光面的弧面几何形状，国内学者做了大量研究，提出了包括圆弧面、椭

a   b

图3 日光温室屋脊部位形成的水兜及其防范措施
a. 屋脊部位水兜　b. 避免水兜的支撑网

a   b   c

图4 直立南墙+弧形屋面日光温室结构的形成过程
a. 无直立面的温室屋面　b. 带有明显直立面的过渡屋面　c. 竖直立面+弧面屋面温室

圆面、抛物线面以及不同曲线组合的多种弧面形式，形成了当前日光温室采光面的主流。

　　无论哪种采光弧面，为了保持温室前屋面基部一定的操作高度（最早的要求是距离前屋面底脚0.5m位置处温室的屋面高度不应小于1.0m），必然造成温室屋脊位置处屋面的坡度不够，一方面，使保温被卷放无法实现自由下落，展开保温被必须带动力运行，给卷帘机提出了更多的附加要求；另一方面，也造成了温室屋面排水困难，经常出现屋脊部位兜水的现象（图3a）。水兜不仅加大了温室结构的承重荷载，严重的可能会造成温室倒塌，而且容易形成塑料薄膜损伤、老化和撕裂。为了解决这一问题，生产中常在屋脊部位通风口处铺设一层塑料网或钢丝网，用以支撑塑料薄膜，并导流屋面积水，可有效避免水兜的形成（图3b）；有人在屋脊通风口部位采用加密纵向"琴弦"钢丝和横向竹竿的方法，也能取得相同的效果。另外，在屋面结构设计中，在屋脊部位屋面的坡度不应小于10°，可有效避免屋面积水和兜水。

2. 直立南墙结构日光温室

　　日光温室前屋面从一坡一立式发展到全弧面结构是建筑材料采用钢结构的结果，也满足了压膜和卷放保温被的需要，但前屋面前部空间低矮的问题一直没有解决。由于温室南部距离前基1m范围内屋面高度较低（尤其是大跨度日光温室，图4a），一是高秧作

a   b

图5 两种特殊形式直立南墙日光温室结构
a. 半地下式直立南墙   b. 全采光直立南墙

物无法种植，有的只种植二穗果的果菜类蔬菜，有的直接种植叶菜类蔬菜，还有的荒废不种，直接影响温室作物生产的产量；二是作业空间小，人工作业不便，机械作业基本无法触及。为解决实际生产需要，对温室前屋面的改进朝着保留弧形形状、抬高整体屋面的方向发展，形成了直立南墙+弧形屋面的温室前屋面几何形状（图4b、c）。

在直立南墙+弧形屋面温室中有两种特殊的结构：①半地下式结构（图5a）。这种结构虽然南墙为直立面，温室南部空间也基本不影响吊蔓作物的种植，但南墙不透光，而且半地下深度越大，温室内的湿气越难排除，只在一些冬季室外气温较低的地区且采用机打土墙需要大量取土的温室建造时才采用这种结构。②南立墙为完全采光立墙（图5b），立墙的高度可达到2m左右，种植高秧吊蔓作物完全不受种植空间的影响，温室采光量大，不论人工作业还是机械作业都有充足的空间，温室内设二道保温幕结合室外保温被，具有良好的保温性能，是未来日光温室结构发展的一种趋势。当然，对南墙直立面的理解也不仅局限于垂直地面的直立墙面，有的温室采用弧形墙面，有的温室采用倾斜墙面，但倾斜面的倾角大都在80°以上。

南立墙的存在且墙体较高，使传统的日光温室高度整体加高，虽然增加了温室空间，有利于室内作物种植和机械化作业，但温室的建造成本加大，温室栋与栋之间的间距也相应增加。尽管这种改进不是十全十美，但是从日光温室机械化作业、自动化控制等未来发展方向来看，这种改进还是具有广阔的发展市场。

3. 可变屋面倾角日光温室

传统日光温室的屋面在设计建造完成后即固定不变。由于受温室高度的限制（过高的温室一是增加建筑成本；二是增加温室之间的间距，降低土地利用率；三是室内热空气向上运动，降低了作物生产区的温度；四是太高的温室空间不利于温室保温；五是作物生产也确实不需要太高的空间），增加温室跨度后，温室前屋面的采光角将会减小，尤其在光照较弱、太阳高度角较小的12月至翌年1月，进入温室的太阳辐射将会显著减

温室工程实用创新技术集锦❷

WENSHI GONGCHENG
SHIYONG CHUANGXIN JISHU
JIJIN 2

a   b

图6 可变屋面倾角日光温室
a. 打开屋面，加大倾角，增加采光   b. 关闭屋面，温室保温

a   b

图7 可变屋面倾角日光温室屋面启闭方法
a. 齿轮齿条控制   b. 液压气缸控制

少，影响温室的采光和室内的温度。

可变屋面倾角温室就是基于这样的生产实际需求，将温室的采光面设计为可转动屋面，把温室的整个采光前屋面当作一扇窗扇，像连栋温室的屋面开窗一样，用传动机构控制整体屋面的启闭。在太阳高度角比较小的季节，白天将温室前屋面的后部抬起，加大屋面倾角，减小太阳光入射角，从而增加温室的采光量（图6a）；到了傍晚温室需要覆盖保温被时，将温室前屋面再回位到温室屋面骨架的位置（图6b）。

这种可变屋面倾角温室，一可增加白天温室的采光，提高室内温度；二可在相同跨度、同等采光量的条件下降低温室高度，进而降低温室的土建费用，缩短前后温室之间的间距，节约建设用地。虽然传动机构增加了温室部分造价，但从温室的光热性能和温室建设的土地利用率角度分析，这种创新具有非常积极的实用价值。

操控温室屋面启闭方法有两种：一是采用传统的温室齿轮齿条控制（图7a）；二是采用液压气缸控制（图7b）。相对连栋温室的开窗机构，开启日光温室屋面的负荷较大，因此对开启屋面的支撑构件的强度要求也较高；相对而言，液压气缸的输出动力更强，运行更平稳，但造价也相对较高。

上篇 日光温室工程技术

图8 无后屋面日光温室

图9 不保温后屋面日光温室

二、日光温室后屋面的改良与创新

1. 日光温室后屋面几何尺寸的变迁

日光温室后屋面的特征参数主要包括后屋面长度（或者用后屋面的水平投影宽度表示）、后屋面仰角和后屋面热阻。学术界对日光温室后屋面的功能一直没有定论，所以民间对后屋面的做法也多种多样。总结温室后屋面的功能，在结构几何特征方面后屋面可降低温室后墙高度；在温室保温性能方面后屋面可提高温室的保温比（温室透光面面积与不透光面，包括地面、保温墙面和后屋面面积之比）。在早期的日光温室建设中由于更强调温室上述的两项功能，日光温室大都采用长后屋面结构（后屋面的长短指温室剖面上后屋面长度），一般后屋面长度在1.5m以上，寒冷地区甚至在2.5m以上。

长后屋面温室虽然对温室的保温具有非常积极的作用，但由于后屋面加长后温室在春秋季节乃至夏季运行时，由于太阳高度角升高，温室靠近后墙部位的阴影将增大，从而影响温室种植作物的采光，此外，由于后屋面是保温屋面，结构自身负荷大，支撑屋面结构的荷载也相应大。为此，温室骨架的截面积就需要增大或者必须在温室内设立立柱支撑后屋面，这将增加温室的建设投资。综上，目前日光温室后屋面的长度有向短后屋面方向发展的趋势。典型的代表是山东寿光五代机打土墙日光温室，后屋面的长度大都控制在0.5~0.8m，其他的温室后屋面长度也都控制在1.2~1.5m，极端的做法是完全取消温室后屋面，形成无后屋面日光温室（图8）。

对日光温室后屋面仰角的研究主要集中在后屋面冬季不在温室后墙形成阴影以及夏季运行不影响室内种植作物采光两个方面。根据温室建设地区的地理纬度可以准确地用数学的方法计算出来，但在生产实践中温室后屋面仰角大多控制在40°~45°。

日光温室后屋面的保温设计目前还没有精确的理论计算方法，生产中大都采用轻质保温材料（包括松散保温材料、保温板材等），一般后屋面的保温热阻应接近或高于温室后墙的保温热阻，但也有温室采用完全不保温的温室后屋面（图9），通过温室内二道保温幕来保证夜间的室内温度。冬季夜间也可以用保温被覆盖后屋面，降低温室夜间屋面的散热。

2. 活动保温采光后屋面日光温室

对于日光温室后屋面的保温，传统的设计理念是热阻尽量接近温室后墙热阻，这一

a   b

图10 活动保温采光后屋面日光温室
a.砖后墙温室　b.填土后墙温室

设计理念已经贯彻了多年。但近年来的设计理念改变为后屋面的热阻趋同于前屋面热阻。在这一设计理念的指导下，日光温室的后屋面已不再是永久固定的厚重保温屋面，而是采用与前屋面相同的保温被材料覆盖，并将日光温室的后屋面覆盖塑料薄膜后形成可透光、可通风、可保温的多功能屋面（图10）。

　　与前屋面一样，后屋面也用透光塑料薄膜覆盖，并在塑料薄膜上安装手动或电动卷膜器，需要通风时将塑料薄膜卷起，与前屋面的通风口形成"穿堂风"的对流通风窗，较屋脊通风窗通风效率更高；不需要通风时，白天当室外温度适宜时可卷起保温被，后屋面采光可补充室内作物的光照，使温室内光照更均匀，尤其可提高传统日光温室靠近后墙部位区域的光照强度；夜间需要保温时，用保温被覆盖后屋面，与传统的日光温室后屋面一样，完成后屋面的保温功能。为进一步增强后屋面保温，也可用双层保温被保温。

　　这种创新设计不仅从理论上拓展了传统日光温室后屋面的功能，而且从结构设计上大大减轻了温室后屋面的荷载，可以促进日光温室结构朝着轻盈化、组装式方向发展，更符合现代温室的发展方向和潮流。这种创新尤其可增加温室内的光照强度和光照均匀性，增强温室的通风能力，使温室内的温光环境得到大大改善，温室的运行管理更灵活，也更有针对性。实践证明，这种温室配套室内二道保温幕，其冬季的保温效果甚至超过传统后屋面日光温室，在未来的日光温室发展中将具有非常广阔的推广前景。

寿光归来思考中国日光温室的发展方向

　　20世纪90年代以来，寿光的民间创新一直伴随着中国日光温室的发展，寿光创造的机打土墙结构日光温室以及各种规格的保温被、卷帘机等技术和产品早已风靡全国，寿光不仅是全国蔬菜的集散地，更是中国日光温室技术的试验场。

　　记得来寿光考察学习已经有五六次了，但每次来都不同的收获。

　　2017年4月26—27日，借参加山东潍坊科技学院举办的第八届中华农圣文化国际研讨会的机会，笔者参观了一年一度的菜博会、寿光蔬菜产业集团科研和生产基地以及农户最新建设的大跨度日光温室和保温塑料大棚，梳理一下所见所闻，似乎在脑海中出现了中国日光温室未来发展方向的几根线条，分享给大家，请大家一起来研讨。

一、组装结构日光温室将成为未来开发热点

　　尽管在寿光的大地上满眼看到的还都是寿光五代机打土墙结构日光温室，但组装结构日光温室已经悄悄进入人们的视线，在菜博会的广场上2座模型温室（图1）就是最好的佐证。

　　事实上，由于占地面积大、建造土墙对土壤的破坏严重，机打土墙结构日光温室从其诞生的那天起就有各种反对的声音，但由于造价低、墙体保温储热性能好，这种形式温室还是受到了广大农户的欢迎，并在北方地区得到了大面积推广，也成为大量学者的研究对象。

　　随着科学研究对日光温室被动储放热原理的不断深入，墙体和地面主动储放热的技术不断开发，减薄日光温室墙体，甚至完全取消日光温室储热后墙的呼声越来越大，各地也在不断研究和探索新型的建筑材料和相应的温室结构形式，其中用完全隔热的保温材料替代土墙或砖墙的做法似乎已经成为温室墙体改造的主流，由此也产生了前屋面骨

a   b

图1 组装结构日光温室模型
a. 传统日光温室   b. 阴阳型日光温室

a   b   c

图2 直立后墙组装结构日光温室
a. 温室南侧外景   b. 温室北侧外景   c. 温室内景

架、后屋面骨架和后墙立柱一体化的新型组装式日光温室结构（图1）。

在追随和引领中国日光温室发展的潮流中，始终不缺少山东寿光人的身影。除了在菜博会上看到的组装结构模型温室外，在参观山东寿光蔬菜产业集团的科技园中还看到了另外两种形式的完全组装结构日光温室。

一种是和传统日光温室外形完全相同的组装式结构，本文称之为直立后墙组装结构日光温室（图2）。这种温室只是后墙和山墙采用保温板替代了传统日光温室的砖墙或土墙，温室结构的前屋面骨架、后屋面骨架和后墙立柱均采用矩形方管，单管承力，三者连为一体，形成排架结构。由于单管的承载能力有限，为提高温室结构的整体强度，室内设置了3排立柱（图2c），分别支撑在温室后屋面中部以及前屋面前部和中部。

为弥补温室缺失的墙体储热，在温室的后墙上安装了水循环主动储热板，以水为热媒，白天截取照射到温室后墙的光热并储存在地下的储热池中，夜间该储热板又作为散热器将白天储存在地下储热池中的热量释放回温室中，实现温室主动储放热，保证室内要求的作物生长温度。此外，为了增强温室的保温性能，在传统日光温室外保温的基础上，室内还安装了二道保温幕，采用拉幕系统沿温室跨度方向控制保温幕的启闭，白天将保温幕紧密收拢到温室立柱的位置，尽量减少收拢保温幕对室内作物采光的影响，夜间展开保温幕，形成与屋面塑料薄膜之间的保温空间（图2c）。从设备配置看，室内外保温相结合，温室的保温性能应该比传统的单一外保温日光温室更好。

a　　　　　　　　　　　　　　　　　　b

图3 斜立后墙组装结构日光温室
a. 温室外景　b. 温室内景

图4 典型的寿光五代下挖式机打土墙"琴弦式"结构日光温室内景

　　另一种组装结构日光温室称为斜立后墙组装结构日光温室（图3）。该温室前屋面采用传统的"琴弦式"结构日光温室承力形式，但温室的后墙倾斜（图3a），并与温室前屋面骨架和后屋面骨架形成相互支撑，这种结构在一定程度上可减小后屋面骨架对墙体立柱的推力，从承力结构看，温室内只设置1道立柱，前屋面骨架和后屋面骨架的主梁采用传统的钢管-钢筋焊接桁架，副梁采用单管圆管，并在前屋面骨架上沿温室长度方向铺设钢丝"琴弦"（图3b）。温室结构轻盈，室内立柱少，便于种植和作业。

　　虽然在寿光看到的几种组装结构日光温室可能还不能完全代表当前组装式日光温室的主流，但这种研究和探索至少代表了组装式日光温室结构的发展方向，值得行业内从事日光温室结构创新的同仁们关注和研究。

二、土墙结构日光温室向无立柱方向发展

　　典型的寿光五代日光温室结构为下挖式机打土墙"琴弦式"结构（图4），由于屋面拱杆多采用竹竿或单钢管，为增强屋面结构的承载能力，一般室内都设多排钢筋混凝土立柱。室内多柱，虽然保证了温室结构的整体强度，但却给室内作物种植和操作管理带

a   b   c

图5 土墙结构日光温室向无立柱方向发展
a. 室内有柱   b. 室内无柱   c. 后墙保护

来了诸多不便，为此，生产中人们开始采用各种措施来减少室内立柱，直至完全取消立柱。在这次参观调研中也看到了寿光温室在这方面的研究进展。

图5a所示温室是在温室中部和后部设置了2排立柱，并用钢管代替传统寿光五代日光温室的钢筋混凝土立柱。这种做法可显著减少立柱对作物采光的遮挡，也更便于室内作业和管理。图5b所示温室则更是将室内立柱减少到1排，并将这唯一的一排立柱设置在了紧靠温室后墙的位置，直接支撑温室后屋面，温室的种植区则完全没有立柱，室内作业空间大，机械化作业更加方便。

从图5a、b两种结构看，除了在立柱设置上的差别外，在前屋面骨架的布置上也有很大不同。图5a所示温室的屋面拱架采用相同规格、间距1m的桁架，组成排架结构承载屋面荷载，而图5b所示温室的屋面拱架则采用主副梁结构，主梁采用桁架结构，副梁则采用单钢管，主梁间距3m，相邻两榀主梁之间设置2道副梁，间距1m。由于单纯的主副梁结构承载能力较低，温室还沿用传统的"琴弦式"结构模式，在温室的前屋面骨架上增设沿温室长度方向的纵向钢丝协助承载。从结构承载能力看，全桁架排架结构中间增加了立柱，而主副梁结构则完全取消了立柱，可见，"琴弦式"结构对温室骨架承载力的提高是非常显著的，同时对减少温室结构整体用钢量也会有很大的贡献。因此在设计中，在可能的条件下，尽量选用"琴弦式"结构将具有非常显著的经济效益。

对机打土墙的保护，寿光的种植者也想了很多办法，其中用无纺布覆盖后墙，并在墙体底部覆盖水泥板的方法（图5c），既防水，又防墙体土层表面风化，是一种比较经济有效的土墙保护技术。

三、民间土墙结构日光温室向大跨度方向发展

来寿光之前，笔者听说寿光农民已经建起了20m跨日光温室，这次特意来一探究竟。结果没有令我失望，在寿光蔬菜产业集团领导的带领下，我们很快就找到了农户自己建造的20m跨日光温室（图6）。

从外观上看，这栋温室和传统的寿光五代机打土墙结构温室（图4）没有什么区别，只是加大了外形尺寸。时至15：00，室外阳光灿烂，整个温室被一层黑色遮阳网覆盖

a

b

图6 20m跨日光温室
a. 外景　b. 内景

a

b

图7 20m跨日光温室结构
a. 室内立柱布置　b. 增强屋脊部位结构

（图6a）。初见温室，笔者以为是种植食用菌的蘑菇棚，但进入室内看到的却是一座实实在在种植番茄的日光温室。该温室跨度（室内净跨）20m，脊高7.5m，室内多立柱，屋面"琴弦式"结构（图6b），数数温室沿跨度方向的立柱，不包括温室后走道靠墙的2排立柱，温室前屋面种植区的立柱共有7排（图7a），立柱之间的间距约3m，温室屋面完全依靠立柱支撑，从结构上看完全照搬了"琴弦式"温室的结构形式，没有任何创新。但从与种植农民的交流中得知，这种温室由于室内空间大，所以作业效率高〔据说室内温度比传统跨度（9～10m）的温室还要高〕。我这才想起来温室前屋面室外还铺设有一层黑色遮阳网呢，原来遮阳网是用于温室降温的！

再细看温室的通风系统，只有在屋脊位置设置了屋脊通风口，其他部位则看不到通风换气的任何窗口。难怪种植者说这个温室的室内温度高呢！我在不断思考，这么大跨度的温室仅靠屋脊一个通风口，一是温室的通风量是否足够；二是室内的通风能否均匀；三是夏季的降温能否达到作物种植的适宜温度。实际上，这也正是这种温室当前存在的主要问题。看来还是不要一味地盲目扩大温室的跨度为好，或者在追求大跨度时应配套合适的通风降温系统，以保证温室在室外高温季节的正常生产。

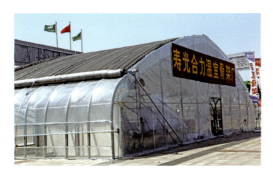

图8 外保温塑料大棚样棚

a

b

c

图9 20m跨外保温塑料大棚
a. 西侧外景　b. 西南侧外景　c. 屋脊保温被与通风口

这种温室由于跨度大，虽然温室的总体高度也相应提高了，但屋面的总体坡度仍然是减小了，尤其表现在温室的屋脊位置处。这对温室屋面的排水、清雪以及保温被的卷放都会有影响。为了解决温室屋脊处兜水的问题，设计者在温室前屋面后部设置了加密的拱杆（图7b），加密杆从屋脊一直延伸到温室种植区内第2排立柱，每根杆的长度至少应在5m。这种方法对正常跨度的日光温室也同样有效，只是加密杆的长度不需要那么长。当然，在温室的屋脊通风口设置钢丝网或沿温室长度方向纵向加密钢丝等措施也是避免屋面兜水的有效方法。如果能够保证温室前屋面屋脊位置弧线切线的坡度达到10°以上，这种防兜水的措施则可以取消。但要保证温室屋脊部位的坡度，对大跨度温室，屋脊高度将会更高，相应造价也会更高，从经济上讲是否合理需进行具体论证。

四、外保温塑料大棚有替代日光温室的趋势

日光温室除了墙体占用土地面积外，两栋温室南北之间的间距更是提高土地利用率难以逾越的障碍。为此，当前的研究开始利用日光温室的储放热和高保温原理，采用塑料大棚的结构来达到温室的高效节能，并试图实现在一些地区的越冬蔬菜生产。

图8是笔者在寿光菜博会上看到的塑料大棚外保温的展示模型。但在寿光的农民种植基地内笔者却看到了20m跨保温塑料大棚（图9）。这种塑料大棚屋脊南北走向，南部山墙和北部山墙均采用日光温室后墙的做法，为机打土墙，温室屋面的承力体系也完全采用日光温室"琴弦式"结构的模式，室内立柱用钢筋混凝土独立柱，布置方式也完全沿

图10 保温被下卷式卷帘机及其承台

用"琴弦式"日光温室的形式。可以说，农民只是把"琴弦式"机打土墙结构日光温室的建造方法完全移植到了塑料大棚上，从结构用材和承力形式上并没有任何创新。但这种方法由于改变了温室屋脊的走向，可大大减小温室之间的间距，从而大幅度提高了土地的有效利用率。

　　该塑料大棚采用了2套卷帘机分别从大棚的2个侧面卷放保温被（如同相同屋脊高度的阴阳型日光温室），并将2幅保温被平行卷放在大棚的屋脊部位。由于白天保温被卷放在大棚脊部，两幅保温被被卷及其两被卷之间固定平铺的保温被会在大棚的顶部形成一条宽度超过1m的阴影带，虽然保温被南北走向放置不会在大棚内形成固定阴影带，但过宽的活动阴影带对室内作物的生长还是有一定影响的。为了避免这种阴影带的存在，有的企业在研究尝试保温被下卷式卷帘机，其工作原理和保温被上卷式基本相同，只是在保温被白天从屋面卷下后需要有一个放置的平台（图10），可能要增加一定投资，但这种做法能够完全避免保温被上卷式卷帘机白天温室内由于屋脊停放保温被造成的固定阴影带。

　　该大棚的通风采用与日光温室相同形式的屋脊通风形式，在保温被卷起的位置留出一定距离设置屋脊通风口（图9c），与大棚的两侧立墙进风口形成自然对流通风系统。由于塑料大棚的跨度较大，和前述20m跨日光温室一样，夏季的通风降温应该是其存在的主要问题。

　　事实上，在山东寿光农民试验实践外保温塑料大棚之前，国内的学者和科研单位早已经开始了这种尝试。图11是笔者分别在北京通州和陕西杨凌走访过程中看到过的两种同类型塑料大棚，两者都采用大跨度装配式塑料大棚结构，屋脊东西走向，北侧屋面冬季敷设永久保温被，但到了春秋季节则根据保温和采光需要部分或全部地打开北侧屋面保温被，增加温室的采光和通风。图11所示两种温室的结构略有不同，一种为室内无立柱对称屋面结构（图11a），另一种则是室内有立柱非对称屋面结构（图11b），后者更是充分借用了日光温室采光性能好的特点，南部屋面为大弧面，北部屋面为小弧面，温室的采光和保温性能更好。

a   b

图11 大跨度组装结构外保温塑料大棚
a. 组装式无立柱对称屋面结构　b. 组装式有立柱非对称屋面结构

外保温型塑料大棚的屋脊走向究竟是采用南北走向还是东西走向，山东寿光和北京、陕西给出了不同的答案（图9、图11）。按照日光温室的采光和保温原理，外保温塑料大棚的屋脊走向应该是东西走向，这样冬季严寒季节北侧屋面可以变成永久性保温屋面，如同日光温室的后墙和后屋面，而南侧屋面采光如同日光温室的前屋面。但如果保温塑料大棚的屋脊走向为南北向（和传统的塑料大棚的屋脊走向相同），冬季大棚两侧的屋面保温被必须全部打开，或者上午东侧打开、西侧覆盖；中午全部打开；下午西侧打开、东侧覆盖；夜间屋面全覆盖。这种管理要求比较精细，人工管理难度较大，最好配套自动控制系统，根据室外光照强度、室外温度和时间精准控制卷帘机的启闭。但无论是人工控制，还是自动控制，大棚屋面的保温被总会影响采光和室内温度，在冬季室外气温较高的地区或许可以使用，但在冬季气温较低的地区，最好还是采用屋脊东西走向布置。

用外保温塑料大棚或者用多重内保温的塑料大棚，如果能够在冬季相对温暖的地区越冬生产叶菜，则这种大棚在一些地区有可能部分或全部代替日光温室（尤其在北方大都市郊区，如北京、石家庄等地），对于土地资源比较昂贵的都市蔬菜生产基地将会有广阔的市场推广前景。

滑盖式日光温室

1月23日是2016年北京入冬以来最冷的一天，室外最低温度达到－17℃，北京南郊观象台的观测资料显示，这一天也是北京平原地区近30年来1月份最低气温的极值。

温度虽然很低，但天开云散，阳光灿烂，持续了2个多月的阴霾终于告别了北京。早就听说北京顺义有个滑盖式日光温室，一直希望有机会去看看。为了实地观察、学习这种温室结构，一大早我就约了北京卧龙农林科技有限公司的总经理李晓明，想在北京最冷的这一天着重探究一下滑盖式温室的保温性能。

一、温室建筑结构

滑盖式日光温室发源于辽宁，发明的初衷是想颠覆传统日光温室土（砖、石）墙结构被动式储放热：一是将温室结构改变为完全组装式结构，提高温室结构构件的标准化生产程度和温室的建设速度；二是将日光温室的柔性外保温被改变为刚性彩钢保温板，彻底解决柔性外保温被防水性能差、密封性不好、不耐老化、使用寿命短、易结冰等问题，提高温室的保温性能；三是改变传统日光温室主要依靠墙体被动式储放热的思想，完全采用主动集热、储热和放热的理念，实现对温室环境的人工自主控制，保证温室的运行效果。

基于上述理念，滑盖式日光温室从形式上也采用传统日光温室由南向采光面和北向保温面组成的东西延长单跨温室结构（图1）。但与传统日光温室不同的是该温室结构采用落地式非对称圆拱形大棚结构，大棚的北屋面采用永久覆盖材料轻质保温彩钢板（图1b），从而替代传统日光温室后墙和后屋面。而南屋面为采光面，覆盖透光塑料薄膜和夜间保温板，其中保温板采用与北屋面相同的覆盖材料，白天打开，夜间覆盖，完全替代了传统日光温室活动保温被（图1a）。除此之外，温室的两侧山墙也采用与温室屋面

温室工程实用创新技术集锦 ❷

WENSHI GONGCHENG
SHIYONG CHUANGXIN JISHU
JIJIN 2

a   b   c

图1 滑盖式日光温室建筑形式
a.正面（南侧采光面）　b.背面（北侧保温面）　c.山墙面

a   b

图2 滑盖式日光温室承重结构
a.平面桁架与屋架混合结构　b.完全平面桁架结构

相同的轻质保温材料，并将南侧半面设计为可推拉开启的模式（图1c），东侧山墙上午打开采光，下午关闭保温。同理，西侧山墙上午关闭保温，下午打开采光，可有效提高温室的进光量和室内长度方向光照的均匀度。

　　由于温室墙体材料、保温材料以及温室建筑形式的变化，温室承重结构也相应做出了改变。一是采用完全组装式落地拱形式，彻底改变了传统日光温室墙体占地面积大、施工速度慢的局面，有效提高了日光温室的土地利用率、温室建造速度以及构件工厂化制造标准化程度；二是采用保温彩钢板做温室围护结构，大大提高了温室的保温性能和密封性，并且基本解决了围护材料的防水问题，使保温材料的使用寿命得到大幅度的延长。

　　这种温室结构采用非对称半拱形落地拱，而且新增的拉动保温滑盖的传动机构对结构增加了额外压力，所以该温室结构的用材也较传统日光温室桁架或单管屋面拱架有所改进。目前，这种结构采用的拱架形式主要有两种：一种是用和传统日光温室前屋面拱架相同的平面桁架结构，间距1m（图2b）；另一种是在传统平面桁架间增设加强屋架（图2a），两榀屋架间设置2道平面桁架。显然，后者的承载能力高于前者，但其用钢量和造价也相应提高。在实际推广应用中，应结合建设地区的风雪荷载，精准分析其结构内力，从而选择经济有效的温室结构和用材。

图3 滑盖驱动系统
a. 驱动电机减速机　b. 驱动轴及驱动钢缆

图4 驱动钢缆穿过后屋面的节点
a. 室内导向滑轮节点　b. 室外换向滑轮节点

二、保温滑盖板驱动系统

　　保温滑盖板驱动系统是该温室的核心技术。为了驱动前屋面保温滑盖板，该设计采用了钢缆驱动系统（图3）。系统由电机减速机、钢缆驱动轴、驱动钢缆、保温滑盖板、滑轨及换向/导向轮等组成。电机减速机安装在沿温室长度方向中部的屋架上，在温室跨度方向的位置基本在接近屋脊的南侧位置，1栋60m长的温室安装1台电机减速机。电机减速机采用双轴动力输出方式，以电机减速机为中心，沿温室长度方向双向设计动力输出轴。电机减速机的双轴输出轴分别连接沿温室长度方向布置的钢缆驱动轴，每2榀或3榀拱架（桁架/屋架）布置1组驱动钢缆，驱动钢缆的两端都固定在驱动轴上（两个端点紧邻，但不在同一个位置，图3b）。驱动钢缆的一端绕过驱动轴伸向温室的后屋面，到达温室后屋面的下部（滑盖外边缘在后屋面可能到达最低位置以下、温室基础顶面标高以上位置）后通过导向轮变向后穿过后屋面固定保温板（图4a），在后屋面的外部再通过换向轮变向（图4b）后连接到滑盖（活动式前屋面保温板）的下边沿（后缘）；驱动钢缆的另一端反向绕过驱动轴伸向温室的前屋面，到达前屋面的基部后通过导向轮变向

温室工程实用创新技术集锦❷

WENSHI GONGCHENG
SHIYONG CHUANGXIN JISHU
JIJIN 2

a   b

图5 驱动钢缆穿过前屋面基部的节点
a. 室内导向轮节点　b. 室外换向轮节点

a   b

图6 驱动钢缆在温室内的走向与换向方法
a. 滚轮式导向轮　b. 长筒式导向轮

后穿过前屋面（图5），在前屋面外部再通过换向轮变向后连接到滑盖的前缘。滑盖和前后两根驱动钢缆形成一个闭合传动系统。通过电机减速机的正反向转动，带动钢缆驱动轴正反向运行，从而拉动保温滑盖在温室屋面上的运动，实现滑盖的开启和关闭。

为保证密封，钢缆穿过温室后屋面和前屋面时，应用现场发泡的聚氨酯密封孔洞（图4、图5）。

钢缆在室内的走向基本沿骨架的方向布置，在温室骨架上安装导向轮，以适应骨架的弧形变化，保证驱动钢缆线不影响室内作业。室内导向轮有两种：一种是常规的支撑滚轮式导向轮（图6a），主要安装在温室较高位置，钢缆线无须精确导向到设定的方向和位置；另一种是长筒形导向轮（图6b），可以将钢缆精确导向到指定的位置和方向，主要安装在温室内钢缆可能影响温室作业的下部位置以及钢缆穿越温室前后屋面的位置（图4a和图5a）。

钢缆在室外的走向则是内嵌在滑盖滑轨内（图1a、图5b）。滑轨为C形钢，滑盖下部沿滑轨方向安装若干滚轮，滚轮在滑道内运动。随着滑盖的上下运动，钢缆也在滑轨内往复运动。

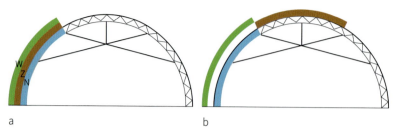

图7 两块滑盖板式日光温室结构示意图
a. 滑动盖板W、Z完全打开状态　b. 滑动盖板W、Z半打开状态

a　　　　　　　　　　b　　　　　　　　　　c

图8 温室前屋面底脚通风窗
a. 内翻窗外景　b. 内翻窗内景　c. 外翻窗

对屋面滑盖的设计有的采用1块整体板，有的采用2块板。后者的灵活性更大（图7，N为固定不动保温板，W、Z为可活动滑盖板），当W、Z两块滑盖板全打开时（此时，W、Z、N3块保温板全部叠落在一起，图7a），温室的采光面面积加大，后屋面在温室中基本不会形成阴影。而在早晚时段，室外温度较低，可将两块滑盖板中的其中一块滑动到保温位置，使前屋面部分采光，既可减少温室的散热，也可延长温室的采光。

为节约建造成本，两侧山墙的滑板采用人工推拉的方法启闭（图1c）。

三、温室通风系统

该温室的通风系统采用日光温室常用的自然通风系统，由屋脊通风口和前屋面通风口组成。屋脊通风口沿温室屋脊方向通长设置，采用齿轮齿条开窗机构，由电机减速机驱动，可自动控制（图2a）。温室前屋面通风口有两种形式：一种是间隔设置在前屋面中下部的内翻窗（图8a、b）。这种通风窗采用齿轮齿条和电机减速机驱动，能自动控制。通风窗口外设置固定的防虫网，可有效防止害虫进入温室。但这种开窗通风方式的通风口面积小，并且由于窗扇为下旋开启，雨雪天气开窗时雨水容易通过窗口进入温室。这种开窗方式适合冬季室外温度较低的地区。另一种是安装在前屋面底脚沿温室长度方向通长开启的手动通风窗（图8c）。这种通风窗增大了温室通风口面积，通风时进风均匀，但需要人工手动启闭，操作费时费力，容易导致通风不及时，而且该方式的温室进风口在前屋面最低处，进入温室的冷风直接吹袭作物，容易引起温室前部的作物受冻。此外，开窗齿条在窗户关闭后会伸进温室内，在一定范围内影响温室作业。这种开

a   b

图9 温室后屋面的附加保温
a. 铝箔反光幕保温　b. 二道幕保温

窗方式也可以加装电机减速机电动控制，实现自动控制，适合在温室运行期间室外温度较高的地区使用。

四、温室保温与采暖系统

由于没有传统日光温室被动储放热系统，该温室在注重保温的基础上采用了太阳能集热器集热热水供暖和室内热空气地中热交换提升地温等加温方式。在极端低温情况下，还使用了生物炭临时加温技术。

1. 温室保温系统

该温室的保温系统包括采光面的滑盖保温和保温面的固定保温两部分。采光面滑盖保温就是用聚苯板保温彩钢板材料，按照温室采光面的弧形制作成弧形板，替代传统日光温室的保温被。这种材料强度高、保温性能稳定、热阻大、防水防潮、使用寿命长，其综合性能优于柔性保温被（包括草苫、闭孔发泡聚乙烯、针刺毡保温被等），而且不使用卷帘机，可节约温室室外空间。

保温面固定保温是在使用聚苯板保温彩钢板材料的基础上，室内再增加一道附加保温措施，进一步提高温室的保温性能。后屋面室内附加保温的措施有两种形式：一种是在固定彩钢板的内侧粘贴柔性岩棉等保温材料，并在柔性保温材料的外侧张挂反光铝箔（图9a）。这种保温方法可根据温室建设地区冬季室外温度的高低来增加或减少柔性保温层的厚度。室内铝箔反光幕不仅可保护柔性保温材料，提高温室保温层的密封性，还可有效改善温室后部的光照环境，因此温室的综合光温环境变好，但总体建设成本也相应提高。另一种是用塑料薄膜完全遮盖固定保温彩钢板，避免彩钢板接缝处的冷风渗透。在此基础上，再安装一套完全脱离固定保温彩钢板的手动卷膜二道幕保温系统（图9b）。这种方法建设成本低，温室保温密封性能高，在二道幕和温室固定保温板之间还能形成一个空气间层，利用空气的隔热能力来提高温室的保温性能，也是一种不错的选择。

a　　　　　　　　　　　　　　b　　　　　　　　　　　　　c

图10 日光温室太阳能集热系统
a. 温室北侧的太阳能集热系统　b. 温室西侧的热力房　c. 热水储热罐

地中热交换送风管

生物炭

热水采暖光管散热器

图11 室内散热器

2. 太阳能集热器集热热水采暖系统

该系统在日光温室北侧沿温室长度方向独立设置了2排太阳能集热器（图10a），白天太阳能集热器接受太阳能，并通过水媒介质，把太阳能转换为热能保存在热水中，并将热水循环储存在日光温室西侧热力房（图10b）内的储热罐中（图10c）；夜间关闭太阳能集热器和热水储存罐之间的循环回路，开启热水储存罐和温室内散热器（图11）之间的循环回路，将储热罐中的热量通过散热器释放到温室中，实现对温室的加温。

3. 空气循环地中热交换地温提升系统

太阳能集热系统主要是提升温室的空气温度。为了进一步提升温室的地温，该温室配置了一套空气循环地中热交换系统（图12）。在靠近温室屋脊的后部位置按照一定的间隔设置收集热风的送风管（图12a），送风管的进风口安装送风风机（图12b），将室内高空热空气送入送风管，送风管沿着温室后墙竖直布置，将热空气导流到埋设在沿温室长度方向布置的后走道下的垂直气流分配主管中。垂直气流分配主管按照一定间隔沿温室跨度方向设置气流分配支管，将热空气均匀导流到温室土壤中，通过支管和土壤之间的对流换热将空气中的热量传导到土壤中，从而提高温室的土壤温度。气流分配支管

温室工程实用创新技术集锦 ❷

WENSHI GONGCHENG
SHIYONG CHUANGXIN
JIJIN 2

a

b

c

图12 空气循环地中热交换土壤加温系统
a.送风管　b.进风口　c.出风口

的末端安装弯头将支管内的气流从地下导出地面，再通过末端三通（图12c）将尾气扩散到温室的前底脚，最终释放到温室中，从而形成完整的气流回路。

　　白天，当室内空气温度达到设定上限温度后启动系统运行，将室内空气中的多余热量储存到温室地面土壤中，提高温室地温；到夜间，当室内温度降低到设定下限温度后，启动系统运行，也可将温室地中热量回抽到温室中，起到提高室内空气温度的作用。实际管理中，可视地温和空气温度合理开启风机。

4. 生物质型煤应急加温系统

　　温室虽然配备了太阳能热水加温系统和空气循环地中热交换系统，但在遇到连续阴天等没有太阳光或太阳能不足以满足温室热损失时，为保障温室的正常运行，该温室还配备了应急加温系统，即在温室的走道上每隔15～20m用砖铺地，在其上放置2块生物质型煤（图11），每组型煤可持续燃烧达4h左右，只要在半夜更换1次型煤即可获得温室1夜的供热。100m长的温室，按照20m间距布置，共需要布置5组，每夜需要燃烧型煤20块。这种措施，可以用在任何形式的日光温室中进行临时应急加温。但由于生物质型煤内含有较多的蜡质，燃烧后室内石蜡气味很浓，白天应及时通风换气，否则会影响操作人员和植物的健康。

a   b

图13 作物栽培系统
a. 作物种植盒及灌溉系统   b. 作物吊挂支架

五、作物栽培系统

据种植者介绍，2015年年底至2016年年初的雾霾严重影响了温室的生产，当前温室内种植的作物是在上一茬作物受冻后重新定植后移栽的。

温室内种植方式采用基质盒栽的方式（图13a），并采用滴箭滴灌的灌溉方式，即每个盒内插2支滴箭，供水主管沿温室长度方向布置，支管沿温室跨度方向布置，滴箭安插在支管上。

为了避免作物直接吊挂在温室骨架上引起骨架变形，进而影响温室滑盖系统的平稳运行，温室作物支撑系统单独设立了一套支架系统，在支架上安装纵横两级吊线，吊挂作物（图13b）。

滑盖式日光温室在两套采暖系统（太阳能集热器供暖和生物炭临时供暖）与空气循环地中热交换系统联合运行的情况下，温室内的蔬菜长势良好。该结果表明，只要室外阳光充足，即使室外最低温度为－17℃，这种形式的温室仍然能够安全生产喜温果菜。但在没有生物炭供暖的情况下，仅靠太阳能集热器供暖系统和空气循环地中热交换系统，滑盖式日光温室的正常生产尚难以保证。

中以温室技术的结晶

——艾森贝克对中国日光温室的改良与创新

艾森贝克是一家以色列的公司，20世纪90年代进入中国后，看到了蓬勃发展的中国日光温室，为之而感动，决心扎根中国，进行日光温室研究，并期望将以色列现代温室技术嫁接到中国日光温室中，提升中国日光温室现代化水平，使之成为引领未来中国设施农业发展的主导温室产品。

经过近30年的执着研究和不断探索，艾森贝克不仅创造出一种新颖的日光温室，而且在温室管理运行的模式上也走出一条新路。2017年3月8日，笔者应约在公司韩一华总经理的陪同下参观了在河北省邢台市沙河市多利生态农业公园以色列园科技农业区建设的最新一代日光温室。急不可待的你或许和我当时的心情一样，想尽早知道他们究竟都创新了什么。不要着急，让我逐一揭开他们的创新成果吧。

一、园区布局

该生态农业公园位于沙河市十里亭镇南高村，占地面积2万亩*，其中核心区5 000亩。以色列园科技农业区置身核心区内，占地面积100亩，其中建设了保温型双连跨塑料温室和改良中国日光温室共20多栋。

园区地处丘陵地带，总体规划中将温室布置在中央道路的两侧，其中日光温室布置在北侧，连栋塑料薄膜温室布置在南侧。由于东西方向、南北方向都有高差，在总图布局中将整个园区分成了不同的台地，东西方向高差大、距离短，分为2片大台地，南北

---

*亩为我国非法定计量单位，1亩≈667m^2。——编者注

图1 园区整体布局

图2 走道下沉南移温室

方向高差小、距离长，分为若干小台地。中央道路南北贯通，利用东西方向的台地高差建设了冷库、加工车间和农资库、办公室等辅助生产和管理设施（图1），有效利用了空间，减少了土方，节约了投资，是丘陵地区建设温室设施比较合理的一种布局方式，值得大家学习和参考。

二、温室结构的改良

在艾森贝克进入中国的初期，笔者就认识了公司以色列专家阿维先生。和他的交流中，了解了他改良中国日光温室的主要技术思路，一是提高温室空间，尤其是温室前部高度，便于高秧作物栽培；二是改变日光温室的外保温为内保温；三是取消日光温室永久保温后屋面，改为采光、通风、保温多功能的后屋面。

从近年中国日光温室技术的创新实践来看，这些理念完全符合实际，但在当时却是非常超前。

对如何提高日光温室空间，便于高秧作物种植的问题，近年来国内的研究是将传统日光温室靠后墙的走道前移到温室南侧，并将走道地面下沉、栽培床面北移（图2），既保证了操作者的作业高度，也保证了高秧作物的种植高度，还不减少温室的实际栽培面积，同时也减少了温室南部的温度边际效应，只是增加了走道下沉的土建工程，高秧作物紧靠后墙可能在一定程度上会影响后墙的采光和储热。此外，操作管理经常要从走道到栽培面上下运动，给日常管理带来不便。

艾森贝克的做法是直接将传统的弧面日光温室前屋面改为直立南墙（图3a），后走道仍然保留在温室内紧靠后墙的位置。由于增加了直立南墙，为了保证温室前屋面的采光，温室的整体高度就必须相应提升。改良后的日光温室跨度10m，前（南）墙高

温室工程实用创新技术集锦❷

WENSHI GONGCHENG
SHIYONG CHUANGXIN JISHU
JIJIN ❷

a   b   c

图3 改良温室结构
a.南侧外景　b.北侧外景　c.墙体结构

图4 改良温室的后屋面做法

图5 改良温室的内景及钢结构

2.5m，后（北）墙高4.0m，脊高6.5m，温室长度60m。2.5m高的前墙完全不影响攀蔓喜温果菜黄瓜、番茄等的种植高度（一般攀蔓作物冠层高度控制在2.0m），可以实现全温室内栽培作物相同的种植高度，为保证种植产品的产量和商品性能创造了基本条件。

除了采用直立南墙结构外，改良温室还直接取消了中国传统日光温室永久保温后屋面，在保留后屋面基本几何形状的条件下，将其改造成为采光后屋面（图3b和图4）。改造后的后屋面为单层塑料薄膜覆盖，配套卷膜通风和卷被保温（图4）。为防止害虫进入温室，在后屋面的通风口处还设置了防虫网。这种改良，通过配套后屋面活动保温被，基本保留了传统日光温室永久固定保温后屋面的保温能力，同时也增加了后屋面的通风功能，在适宜通风的季节能够和前屋面的通风口形成沿温室跨度方向的穿堂风，而且由于前屋面通风口和后屋面通风口之间的固有高差，自然也形成了热压对流通风，可以说这种通风设计较传统日光温室屋脊通风的通风效率会更高。但这种改良必须注意2个问题：①冬季严寒季节后屋面卷膜通风口的密封性；②后屋面保温被的总体热阻（应达到或超过传统日光温室固定后屋面的总热阻）及其覆盖后的密封性。如果活动保温被和卷膜通风口的密封不严，或者后屋面保温被的保温热阻不够，则将直接导致温室后屋面冷风渗透和对流、传导热量损失增大，温室后屋面将成为一个散热"冷桥"，最终将影响温室的室内温度。

改良温室的后墙采用传统中国日光温室的砖墙复合结构，按照双层240mm厚砖墙内填土的做法，墙体总厚度为800mm（图3c）。这种做法基本保留了中国传统日光温室被动式储放热墙体的功能，而且墙体增高，温室总体储放热能力将进一步增强。

温室的钢结构骨架采用了单管结构，以外卷边C形钢为基本材料，只在温室屋脊附近位置进行了局部加强（图5）。这种用材结构轻盈、自身重量轻、骨架遮光少，目前国

a   b

图6 室内水平拉幕保温系统
a. 保温幕在后墙处的固定　b. 保温幕在山墙处的密封

内也有很多温室采用这种新型材料。

　　由于温室的长度不长（60m），所以温室的外保温采用侧卷式卷帘机，前屋面和后屋面分别采用各自的卷帘机，分别独立控制（图3、图4）。

三、室内保温遮阳系统

　　改良温室在保留传统中国日光温室外保温的基础上增设了温室内保温，使温室的保温性能得到进一步加强。关于日光温室设置内保温的做法，国内的基本思路是采用与外保温相同的卷帘机，在温室内设置内层骨架支撑保温被，实现保温被的卷放，而且设置内保温的最终目标是取代外保温。但艾森贝克改造温室的思路是在保留外保温的基础上，直接将连栋温室的水平遮阳/保温拉幕系统移植到了日光温室中（图6），实现内外保温被双层保温。内保温系统由于采用水平托幕线和压幕线支撑保温被，从而省去了在温室内支撑保温被的内层骨架，不仅节约了骨架成本，而且也减少了骨架在温室内造成的大量阴影。

　　水平保温幕拉幕系统采用钢缆驱动，沿温室跨度方向拉幕。保温幕的固定边固定在温室的后墙上，活动边移动到温室南墙与前屋面的交界线（南墙屋檐）终止。为了保证室内水平保温幕的密封性，改良温室的做法，一是在温室两侧山墙保温幕移动高度安装固定密封兜（图6b）；二是在温室南墙活动保温幕的终止边设置固定的密封带，保温幕运行到该密封带的下部后形成上下层保温幕一定的重叠，可达到比较严密的密封。

　　除了水平方向的保温幕外，改良温室还在温室的南墙内侧安装了垂直卷膜内保温系统（图7），与水平保温幕一起形成密封完整的温室内保温系统。

　　南墙内保温系统采用传统日光温室侧摆臂卷帘机的卷被系统，卷帘机安装在温室一端靠近山墙的位置（图7b）。由于南墙内侧没有支撑构件，为了使卷帘机在卷被过程中获得支撑，改良温室设计了一组紧绷的绳索，一端固定在前墙屋檐处，另一端固定在温室前墙立柱基础（图7c）。这种柔性的支撑面，一可以满足卷被支撑的要求；二可以节省

温室工程实用创新技术集锦 ❷

WENSHI GONGCHENG
SHIYONG CHUANGXIN JISHU
JIJIN C•2

a   b   c

图7 南墙垂直卷膜内保温系统
a. 保温幕的固定和密封边   b. 保温幕的卷放驱动机构   c. 保温幕支撑线

钢材；三可以减少骨架遮光。柔性绳索造价低廉，更换方便，是一种经济有效的选择。

  这种保温系统的唯一不足是由于存在温室南墙屋檐处永久固定水平保温幕的密封带和南墙垂直保温幕的固定边，所以会在这个位置形成一道永久的遮光带（图7a）。实践中，应尽可能缩小这条遮光带的宽度，以最大限度减少对作物采光的影响。

  除了内保温系统外，改良温室还在室内水平保温幕的上方设置了水平遮阳网（图6a），可用于温室夏季的遮阳和冬季的保温。尤其用于冬季保温，与室内水平保温幕一起可形成双层内保温系统，再加上室外卷被保温，应该说这种温室的保温系统已经做到了极致。该层遮阳网也采用钢缆驱动拉幕系统驱动，遮阳网的固定边固定在温室后墙顶部，活动边则停留在温室南墙屋檐处，与水平保温幕重叠在一起。事实上，水平遮阳系统并不水平，而是整体向南倾斜，正好利用后墙和南墙屋檐现成的设施，形成了与水平保温幕密封的空间，利用空气间层的隔热可进一步增强温室的保温性能。

四、室外遮阳系统

  日光温室能够充分利用太阳能提高室内温度，冬季生产可节约能源，在加强保温的条件下，北方地区可实现不加温或少加温安全越冬生产。但到了夏季，室外光照强，温度也高，日光温室内温度将更高，如果不进行充分的通风降温，室内将难以进行作物的正常生产。为此，绝大多数的北方日光温室夏季处于休闲或撂荒状态，不仅造成土地资源的浪费，而且也是对温室设施的浪费。近年来，随着人们对土地资源认识水平的不断提高（尤其在大城市近郊土地资源紧张的地区），如何提高日光温室的夏季利用率，已经成为人们关注的热点。

  室外遮阳是温室降温的一种有效手段。传统的中国日光温室一般不设外遮阳，而对于连栋温室，外遮阳系统基本是一项标配。将连栋温室的外遮阳系统直接移植到日光温室是一种简单可行的日光温室夏季降温措施。

  连栋温室常用的外遮阳驱动主要采用拉幕系统，包括齿轮齿条拉幕系统和钢缆驱动拉幕系统。由于日光温室跨度较大，沿温室跨度方向的拉幕只能采用钢缆驱动。为此，

a   b

图8 中国传统日光温室外遮阳的设置方法
a. 立柱支撑的外遮阳系统　　b. 直接利用温室屋面的卷膜遮阳系统

a   b

图9 改良温室的外遮阳系统
a. 正面　　b. 背面

需要在温室前部和后部设置立柱，支撑托幕线、压幕线和驱动钢缆（图8a），安装复杂，造价较高。也有人采用卷膜遮阳的方法，将遮阳网直接铺设在日光温室采光面的外表面（图8b），由于外遮阳卷膜、温室通风口卷膜以及卷帘机卷被等多台设备在温室采光面上安装和运行，经常发生设备之间作业和运行的相互干涉。为此，改进的外遮阳采用了在温室外表面再设置二层弧形拱架的方法，将保温被和卷膜通风的设备安置在拱架下部，将遮阳网及其驱动装置安置在拱架上部，并采用卷膜的方式控制遮阳网的启闭（图9），从而有效解决了屋面上各类设备之间的干涉，也相应降低了温室的整体造价。但这种结构可能会给今后屋面塑料薄膜更换和保温被拆装带来一定障碍。

五、作物吊蔓架

传统的日光温室攀蔓作物吊挂采用三级吊线方式：三级吊线为沿日光温室跨度方向（一般指垄作方向）水平布置，直接吊挂吊蔓线的拉线或支杆；二级吊线为沿日光温室长度方向（垂直于垄作方向）水平布置，支撑三级吊线的拉线或支杆；一级吊线指竖直布置，一端固定在温室骨架或系杆，另一端固定在二级或三级吊线上的吊线或拉杆。这种吊蔓方式作物荷载几乎全部吊挂在温室骨架上，对结构的承载力要求高，相应温室造价也增加。

温室工程实用创新技术集锦❷

WENSHI GONGCHENG
SHIYONG CHUANGXIN JISHU
JIJIN 2

a

b

图10 二级吊线和三级吊线在山墙和后墙上的固定方法
a. 三级吊线在后墙上的固定方法　b. 二级吊线在山墙上的固定方法

a

b

图11 吊蔓支撑架及其布置
a. 沿温室长度方向布置　b. 沿垄向布置

　　改良的作物吊蔓系统保留了传统的三级吊线和二级吊线的方式，种植作物按照南北向作垄，每垄作物的冠层上部南北方向布置三级水平吊线，用于直接吊挂攀蔓作物，其北部固定在温室后墙上（图10a），南部固定在温室南墙纵向系杆上。二级吊线沿温室长度方向水平布置支撑三级吊线，其两端固定在温室山墙上。由于二级吊线沿温室长度方向的长度较长，相应对山墙的拉力也将增大。为了减轻二级吊线对山墙的拉力，该吊线采用地锚支撑的方式，即在二级吊线山墙固定点处安装1个扣环，将二级吊线垂直向下换向（图10b），换向后的二级吊线固定在埋入地下的地锚中（如同"琴弦式"日光温室在山墙外侧固定钢丝端头一样）。

　　一级吊线则完全从温室的骨架脱离，采用支撑在地面上的支撑架（图11）。这种支撑方式除了在温室前墙骨架系杆支撑三级吊线的水平拉力外，温室骨架其他部位完全不承受任何作物荷载的作用，在很大程度上减轻了温室骨架的作物荷载，相应也减小了温室骨架的截面尺寸和温室结构用材及造价。支撑架采用活动支撑，直接支撑在地面上，种植过程中安装就位，耕整土地或土壤消毒期间可将其拆除，基本不影响对温室土壤的耕作。此外，支撑设置的多少也可以根据种植作物的荷载大小灵活调整，小苗期可少支，盛果期可多支。虽然增加支撑也增加了温室的造价，但从温室结构的总体用钢量考虑，这种改进还是能够节约钢材用量，而且由于减轻了温室结构的荷载，温室结构更加安全，也是一种不错的选择。

上篇 日光温室工程技术

a   b   c

图12 电热带
a. 单带　b. 双带　c. 宽带

六、温室土壤加温

　　近年来，北方地区冬季雾霾、低温等极端气候天气频发，给日光温室的正常生产带来很大的威胁。为了应对临时的极端天气，保证温室作物的正常生长，改良温室配套了一种"电热带"，可以直接铺设在垄间地面（图12），用来提高地温和空气温度，是一种有效而便捷的临时局部加温技术。

　　这种电热带分为宽带和窄带2种宽度规格，长度均为8m，正好沿温室跨度方向铺满作物的栽培垄。宽带和窄带的功率均为1kW／条，窄带可以1垄布置1条（图12a），也可以1垄布置2条（图12b），视建设地区冬季室外温度确定。宽带由于幅宽较大，为避免作业过程中造成损伤，使用时沿垄沟铺设后在其表面覆盖一层浮土（图12c）。

　　由于电热带的功率较大，一是使用过程中耗电量大，运行成本高（按每天使用10h计算，1天的电费每亩为500～600元）；二是供电外线和变压器的成本也高，大面积温室园区对电力的支持能力要求更高。实际生产中，这种加热带的运行费用是否能承担，以及对地温和气温的提高能力等都值得研究和探讨。

七、经营模式

　　随着全国设施种植面积的不断扩大，农业种植者的效益在不断下滑，甚至出现季节性滞销等问题。如何提高设施种植者的生产效益，保持中国设施农业安全、健康、可持续发展是当前设施园艺面临的主要问题。

　　沙河市多利生态农业公园在运行艾森贝克温室中创造了一种依托银行的产品销售模

温室工程实用创新技术集锦 ❷

WENSHI GONGCHENG
SHIYONG CHUANGXIN JISHU
JIJIN 2

图13 园区大门口宣传牌

式，取得了良好的经济效益，值得大家探讨和研究。

温室经营者与中国银行签订合同，向中国银行的大客户提供配菜，每周1箱，每箱3kg，有10多个品种搭配配送（以黄瓜、番茄、辣椒、茄子等果菜为主，有时也配叶菜，以及粗粮、粉条等）。中国银行为了吸引大客户，免费向其大客户提供配菜，由温室经营者按照中国银行给出的大客户名单直接将配菜送货上门，分送到每个客户，中国银行统一向温室生产者支付费用，全年不分季节统一定价。合同执行初期，银行将每年定期储蓄达到10万元的客户作为服务对象，菜价按5元/kg结算，但在执行过程中发现客户太多，全部温室生产的产量无法满足如此规模的市场需求。为此，银行调高了大客户的门槛，从每年定额储蓄10万元提高到50万元，之后又调高到100万元，蔬菜的供应价格也相应进行了调整，从最初的5元/kg调整到10元/kg，并最终调整到20元/kg。

银行之所以如此执着地在蔬菜价格一涨再涨的过程中还坚持执行合同，其主要原因是温室生产者在蔬菜的种植过程中请来了以色列农业种植专家指导，严格按照以色列犹太人采用的"洁食（Kosher）"生产标准进行管理（该认证每年都要进行抽检）。据介绍该标准比欧洲现行的"良好农业规范（GAP）"的标准要求还高（主要是产品生产过程中要符合犹太戒律规定），这也是该园区的对外宣传品牌（图13）。

按照20元/kg的销售价格，温室年产量按18kg/m²计算（这个水平不算太高），产值为360元/m²。扣除配送成本5元/kg左右、温室折旧40～45元/m²（温室按10年折旧，其中骨架和设备投资为350元/m²、土建投资50～100元/m²）、生产成本6元/kg，每年净收入在100元/m²以上。

稳定的市场和价格带来的是稳定的生产，实现了银行和温室种植者的双赢，是一种企业带动、银企合作的良好模式。河北省领导在视察园区后感觉这种经营模式很好，提出希望企业能带动周边5万亩土地加入这种模式，通过政府资金扶持，形成农民、企业、合作社、银行和政府五位一体的投资运营模式，带动当地农民发展设施农业。相信在不久的将来，一片生产有效益、设施有特色的设施农业产业园区一定会展现在大家的面前。

一种以喷胶棉轻质保温材料为墙体和后屋面的组装式日光温室

2018年3月6日，北京京鹏润和农业科技有限公司总经理张栋先生在微信中给我发了一篇《柔性保温墙体日光温室》的文章，说文中的试验温室就在北京的怀柔区，邀请我到现场看看。刚看到这则微信时确实没太在意，因为2017年笔者在考察南疆时已经看过一种采用涤棉柔性材料做保温墙体的组装式日光温室，并写过报道，后来在哈尔滨、齐齐哈尔等地的考察中也见到过类似的温室，所不同的可能只是保温材料和温室的几何尺寸不同罢了。直观的感觉这种温室和上述温室都是同一类型的温室，没有太多的新奇。

但随后张栋先生又给我介绍说2017—2018年的冬季，在没有加温的条件下，室外最低气温达到—15℃时，室内最低温度保持在8℃左右。这一下引起了我极大的兴趣，如果日光温室确实能达到这样的性能，不仅在北京地区，就是在华北的大部分区域也具有良好的推广应用价值。于是我应张栋先生的邀请，约定去看看。

2018年3月10日下午，我们来到了位于北京市怀柔区庙城镇赵各庄村的锦会有机农庄，我们要考察的温室就在这里。进入农庄，马路两侧整整齐齐排列着两列砖墙结构的日光温室。走到马路的尽头，在一圈围栏中我们才看见了孤零零的一栋日光温室，这就是我们要看的试验温室了。迫不及待的你可能和我的心情一样，都急于看到这栋温室的"庐山真面目"吧？不要着急，这就请张栋先生带我们一同去揭开这栋温室的神秘面纱吧。

一、温室概况

温室坐北朝南，东西走向，我们从温室的北部绕到温室的东侧，开始了我们探索和挖掘这栋温室特色的旅程。从外形式样看，该温室和普通的日光温室没有什么两样，但银灰色的外表颜色却表达出了与传统日光温室的不同之处，这就是给我们初入眼帘的第一印象，也是轻质保温材料围护墙体的基本特征(图1a)。除了温室外，门斗也采用相同的材料围护。

温室工程实用创新技术集锦❷

WENSHI GONGCHENG
SHIYONG CHUANGXIN
JISHU JIN C2

a

b

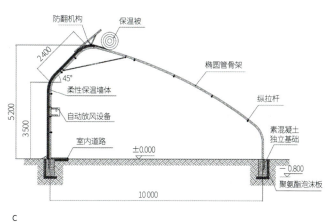

c

图1 温室建筑

a. 外景 b. 内景 c. 剖面图（单位：标高单位为m，其他为mm）

　　进入温室，首先感受到的就是敞亮的空间，白色的后墙立柱、后屋面骨架及后墙下部的反光膜更是刺激和吸引了我的眼球。由近及远，种植作物从低矮的叶菜到攀蔓的果菜，形成了梯级种植平台（图1b），原来种植者为了测试温室的性能种植了不同品种的作物，从高秧的果菜种植情况看，这栋温室确实已经安全越冬生产了，看来这栋温室的越冬生产性能应该是可靠的。

　　有了第一印象后，我请跟随张栋先生一起到来的该温室的设计者宛金工程师给我们做了详细的介绍。

　　首先从温室的几何尺寸说起吧。温室跨度10m，长度50m，脊高5.2m，后墙高3.5m，后屋面长2.4m，后屋面仰角45°，前屋面直立800mm后起拱，便于温室前部的机械耕作和种植操作（图1c）。

　　温室除了采用全组装结构、柔性保温材料围护外，还配置了室外卷帘机、屋脊和前屋面自动控制通风系统。为了预防可能的低温，温室内还配备了电加温系统。下面让我来逐一给大家做个介绍吧。

二、温室结构

　　该日光温室结构采用完全组装式镀锌钢管骨架结构（图2a），主体骨架间距为1m。

　　主体承力骨架采用φ80mm×30mm×2mm椭圆钢管。这种截面钢管，秉承了外卷边C形钢结构轻盈、钢材表面可实现完全的内外表面热浸镀锌表面防腐、加工方便、完全组装式安装不用焊接、截面小、遮光少等优点，而且由于自身为闭口截面，较外卷边C形钢和圆管承载能力更强，是目前日光温室结构的一种新趋势。

a　　　　　　　　　　　　b　　　　　　　　　　　　c

图2 温室主体承力拱架及其连接
a.温室结构整体　b.两段式骨架的中间连接　c.骨架端部与基础的连接

a　　　　　　　　　　　　b　　　　　　　　　　　　c

图3 系杆和斜撑与骨架的连接
a.圆管系杆与骨架的连接　b.屋脊压板与骨架的连接　c.斜撑与骨架的连接

　　温室前屋面、后屋面和后墙立柱为一体式拱架。为便于加工和运输，整体拱架分为两段，其中后屋面骨架和后墙立柱为一段（图2a中表面白色喷塑部分），前屋面骨架为另一段（图2a中镀锌但未喷塑的部分）。两段通过缩口插管的方式连接（图2b），下部钢管缩口后插入上部钢管，并用4套自攻自钻螺钉加固。温室骨架两端与基础的连接也采用同样的插接连接方式连接（图2c）。基础采用独立混凝土基础，独立基础间距2m，所有基础用一根铺设在其表面的角钢连接（基础内预埋件与角钢焊接连接）为一个整体，在骨架布置位置从基础表面的角钢上焊出一个矩形管插管，安装时将骨架插入该插管后再用一副螺栓螺母连接固定。这种连接方式彻底避免了骨架连接中的焊接作业（基础连接处除外）。

　　为了保证温室骨架沿温室长度方向的纵向稳定性，温室结构一是设置了沿温室长度方向的纵向系杆；二是在靠近温室的两侧山墙端的屋面和立柱上设置了斜撑。

　　温室纵向系杆分别在前屋面设4道、屋脊设1道、后屋面设2道、后墙设2道。其中，屋脊的系杆采用镀锌钢板压板（既是骨架的纵向系杆，也是温室保温被的固定板，还是安装卷帘机防翻装置的支撑），其他部位的系杆均采用圆管。圆管与骨架（包括后墙立柱）的连接采用专用的连接件（图3a），首先用6套自攻自钻螺钉分别从骨架的两侧将其固定在骨架上，然后将纵向系杆穿过连接件的插孔后用销钉销紧纵向系杆即可。屋脊压板为V形折板，与骨架的连接采用了4套L折板连接件，首先将V形压板放置在骨架屋脊设计位置，然后将4套L折板连接件分别从骨架的两侧用自攻自钻螺钉固定（每个折板每侧用4根自攻自钻螺钉），再将L折板连接件与V形压板用螺栓固定（每个折板用2套螺栓），见图3b。

温室工程实用创新技术集锦❷

WENSHI GONGCHENG
SHIYONG CHUANGXIN JISHU
JIJIN 2

a   b   c

图4 结构斜支撑设置
a.后墙立柱斜支撑　b.屋顶斜支撑　c.前屋面斜支撑

a   b

图5 斜撑与骨架连接节点
a.L折板与骨架和Ω箍卡的连接　b.斜撑与Ω箍卡和L折板的连接

　　结构山墙端的斜支撑包括后墙立柱斜支撑和屋面斜支撑，其中屋面斜支撑又分后屋面斜支撑和前屋面斜支撑。

　　后墙立柱斜支撑设置在靠近山墙的10个开间内，共有2道斜支撑，从山墙起的第6根立柱上端分别向第1根立柱和第11根立柱的下端倾斜，将靠近山墙的11根后墙立柱连接在一起（图4a）。屋面斜撑（包括1根后屋面斜撑和2根前屋面斜撑）均设置在靠近山墙的5个屋面开间内，将靠近山墙的6根屋面骨架连接在一起，2根前屋面斜支撑一根设在靠近屋脊部位（图4b），另一根设在屋面的前部位置（图4c）。

　　斜撑与骨架的连接采用L折板加Ω箍卡组合连接件（图3c）。首先将L折板用4根自攻自钻螺钉固定在骨架上（图5a），然后根据斜撑的倾斜位置将Ω箍卡紧扣斜撑后用3根自攻自钻螺钉将斜撑固定在L折板上（图5b）。

　　通过以上的连接和安装，温室所有骨架形成了一个稳定的空间承力体，而且结构件组装除基础连接件外，所有骨架连接均采用装配连接，无焊接作业，可有效避免对结构构件表面镀锌层和喷塑层的破坏，延长温室结构的使用寿命。

三、温室保温

　　温室保温不论是前屋面还是后屋面或后墙，均采用了相同的保温被保温。其中，前屋面为单层保温被活动保温，白天卷起温室采光，夜间展开温室保温；后屋面和后墙为

右侧竖排
上篇　日光温室工程技术

a   b   c

图6　保温被的连接
a. 保温被侧边的子母粘扣带　b. 叠卷PE编织布裙边后的连接肋　c. 缝合后的外观

a   b   c

图7　温室卷帘机及其防翻措施
a. 摆臂式卷帘机　b. 防翻装置（前部）　　c. 防翻装置（后部）

双层保温被固定保温。保温被的保温芯材料为喷胶棉，质量轻、导热系数小、保温性能好、透水且不吸水。保温芯两侧包裹PE编织布，防水、耐磨、抗老化。保温被幅宽2m，单层保温被质量为700g/m²，厚度约5cm。

保温被幅与幅之间的连接采用粘接后缝合的方法。每幅保温被的两侧边沿缝制了子母粘扣带，并将外覆的PE编织布留出裙边。安装时，首先将两幅保温被对接边的子母粘扣带粘合（图6a），再将两幅保温被对接边的PE编织布裙边贴合后叠卷成一条连接肋（图6b），最后用缝纫机将该连接肋用尼龙线压紧缝合，即形成连接可靠、密封严密的整张保温被（图6c），有效解决了保温被幅与幅之间搭接漏缝的问题。

整幅保温被在温室后屋面和后墙上的固定采用压膜卡簧/卡槽与压条相结合的方式固定。沿温室屋脊长度方向，在屋脊的V形折板上安装卡槽，将后屋面第一层保温被的裙边通过卡簧扣压在卡槽内，保温被顺温室后屋面和后墙铺展后通过卡簧扣压到温室基础表面的卡槽内。温室后墙和后屋面的第二层保温被与温室前屋面的活动保温被实际上是一张保温被，首先在温室后墙基础的卡槽中将保温被底边固定，将保温被绕过温室屋面一直到温室前屋面前沿底脚，在保温被的活动边安装卷被轴，卷被轴与卷帘机电机减速机相连即形成温室前屋面的卷被保温系统，在保温被经过的屋脊处用一条沿温室屋脊方向通长的压条将保温被压紧固定在温室屋脊的V形折板上，即可形成温室前屋面活动保温被的牢固固定边，同时也是后屋面二层保温被的固定边。

对于温室后屋面和后墙靠近两侧山墙的保温被边缘的固定，设计者仍然采用卡槽卡簧的方式。这种方法固定和拆卸都很方便，而且所用的固定件都是成熟的商品化产品，取材方便、价格低廉、性能稳定、固定可靠。

由于试验温室长度较短，温室前屋面卷被采用单侧摆臂式侧卷被卷帘机（图7a），

图8 防翻装置在骨架上的固定方式

图9 卷帘机遥控器

a

b

图10 温室前屋面卷膜通风
a. 卷膜器安装侧　b. 卷膜轴自由端

摆臂和卷帘机安装在温室的东侧，在温室门斗的旁边，以便于操作和观察。

由于温室的前屋面保温被和后屋面保温被为一张整体保温被，卷帘机运行到屋脊位置后如果没有阻挡可能会使卷帘机卷过屋脊滚落到温室后屋面，不仅给温室的保温造成影响，而且可能会造成卷帘机的损伤和保温被的撕裂。为此，设计者在温室的屋脊位置间隔设置了一组防翻装置（图7b），该防翻装置实际上也是通过螺杆连接到温室的骨架上（图8）。

对卷帘机的控制，常规的控制方式是手动控制，合闸后操作人员站在温室外观察卷帘机的运行，直到卷帘机卷被到位后再拉开电闸。卷被过程中一旦发生卷帘机故障或卷被轴偏移等事故，操作人员应立即拉开电闸。但由于操作人员与电闸间有一定距离，这一距离可能会延误卷帘机的及时关闭，有时会造成卷帘机事故的进一步扩大。为此，该温室专门开发了一种遥控器（图9），操作人员可以在温室内操作，也可在温室外操作。尤其在寒冷的冬天，操作人员在温室内操作，可使他们有效避寒，这也算是对操作人员的一种劳动保护。一旦卷帘机发生故障，可及时切断电源，从而有效避免事故的进一步扩大。

四、温室通风

温室通风系统采用屋面前部和屋脊部位两组通风口相结合的自然通风方式。

温室屋面前部通风口设在温室骨架的第一道纵向系杆上部，通风口宽度800mm，沿温室长度方向通长设置。通风口下部温室直立部分采用固定薄膜，用卡槽卡簧固定塑料薄膜；通风口安装固定防虫网；通风口的上沿用卡槽卡簧同时固定通风口塑料薄膜的固定边和防虫网。通风口的启闭采用电动卷膜器控制（图10a），在卷膜轴的自由端，也就是温室一侧靠近山墙的屋面处固定覆盖了一层保温被（图10b），保温被上下两端固定，

图11 屋脊开窗机构
a. 整体　b. 二级动力驱动线在一级动力驱动线上的连接　c. 滑轮在屋脊板上的固定

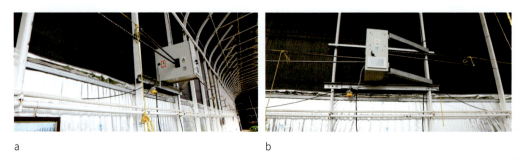

图12 屋脊开窗机
a. 正立面　b. 侧立面

左右两侧自由，卷膜轴的自由端从该保温被下穿过，可有效避免卷膜轴翘曲。从图10也可以看出，在温室的前屋面间隔布置了数道压被带，这是压在活动保温被的上部，用于保温被覆盖后压紧保温被，防止保温被被风掀起。

　　温室屋脊部位的通风口设置在距离温室屋脊800mm的位置，沿温室长度方向通长设置，通风口宽度1m。控制通风口开启采用电动扒缝通风的方式(图11a)，这是一种改进的双侧动力输出开窗机。电机减速机输出动力，带动齿轮齿条往复运动，实现对通风口启闭的控制。齿条两端连接水平布置的一级动力驱动线（钢丝），驱动启闭通风口的二级动力驱动线。二级动力驱动线间隔固系在主动力线上（图11b），通过定滑轮变向后绕过固定在屋脊板上的定滑轮，最后从温室屋脊通风口穿过后与通风口的活动边固定，之后再延伸到固定在温室屋面上的转向定滑轮后从温室通风口活动边的下部返回室内，通过定滑轮变向后连接到一级动力驱动线上，实现对屋脊通风口的自动控制。

　　该温室屋脊通风口的启闭采用了步进式控制方法，即通风口的启闭是根据室内外温差分步启闭，每次动作只能运行固定的距离，该固定距离可以人为设定，为10~20cm。这样可有效避免由于一次性启闭通风口（即大开大合）引起室内温度的剧烈波动。

　　驱动屋脊通风口启闭的电机减速机采用双轴输出方式，用一台电机减速机实现了向两侧的动力输出（图12）。实践中，将电机减速机安装在温室的中部，分别向两侧输出动力，可带动两侧的通风口控制一级动力驱动线，从而将单台电机驱动通风口的长度增加了1倍。早期的同类设备带动屋脊通风口的长度多在20m左右，使用该机后1台电机可带动50m长的温室屋脊通风口启闭，节省了设备，也降低了投资。

图13 温室加温系统

a   b   c

图14 温室门斗机具进出门
a.日常管理关闭状态   b.机具进出打开状态   c.关闭时内侧锁杆

五、温室加温

　　虽然在温室设计时没有考虑加温设备，但考虑到试验温室运行的风险，温室的管理者还是在温室建成后选配了电加热的温室加温系统(图13)。该加温系统为独立的电加热器，单台加热器的功率为1kW，可手动调节和设定加热器的输出功率。加热器主要通过辐射散热的形式向室内补充热量。作为应急设备，这种设备配置还是很有必要的。当温室生产遇到极端恶劣天气条件时，临时补温可有效降低温室运行的风险。

六、温室门斗

　　该温室在门斗设计上有一个独特的创新，就是将温室作业机具的进出口设计在了温室的门斗上，这是和传统日光温室在前屋面骨架上开门洞进出作业机具最大的不同。

　　温室日常管理操作人员出入的作业门设计在门斗的南侧（和传统的日光温室门斗相同），图1a为门斗作业门打开状态，图7a为门斗作业门关闭状态。

　　在门斗的东侧设计了三扇折叠的双开式平开门，其中1扇为独立平开门，另外2扇为连体的可折叠平开门。平常东侧3扇门均处于关闭状态（图14a），温室保温。当作业机具需要进出时，可将3扇门全部打开（图14b），不论从宽度还是高度上都能满足日光温室耕种作业机具的进出。为了保证机具作业门在温室日常运行中的密封性和结构的牢固性，设计者在3扇门的内侧加设了一道水平锁杆（图14c），可将3扇门牢固固定。需要开

a

a

b

b

图15 温室山墙门的启闭
a. 日常管理开单扇门　b. 机具进出开3扇门

图16 试验测试
a. 对照温室　b. 传感器布置

门时只要将该锁杆人工卸下，即可很方便地打开大门，便于作业机具出入。

　　与温室门斗东侧机具作业门相适应，温室东侧山墙上也按照门斗3扇门的规格和大小安装了3扇平开门（图15）。温室日常管理中只开启单扇门（图15a），供管理的操作人员进出。当需要作业机具进出温室时，将连体双扇折叠门扇折叠打开，形成与门斗同样规格的门洞空间（图15b），与门斗东侧机具作业门形成通畅的交通作业通道。双扇折叠门扇折叠在温室内开启也不会占用太大的室内空间。

　　这种机具作业门的开启方法没有增加太多的建筑材料，安装和管理都很方便，尤其不破坏温室承力骨架，对保证温室结构的强度和承载能力具有非常积极的作用。

七、温室性能

　　为了进一步分析和验证该试验温室冬季的保温性能，北京京鹏润和农业科技有限公司选择了同园区内邻近的一栋传统的北京砖墙结构日光温室（图16a）做对照，分别测定两栋温室同期的室内外温度。

　　测试从温室内作物定植后开始（2017年12月15日）。温度测点在室外布置1个，试验温室内布置了24个。试验温室中测点分别布置在温室中部和两侧距离山墙10m的3个断面上，每个断面上沿温室跨度方向在不同高度布置3组，最南侧一组2个传感器，中部和后部均布置3个传感器（图16b）。对照温室只在中部断面按照试验温室传感器布置的方法布置了8个传感器。

　　图17为2018年1月份最冷1周试验温室和对照温室的室内外温度变化（室内温度取温室中部断面跨中距离地面50cm位置的传感器数据）。由图可见，在室外最低温度－18℃

温室工程实用创新技术集锦❷

WENSHI GONGCHENG
SHIYONG CHUANGXIN
JISHU JI 2

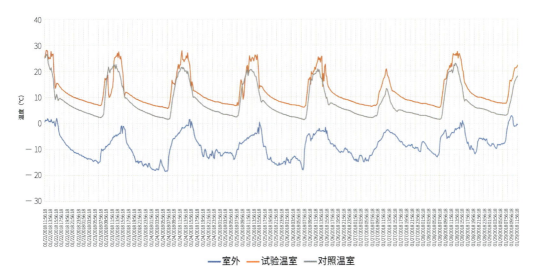

图17 测试结果

左右时，试验温室的室内最低温度基本保持在6℃以上（这个低温点对喜温果菜可能有点偏低），较对照砖墙温室的室内最低温度高4～5℃。据介绍，该温室虽然配置了温室加温系统，但整个冬季都没有使用。从夜间室内温度均匀变化的趋势也可以判定出温室夜间要么是没有加温，要么是整夜都在加温。但整夜加温的可能性较小，据此可确认温室是在完全没有外界加温的条件下运行的。

从图17还可以看出以下几点：①试验温室在覆盖保温被后短时间内升温的幅度较大，说明保温被的保温性能良好；②试验温室在覆盖保温被时的温度大都比对照温室高，这可能与对照温室的管理相关，如果对照温室同样在与试验温室相同的室内温度时覆盖保温被，是否也能达到与试验温室同样的保温效果，还需要进一步的试验验证；③从试验温室和对照温室夜间温度变化曲线的斜率来看，试验温室温度下降的速率较小，说明试验温室的保温性能较对照温室更好，尽管试验温室没有对照温室的后墙夜间放热；④白天试验温室内的温度总是高于对照温室，说明试验温室白天的采光性能更好。

以上综合分析表明，该温室具有良好的采光和保温性能，最冷季节晴天可保持室内外温差20℃左右，在北京地区生产叶菜应该可以安全越冬，适当的加温可保证安全生产喜温果菜。

八、结语

随着日光温室工业化建造水平的提高，完全组装式日光温室结构将是未来日光温室发展的一种趋势。此类温室，构件（材料）工厂化生产、现场组装、施工周期短（100个工日可建设100m长温室，大规模建设时交叉作业还可进一步减少用工）、建造成本低（试验温室目前的造价约300元/m²，交钥匙工程，包括运输和施工安装费）、使用寿命长、保温性能好，尤其是温室墙体占地面积小、温室建设不破坏耕地、异地拆装和建设不损坏温室结构，大量推广后建设成本也会大幅度下降。目前这类温室在新疆、北京、河北、黑龙江等地试验推广已经表现出了良好的性能，希望科技工作者和温室生产者有机会投入更多的精力研究和完善这种形式的温室，期待能够早日推广应用到大面积生产中。

致谢

北京京鹏润和农业科技有限公司总经理张栋先生不仅创造机会，而且还亲自陪同现场参观，宛金工程师除了现场介绍外还提供了很多技术资料和现场测试结果，在初稿成文后二位先生还提出了很好的修改意见，在此一并表示衷心的感谢！

一种以涤棉轻质保温材料为墙体和后屋面的组装式日光温室

本文所述的组装式日光温室，专指后墙不能自承重且无被动储放热功能，前屋面骨架、后屋面骨架和后墙立柱一体化组装的日光温室结构。笔者曾报道过的草墙结构日光温室、滑盖式日光温室以及大棚式日光温室等都属于此种结构类型。

组装式结构日光温室，如同连栋温室和装配式塑料大棚结构一样，所有骨架在工厂加工、现场组装，现场焊接的作业少甚至完全没有焊接作业，因此，施工速度快，钢结构表面防护损伤小（尤其对热浸镀锌钢材），材料使用寿命长，且便于异地搬迁拆装。由于采用了轻质的保温材料做墙体和后屋面围护结构，温室骨架承受的结构自重荷载大大减轻，骨架截面尺寸也可相应减少，并最终体现在结构材料用量减少和造价降低上。但由于缺少了后墙被动储放热的能力，对温室夜间密封、保温和隔热性能的要求就必然提高。选择价廉、质轻、密封、保温性能好的后墙和后屋面保温隔热材料是保证这种温室正常生产的关键。组装式排架结构自身的结构强度和安装节点的处理也是保证整体结构抗风、抗雪和承载其他载荷的重要因素。所以，结构形式及其构件连接方式和保温材料的选择是决定这类温室成功的关键因素。

草苫、草砖、彩钢板、发泡水泥、珍珠岩等都是此类温室在不同地区试验和应用过的保温隔热材料，有的地方也曾用日光温室前屋面保温被做后屋面和后墙的保温材料，但总体上看，到目前还没有一种保温隔热材料获得大家的一致认可，进而推而广之。

2017年3月16日，笔者在新疆和田市团结新村考察时见到了一种用涤棉被做保温材料覆盖温室后屋面和墙体的组装式日光温室，虽然温室中还没有种植作物，其生产运行的性能还有待考证，但这种保温材料和组装结构还是引起了笔者极大的兴趣，现介绍给读者，供大家研究和实践。

a b

图1 温室外形
a. 南侧 b. 北侧

a b

图2 温室组装式结构
a. 整体组装结构 b. 主体骨架与纵向系杆的局部连接节点

一、温室结构

从外形上看（图1），这种温室和普通的日光温室一样，门斗、后墙、后屋面、前屋面和保温被等都完全与传统日光温室相同，但由于围护门斗、温室后墙、山墙和后屋面的覆盖材料采用了一种如同保温被一样完全柔性的涤棉材料，温室的承力结构及其与覆盖材料的连接方式都发生了根本性的变化。

由图2可见，温室的承力骨架采用完全的组装式结构，前屋面、后屋面和后墙立柱采用一体化的组装结构，结构安装时如同塑料大棚骨架安装一样，可在地面上将一榀骨架（包括前屋面骨架、后屋面骨架和后墙立柱功能的一体化骨架）连接好后，两个人抓住骨架两端同时用力（或在骨架中部再施加第三个力），即可将骨架竖起并安装在两端的基础上。将所有骨架按同样的方式安装完成后，再安装山墙立柱（具体安装程序可视具体情况而定，可以从温室中部开始向两侧延伸安装，也可以从温室两端山墙开始向中部靠拢，还可以从温室一端山墙向另一端山墙延伸安装），温室主体骨架的排架结构安装即告结束。所以，这种骨架现场安装方便、快速。

在主体骨架的排架结构安装完成后或在安装的过程中，还需同时安装温室骨架纵向系杆，包括屋脊梁、墙梁和前屋面系杆。由于是组装式结构，在主体骨架与纵向系杆连接时，采用了专用的连接件（图2b）。该连接件用自攻自钻螺钉首先固定在主体骨架

温室工程实用创新技术集锦 ❷

WENSHI GONGCHENG
SHIYONG CHUANGXIN JISHU
JIJIN（2）

图3 温室结构支撑设置
a. 山墙斜撑 b. 后墙中部"门"式刚性支撑

图4 前屋面骨架柔性斜撑

上，再将纵向系杆穿过连接件凹槽后用契形销钉固定，即完成温室主体骨架与纵向系杆的牢固连接。骨架拆装时，只要反向用力将契形销钉退出，即可将纵向系杆与主体骨架分离。所以，安装和拆装都十分方便，而且不会对任何构件造成表面损伤。主体骨架用纵向系杆连接后即形成完全的排架结构。为了保证排架结构的纵向稳定性，一是在温室内山墙立柱的顶端设置了2根固定在地面上的斜撑（图3a）；二是在温室后墙的中部设置了"门"式刚性支撑（图3b），对于较长的温室（温室长度超过100m），应在温室后墙立柱上设置2道刚性支撑，分别置于温室后墙距离山墙1/3长度位置的立柱上；三是在温室屋面靠山墙的第2根骨架和第3根骨架之间采用连续的柔性斜撑（图4），该柔性斜撑可以是钢索、绳索、布带或其他材料，其设置位置，除了在靠近山墙的第2根骨架和第3根骨架间外，对于较长的温室还应在温室中部如同"门"式刚性支撑一样增加斜撑设置数量。这种斜撑设置应该说是完全按照国家规范针对轻钢结构中排架结构斜撑设置的要求而设置，能够满足排架结构纵向稳定的要求（具体施工程序应该是先安装带斜撑的骨架，然后再顺序安装不带斜撑的骨架，同时用纵向系杆将所有骨架纵向连接，以保证安装过程中结构的整体稳定性和安全性）。

二、温室保温材料及其固定

在温室主体钢结构骨架安装完成后第2道施工工序应该是安装温室的墙面和后屋面覆盖材料。

新型的涤棉保温被材料，厚度2~3cm，保温芯为涤棉丝，内外两侧用防水胶布包裹，轻质、柔软，如同草苫墙体围护材料一样，如何紧密地将其固定在温室主体结构的承力骨架上，是这种温室结构设计的一大难题。

为了避免传统的用"穿钉"等方法从外部穿透保温材料后再将其固定在温室骨架上造成保温材料透气、渗水和"冷桥"等问题，设计者采用了在保温被加工过程中增设"固定带"的做法，在保温被的四周周边以及保温被沿温室墙面和后屋面固定方向的中部设置固定带（其中，中部固定带设置的数量和位置可根据温室墙体高度和后屋面宽度

a   b   c

图5 保温材料在温室骨架不同部位的固定方式
a. 脊部　b. 中部　c. 底部

确定），沿温室的长度方向通过固定带将保温被牢固地固定在温室的骨架上（图5）。

所谓固定带，就是在保温被的面层材料上缝制（或粘贴）一根用帆布条（或其他材料）围成的布筒，在布筒的外表面间隔一定距离开洞。在布筒内通长穿一根钢丝或其他柔性绳索，在布筒的每个开洞处，用布带或绳索连接布筒内的绳索并将其固定在连接温室骨架的纵向系杆或基础地梁上。

受加工、运输设备和条件的限制，墙体和后屋面保温被材料的长度不可能做到与温室等长（设备受限时，沿温室墙体和屋面方向铺设的长度也可能不能一次成型），所以，在温室长度（或跨度）方向对接保温被是不可避免的。为了解决两幅保温被对接的问题，温室设

图6 保温材料中部的连接

计者将保温被沿温室长度方向铺设的两端也预置了"固定带"，如同沿温室长度方向固定保温被一样，在两幅保温被连接处分别将保温被预置固定带通过内部绳索和外部绳索将其固定在同一根温室骨架上（图6）。两幅相邻保温被边缘搭接后用胶带粘接，可实现保温被的无缝连接。由于采用了专用粘接的方法，在保温被出现破损或划伤时也可以采用相同的方法粘接。这种粘接方法如同修补自行车内胎一样，在清洁完粘接表面后，双面涂上粘接剂，紧压抹平，可立粘立干，粘接强度高、密封性好。

按照这种连接方式安装的温室后墙和后屋面保温被，连接牢固，密封性能好，温室基本不会出现冷风渗透形式散热现象。由于保温材料自身表面光滑、防水，温室墙面和屋面的密封性能好，所以，温室的排湿就成为这种温室的主要问题，否则温室内的空气相对湿度将会很高，容易引起种植作物的病害。

三、温室环境调控设备配置

该温室配置的环境控制设备包括通风设备和卷帘机。由于温室还未进入生产状态，这次考察中没有看到其他配套设备。

a   b

图7 温室配套环境调控设备
a. 温室前屋面卷膜通风与卷帘机　b. 温室后墙通风窗

　　不像传统的日光温室通风窗设置，该温室没有设置屋脊通风窗，而分别在温室前屋面基部和后墙基部设置了通风窗（图7）。其中，前屋面基部的通风窗为连续卷膜开窗，采用电动卷膜器控制（图7a），可根据室内设置温度控制卷膜器的启闭；后墙基部通风窗则采用间隔布置的矩形上悬通风窗，通风窗覆盖所用材料与墙面材料相同，手动启闭，在窗口覆盖材料的下沿缝制布带，窗户关闭时与窗口下沿的布带紧系，窗户开启时与窗口上沿的布带紧系即可完成对窗户的启闭作业（图7b）。由于完全采用人工启闭控制，温室后墙窗户启闭需要花费的时间长、劳动作业强度大，而且对室内环境控制的实时控制程度也不高。

　　从整体通风系统看，前屋面和后墙的通风口都非常靠近温室地面，温室通风时冷空气容易冻伤作物，此外，由于湿热空气往往在温室室内较高的位置，仅仅依靠近地面的通风口很难将这部分湿热空气交换出去，所以，这种通风系统的通风效率不会太高。建议在条件许可的情况下，日光温室应尽量设置屋脊通风口，或者在温室后屋面开设通风口，以提高温室通风换气和降温排湿的效率。

　　温室的前屋面保温被采用了当地比较通用的针刺毡保温被，采用中卷式卷轴卷帘机卷被（图7a）。从现场情况看，这种保温被的质量不高，厚度较薄，保温芯的质量也较差，估计保温性能难以与后墙面和后屋面保温被相匹配。笔者认为，如果能采用与墙面和后屋面保温材料相同的材料做温室前屋面保温被估计效果会更好，哪怕保温被的厚度较墙面保温层厚度薄点都是可以接受的，在今后的同类温室建设中不妨一试。

　　由于在考察中没有看到温室储放热系统或温室的加温系统，在严寒的冬季不考虑储热、加温，仅用严密保温是否能够安全越冬，目前还不得而知，笔者希望有机会跟踪这种温室实际种植条件下的运行情况，以全面、客观地评价这种温室的性能。

以EPS空腔模块为围护墙体的钢骨架装配式日光温室

装配式日光温室，较砖墙、土墙或石墙的土建结构日光温室，其最大的特点就是破坏耕地少（有的甚至不破坏耕地）、节约用地（主要指节约墙体的占地面积）、建筑材料标准化（大都使用工业化产品）、建设速度快、使用寿命长。在国家严控耕地政策的背景下，装配结构日光温室似乎已经成为当前和今后日光温室创新和发展的一个重点方向。

所谓装配结构日光温室，就是温室墙体材料不再以承重和被动储放热为主要功能，而仅以隔热围护为己任，相应地温室的后墙承力结构也由传统的土建结构（砖墙、土墙或石墙）改变成为钢管或钢筋混凝土立柱结构。温室后墙立柱与温室前屋面骨架和后屋面骨架共同形成温室剖面方向的横向承力体系，沿温室长度方向则将横向承力体系用系杆连接形成整体排架结构承力体系。有的设计者为了减少后墙立柱，在后墙立柱柱顶沿温室长度方向设置柱顶横梁，将后屋面骨架直接搭接在柱顶横梁上（后屋面骨架与后墙立柱可一一对应，也可不一一对应），形成另一类梁柱结构承力体系。为了增强结构的横向承载能力，有的温室将后墙立柱由传统的直立杆变形为斜立杆或拱曲杆，与温室前屋面骨架和后屋面骨架形成非对称的大棚结构。这些都是近年来在装配结构日光温室的探索中研究和创新出来的一些新型结构形式。

墙体围护材料的功能由传统的承重和被动储放热转变为新的隔热围护功能后，使传统的以导热系数大、墙体厚重、占地面积大、施工周期长的土墙、砖墙或石墙等土建结构墙体彻底成为历史，同时也使以增大热阻、减小厚度、降低成本为目标选择低导热性能保温材料的视野大大开阔。工业化的产品大量被应用到日光温室中，如刚性的彩钢板、挤塑板、空心保温砖、聚苯乙烯泡沫空心砖、发泡水泥等，也有柔性的保温被材料，还有以农业废弃物作物秸秆为原料制成的草捆或草砖材料，将珍珠岩、陶粒等低热阻的松散保温材料用刚性或柔性的围护材料包夹，也可以形成装配结构日光温室的墙

温室工程实用创新技术集锦 ❷

WENSHI GONGCHENG
SHIYONG CHUANGXIN JISHU
JIJIN 2

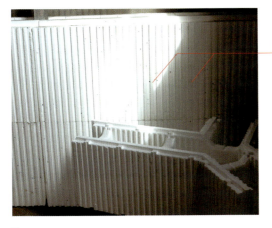

双侧外壁
边缘契口
内部空腔
内部肋柱
表面燕尾槽
边缘契口

表面燕尾槽

a   b

图1 EPS空腔模块材料
a. 表面　b. 端面

体。当然，更多的新型保温材料在装配结构日光温室墙体中的应用还在不断被开发和挖掘中。

2018年中国设施农业产业大会在山东泰安举行期间，笔者遇到了烟台德通节能环保科技有限公司的总经理徐信女士，她向我介绍了他们公司正在研发的一种用EPS材料做围护墙体的装配式日光温室，引起我的极大兴趣。在跟踪测试了试验温室在烟台海阳县2018—2019年冬季的生产性能后，初步认为这类温室具有一定的市场推广前景，在此介绍给广大读者，有兴趣的同仁们可以在此基础上继续优化结构、深化研究和试验推广。

一、EPS空腔模块及其性能

EPS是绝热用模塑聚苯乙烯泡沫塑料，俗称聚苯板。它是由可发性聚苯乙烯珠粒经加热预发泡后，在模具中加热成型制成的具有闭孔结构的聚苯乙烯塑料板材。发泡成型材料内部由很多封闭的多面体蜂窝组成，每个蜂窝的直径为0.2～0.5mm，蜂窝壁厚0.001mm。蜂窝内的静止空气为热的不良导体，因此这种材料具有良好的保温隔热性能。此外，这种材料还具有独特的抗蒸汽渗透性能（表面和内部均能自防水）、较高的抗压强度、便捷的施工安装和长久的使用寿命，故而在建筑节能、保温隔热中被广泛应用，在组装结构日光温室中的应用也有至少5年的历史了。所不同的是每个企业生产的产品由于使用模具不同而有不同的外形尺寸和内部空腔结构，以及由此而形成的不同的容重和隔热性能。

烟台德通节能环保科技有限公司生产的EPS空腔模块（图1）标准板材外形尺寸为1 200mm×1 000mm×200mm（长×宽×厚）；板材表面开设致密的燕尾槽，便于表面粉刷水泥浆或其他保护、粉饰材料时增加粉饰材料的表面附着力；双侧外壁用间隔肋柱连接，形成板材内部空腔，进一步增强材料的隔热性能，同时也减少材料用量，减轻容

a   b

图2 温室建筑形式
a.外景　b.内景

重、降低造价；板材四周制成阴阳契口，便于组装连接和密封。材料密度30kg/m³，导热系数0.03W／（m·K），防火等级为B1级（离火自熄），具有重量轻、保温好、能防火的特点。

二、温室建筑与结构

1. 温室建筑

依据EPS空腔模块材料的特点，为了简化温室结构，温室建筑采用了无固定保温后屋面的日光温室形式（即省去了传统日光温室的后屋面）。此外，为了减少前屋面骨架对后墙的推力（或者说为了增强后墙立柱对前屋面拱架的支撑力），温室的后墙也由传统的直立结构改变成了斜立形式（图2）。这种建筑形式，由于取消了温室后屋面，只要温室斜立后墙的倾斜角度（后墙与室内地面的夹角）大于当地夏至日中午的太阳高度角，则温室地面周年生产都不会出现室内阴影。设计中，为了尽量减少温室夏季的热负荷，并结合结构承力性能，还可按照以下原则适当减小后墙的倾角：①夏至日午时阳光可直射到室内走道的边沿（靠后墙的走道）；②夏至日午时阳光可直射到靠后墙最近一株作物的冠层（对于高秧吊蔓作物，一般按2m株高计算；对于低矮的叶菜或地面爬蔓类作物，一般可按0.5m计算）。实际设计中，还可根据综合经济性能在充分考虑上述两个约束条件的基础上进一步减小后墙的倾角。

温室取消了传统温室的后屋面，不仅简化了温室结构，更加大了温室的采光面积，对温室白天室内温度的提升和室内种植作物的采光都起到了非常积极的作用，但由于温室的保温比（日光温室的保温比一般为温室地面、后墙和后屋面面积之和与温室前屋面面积之间的比值）相应减小，使温室的整体保温性能有所下降，由此也限制了这种类型温室在寒冷地区的推广（当然，如果温室增加储热或采暖功能后可减少或弥补由于保温比下降带来的影响，但相应也会增加温室的造价和运行成本）。

a   b

c   d

图3 基础及与立柱的连接
a. 独立基础及埋件　b. 焊接柱底端板　c. 安装立柱　d. 安装完毕的立柱

2. 温室结构

温室结构包括墙体结构和屋面结构，二者共同组成温室的整体承力体系。由于采用EPS空腔模块材料做建筑围护，一是墙体的自重得到大大减轻；二是墙体围护材料不再成为结构的承力构件，由此，温室结构采用了完全组装式梁柱结构。其中的"梁"，即温室前屋面骨架或称"屋面梁"，是温室的屋面承力结构构件；"柱"，即温室后墙和山墙立柱，是温室墙体承力结构构件。在经过技术经济比较后，该温室结构承力构件的屋面梁采用目前比较流行的外卷边C形钢，立柱则采用矩形钢管。所有钢构件材料全部采用表面热浸镀锌防腐处理（外卷边C形钢采用热浸镀锌钢板直接辊压成型；矩形钢管可以采用热浸镀锌钢板辊压成型，也可以采用成型的黑管二次热浸镀锌，但前者加工工序少、成本较低）。

在确定了主体结构用材规格后，如何进行构件的连接使之形成稳定的结构体系是结构设计中重点要解决的问题。以下按照温室结构的施工安装顺序就该温室结构的构造特点进行详细介绍。

（1）**基础与立柱的连接与安装**　由于温室结构是组装式排架结构体系，所以，该温室基础采用柱下独立基础的做法，墙面立柱与独立基础一一对应（图3）。

独立基础采用400mm×400mm×400mm见方的钢筋混凝土基础，基础表面预埋钢板，并在预埋钢板上预置4根连接螺栓（图3a），可使基础与立柱之间的连接形成理论上

a   b

c   d

图4 墙面保温板与柱间联系梁的安装
a. 起始墙板安装　b. 柱与墙板连接大样　c. 柱间联系梁安装　d. 上层墙板安装

的固结连接。立柱上，在与基础连接的端部焊接立柱端板。由于建筑设计中后墙立柱与基础表面形成一定的倾斜角度，所以，在立柱端板与立柱的焊接连接中就必须按照温室后墙的倾斜角度，将立柱端部切削成一定角度（与墙面倾斜角度一致），并与立柱端板倾斜焊接（图3b）。立柱端板上开设4个螺栓孔，位置与基础埋件上螺栓的位置对应。现场安装中（图3c），只要找平基础表面，将基础埋件上的螺栓穿过立柱端板上的螺栓孔，加装垫片并拧紧螺母即完成立柱与基础的连接（图3d）。

这种施工方法的难度是对基础埋件的标高和埋件螺栓的位置精度控制要求高，此外，所有后墙立柱端板的倾斜角应保持一致。从图3的施工现场看，基础施工和焊接操作基本都采用手工作业，这将严重影响施工精度要求。建议基础预埋螺栓采用加长螺栓，用螺栓来调节立柱端板的标高，在立柱端板标高调整到位后再对立柱端板与基础表面之间的空隙进行二次砂浆灌浆。另外，在施工过程中应对基础预埋螺栓的螺纹进行保护，避免水泥浆或砂浆等杂物粘到螺纹，给后续的安装带来困难。对立柱与立柱端板的焊接应采用作业平台，在作业平台上准确切割立柱端部斜口并精确固定立柱与立柱端板的焊接位置，这样，所有立柱端板的倾斜角度才能保持一致，并最终保证温室后墙安装统一的倾斜角度。

对基础的大小应根据当地地基的承载力进行校核，而且其埋深至少要达到当地冻土层深度且要埋设到地基的持力层位置，不得将基础坐落在无承载能力的地表回填杂土上。

（2）**后墙立柱的连接与安装**　独立的后墙立柱与基础安装完毕后，接下来应该安装后墙立柱的纵向水平联系杆，以便将所有立柱能形成一个整体。

该温室由于后墙墙板采用EPS空腔模块材料，如果立柱安装过程中首先将立柱之间

温室工程实用创新技术集锦❷

WENSHI GONGCHENG
SHIYONG CHUANGXIN
JIJIN 2

a   b

图5 压膜（被）线挂钩预埋件
a. 埋件大样 b. 埋件在外墙表面外露挂钩

的联系杆安装完毕后再安装墙板，则由于水平联系杆的阻挡，EPS空腔模块墙体围护材料将无法安装。为此，在所有独立立柱安装完毕后，首先应该安装墙体最下部一层的EPS空腔模块墙板。设计中立柱的间距正好是EPS空腔模块墙板的长度尺寸（1.2m），因此，只要将EPS空腔模块墙板对准两侧边缘槽口沿墙面立柱自上而下滑压到位即可（图4a）。安装后的每根立柱正好位于相邻两块EPS空腔模块墙板对接口的中部（图4b），一方面由于EPS空腔模块墙板两侧的契口能良好地密封相邻两块板的接缝，另一方面将墙面立柱包裹在EPS空腔模块墙板的内部空腔，也能完全阻断立柱在后墙内的"冷桥"。这也正是这种材料和结构特有的优点之一。

立柱高度方向水平联系杆的间距应与单块EPS空腔模块墙板的宽度尺寸相一致（1m模数），可在每块墙板之间设置水平系杆，也可在两块墙板之间设置水平系杆。根据设计水平系杆的位置，在最下部第一块或第一组墙板安装完毕后，即可在墙板的上槽口内安装墙面立柱水平联系杆（图4c）。立柱水平系杆采用矩形方管，表面热浸镀锌，与立柱采用螺栓连接（在系杆端部焊接端板，端板上开螺栓孔，螺栓对穿相邻系杆端板与立柱相连）。与钢构件立柱一样，立柱水平系杆也位于墙板的槽口内，同样也不存在构件"冷桥"的问题。

按照上述顺序，一层墙板、一条柱间水平系杆（图4d），直到全部的墙板安装完毕后再在立柱的柱顶安装最后一道水平系杆（实际上也是柱顶压杆或屋面拱杆支撑梁）。

对于排架结构，除了柱间水平系杆外，尚应沿温室长度方向的两端和中部设置柱间斜撑。但由于受EPS空腔模块墙板结构内部肋柱的阻挡，实际上难以设置柱间斜撑，这也是这种墙板材料给结构稳定带来的一种隐患。

需要注意的是，在墙板和柱间水平系杆的安装过程中，还应在最上层墙板底部的水平系杆（柱顶压杆下第一道水平系杆）位置的立柱上焊接固定屋面塑料薄膜、保温被、压膜线以及防止保温被过卷的预埋件。

对塑料薄膜和保温被压线端头在后墙面上的固定，设计采用挂钩的形式（图5），即用钢筋制成一个一端带弯钩或圆环的构件，直接焊接在后墙立柱上（图5a）。在墙板安装后，挂钩只露出墙面，用于固定压膜线或压被绳，埋件的主体则埋设在墙板内。由于埋件只穿过墙板的一侧侧壁，不会形成贯穿整个墙体的"冷桥"，所以，对温室墙体的

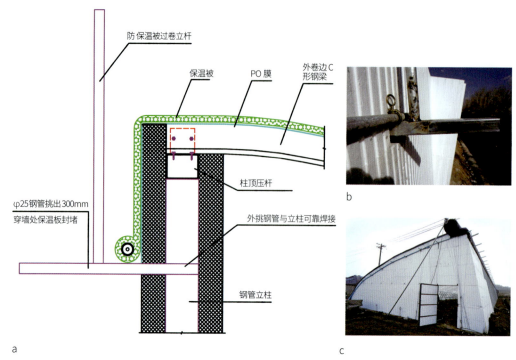

图6 后墙上固定塑料薄膜、保温被及保温被防过卷的预埋件
a. 埋件及固膜（被）方法　b. 埋件大样　c. 安装完毕后的实景

保温不会造成太大的影响。

　　对屋面覆盖塑料薄膜和保温被的固定，由于覆盖塑料薄膜和保温被在温室屋面都是连续铺设且边缘采用卷绕固定，所以设计采用沿温室后墙长度方向连续铺设的钢管作为其固定构件（图6a）。为了便于安装该固定钢管，和上述压膜线（被）挂钩埋件一样，在挂钩埋件相同的高度，在立柱的另一侧焊接一个埋件，并将其一端伸出温室墙面。考虑到固定保温被和塑料薄膜的荷载较大，所以从立柱上伸出的埋件采用了方钢管（图6b）。该埋件上，一是焊接圆环用于固定卷绕屋面塑料薄膜和保温被的钢管；二是焊接竖直向上的杆件用于防止保温被过卷。安装完毕的预埋件及固定保温被后的实景如图6c。

　　上述不论是压膜（被）线挂钩埋件，还是塑料薄膜、保温被固边埋件，施工安装中都采用埋件与立柱直接焊接的形式。这种连接方式会直接破坏立柱及埋件表面的热浸镀锌表面防腐保护层，而且埋设在墙体内部的连接点也难以定期检查其腐蚀程度，这给预埋件连接的安全性以及墙体立柱的承载能力都带来了安全隐患。建议在今后商业化的推广应用中，所有的埋件连接应摒弃现场焊接的做法，改为专用抱箍固定的形式，而且所有抱箍应进行热浸镀锌表面防腐，从而彻底避免隐蔽工程中的安全隐患。

　　（3）山墙立柱的连接与安装　山墙立柱及墙板的安装方法与后墙的安装程序和方法基本相同，其中基础和立柱可以和后墙基础、后墙立柱同步施工和安装。所不同的是山墙立柱与地面没有倾角，相互呈垂直状态（紧靠后墙的一根山墙立柱与后墙立柱一样，需要倾斜），所以在焊接立柱与基础连接的立柱端板时立柱断面无需裁切，相应减少了

温室工程实用创新技术集锦❷

WENSHI GONGCHENG SHIYONG CHUANGXIN JISHU JIJIN ❷

a   b   c

图7 山墙安装顺序
a. 对后墙进行支撑　b. 安装山墙　c. 安装完成的山墙

a   b

图8 后墙与山墙转角处立柱的处理
a. 双柱基础　b. 双柱中部的连接

一道作业程序。此外，由于山墙在不同位置的顶面标高不同，一是对不同位置的墙板应事先进行裁切并编号，安装时应严格按照设计位置编号准确入位；二是在不同高度位置连接山墙立柱的水平系杆的长度不同，不能像后墙立柱的水平系杆一样按墙板高度同长度安装；三是不同位置的山墙立柱高度不同，需要对应入位。

山墙的整体安装过程如图7。在山墙墙板安装前，应将安装完毕的后墙进行稳定支撑（图7a），以保证后续安装的安全性。山墙安装过程中需要特殊注意后墙与山墙转角部位、山墙压顶部位以及山墙内的预埋件三个部位。

①墙体拐角部位。在后墙与山墙转角部位设置有双柱，分别为后墙边柱和山墙边柱（两者共同形成角柱），两根立柱共享一个基础（图8a）。由于两根立柱之间装有后墙板，所以，两柱之间的距离应精确控制。一种做法是先安装后墙墙板，再安装山墙立柱，这种做法不影响墙板安装，但会影响山墙立柱底板靠后墙两根螺栓的安装，安装中可将后墙墙板不要一次安装到位，待山墙立柱底脚螺栓完全固定后再将后墙墙板安装就位。另一种做法是先将后墙立柱和山墙立柱安装就位后，再将后墙墙板从两个立柱中插入，这种做法不影响立柱的安装，但如果立柱位置出现偏差可能会给后墙墙板安装带来困难，间隙过大，安装方便，但墙面会密封不严；间隙过小，可能会损坏墙板表面。具体安装中应根据施工人员的技术水平选择合适的安装方法。

双柱除了基础部位的连接外，在中部也应进行适当连接（图8b）。本设计采用加长自攻钉，沿立柱高度每隔1m距离设置一道，将两根立柱进行连接和固定，同时也压紧了两柱之间的后墙墙板，保证了结构的密封性。

②山墙压顶。日光温室山墙顶面由于是按照前屋面采光面的弧形尺寸设计，所以，

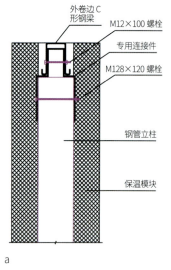

外卷边C形钢梁
M12×100 螺栓
专用连接件
M128×120 螺栓
钢管立柱
保温模块

a   b   c   d

图9 山墙柱顶梁的安装
a. 设计安装节点 b. 实际柱顶连接件 c. 柱顶梁的连接方法 d. 安装后的实景

山墙立柱的柱顶梁直接采用前屋面承力骨架。为了将外卷边C形截面压顶梁与矩形方管立柱牢固连接，设计采用底部开口的"凸"字形专用连接件，下部内嵌山墙立柱柱顶，上部外套柱顶梁，用螺栓连接每个构件（图9a）。应该说这是一种理想的连接方式，专用连接件工厂化生产，现场构件螺栓连接，不用焊接，不破坏构件表面镀锌层，安装方便、连接可靠、使用寿命长。但实际安装中如果先安装柱顶梁则墙板无法安装，而先安装墙板后又妨碍连接螺栓的安装，从现场施工的实际情况看，山墙立柱与柱顶梁的连接并未完全按照设计执行，而是采用了"Π"形连接件，下部直接焊接在立柱柱顶（图9b），上部外套柱顶梁（图9c），而且柱顶梁与连接件之间除了紧密结合、摩擦连接外，似乎也没有其他任何的固定（图9d）。这种做法方便了安装，但连接件与立柱柱顶焊接会破坏构件的表面镀锌层，柱顶梁与连接件没有可靠固定，似乎也是一种不完美的连接，建议在今后的推广应用中进一步改进这种连接方式，在保证可靠连接的条件下，尽量不破坏构件表面的镀锌层，以延长温室结构的使用寿命。各位读者如果有更好的连接方式也可以提出共享。

③山墙埋件。和后墙面固定塑料薄膜一样，山墙面也需要固定塑料薄膜的侧边。为此，必须在山墙立柱上安装伸出墙面的预埋件。由于温室屋面覆盖塑料薄膜的侧边在山墙外侧的固定位置不在一条水平线上，而是沿着与山墙顶面基本平行的弧线固定，所以，屋面覆盖塑料薄膜在山墙外侧的固定方式大都采用柔性绳索缠绕塑料薄膜边缘形成一条绳带，并将其间隔钉压固定在山墙外表面。为此，本设计采用一种圆管预埋件（图10a），将其直接焊接在山墙立柱上，并将其两端伸出墙面，外墙面的伸出端可用于固定棚膜侧边（图10b），内墙面的伸出端可用于固定作物沿温室长度方向的吊蔓线，一举两得。这种做法由于预埋件贯穿整个温室山墙墙体，会在墙体内形成"冷桥"。好在这种"冷桥"面积很小，不会对温室的整体保温造成太大影响，在管内填充保温材料并封堵

a　　　　　　　　　　　　　　　　　b

图10 山墙固膜桩预埋件
a. 预埋件及其安装位置　b. 安装塑料薄膜后的实景

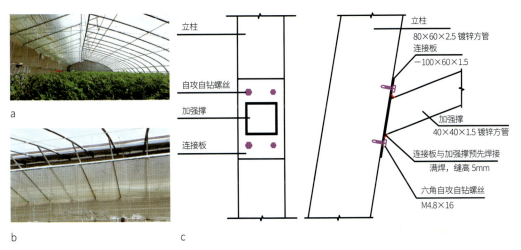

a

b　　　　　　　　　　　c

图11 温室前屋面承力体系
a. 整体承力体系　b. 后部加强撑　c. 加强支撑与立柱连接节点（单位：mm）

两侧管口更能最大限度减小"冷桥"的影响。

　　（4）**屋面构件的连接与安装**　屋面承力骨架采用外卷边C形钢拱杆（图11）。为了加强拱杆的整体承载能力，在拱杆的后部增设了倾斜加强撑（简称斜撑），其上端与屋面拱杆相连（图11b），下端与后墙立柱相接（图11c）。为了尽量减轻对后墙板的破坏，将斜撑下端的连接位置设计在后墙立柱水平系杆的高度，这样，只需在后墙板的上沿内侧壁上开一个凹槽即可将斜撑安装到后墙立柱上。斜撑与后墙立柱和屋面拱杆的连接均采用螺栓连接方式，所不同的是与后墙立柱的连接端焊接了斜撑连接端板，通过端板与立柱连接，而与屋面拱杆的连接则直接将斜撑插入外卷边C形钢的内腔后用单根螺栓连接即可。

　　屋面拱杆在温室后墙上的固定采用和山墙上立柱与压顶梁基本相似的连接方法，即以后墙柱顶水平系杆做柱头压顶梁，在压顶梁上焊接π形连接件，将外卷边C形屋面拱杆插入π形连接件，并在屋面拱杆的上部和双侧用自攻自钻螺钉与π形连接件固定，即形成

图11c标注文字：
立柱
80×60×2.5 镀锌方管
连接板
−100×60×1.5
加强撑
40×40×1.5 镀锌方管
连接板与加强撑预先焊接
满焊，缝高5mm
六角自攻自钻螺丝
M4.8×16

图11b标注文字：
立柱
自攻自钻螺丝
加强撑
连接板

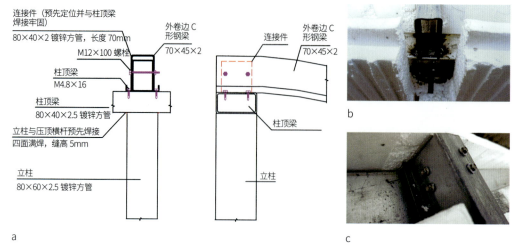

图12 屋面拱杆端部与后墙柱顶梁之间的连接
a. 连接节点整体构造（单位:mm）　b. 柱顶梁上焊接连接件　c. 屋面拱杆固定在连接件上

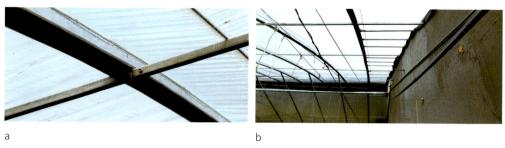

图13 屋面拱架支撑
a. 中部水平系杆　b. 端部加密支撑

牢固的连接节点，如图12。

　　应该说这是一种非常牢固的连接方法。唯一的不足就是π形连接件与后墙立柱压顶梁之间的连接采用现场焊接的连接方式会破坏构件表面的热浸镀锌保护层，不利于构件的防腐，可能会影响温室结构的使用寿命。尤其这个连接点还是隐蔽工程，日常管理中难以发现其锈蚀状况。在今后的设计中如能采用π形连接件，将π形连接件的两侧翼缘与后墙立柱压顶梁用螺栓连接，则可彻底解决现场焊接的问题，并完全保护构件表面镀锌层。

　　屋面拱杆前端与基础的连接和其他温室没有什么区别，基本都采用基础表面焊接短柱，将外卷边C形钢拱杆插入短柱后用螺栓连接即可，这里不多赘述。

　　在安装完单榀骨架后，只有将所有的单榀骨架通过水平系杆或屋面斜撑等连接杆件将其连接在一起才能形成温室屋面拱架的整体承力体系。

　　按照规范要求，水平系杆主要是防止屋面拱杆平面外侧向失稳，一般按照构造要求配置，间距不大于2m。本设计采用表面热浸镀锌的方钢管做屋面拱杆的水平系杆，安装时正好利用拱杆外卷边C形钢的两侧翼缘，将水平系杆设置在C形拱杆的下方，用自攻自

a   b

图14 墙体表面粉刷
a. 墙板表面挂网 b. 墙板表面抹灰

钻螺钉即可方便地将二者固定（图13a）。

除了水平系杆外，为保证屋面拱杆排架结构的稳定，一般应要求在温室两端第一个开间或者第二个开间设置屋面斜撑，对于长度较长的温室（一般长度在100m以上），还要求在温室的中部设置屋面斜撑。考虑到弧形拱杆设置斜撑的连接比较困难，本设计采用加密的水平支杆替代屋面斜撑（图13b），以保证温室两端屋面拱杆的稳定。应该说这种设计方法在生产实践中也是可行的。具体设计中在水平支杆的两端分别焊接端板，将端板紧贴外卷边C形拱杆的侧壁，用自攻自钻螺钉将其固定即可。

（5）**墙面粉刷** 在完成了温室钢结构和墙板的安装后，温室主体结构安装剩下最后一道工序就是墙面的表面粉刷。墙面粉刷的目的，一是为了美观；二是为了密封墙板之间的板缝以及安装结构件和预埋件过程中破坏墙板表面后形成的孔洞。

为了增大墙面抹灰在墙面上的粘接强度，避免脱落，常用的方法是在墙体表面挂网（图14a），可以是钢丝网、编织网或其他形式的丝网。表面挂网可直接用细钢丝做成U形卡或带垫片的自攻自钻螺钉，将其固定在墙板表面即可。

本工程由于所用的墙板材料在铸模成形过程中已经在表面形成了增强抹灰附着力的燕尾槽，所以，墙体的表面抹灰可以省去墙面挂网的材料和工序，直接在墙体表面抹灰即可（图14b）。这也正是这种材料另一种优良的特性。当然，在其表面挂网后再抹灰对抵抗墙板接缝处的开裂，增强墙面的密封性将有非常有利的作用。具体实践中可根据当地的地质条件、风力大小以及施工质量等因素，统筹考虑是否进行表面挂网。

（6）**结构设计和安装中的问题与建议** 以上不论是后墙还是山墙的墙面围护都存在一个共同的问题就是所有墙板底部都直接坐落在温室地面标高，没有伸入到温室墙基，这将使地面通过墙基的传热得不到有效阻挡，温室地面散热的边际效应会比较强烈。建议在今后的设计和推广中将墙面围护材料伸入地基30～50cm，这样可有效阻断地面传热，减少温室四周的边际效应。

另外，从温室钢结构的设计和安装看，除了立柱与其水平支撑的连接以及屋面拱杆与其水平系杆之间的连接采用了螺栓连接外，其他所有构件的连接（包括立柱与立柱底

图15 试验温室中种植的番茄

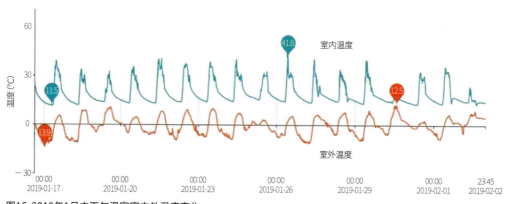

图16 2019年1月中下旬温室室内外温度变化

板、山墙立柱与π形连接件、后墙柱顶梁与其上的π形连接件以及墙面各类预埋件）都采用现场焊接的形式，不仅破坏了钢构件表面的热浸镀锌保护层，影响结构的使用寿命，而且现场作业的规范性差，焊接质量不能得到保证。建议在今后的设计中尽量采用抱箍、螺栓等不破坏构件表面镀锌层的专用连接方式，禁止现场焊接，以提高温室的整体使用寿命。

三、温室性能及适应性评价

试验温室于2018年12月在山东省烟台市海阳县建成投入生产。为了试验和验证温室的生产性能，温室选择种植了喜温果菜番茄（图15），同时对室内外温度进行了测量和记录。

图16是记录的2019年冬季最冷月1月大寒期间（1月20日为大寒日）的室内外温度。由图可见，在室外最低温度-13.9℃时，温室内最低温度保持在11.5℃，室内外最低温度的温差达到25℃。这一温差水平是在温室没有任何采暖和蓄热的条件下实现的，说明温室具有良好的密封保温性能。另外，从室内最低温度的绝对水平看，整个大寒期间室

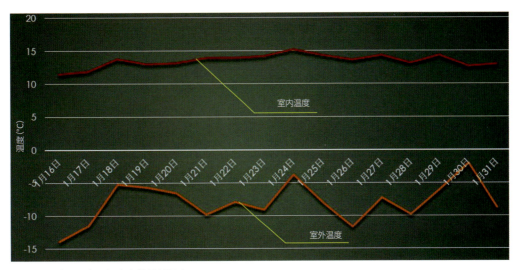

图17 2019年1月中下旬室内外最低温度

内温度保持在11.5℃以上,这一温度完全能够满足喜温果菜番茄的生产要求。种植番茄成功越冬,证明了这种温室具有良好的采光和保温性能。

从整个大寒期间的最低温度看(图17),室内外最低温度的温差基本保持在20℃以上。这一温度水平基本可以认定该温室在室外最低温度-10℃左右的地区可安全生产果菜作物;如果用该温室种植草莓或叶菜类作物,则可以将其适用区域推广到最低温度-15℃左右的地区;如果温室中种植果树,可视对果树春化和开花时间的控制,还可进一步向高寒地区推广。当然,如果在温室中增加主动或被动储热系统,或者配套临时加温系统,相信该温室将能够推广到更大的区域。

致谢

非常感谢烟台德通节能环保科技有限公司的总经理徐信女士多次给我机会学习和理解他们开发的EPS空腔模块保温板材及其配套的日光温室结构,是他们执着的追求和不懈的创新成就了这一新兴温室形式的诞生。在本文成稿过程中徐信女士还无私提供了大量的照片和图纸,初稿形成后徐信女士还提出不少修改意见。在此,向徐信女士及其团队的创新精神致以崇高的敬意,对他们在本文成稿过程中给予的帮助表示衷心的感谢!

一种适合于高寒多雪气候的双膜单被内保温装配结构日光温室

——记哈尔滨鸿盛集团在日光温室上的创新

我国东北大部、新疆北部和内蒙古的东北部地区都属于冬季高寒多雪气候地区，冬季常年天寒地冻、白雪皑皑，不仅室外温度低，而且降雪频繁、降雪量大。在这些地区建设日光温室，除了要考虑传统的保温蓄热外，温室屋面的除雪也是设计中需要重点考虑的一项内容。

2019年5月中旬，哈尔滨鸿盛集团（以下简称鸿盛集团）总设计师林国海教授来我办公室向我详细介绍了他们团队开发的一种新型结构日光温室，笔者在提炼其创新要点后觉得这种温室更是一种适合高寒多雪地区的日光温室结构形式。为了全面了解这种温室的配置及其性能，2019年5月25—27日笔者专程赴哈尔滨进行实地考察，2019年6月8—9日利用赴山东寿光出差的机会又再次考察了这种温室在寿光的建设和运行情况。现综合两地的考察情况，就鸿盛集团针对高寒多雪地区气候特点在日光温室保温储热和屋面除雪方面的技术创新做一介绍，供业界同仁们研究和借鉴。

一、屋面除雪的解决方案

1. 增大屋面坡度

按照我国国家标准《农业温室结构荷载规范》（GB/T 51183—2016）规定，当温室屋面坡度大于60°时，屋面的积雪分布系数最小为0（即屋面没有积雪荷载），而屋面坡度小于30°时，屋面的积雪分布系数最大为0.8（即屋面积雪荷载为基本雪压的80%），屋面坡度为30°~60°时，屋面积雪分布系数在0~0.8之间线性变化。由此可见，以60°为上限，最大限度增大温室屋面坡度，可显著降低温室屋面的积雪荷载。

a   b   c

图1 温室屋面坡度
a.抗雪温室南立面   b.抗雪温室北立面   c.典型寿光五代温室屋面

基于上述理论依据，鸿盛集团开发的日光温室采用大坡度屋面（图1a、b），温室前屋面和后屋面的坡度分别达到31°和80°。按照这样的屋面坡度，前屋面积雪分布系数刚刚越过最大值，基本没有削减温室屋面雪荷载，而后屋面却完全不存在屋面积雪的问题。与典型的山东寿光五代温室相比（图1c）相比，虽然前屋面的积雪荷载从理论上讲两者应该是相同的，但很显然，加大屋面坡度将会使屋面积雪的清除更加方便和快捷。

从减小屋面积雪荷载的角度分析，在保持相同屋脊高度的条件下，如果将温室屋脊前移，使后屋面的坡度保持在60°左右，则可在保证后屋面积雪荷载为0的前提下，使前屋面的坡度进一步加大，从而更大限度地减小前屋面的积雪荷载。由于前屋面坡度的加大，温室的采光量也将随之增大，对提高温室内的空气温度和增大作物的光合作用强度均将具有非常积极的作用。

2. 改变传统日光温室前屋面外保温为内保温

传统的日光温室大都采用屋面外覆盖保温被的方式来解决温室前屋面的保温问题（有的温室后屋面也采用活动保温被保温）。但这种保温方式由于保温被的表面粗糙度较塑料薄膜大很多，降雪后保温被表面积雪难以自动滑落，经常需要人工清雪，不仅增加了温室管护的劳动强度和生产成本，而且由于清雪期间以及保温被遭受雪水浸湿后冻结等原因造成保温被无法打开直接影响温室内作物的采光，进而影响温室生产的产量和效益（尤其在高纬度、短日照地区这种影响更显著）。为此，鸿盛集团将传统的前屋面外保温被内置，使覆盖前屋面的透光塑料薄膜全天候暴露在室外。下雪期间，天然降雪将直接降落在塑料薄膜的表面，由于塑料薄膜表面光滑，再加上前面叙及的温室屋面坡度较大等技术措施，所以，大部分积雪将会自动从温室屋面滑落，不仅减少了人工清雪的成本，而且也最大限度解决了降雪对温室采光的影响，同时也大大降低了温室屋面的积雪荷载，从而减少了温室结构用材，节约温室建设成本。

将传统的外保温被内置，除了有利于排除温室屋面积雪外，对延长保温被的使用寿命和降低其制造成本等还具有更多延伸的好处。传统的外保温方式，保温被在其使用期间始终暴露在室外环境中，受室外风霜雨雪以及太阳辐射和极端低温等恶劣气象环境的影响，一是要求保温被应具有良好的保温性能，保证温室的保温（这是对保温被的基本要求）；二是要求保温材料自身或是保护保温材料的面层应具有良好的防水和密封性

a   b   c

图2 双膜单被内保温温室结构
a. 施工中的双层结构 b. 前沿部位 c.运行中的双层结构

能，以保证保温被不会因为天气降水或表面结露（霜）而造成保温被吸水使其保温性能下降，甚至失效或增大保温被自身重量，进而加大温室屋面结构的荷载（目前的草苫、针刺毡保温被等材料这个问题比较严重）；三是要求保温被材料（尤其是面层材料）具有较强的抗老化能力，能够在长期循环的低温、冰冻和紫外线条件下不致快速老化，从而延长保温材料的使用寿命，降低保温被的运行成本和频繁更换保温被的安装成本；四是要求保温被具有较强的抗风性能，或者在安装保温被后应附加保温被抗风措施（由于传统的保温被比较轻质，一般都要求保温被展开后应附加压被带或压被绳）。保温被内置后，由于保温被置于外膜内，消除了酸雨、大风、极端温度以及紫外线照射对保温被的直接破坏，可显著降低对保温被的耐老化、抗紫外等性能要求，进而降低原材料成本，同时延长保温被的使用寿命；由于室内无风，覆盖保温被后也不需要附加的固被设施，不仅可降低设备投资，而且可节约固定保温被的人工成本，由此传统外置保温被的很多难题也就迎刃而解。

　　保温被内置后，温室结构必须采用双层骨架（图2），外层骨架支撑与室外空间接触的塑料薄膜，承担室外风雪荷载；内层骨架则主要支撑保温被（含卷帘机），也可以将作物吊挂设备附着在内层骨架上，承担温室作物荷载。虽然这种结构的改变增加了一层内层骨架，相应增加了温室的建设投资，也加大了室内阴影面积，但由于外层骨架减少了保温被荷载和作物荷载（这些荷载都相应转移到内层骨架上），相应地外层骨架截面可适当减小；内层骨架由于不承担风雪荷载，骨架截面也不会太大，骨架间距还可适当拉大，因此，温室骨架的成本不会成倍增加，结合保温被内置后的成本降低和效能提升，总体来讲，在多雪地区这种改变应该说是一种因地制宜的现实需求，具有良好的区域适应性。

　　保温被内置后，同时也取消了传统日光温室的保温后屋面，压缩了温室夜间的保温空间（限于保温被所包围的室内空间），在内层保温被和外层塑料薄膜之间还形成了一个附加隔热空间层，不仅可节约后屋面建造成本，而且可大大提高温室的整体保温性能。此外，由于温室结构的改变，传统的屋脊通风口也从温室前屋面转移到温室的后屋面，这种通风口设置方式在保证通风口位置处于温室最高位（保证热压通风的通风量最大）的同时，也可避免传统前屋面屋脊通风口兜水的问题（因为后屋面坡度更大，基本不会出现雨水滞留问题）。将温室屋面通风口放置在温室后屋面，到了春夏季节，当室

图3 凝结水收集系统

外温度较高时，打开后屋面通风口还可以很方便地在温室内形成"穿堂风"，更有利于温室在高温期间的降温。

保温被内置后，内层骨架可以覆盖塑料薄膜，也可以不覆盖塑料薄膜。内层骨架不覆盖塑料薄膜的温室称之为"单膜单被内保温温室"（外膜内被）；内层骨架覆盖塑料薄膜的温室称之为"双膜单被内保温温室"（内外双层薄膜+内保温被）。不论是单膜单被内保温还是双膜单被内保温，在高寒地区，由于室外夜间温度很低，温室室内空气湿度又基本饱和，没有了外保温被保护的外层塑料薄膜因自身热阻很小，夜间温度基本都处在0℃以下，因此，在外层塑料薄膜的内表面会出现结露并结霜或结冰，直接影响第二天温室内作物的采光（融化冰霜期间薄膜的透光率较低），而且融化冰霜期间还会有大量水滴直接从塑料薄膜表面滴落形成散点水滴或从塑料薄膜表面滑流到骨架纵向系杆并在纵向系杆下形成线状水滴，最终滴落到温室地面或作物表面上。由于结露在屋面塑料薄膜上的水滴中可能含有各种病原，这些含有病原的水滴如果直接滴落到作物叶面上，尤其滴落到花蕊或果实上，将会直接引起作物病害的传播，这是保温被内置后最直接的问题。

为了解决外层薄膜内表面夜间凝结冰霜后造成白天融化时室内滴水的问题，鸿盛集团的应对措施：一是要求温室覆盖流滴薄膜，尽量消除无规则的散点水滴；二是在外层骨架纵向系杆下安装凝结水收集槽和导水膜（图3），将外膜内侧集结在纵向系杆上的水滴统一导流收集后排到温室两侧的集水桶或集水池中，从而基本消除了外膜滴水给作物造成病害的问题，集中收集处理屋面滴水也减少了温室内空气的含水量，更有利于降低温室内的空气湿度。

为了加快外层塑料薄膜上凝结冰霜融化的速度，使室内作物能及早采光，鸿盛集团也提出了一些有效措施：一是将保温被的外表面（展开后朝向室外面）做成反光面，使早晨射入温室的阳光更多地反射到外层塑料薄膜，提高其表面温度，进而加速其表面冰霜融化；二是在管理上间歇开闭室内保温被，打开保温被后室内热空气上升，向外层塑料薄膜供热，加速其表面冰霜融化，但由于外层塑料薄膜凝结冰霜后表面温度较低，长时间打开保温被将会使室内温度快速下降，影响作物的健康生长，为此，在具体管理

图4 双幅内膜

a

b

图5 温室通风口设置
a.前屋面通风口　b.后屋面通风口

中，要求快速开合保温被且避免大开大合，在短时间打开保温被使室内热空气上升后快速闭合保温被，这样既不会引起室内温度的剧烈波动，在保温被闭合后保温被与外层塑料薄膜之间还能形成一个较小的加热空间，接受室外光照后能快速提升小空间的温度，从而加快外层薄膜表面的冰霜融化。

　　为了避免室内温度的剧烈波动，鸿盛集团采用双膜单被结构温室，并在内膜设置上进行改进和创新，将传统的整幅单膜改变成为双幅内膜（两幅薄膜在温室跨中搭接，分别称为前部内膜和后部内膜，图4），并分别用两套卷膜器控制启闭（图6a）。早晨外膜冰霜融化期间，前部内膜保持覆盖，可避免室外冷辐射直射室内前部作物；控制后部内膜的开启位置掌控内膜的通风口大小，配合内保温被的开启，从而可控制内外膜之间热量的交换（事实上前述保温被的快速开合主要是控制两幅内膜之间的开口，在保温被开合期间前部塑料薄膜一直处于覆盖状态，既可保证温室作物的采光，又可避免室内温度的剧烈波动）。待到外层薄膜表面冰霜完全融化后，可根据室内作物区温度的高低打开或闭合内层保温膜。当室内作物区温度超过作物的适宜生长温度后，可完全打开内层塑料薄膜，与外层塑料薄膜的通风口（图5）结合进行温室通风和降温，进入传统日光温室的正常管理模式。

　　由于温室外保温只有一层塑料薄膜，如果内保温被密封不严，将有可能引起温室保温系统的整体失效，其后果将不堪设想，因此严密密封是对内保温被安装和运行的基本

a   b   c

图6 双侧电机驱动保温被卷放
a. 西侧卷被电机 b. 中部平直保温被卷 c. 东侧卷被电机

图7 温室前沿基础顶面保温垫毯

要求。为了保证内保温被卷运行平直、铺设严密，鸿盛集团开发了一套双电机两端同步运行的摆臂式卷帘机及其控制系统（称为双侧同步摆臂卷帘机，图6）。保温被的固定边固定在后墙上（与后墙形成严密密封），东西两侧活动边在专门设置的内山墙上运行（内山墙端部铺设1m宽固定塑料薄膜，可实现与保温被双侧活动边的密封），保温被两端分别安装电机减速机，同步摆臂运行保温被。保温被卷被轴侧活动边，在保温被展开时正好放置在温室前沿内外层骨架之间的基础顶面，由于基础顶面铺设有柔性的保温被垫毯，当保温被被卷展开后保温被卷轴正好卷放到基础顶面的垫毯上，能够与下部垫毯形成良好的密封（图7）。按照这样的设计，因为室内无风，理论上讲，保温被展开后四周的密封应该是严密和可靠的。

事实上，卷被轴任何部位的弯曲或变形，都将直接影响保温被展开后卷帘机卷被轴与温室前沿基础表面垫毯之间的密封性。单侧摆臂式卷帘机，由于卷轴刚度不足，不仅不能使用在长度较长的温室上（一般不超过60m），而且经常发生卷轴弯曲变形的问题，难以保证卷轴与垫毯的密封性，传统的中卷式二连杆卷帘机在内保温温室中又没有安装和运行的空间。鸿盛集团创新开发的双侧同步摆臂卷帘机，能够从保温被的两端同步带动保温被平稳卷放，从而有效满足了保温被展开后四周严密密封的要求。当然，这一创新技术在建设成本允许的条件下也同样适用于保温被外置日光温室中保温被的卷放。

图8 温室屋面除雪振动器

3. 增加振动除雪装置

　　减少温室屋面积雪的第三项措施是在温室骨架上安装振动器（图8）。在温室前屋面骨架的上部纵向系杆旁间距20～30cm并行布置一道纵向系杆（为节约成本，附加系杆不一定要求与骨架纵向系杆同长，只安装振动器的相邻两榀骨架之间安装即可，但这样可能会影响整个棚面的振动效果），沿温室长度方向间隔20～30m以两个系杆为依托安装一台电动振动器。下雪期间开启振动器，残存在温室屋面的积雪通过振动器的振动，使积雪脱离屋面塑料薄膜，在上部积雪的推压和积雪自身的重力作用下，在具有一定坡度的屋面上积雪将会自动滑落。这种方法，设备简单，运行能耗小，除雪效果好，可大大降低除雪的劳动强度，增加温室作物的采光时间，不仅可以应用在该类双膜单被或单膜单被内保温温室上，也可使用在塑料大棚和连栋塑料薄膜温室上，对前屋面坡度较大的日光温室上覆盖表面比较光滑的保温被时也将具有同样的除雪效果。

二、温室保温储热的解决方案

1. 温室围护墙体保温的解决方案

　　该温室由于前屋面和后屋面均采用透光塑料薄膜外覆盖，室内采用保温被保温，温室的整个屋面系统是一套统一的双膜单被保温结构，提高其保温性能主要通过增加保温被的热阻和增强保温被的密封性来实现（前已叙及），由此，温室围护结构的保温将重点聚焦在温室墙体的保温上。

　　传统的土墙结构日光温室，墙体占地面积大，温室建设对土地的破坏严重，未来土地恢复的成本高、周期长，虽然其保温蓄热性能好、建筑材料来源丰富、温室建设投资低，非常适合投资能力较低的广大农户建设生产，但随着人们对保护生态环境意识的不断提高，以及国家和地方政府部门对保护耕地政策的不断强化，淘汰和替代传统土墙结构（尤其是机打土墙结构）温室的呼声在行业内越来越高，墙体轻型化已经成为当前和

a   b   c

图9 EPS空心模块砖
a. 通用平面模块　　b. 转角模块　　c. 各种模块组合

a   b

图10 墙体施工过程
a. 后墙施工　　b. 山墙施工

未来日光温室技术发展的潮流和方向。

目前日光温室墙体轻型化材料的选择主要从两个方向入手：一是用高保温性能的柔性材料，包括草苫、各类保温被等；二是用高保温性能的刚性材料，如彩钢板、发泡水泥、空心砖、聚苯板（EPS）等。其中，以聚苯板为墙体保温材料的做法有两种：一种是实心聚苯板（包括彩钢板或挤塑板），另一种是空心的模块砖（图9），前者一般外贴在承重墙面（立柱）上，而后者则可以通过在内部空腔中设置钢管或钢筋混凝土立柱后形成独立的保温墙体，不仅占地面积小，而且完全消除了承重结构的"冷桥"，使温室的整体保温性能大大提高，由此，EPS模块砖似乎也成为当前日光温室墙体轻型化中的新宠儿。

鸿盛集团下属的鸿盛建材公司就是一家专门生产空腔聚苯模块的企业，进入温室领域后，针对温室特点，专门开发设计了一套适用于温室墙体的专用聚苯模块，包括通用平面模块砖和转角模块砖等（图9），每个模块四面端口都设计有对接阴阳契口。温室墙体施工时，各模块通过阴阳契口组装连接，不需要任何胶黏剂即可形成牢固、密封的墙体平面。在墙体平面组装完成后，向模块空心中安插钢筋，最后再向模块空心中浇灌水泥砂浆（图10），即可构成钢筋混凝土承重立柱和墙体，而且由于空腔模块的保护，钢筋混凝土浇筑还省去了施工模板，不仅施工速度快，而且节约成本，也不需要拆卸模板。此外，由于聚苯模块的保温性能好，施工中又没有任何的冷桥，因此温室的整体保温性能良好，尤其适合于高寒地区使用。加厚墙体或调整模块砖材料的密度，还可为不

a   b

图11 后墙立体种植储热系统
a.冬季安装立体种植槽增加储热   b.夏季拆除种植系统减少储热

同气候区建设的温室提供不同保温要求的设计和材料供应方案。

2. 温室储放热的解决方案

采用轻型化墙体后，传统日光温室被动储放热的功能也将随之消失。没有夜间的补充热源，仅靠严密的保温在高寒地区实现喜温果菜的越冬生产似乎是难以实现的目标。为此，鸿盛集团相应配套了墙面储热和地面储热两套主被动储放热系统。

（1）后墙立体栽培槽被动储放热系统   后墙是日光温室被动和主动储放热的主要部位，也是各类储放热技术研究的聚焦位置。围绕后墙的被动储热包括采用土墙、石墙、水墙等厚重墙体；围绕后墙的主动储热包括表面水循环、墙内空气循环等。为了节约用地、降低运行成本、提高经济效益，鸿盛集团采用紧贴后墙内表面安装立体种植槽的被动储放热方法（图11a）。该方法是将单体的种植槽沿温室后墙长度方向通长布置，沿温室后墙高度方向设置6层，槽内填装栽培基质并种植叶菜，利用栽培基质的热惯性（基质浇水湿润后的热惯性更大）白天储热夜间放热，在完成储放热功能的同时还扩大了温室种植面积，可谓是一种一举多能、高效开发利用温室后墙的综合技术措施。到了夏天，当温室不需要储放热量时，可拆除栽培槽消除墙体储热体（图11b），从而也减轻了温室的降温负荷。

（2）土壤空气介质主动储放热   除了温室后墙外，温室地面实际上更是一个大的储热体。开发利用地面土壤储热不仅不占用温室种植面积，而且能提高温室地温，对改善作物根区生长环境具有非常积极的作用。

地面土壤空气循环储热的方法已经在生产中得到广泛应用，但不同的企业也有不同的做法。鸿盛集团的做法是在温室后墙的上部进风（图12a，按照热空气上升的原理这里的气温应该最高），通过附着在后墙的主风道将热风导流到沿温室长度方向均匀布置、沿温室跨度方向通长布置的传热导管中，经过与地面土壤热量交换后的空气从温室前端的出风口排出再重新进入温室并与温室热空气混合，一方面将室内热量交换储存在地面土壤中，另一方面降温后的冷空气重新返回温室可起到温室空气降温的作用，此外，在热空气与地面土壤进行热交换的过程中，由于空气温度的降低将伴随空气中水分的析出，同时也起到了降低温室中空气湿度的作用。

a   b   c

图12 空气介质土壤储热系统
a. 立墙主风道及进风口   b. 地面出风口   c. 出风口安装调节阀

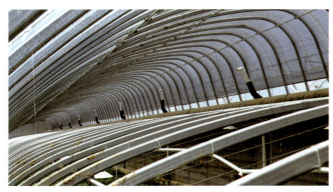

图13 不合理的屋脊进风口设置

传热导管的直径、埋深以及埋设间距目前还没有规范的设计方法。一般而言，传热导管的直径多在100mm以内，埋深应在作物耕作层以下（多为300～500mm，最深不应超过1m），布置间距与作物的种植垄距相对应最好（图12b）。但由于埋设传热导管需要土建开沟和回填，管材用量也较大，为了节约成本，有的设计者经常采用宽间距布置（2～3m），有的甚至采用东西向布置，沿跨度方向布置2～3根，显然导热管的数量将直接影响温室地面土壤的储热量和风机配套动力及其运行成本。

为了能够调节传热导管内空气的流量，鸿盛集团还在导管的出口安装了调节阀（图12c），可根据室内空气温度的高低人工控制调节通风量的大小。但由于调节通风的工作量较大，而且人工调节不够精准和及时，给实际生产管理带来一定困难。如果能够开发出一套自动控制系统，以室内空气温度和土壤温度为输入参数，以储放热量为控制目标进行自动精准调控将使这一技术的推广更为可行。

对于储热系统进风口位置，一般要求设置在温室内最高处，这里白天温度最高，进行储热交换的效率也将最高。基于这样的设计原理，设计者将系统的进风口伸出内层骨架，设置在邻近外层骨架屋脊的部位（图13）。这种设计对白天地面土壤的储热应该是合理和高效的，但到了夜间系统运行土壤放热时，由于进风口处于内保温被的外部，虽然外层塑料薄膜也具有一定的保温性能，但与位于内层保温被下的室内空气温度相比有很大的温差。这种冷凉的空气进入地面土壤，将很快把地面土壤中的热量置换出来，使地面土壤温度快速下降，直接影响温室地温的稳定。另外，从节能的角度讲，尽量采用

a   b

图14 改进的温室结构
a.南立面 b.北立面 C．内部结构

在保温被下室内的高温空气与地面土壤进行热量交换，整个系统损失的热量将最小，为此，将系统进风口设置在内保温被之下（图12a）应该是比较合理的。

三、持续的改进方案

在经过2018—2019年度一个冬季的运行后，这种温室在黑龙江省哈尔滨市和山东省寿光市均取得了良好效果，种植喜温果菜成功越冬，应该说初战告捷。出师成功的战果也鼓舞着鸿盛集团研究团队继续进行技术改进和性能提升的信心。在分析温室性能的基础上，鸿盛集团在提升温室保温性能方面又进一步提出了新的措施：一是加强温室后屋面的保温；二是加强温室前沿基础表面的密封和保温。

1.加强后屋面保温

针对温室后屋面只有单层塑料薄膜保温性能不足的问题，鸿盛集团又回归到传统日光温室固定保温后屋面的做法，并设计建造了第三代试验样棚（图14），期望在2019—2020年度的试验中取得更好的结果。

从改进的温室结构看，温室屋脊前移并使后屋面的坡度适当减小，这主要是考虑：①原设计的温室后屋面坡度达到80°，远远超过屋面积雪分布系数为0的60°屋面坡度要求，适当减小后屋面坡度实际上也不会出现屋面积雪的问题，但减小后屋面坡度可在保持屋脊高度不变的条件下增大前屋面的整体坡度，或者在保持前屋面坡度不变的条件下降低温室屋脊高度，从增强前屋面除雪能力和降低温室建设成本两方面都有收益；②安装屋面振动器后可以通过主动振动强制清除较缓坡度屋面上的积雪，而且减缓屋面坡度也能进一步降低温室高度，节约温室建造成本；此外，降低温室脊高，相应还可缩短前后两栋温室之间的间距，节约土地资源。

2.加强温室前部基础顶面密封和保温

温室前沿基础表面是保温被展开后放置的地方。前已叙及，保温被密封的严密程度将直接影响温室整体保温性能的成败。鸿盛集团专门开发的双侧同步摆臂卷帘机能够保证保温被卷轴平直，但如果放置保温被卷轴的温室前沿基础表面不平整，温室的整体密封性将仍然存在缺陷。为此，鸿盛集团在技术改进中将表面平整的高密度聚苯模块通过

a   b

图15 外骨架前探的保温方法
a.外骨架前探   b.铺设模块EPS保温

插接组装水平铺设在基础表面（图15），既保证了温室前沿基础表面的平整度，又增强了前沿基础的保温性，同时由于外层骨架架空前探，事实上也减小了温室前沿基础的宽度，节约了基础建设的投资，避免了温室屋面水流对基础表面的破坏（在寒冷地区基础表面沾水可能会引起基础面层冻裂），实际上还增加了温室地面的种植面积。

鸿盛集团创新团队的技术创新还在继续，让我们共同期待他们更多、更具推广价值的实用创新技术展现到我们面前，应用于生产实践，为我国设施农业的大花园增添更多、更艳丽的色泽。

致谢

　　非常感谢哈尔滨鸿盛集团总设计师林国海教授的耐心讲解和热情接待，与林教授面对面的交流和现场的实地考察更加深了笔者对鸿盛集团创新技术的理解。笔者被林教授及其团队的创新精神所折服，在文稿成文过程中林国海教授及其团队也提出了很多修改意见和建议，补充提供了一些重要照片和视频录像；在山东省寿光市考察期间得到了潍坊科技学院刘炳国教授和王建老师的热情接待，刘炳国教授提供了温室运行期间非常翔实的室内外实况环境参数，王建老师提供了大量温室建造过程中的照片资料，对文稿也提出了一些中肯的修改意见；北京卧龙农林科技有限公司李晓明先生分享了他在山东省寿光市考察期间拍摄的温室运行中的部分现场照片，在此一并表示真诚的感谢！

双膜双被水墙装配结构日光温室

——记内蒙古农业大学崔世茂教授对高寒地区日光温室
结构性能的探索与实践

2019年1月11—12日，借参加"北方高寒地区日光温室技术研讨会"的机会，笔者参观了内蒙古包头市农业科学研究院的科研温室和包头市固阳县的设施农业生产基地，看到了由内蒙古农业大学崔世茂教授为首席的团队在包头高寒地区进行的以果菜越冬生产为目标的日光温室结构性能提升的研究成果，深受感动，也深切地敬佩崔教授长期坚持在高寒地区的默默奉献精神。撰写此文既是对崔教授科研成果的介绍，更是表达对崔教授扎根基层，锁定目标，坚持攻关的崇高敬意。

包头市地处北纬41°20′～42°40′，包头市农业科学研究院位于包头市九原区，固阳县位于包头市以北约80km，属于高寒、高纬度、高海拔地区。

固阳县常年温度较低且风大，冬季更冷，年均气温2～5℃，其中1月份气温最低，平均−15.4℃，极端最低−36.1℃，但太阳辐射强烈、光照资源丰富，太阳年总辐射量为0.604MJ/cm²，生理辐射为0.290MJ/cm²，年日照总时数3 130h，日照百分率71%，是全国富光区之一。

在初步了解高寒地区的气候特点后，让我们来聚焦崔世茂教授在高寒地区对日光温室越冬生产方面的技术创新吧。

一、墙体的探索与创新

1. 对机打土墙的改良

对日光温室墙体的研究是基于山东寿光机打土墙结构（图1）。这种结构土墙保温性能好、墙体建造材料就地取材、造价低廉，因此深受广大农户的欢迎，在北方地区有

a   b

图1 典型的山东寿光机打土墙日光温室
a.外景 b.内景

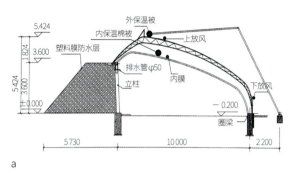

b

a   c

图2 改进的土墙温室
a.剖面图（标高单位为m，其他单位为mm） b.外景 c.内景

很大的推广面积，固阳县也引进建设了这种形式的温室。但这种结构地面下挖、室内多柱、通风不良、排水困难和机械作业不便等诸多问题近年来也不断受到种植者的诟病，而且这种温室由于前屋面保温性能差，在高寒地区进行果菜越冬生产存在很大风险。

针对山东寿光机打土墙结构日光温室存在的问题，崔教授的团队以土墙为基础推出了一种室内无立柱、地面不下挖的土墙结构日光温室（图2）。该结构的墙体底宽5.05m，顶宽1.85m，墙高3.6m，墙体外表面用砖和塑料薄膜等覆盖进行保护，墙体内表面则间隔内嵌钢筋混凝土立柱，柱顶设圈梁，圈梁下接立柱，上连屋面拱架，形成钢筋混凝土梁柱和屋面桁架结构的温室承力体系。虽然机打土墙仍然担负着重要的承重功能（和后墙立柱共同组成承力体），但立柱的存在却大大减轻了土墙的承载力，再通过外表面的保护，使温室后墙的设计使用寿命大大延长。此外，室内无立柱、地面不下挖也更便于机械化作业，温室建筑设计更符合未来发展方向。

2. 对砖墙复合墙体的改良

传统的砖墙复合墙体多为三层复合墙体，即在双层砖墙内填土或其他保温材料。内层填土，填充材料可就地取材，造价低廉，是生产中最常用的一种填充材料，一般土厚度为500～1 000mm。早年间，笔者曾在内蒙古考察中发现有填土厚度达到2m以上的做法，主要是考虑到内蒙古地区冬季寒冷，为增强温室保温性能大都通过增加墙体厚度来提高热阻。这种做法虽然温室墙体的保温性能增强了，但建造墙体的用土量大，大量

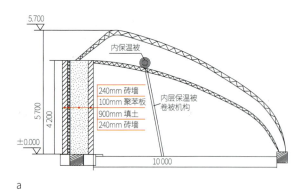

a

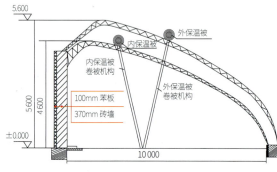

b

c

图3 对砖墙复合结构温室的改良（标高单位为m，其他单位为mm）
a. 四层复合墙体　b.双层复合墙体　c. 温室内景

取土对土地的破坏严重，因此从保护耕地、保护生态的角度出发，近年来对土墙温室以及夹土砖墙温室的未来发展前景，业内出现了很多质疑的声音。

　　为了尽量减少或消除砖墙复合墙体中的填土，崔教授的团队研究开发了两种新型砖墙复合墙体结构（图3）。

　　一种是在双240mm厚砖墙内填900mm厚土层和100mm厚聚苯板，用阻热能力强的聚苯板部分替代阻热能力弱的土壤，形成总厚度为1.5m的四层砖墙复合墙（图3a）。从墙体的总热阻看，这种做法已经达到了2 000mm厚土墙的热阻，但用土量不足机打土墙温室的1/3，墙体占地面积不足机打土墙温室的30%。在保证墙体保温和储热的条件下，不仅节约了建筑用土，还节省了大量建设用地。

　　另一种做法是完全摒弃砖墙夹土的方案，直接在370mm厚砖墙外贴100mm厚聚苯板，用砖墙承重、储热，聚苯板保温隔热，形成双层复合墙体（图3b），进一步将墙体的建设用地压缩到0.5m之内，不足四层复合砖墙占地面积的1/3，而且建造速度快，建筑用材少，建设成本低。从墙体保温储热的理论分析，内层砖墙储放热量，外层聚苯板保温隔热，墙体各层功能明确，用材经济，是未来被动式日光温室墙体结构的发展方向。内层砖墙使用寿命长、承载能力强，不仅可用于承载温室屋面荷载，还可以用于承载作物荷载（可将作物水平吊蔓线直接固定在后墙表面），此外，墙体表面卫生、整洁，还有一定量的反光，可弥补部分后排作物光照的不足（图3c）。

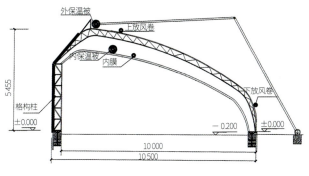

a b

图4 彩钢板墙体日光温室
a. 剖面图（标高单位为m，其他单位为mm）　b. 实体图

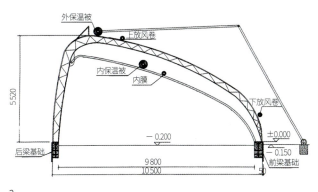

a b

图5 保温被墙体日光温室
a. 剖面图（标高单位为m，其他单位为mm）　b. 实体图

3. 对轻型组装结构墙体材料的探索

上述不论是机打土墙温室，还是砖墙复合墙体温室，其共同特点是墙体承重并兼具被动储放热的功能，是典型的被动式日光温室结构。这种结构的最大缺点是不能控制墙体的储放热时间和大小，因此在遇到极端天气时，自身调节和应对能力不足。此外，这种结构的土建工程建设周期长、墙体建设占地面积大、温室建设标准化程度低、施工质量参差不齐，尤其在烧结黏土砖被禁止后，蒸压灰砖的强度低，且建设的成本越来越高，而建设土墙对土壤的破坏严重，生态环境难恢复，业界对改造和更新土建墙体的呼声越来越高。

崔教授的团队顺应时代发展的要求，积极探索土墙结构日光温室的改进升级办法，基于主动储放热理论，先后试验提出了两种形式的轻型结构组装式墙体：一种是刚性彩钢板墙体日光温室（图4）；另一种是柔性保温被墙体日光温室（图5）。

这两种轻型材料墙体结构，完全摆脱了墙体承重和储放热的理念，温室的承重采用后墙立柱与温室屋面结构形成整体组装式框架结构，温室储放热采用主／被动储放热技术，使墙体的占地面积控制在200mm以内，而且所有建筑材料和温室结构全部实现工厂化生产、现场组装，不仅大大加快了温室的建设速度，而且显著提高了建设的标准化程

上篇　日光温室工程技术

99

图6 温室保温系统的创新
a.单膜双被　b.双膜双被　c.双膜双被内卷膜卷被机

度，尤其是温室建设不再破坏土地，温室墙体的占地面积也大大减少。应该说这种墙体改造方案是当前业内普遍认同的一个未来日光温室发展方向。随着研究的不断深入，相信不久，将会有更多、更有效的建筑材料呈现在世人面前，为中国日光温室的改造升级提供更方便、更快捷的解决方案。

在室外温度更低的高寒地区，为了进一步提高温室后墙的保温性能，还可将上述两种保温材料结合使用，即在刚性聚苯板保温层的外侧再增加一层柔性保温被保温，形成刚柔复合的双层保温墙体。对于这层柔性保温被的取舍以及保温被的厚度可完全根据建设地区的气候条件确定，安装方便、拆卸容易、管理灵活，可满足不同气候条件温室建设的需要，可以说找到了一种符合未来发展方向并适合不同气候条件的"万能"日光温室保温墙体。

二、屋面保温技术的探索与创新

日光温室是一种高保温建筑。屋面是日光温室最大的散热面，在做好墙体保温后，如何提高温室屋面的保温性能一直是日光温室结构研究的重点。

传统的日光温室屋面保温基本都采用单层或多层外保温被保温，白天打开保温被温室采光，夜间展开保温被温室保温，温室外保温被与围护屋面的透光塑料薄膜形成单膜单被的屋面保温结构。由于单层保温被材料厚度和保温能力的局限，多层保温被卷放又不方便，再加上固阳地区冬季严寒，室外最低气温常常突破−30℃，在不加温的条件下，不论采用什么样的保温被，单膜单被的保温结构都难以实现温室冬季果菜作物的安全越冬生产。

为了突破严寒地区温室冬季安全生产的技术瓶颈，崔世茂教授的团队采用内外双层保温的结构形式，一方面通过双层保温材料的双重热阻来提高温室的保温性能，另一方面则通过双层保温材料之间的空气间层绝热进一步增大温室屋面的热阻。

对双层保温结构的探索，起步于双膜单被模式，就是在传统日光温室单膜单被保温结构的基础上，在室内再增加一层透光塑料薄膜（称为"内膜"）。增加内膜后，可在夜间与屋面外层塑料薄膜之间形成空气间层，提高温室屋面的保温性能，而到了白天卷起内膜可不影响温室的采光。在室外光照强、室内外温差大时，也可以卷起保温被而保留双层透光膜，在满足温室采光的条件下可显著降低白天温室屋面的散热，提升室内温度。这种设计方案投资不大，管理灵活，较单膜单被保温结构保温性能有显著提升。

图7 外层塑料薄膜结冰情况　　　　　　　　　　图8 地面铺设稻草保温降湿

　　双膜单被结构的做法有两种形式：一种是保温被覆盖在外膜上，这是传统日光温室保温被的覆盖方式，不多赘述；另一种是保温被覆盖在内膜上，也就是将传统的外保温被从温室室外转移到温室室内形成内保温被。内置保温被的优点是保温被不再受室外环境的影响，下雨或降雪不会淋湿保温被，从而保证保温被的保温性能，也不会额外增加温室屋面荷载；刮风时不会掀起保温被（尤其适合冬季多风的包头固阳地区）；早晨保温被不会出现底脚冻结影响起被，可保证温室的有效采光和及早升温；保温被安装在室内也不受室外强烈紫外线和极端气候的影响，可有效延长保温被的使用寿命。但内置保温被后发现，由于室外温度较低，外膜受冷后在内表面出现结冰，早晨太阳升起后需要较长时间消冰，这反而影响了温室的实际采光时间。通过实践证明，虽然这种技术方案有诸多优点，但在特别寒冷的固阳地区，影响采光这一致命的弱点直接导致该技术方案在推广中被否决。

　　此外，不论是保温被外置还是内置，由于塑料薄膜薄，自身的热阻太小，仅用双膜单被保温结构还难以抵御固阳室外－20℃以下的低温。为此，后来的改进将上述的双膜单被改为单膜双被模式（图6a），也就是将室内单层塑料薄膜更换为专用轻质防水保温被。这种形式的保温结构，实现了双重保温被加空气间层的复合保温模式，极大地提高了温室的保温性能。但在生产中发现，由于固阳地区冬季特别寒冷，即使外膜外覆盖保温被，夜间外保温被下塑料薄膜也经常处于0℃以下的环境中，仍然会发生双膜单被内置保温被方案中覆盖温室的外层透光塑料薄膜的内表面早上结冰的情况（图7），即使外保温被卷起接受室外太阳辐射，由于塑料薄膜表面结冰，阻挡了大量室外光照进入温室，一方面严重影响温室内的光照强度，另一方面在塑料薄膜表面结冰溶化的过程中形成大量水滴滴落到温室作物冠层（采用流滴膜会减轻直接滴落作物冠层的水滴量），增加了作物发生病害的风险。究其原因，主要是室内夜间空气湿度太高，内层保温被密封性不够，无法完全隔绝室内湿气向双层保温被之间空气间层的运动。

　　为了减轻或消除外层塑料薄膜夜间结冰的问题，一是增加外层保温被的热阻，提高外层塑料薄膜的表面温度（这会大大增加保温被的成本，给保温被卷放也带来困难）。二是在内层保温被下再增设一层塑料薄膜，形成双膜双被的保温结构（图6b、c），用塑料薄膜隔断室内湿气向双层保温被之间空气间层的运动（这种方法，投资不多且密封性好、隔气效果更好）。三是在温室地面铺设稻草（图8），一方面降低地面蒸发，从而降

a

b

c

d

图9 温室通风系统及其控制
a. 保温被卷起屋脊通风　b. 保温被卷起前屋面通风　c. 保温被展开屋脊通风口封闭　d. 保温被展开前屋面通风口封闭

低温室内空气湿度；另一方面也能增加地面保温，提高土壤温度；此外，稻草秸秆有机质分解还能补充室内CO_2。为此，在推广应用中采用了后两者的结合，通过降低外层塑料薄膜内侧的空气湿度来减少或消除夜间表面结冰。应该说这也是一种在实践中发现问题、解决问题的科学研究方法。

采用双膜双被保温结构后，不仅增强了温室的保温性能，而且使温室内环境控制的手段更多变、更灵活。双层保温被以及内层保温膜均可以独立控制启闭，早晨太阳升起后，室外气温很低，可打开外层保温被，使外层塑料薄膜尽快消冰（如果出现结冰情况时），同时提高双层保温被空气间层的温度，避免内层保温被打开后温室内温度出现剧烈波动；白天当室内外温差较大时，也可不打开内层塑料薄膜，形成双层膜保温结构，既不影响温室采光，也能有效提高温室内的温度；当室内温度超过作物适宜生长温度后，打开内层保温膜，同时根据室外温度条件适时打开外层保温膜的通风系统（包括屋脊通风口和前屋面通风口，图9a、b），由于温室外层塑料薄膜的通风控制系统设置在外层保温被的下部，所以当外层保温被展开时，温室的通风系统将自动处于关闭状态（图9c、d）。应该说双膜双被保温结构是一种非常适合严寒地区日光温室的保温系统。

三、温室承力结构的探索与创新

对温室承力结构的创新探索主要是基于上述双膜双被保温结构展开的。虽然在早期的单膜单被传统日光温室承力结构的探索中也曾尝试过目前比较流行的单管（椭圆管）

a

b

c

d

图10 温室骨架结构的创新
a. 单管骨架　b. 双层焊接桁架　c. 双层组装桁架　d. 外层焊接桁架、内层椭圆单管结构

骨架（图10a），但由于单膜单被结构的保温性能难以满足高寒地区温室越冬保温的需要，所以，后来的研究主要集中在选择适合双膜双被保温结构的双层承力骨架上。

在双层承力结构的探索中，为保证结构的承力安全，起先采用了双层桁架结构，包括双层焊接桁架（图10b）和双层组装桁架（图10c）。其中选择采用组装桁架，主要是考虑焊接桁架的焊接工作量大，桁架焊接后无法进行表面镀锌，在温室高温高湿的环境中构件将很快锈蚀，结构的使用寿命受到很大影响，而组装式桁架可直接采用镀锌钢管做上下弦杆，用工厂化生产的热浸镀锌连接卡具现场连接上下弦杆，完全摆脱了结构的焊接作业，避免了焊接作业对构件表面镀锌层的破坏，可大大延长结构的使用寿命，而且构件和连接卡具全部采用工厂化生产，加工流程化、产品标准化，现场安装速度快，符合现代建筑工业化的发展方向。

从温室结构的承力条件分析，外层桁架除了承受外层保温被的作用外，还承受室外风雪荷载以及安装检修荷载等，而内层桁架则只承受内层保温被荷载，根据种植作物的情况，有的温室内层桁架可能还承载作物吊挂荷载的作用。从理论上讲，两层桁架结构承受的荷载不同，其构件截面尺寸理应不同，而且双层桁架结构室内遮光也比较严重。基于这样的理论基础，在精准分析双层结构承力的基础上，研究团队提出了外层桁架、内层单管（椭圆管）的双层承力结构（图10d），进一步优化了温室结构，不仅降低了温室造价，而且也减少了骨架在室内的阴影。应该说，外层桁架、内层单管是目前比较合理的结构形式。当然，在分析建设地区室外风雪荷载的基础上能否将外层桁架进一步简

图11 水管储热方式
a.透明水管储热 b.黑色水管疏布 c.黑色水管密布

化为椭圆管单管结构，也可以因地制宜地选择和研究确定。此外，对单管材料的选择，目前市场上还流行一种用镀锌钢带辊压成型的外卷边C形钢，可利用C形钢的开口直接固定塑料薄膜，更可形成三膜双被保温结构，对极端严寒的地区也可能是一种更有效的保温解决方案。

四、温室储放热技术的探索与创新

严密保温和被动储热是传统日光温室在严寒地区能够越冬生产的两大法宝。前面已对崔教授团队在墙体和屋面保温方面的创新进行了阐述，下面我们再来看看他们在墙体储放热方面的创新探索。

土墙和砖墙是传统日光温室的被动储热墙体，这一理论已经得到了业界的共识，在生产实践中也得到了广泛应用。但采用轻型组装结构温室形式后，由于温室后墙材料采用轻质保温材料（图4～5），传统的土墙和砖墙储热体已不复存在，如何在轻质保温墙体材料的基础上保留土墙和砖墙的储热功能，是当前轻型组装结构日光温室面临的重大课题。

为了破解轻型组装结构日光温室后墙储热的难题，国内的学者提出过很多方法，包括相变材料储热法、水体被动/主动储热法、空气被动/主动储热法等，储热的部位也从墙体表面扩大到墙体内部和温室地面土壤。在众多的方法中，崔教授团队选择了水体储热的方法。水，来源丰富、造价低廉、控制方便、储放热容量大，是一种比较经济实用的储热材料。在选择水体储热载体的过程中，他们先后试验了水管、幕式吸热帘、水袋以及水箱等储水载体。

1. 水管储热

在水管储热方式的研究中，他们先后选择使用了不同材质的水管（包括透明管和黑色管，图11），也对水管的不同管径（φ100mm、φ50mm）、不同布置间距（400、200、50mm）进行了试验。但总体而言，采用水管储热的方式总储水量不足，以φ100mm@400mm为例，每根长度（高度）约2.0m，单根水管的储水量约0.0157m³，100m长温室满布水管后的总储水量约4m³。如果水管中的水不另设水池循环加热，4m³的

a   b   图13 储热水袋

图12 幕式吸热帘
a. 在后墙上的布置形式　b. 端部丝堵

热水，即使水温达到40℃，放热到15℃，总放热量仅1.75×10^4 MJ，按1h的散热时间计算，相当于每平方米地面积补充了0.11MJ/h热量。对严寒地区的日光温室，这点热量似乎微不足道。如果要设置储水池，就需要配套动力水泵对管道中水体进行强制循环，不仅建设投资高，而且运行费用也不低，建设水池还需要占用温室种植面积（将储水池建设在地下不占用温室种植面积，但建设周期和建设费用较高）。这种方式的主要问题还是管道表面积小，总的吸热量少，而且管道连接容易漏水需要经常检修，因此，在最终的应用中没有继续推广。

2. 幕式吸热帘

幕式吸热帘（图12）是一种高效吸热橡胶材料，表面黑色吸热能力强，材料本身导热速度也快。每条带宽200mm，其上压制9根直径10mm储水管。吸热帘满铺温室后墙，帘下地面上安装宽250～300mm、高300mm、与温室后墙同长的储水槽，采用动力泵循环的方法进行强制循环吸热。按2.0m高度幕帘计算，100m长温室后墙吸热帘储水管道的总储水量约为0.7m³，再加上吸热帘下部的储水槽容量7.5～9m³，总储水量8～10m³。应该说总储水量比水管储水量有了很大提高，而且这种材料的吸热能力强，吸热帘管内水温比单纯的水管吸热的水管中水温高，总储放热量至少应能达到水管储放热的2倍。但由于吸热帘是一种新型材料，目前价格较高，而且夏季吸热帘下部的水槽受热后容易变形而出现漏水等问题，这种储热技术在生产中也没有得到推广应用。

3. 水袋

鉴于上述水管和吸热帘的总储水量有限，研究曾尝试采用柔性材料的水袋储水（图13）。这种储水方式储水量大，应该说是日光温室墙体储热的一种有效方法。但水袋无形、不易固定，对支撑水袋结构的构件布置密度和构件强度要求也高，在试验研究中这种方案最终被放弃。但受此启发，采用硬质塑料制成的水箱替代柔性材料的水袋，不仅增大了储水量，而且安装更方便。

图14 水箱储热体
a. 安装整体　b. 上部水箱支撑　c. 下部水箱支撑

4. 水箱

受水袋储水量大的启发，研究团队专门开发了一种表面黑色的高分子高密度聚乙烯材料的储水水箱（图14）。为增强箱体自身的强度，在箱体表面设计了凹槽，在箱体内还设计了加强肋，可保证箱体在盛满水后能够自承重且不变形。该水箱的外形尺寸为 $900mm \times 1400mm \times 200mm$（宽×高×厚），单体水箱理论储水量 $0.2m^3$，实际储水量为 $0.18m^3$。在整个温室后墙上分上下两层布设，100m 长温室可布设100组，总储水量达 $36m^3$。由此可见，不论是水管储水还是幕式吸热帘储水，其储水量都远远达不到水箱的储水容量，这种水箱储水的方法大大增加了后墙的储水量，相应地温室储热和放热量也将随之增大。这种水箱储水的方法是目前国内日光温室后墙被动储放热的首次创新，从应用效果看具有良好的推广应用前景。

为了支撑和安装这种水箱，研究团队专门设计了一种水箱支撑架，一是对水箱进行限位；二是支撑上部水箱（图14b），下部水箱则直接支撑在地面基础上（图14c）。为了尽量减少水箱向外的传热，设计还在水箱与墙体之间夹设了一层隔热板（图14中水箱背面的蓝色材料），可最大限度减少储热箱体内热量通过后墙的损失。

为了进一步增加水箱的储热容量，笔者建议可以将水箱中的淡水更换为盐水，将盐水浓度控制在10%或更高的水平，水箱的储热量至少还可以提高20%以上。

五、双膜双被水墙装配式日光温室的性能

通过上述研究提出的双膜双被水墙装配式日光温室的性能究竟如何呢？让我们首先走进包头市固阳县两个相距不足10km的园区看看温室中的种植情况吧。

一个园区是内蒙古包头市现代农业固阳示范基地，其中的轻型装配式结构日光温室基本采用双膜双被水墙技术（图4～5，以下简称双膜双被温室），种植作物包括草莓、番茄等低温和喜温果菜。另一个园区是完全按照山东寿光技术建造的下挖式机打土墙结构"琴弦式"日光温室（图1，以下简称寿光型土墙温室），室内种植番茄并配有加热炉（图15a）。

2019年1月11日，这一天正处在农历小寒与大寒之间，当地室外最低温度在－20℃以下。一大早我们来到两个园区参观，看到了两重完全不同的景象。寿光型土墙温室内种

a　　　　　　　　　　　　　　　b

图15 寿光型土墙温室中作物生长情况
a. 配套的加温系统　b. 室内作物全部受冻情况

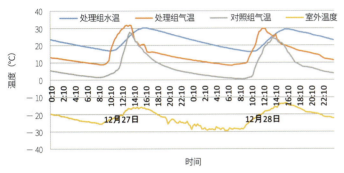

图16 试验温室与对照温室的温度性能曲线

植的番茄全部受冻（图15b，据介绍温室内作物是12月底的第1次寒流中由于没有及时开启加温系统而受冻的），而双膜双被温室中种植的草莓（图14a）、番茄（图8）等果菜却是果实累累、生机盎然。作物的长势已经说明了温室的性能。双膜双被温室在－20℃以下的室外温度条件下室内作物能正常生产，说明其保温和储热的性能至少可以抵御30℃以上的室内外温差环境。

　　有了直观的感受，再来让我们看看温室的具体测试性能。试验温室采用双膜双被保温的轻型组装式结构，后墙采用100mm厚彩钢板外包保温被的做法。对照温室采用双膜单被机打土墙结构，这种温室由于室内增加了一层塑料薄膜，其保温性能应该比图15所示的寿光型机打土墙温室的保温性能更好。

　　图16是2018年12月27—28日连续2天试验温室和对照温室以及试验温室水箱内的温度变化。由图可见，在室外最低气温接近－30℃的条件下，试验温室内的最低空气温度接近10℃，而对照温室内的最低空气温度则接近0℃。从气温的绝对值可以看出，试验温室完全可以安全生产果菜类作物，而对照温室则只能生产耐低温的叶菜类作物。两者将近10℃的温差不仅是双膜双被的贡献，更有蓄热水箱的贡献。由图16还可以看出，从14：00之后，水箱内水温始终高于室内空气温度，直到次日9：00以后，两者的温差在10℃左右，说明整个夜间水箱都在向室内放热，放热时间长达18h，而且放热量还

不小。

从以上实际种植效果和温室性能试验数据可以做出基本判断：双膜双被水箱墙体组装结构日光温室在室外光照充足的条件下，能够抵御室外接近 −30℃ 的严寒天气安全生产喜温果菜。应该说这是中国日光温室结构性能研究方面的一个重大突破，也是高寒地区日光温室喜温果菜生产中的一项创举。希望崔教授的团队能进一步熟化技术，针对不同的气候特点研究提出温室保温和储热设计的理论方法，将这一技术尽快推广应用到其他地区，为我国日光温室结构的轻简化发展和提高日光温室建设的土地利用率、减少或避免对农田土壤的破坏做出更大的贡献。

致谢

非常感谢内蒙古农业大学崔世茂教授邀请笔者参加北方高寒地区日光温室技术研讨会，使笔者有机会学习和实证了优秀创新成果。在本文的成稿过程中，崔世茂教授还无私地提供了大量的资料，并对文中的遗漏和错误进行了反复校订。

一种采光面覆盖光伏板的光伏日光温室及其性能

一、引言

光伏温室，曾经是行业中的热点。由于光伏温室在推广应用过程中的一些政策、技术和经济问题没有得到很好解决，目前社会上对光伏温室的追捧已经大大降温，政府也减少了甚至有的地方取消了对大规模建设光伏温室的经济补贴和土地配套，使得光伏温室的未来发展更趋于理性化和科学化。

光伏温室可以是连栋温室，也可以是日光温室。利用日光温室的结构安装光伏板，实现光伏发电和温室生产的温室称为光伏日光温室。光伏日光温室按照光伏板布置的位置不同主要分为两种形式：一种是光伏板与日光温室结构完全脱离，光伏板布置在日光温室的后屋面之上（图1a），称为分离式光伏温室；另一种是光伏板与日光温室结构紧

a   b

图1 光伏日光温室中光伏板与温室结构的结合方式
a.光伏板与温室结构完全脱离　b.光伏板直接铺设在温室前屋面骨架上

密结合，利用日光温室前屋面的骨架直接铺设光伏板（图1b），称为结合型光伏温室。其中，后者由于光伏板在温室屋面上的布置形式不同，又有很多不同的组合布置方式。

1. 分离式光伏温室

在保证前后相邻两栋日光温室采光间距的条件下，光伏组件支架与日光温室结构完全独立，光伏发电和温室生产可以同时兼顾，完全能够实现光伏温室农光互补的设计理念，但由于光伏板的架设高度较高，相应地增大了相邻日光温室之间的间距，从土地的有效利用来讲，与传统日光温室相比，这种设计实际上也是降低了农业生产对土地的有效利用率。

2. 结合型光伏温室

采用光伏板与日光温室前屋面骨架结合的设计，虽然充分利用了温室结构，减少了结构用材，而且由于温室屋面面积大也相应增大了光伏板的面积，总体上增大了光伏发电量，降低了造价，但由于光伏板在发电的同时也阻挡了温室内作物的采光，除了温室中种植不需光或需弱光性作物（如食用菌等）外，光成为光伏发电和农业生产同时需要的竞争性资源。从光伏发电的角度来讲，希望增大光伏板铺设面积，增加发电量，但从农业生产的角度考虑，由于增大光伏板面积会大量遮挡室内作物的采光，而且造成温室内光照严重不均匀，不仅会影响作物的产量，也会影响作物的品质，为此，希望尽量减少铺设光伏板的面积。由于两者之间的矛盾没得到很好协调，实际建设过程中，这种温室也是农业生产部门争议最大的一种温室形式。如何协调光伏发电与农业生产之间的矛盾（主要表现为如何布设光伏板和选择什么种植特性的作物品种的工程和农艺的问题），使光伏温室在保证农业生产效益（也就是要满足农用地性质不改变、农业生产效益不降低）的前提下尽可能实现光伏发电的利益最大化，是这种类型光伏温室未来发展中急迫需要破解的问题。

带着对这一问题的思考，受青海大学汤青川教授的邀请，2018年6月30日，笔者来到了位于青海省互助县的青海凯峰农业科技股份有限公司互助塘川蔬菜生产基地。在这里笔者看到了大片光伏组件铺设在日光温室前屋面的结合型光伏日光温室。下面就让我们随着青海凯峰农业科技股份有限公司董事长杨雪峰先生和汤青川教授的指引，来探究一下这个基地中光伏温室的建设和生产情况吧。

二、基地与温室概况

蔬菜生产基地位于青海省海东市互助县塘川镇，占地面积4 760亩，拟规划建设日光温室1 258栋。基地于2012年开始建设并同步开始生产各类果蔬产品。截至2018年，已建

图2 日光温室采光面上光伏板的布置
a. 温室南侧　b. 温室北侧

成寿光五代机打土墙结构日光温室788栋。2016年基地作为青海省光伏扶贫示范基地，将140栋寿光五代机打土墙结构温室改造为结合型光伏日光温室，建成装机容量20MW的光伏电站，于2016年6月开始实现并网发电。结合型光伏温室的建设也促进了温室建设的标准化。为了实现光伏组件模数的统一，对温室结构进行了统一的改造，温室的总体尺寸全部统一为跨度10.5m、脊高4.5m、后墙高度3.3m、长度113.54m。据汤青川教授介绍，除了光伏扶贫示范外，该基地还是国家级现代设施数字农业示范基地、区域生态循环农业示范基地、农业农村部蔬菜生产标准园以及青海省重点的永久性"菜篮子"工程生产基地、青海省果蔬产业园、青海现代农业发展先导区等，是青海省具有示范、引领作用的现代农业生产基地。

1. 光伏组件在温室屋面上的布置

为了最大限度增加光伏组件布置的面积，提高单栋温室的装机容量和发电量，该温室的光伏板不仅铺设在温室前屋面的采光面上，而且还延伸铺设到了温室后屋面（图2b）。为了尽量减少温室内固定阴影对作物生长的影响，设计将光伏组件沿东西方向呈条带式布置，在两个光伏组件条带之间留出一条采光带，采光带采用高透光率的散射光玻璃，期望能尽可能增加室内的光照强度和光照均匀度。

为了便于光伏组件的铺设，日光温室的采光面采用平坡屋面。通过计算机模拟分析当地太阳高度角周年变化所带来的温室内阴影的动态变化，在兼顾光伏发电和作物采光的条件下，确定温室的最大屋面坡度为31°。光伏组件采用单晶硅光伏板，单块光伏板的尺寸为1 650mm×991mm，单块光伏板的额定发电量分别为275W、290W（不同企业的产品发电量有所差异）。

光伏温室沿温室跨度方向的屋面上布置了7排单晶硅光伏板，其中前部3排光伏板与透光玻璃间隔布置，后部4排光伏板连续排列；在两端靠近山墙温室屋面的最外侧2列光伏板，除了布置了3块散射光玻璃外，其他部位也都布置了光伏板（图2a）。沿温室长度方向每排布置了68块光伏板，每栋温室每个屋面共布置光伏板486块，总装机容量为140.94kW。140栋温室共布置68 040块光伏板，合计装机容量达到19.57MW。

a   b   c

图3 温室结构
a. 温室前屋面基部结构　b. 温室结构整体　c. 温室后屋面结构

a   b

图4 温室通风系统
a. 前屋面卷膜通风　b. 后屋面通风口

2. 温室结构

　　该光伏日光温室由于前屋面为平坡面，而且覆盖光伏板对结构的变形要求严格，光伏板的自身重量也不轻，室内无柱，所以在结构设计中采用了一种加强型桁架结构（图3）。桁架的上下弦杆均采用方管，腹杆采用钢板，在温室的屋脊下方还增加了一道附加加强拉杆（图3c）。整个桁架焊接后表面热浸镀锌，结构强度大，表面防腐性能好。桁架设计寿命为25年，与光伏板的使用寿命同步。在温室后墙顶面和前墙基础上都设计了钢筋混凝土圈梁，桁架的两端分别坐落在圈梁上，形成与土建工程的牢固连接。从外表看结构比较结实，用材量也较大；从运行2年来的效果看，结构没有出现明显的变形，初步判断结构应该是可靠的。但由于笔者没有看到结构设计计算书，也没有深入调查温室建设地区的设计风雪荷载，对结构的截面尺寸是否得到优化，不敢冒昧地下结论，但直观判断，温室结构应该还有优化的余地。

3. 温室通风系统

　　日光温室的通风系统一般由前屋面通风口和屋脊通风口组成。该温室为了解决前屋面通风口的问题，没有将温室整个采光面满铺玻璃或光伏板，而是将温室前屋面设计为二折式结构，后部折线段铺设玻璃板和光伏板，用于温室的采光和光伏发电；前部折线段则安装了防虫网和塑料薄膜，用卷膜器卷放塑料薄膜形成温室的前屋面通风口（图

a   b

图5 温室后屋面通风口的控制
a. 通风口盖板调节通风量　　b. 夏季完全打开通风口

4a）。这种设计和传统日光温室的前屋面通风完全相同。

由于温室前屋面后部折线段铺设钢化玻璃和光伏板，传统日光温室在屋脊部位的卷膜或拉膜通风口在这种温室上将难以实现。为此，该温室在通风系统设计中直接摒弃了在温室屋脊处的通风口，而是将传统屋脊通风口移位到了温室后屋面，即在温室后屋面板上间隔开设通风口（图4b）。从自然通风的通风效率来讲，虽然这种通风口没有设置在温室的最高位置，可能不是最佳的通风口设置位置，但后屋面通风口的位置总体来讲基本接近温室屋脊，且完全处于温室作物（包括果菜类吊蔓作物）的冠层之上，此外在温室后屋面开设通风口，还可以直接借用北风的正压（北方地区多以西北风为主导风向），将室外冷风直接吹进温室，可进一步增强温室的通风换气能力，因此，这种通风口的设计位置基本也是合理的。

对于后屋面通风口的控制，该温室设计了一种下悬式外翻窗，即窗扇下部安装合页，上部向外开启。为了实现自动控制通风口窗扇的启闭，采用了齿轮齿条开窗机构控制通风口窗扇，根据通风的不同季节，调节通风口大小（图5a）。采用下悬外翻窗是为了避免冬季冷风直接吹灌到温室内，造成作物局部受冻，而且外翻窗也提高了出风口的高度，有利于增强温室的自然通风能力。由于温室屋面光伏板外伸，也正好形成了对下悬外翻窗出风口的挡雨，可避免在雨雪天气室外雨水进入温室。

到了夏季，当温室需要长时间或永久通风时，只需将后屋面通风口完全打开，即可实现温室的最大自然通风（图5b）。

从现场实际情况看，实现后屋面通风口的完全敞开并不是采用齿轮齿条控制，而是一种对窗扇的失效控制状态。此外，在温室后屋面通风口没有安装防虫网也是这种温室目前存在的问题。后屋面温室通风口设置的间距（影响温室通风的均匀性）以及通风口的面积（影响温室的通风量）是否能够完全满足温室周年的通风需求，也是一个需要进一步考证的问题。虽然，由于温室前屋面大量覆盖光伏板遮挡了大部分的室外光照，但光伏板的背板发热所产生的热量将全部释放到温室内，这部分热量如果不能及时排除，将会造成温室内的高温，再加上室内光照不足，很容易造成室内作物徒长，对果菜类作物还可能直接影响结果，并最终影响作物的产量。因此，针对这种特殊类型的光伏温

a   b

图6 温室保温中存在的主要问题
a. 后屋面密封不严　b. 门的保温不够

a   b   c

图7 温室山墙保温的改进
a. 中空PC板做山墙围护　b. 空心砖做山墙围护　c. 彩钢板做山墙围护

室，从理论上如何计算光伏板的发热量以及温室夏季的通风量，也需要进行专门的研究和试验分析。

4. 温室保温

　　高效保温是中国传统日光温室的最大优点。除了墙体和后屋面的保温外，前屋面的保温是日光温室获得高效保温的最重要保证。

　　该光伏日光温室是在原有寿光五代机打土墙结构日光温室的基础上改造建设，温室的后墙保留了原来的机打土墙结构（为了保护墙体，在墙体外还覆盖了一层防护层，该防护层的外表采用电缆皮，防水又耐老化；内层为无纺布，松软又保温）。后屋面采用保温彩钢板，既防水又保温。应该说温室墙体和后屋面的保温与传统日光温室没有任何差别，具有良好的保温性能。但该温室前屋面没有像传统日光温室一样安装卷帘机和保温被。缺少对采光面的保温，再好的温室后墙和后屋面保温，实际上也已经失去了对温室整体保温的意义。除了前屋面无保温外，温室的两堵山墙也没有进行有效保温。此外，由于前屋面光伏板从温室屋脊继续后延外挑出温室后屋面，温室结构为支撑外伸的光伏板在屋脊后形成了悬臂梁。悬臂梁在温室屋脊处与后屋面板之间的密封不严（图6a），温室山墙开门的位置没有门斗以及双扇平开门的密封也不严（图6b），这些都是造成该温室冬季保温性能差的重要因素。所以，提高温室的保温性能是当前提高温室整

a   b

图8 后屋面保温性能的改进
a. 室外　b. 室内

体性能、保障温室冬季运行最急迫需要解决的问题。

三、温室保温性能的改进

为了提高温室的整体保温性能，应该在良好的墙体和后屋面保温的基础上，增加措施提高温室前屋面和山墙的保温性能。此外，对温室的密封性能也应给予高度的重视。

1. 山墙保温的改进

温室的山墙最初采用透光的PC中空板（图7a），一是希望通过透光覆盖材料更多地获得从温室山墙的进光，弥补采光面由于铺设光伏板造成的进光量不足；二是中空PC板也具有一定的保温性能。但从生产实践来看，这种设计一是PC板的保温热阻不够，无法与后墙和后屋面结构的热阻相匹配，成为温室散热的"冷桥"；二是PC中空板的透光率本身不高，从山墙进入温室的光照在温室中影响的区域较小，难以改善温室室内的整体光照水平。这种采光兼顾保温的设计方案对越冬日光温室而言可以说是失败的。

为了改造温室山墙，加强其保温性能，在后来的改进中分别采用了空心砖（图7b）和保温彩钢板（图7c）来替代中空PC板。这种改造，从山墙的热阻来看，基本达到了与后屋面同等的级别。事实上，这种改造措施也都是传统日光温室常用的山墙墙体做法，应该说对山墙的这种保温性能改造是适用的，也是可行的。

2. 后屋面保温及密封性能的改进

对温室后屋面保温的改造主要是针对温室屋脊部位密封不严（图6a）的问题而采取的措施。为了从根本上解决屋脊密封的问题，改造措施直接将温室的屋脊后移，将原来倾斜后屋面改造成为直立后屋面（图8a），将屋脊移位到原结构悬挑梁的端部（图8b），这样就完全解决了结构悬挑梁穿越后屋面板的问题，温室屋脊处密封的问题迎刃而解。

因为屋面顶部光伏板挡光，这种改造事实上也没有影响温室前后栋之间的采光间

a   b   c

图9 温室内保温的改进
a.后屋面固定保温被   b.固定保温被与后屋面保温板之间的竖向开口   c.室内活动保温被

距，改造用彩钢板保持了与原后屋面相同的规格，因此也就保持了与原后屋面相同的保温性能。从结构受力的角度讲，由于封闭了原结构支撑光伏板的悬挑梁，相应也减小了北风荷载作用下对悬挑梁的弯矩，对提高结构的承载能力也有一定的帮助。

3. 增设内保温，加强对温室前屋面的保温

光伏日光温室由于没有设置前屋面外保温被，冬季夜间前屋面的散热量较大，后墙、山墙以及后屋面再好的保温性能也无法阻止前屋面的散热，传统日光温室保温性能好的特点基本损失殆尽。因此，加强日光温室的前屋面保温是保证温室越冬生产必须要解决的问题。

在光伏板上增设外保温，一是保温被必然要遮挡一部分光伏板，影响屋面光伏板的发电；二是卷帘机在温室屋面上往复运动可能会损伤玻璃或光伏板，因此，采用传统日光温室保温被外覆盖的保温形式在这种光伏日光温室上似乎不一定可行。

在外保温无法实现的条件下，内保温成为增强前屋面保温的唯一手段。在光伏温室改造设计的初期，曾考虑在温室内增加内层副拱架，专门支撑和运行内保温，这是一种较佳的保温方式，但经过经济分析认为设副拱架成本较高；此外，内层副拱架实际上也压低了温室的种植空间，故而在建设中放弃了这种方式。设计中也曾考虑过利用骨架下弦杆，在其上安装吊挂滑轮，悬挂和牵引保温幕，实现内保温的要求，但经过试验，运行效果并不理想，温室建设中也没有推广应用。在最近的内保温改造中采用了两项措施：一是设置后屋面固定式内保温；二是设置前屋面活动式内保温。

后屋面固定式内保温是从温室室内后墙高度位置起一直延伸至屋面最上一块透光玻璃板的上边缘，将厚形保温被固定安装在温室骨架的下弦杆上，形成与温室后屋面板之间的三角形封闭空腔（图9a），一方面厚形保温被和后屋面保温板自身具有较高的保温热阻，能够在很大程度上减缓室内热量从后屋面的散失；另一方面，厚形保温被与后屋面板之间的封闭空间也形成一个绝热空间，又有效增大了后屋面的传热热阻。事实上，这个绝热空间内由于白天光伏板背板发热还能有效提高空腔内的空气温度，减小室内空气温度和空腔内空气温度之间的温差，从而进一步降低室内热量向外传递的速度。直观感觉，这种改造基本达到甚至超越了后墙的保温。但从实际设置的固定式内保温看，由于厚形保温被和后屋面保温板在屋脊处没有形成封闭，出现了室内的竖向开口（图

a   b

图10 沿跨度方向保温幕启闭的内保温系统设计方案
a. 活动边　b.固定边

9b），使实际的保温效果大打折扣。建议尽快封闭该竖向开口，阻止室内空气在该空腔内的流动，以最大限度发挥后屋面封闭空腔的保温作用。

采用后屋面固定式内保温并与后屋面板形成封闭保温空腔后，虽然温室后屋面的保温性能得到大大加强，但温室后屋面的通风口随之也消失了。仅靠温室前屋面底部的通风口进行温室通风，不论冬季还是夏季都是不可行的。为此，建议在封闭温室后屋面空腔后，在温室屋面上最上层的透光玻璃板上安装开窗机构，形成温室屋脊通风口，与前部卷膜通风口结合将能形成完整的温室通风系统。

由于光伏板背板发热较多，温室后屋面空腔封闭后将在空腔内集聚大量的热量。在冬季，这种热量聚集有利于提高温室的保温性能，但到了夏季，这种热量积累不仅不利于温室降温，而且光伏板背板热量不能及时消除，将极大地影响光伏板的发电效率。因此，在外层的保温板上保留原倾斜屋面的通风口，对于排除空腔内热量、保证温室的降温性能和光伏板的高效发电性能将具有非常积极的作用。当然，如果能将保温被与后屋面保温板在骨架连接处的密封口做成可活动式，能够随着室内外温度的变化自动调节密封口的启闭，则为更理想的改造方案。

解决了后屋面的保温后，再来看前屋面保温的解决方案。如同连栋温室中的活动保温幕一样，该温室在解决前屋面保温时，采用拉幕式活动保温被，白天打开保温被温室采光，夜间展开保温被温室保温。选择厚形保温幕，甚至采用双层保温幕，对提高温室的保温性能将具有非常积极的作用。

拉幕式活动保温被根据保温被运动方向不同，有两种方式：一种是沿温室长度方向运动，另一种是沿温室跨度方向运动。

沿温室长度方向运动的拉幕系统是将保温被沿温室长度方向分成若干分区，采用钢缆驱动或齿轮齿条驱动的方式将保温被在温室长度方向启闭（图9c）。这种拉幕系统不受温室前屋面形状的影响，一套拉幕系统可控制全部室内保温被，但这种沿温室长度方向启闭的保温被驱动方式即使白天保温被完全打开，也会由于收拢保温被的位置会在温室中形成局部的固定阴影带，影响温室的采光以及光照的均匀性。为了消除这种由于保温被收拢后造成的室内阴影带，后来的改造采用了活动保温被沿温室跨度方向启闭的拉幕系统。保温被的固定边固定在温室的后墙上，活动边沿温室跨度方向运动（图10）。

117

a   b   c

图11 温室种植情况
a. 种植韭菜　b. 种植辣椒　c. 种植西葫芦

这种拉幕系统由于无法用一台拉幕电机操控多折变形屋面的内保温拉幕系统（主要是温室前部低矮的部位），一般需要多台拉幕机将保温被沿温室跨度方向分成若干分区进行操控。但这样会增加成本，也会在温室中形成沿温室长度方向的固定阴影带。为了解决温室前部折弯处低矮部位的保温，该保温系统采用前部保温幕自由下垂的方式，不是将温室前屋面全部进行保温，但能够与地面形成封闭的保温，虽然减少了前部的一些种植空间，但造价低廉，白天保温幕收拢后垂吊部分也不会影响温室内作物的采光，尤其适合于种植比较低矮的叶菜类作物。

当然，如果要最大限度开发利用温室地面，也可将保温被分为两幅，保温被收拢时一幅收拢到温室的后墙，另一幅收拢到温室的前沿基础位置。保温被可以采取卷被的方式收拢，也可以采取拉幕的方式收拢。这样收拢后的保温被将会彻底消除保温被收拢后在温室作物区可能形成的阴影，也可克服保温被沿温室长度方向展开后由于相邻连接部位的密封不严而造成的热量损失，进一步提高温室的保温性能。

应该说通过加装前屋面活动内保温被（不论沿温室长度方向驱动还是沿温室跨度方向驱动），温室冬季的保温性能将会得到显著提升。事实上，采用沿温室跨度方向驱动的活动内保温系统，还可省去对温室后屋面的固定保温被，从另外的角度节约建设和改造成本。当然两者都保留，温室的保温性能将会更有保障。

四、温室生产效益

1. 种植效益

光伏温室在改造前由于保温性能差，喜温果菜甚至耐低温的草莓都难以越冬生产。因此，目前的种植基本以越夏生产为主，这在一定程度上影响了温室农业种植的效益，也使光伏温室的农业生产功能大打折扣。

在温室保温性能得到改善后，光成为制约农业生产的主要因素。为了探讨在这种光伏条件下可能适宜而又有较高经济效益的种植品种，基地试种了韭菜、辣椒、西葫芦等多种蔬菜品种（图11）。从种植的情况看，虽然由于屋面光伏板的遮光在温室中有明显可见的阴影带，但由于该阴影带随太阳的运动在室内也处于运动状态，从作物的长势看，光伏板形成的室内阴影带并没有对韭菜和西葫芦的生长造成太大的影响，但可以明显地看出辣椒的长势不良。

韭菜属于性喜冷凉、耐寒也耐热的作物，从光照要求来讲是中光照植物，耐阴性强，而辣椒则是喜温强光性作物。对照温室中作物的生长情况，也正好印证了这种温室内种植强光性作物光照不足的问题，实际生产中应该选择种植耐阴作物。

从青海省当时蔬菜销售的价格看，韭菜的产地平均批发价为5.6元/kg，按照韭菜的产量12kg/m²，商品率90%计算，温室种植韭菜的产值在60.48元/m²，扣除成本20%，实际收益将在50元/m²左右。韭菜或许是除了食用菌之外适合在光伏温室中能种植的另一种技术上可行、市场前景广阔、经济效益良好的种植品种。茶树、苗木等也有过在光伏温室中成功种植的案例，类似的品种还有哪些，期待基地进一步的试验和探索。

2. 发电效益

从单栋温室布设光伏板的数量看，一栋温室装机容量约140kW，按照青海当地全年平均有效光照时间1 500h计算，每栋温室一年的理论发电量应该是21万kW·h，按国家电网0.95元/（kW·h）计算，一栋温室光伏发电的收益近20万元，折合单位面积的收益为182元/m²。

从实际运行看，光伏板的实际发电量只有理论发电量的70%左右。这主要是由于光伏板板面的污染、阴雨天气以及光伏板背板发热等因素的影响。即使按照实际发电量计算，温室的发电收益每年也能达到127元/m²。这部分收益基本为净收益，原因是在光伏发电过程中没有更多的生产资料和人工投入。光伏的收益是农业种植收益的翻倍还多，由此可以看出光伏发电相较温室种植的巨大收益。这也是为什么企业建设光伏温室只要光伏收益而舍弃农业种植的根本原因之一。

五、结语

在过去几年光伏温室发展的高潮期，中国从南到北都建设了大量的光伏温室，其中以内蒙古、青海、甘肃、宁夏等光照资源良好的北方地区建设光伏日光温室的量尤为庞大。这些温室大都能正常发电，实现了光伏的设计功能，但有很多却撂荒了农业，使在光伏温室中进行农业生产的初衷化为泡影，光伏温室成为企业占用农用地发展光伏电站的"幌子"，不仅浪费了农业用地，也严重损害了政府形象。有鉴于此，对于是否要发展光伏温室这个问题，尤其是发展将光伏板覆盖在温室采光面上的这种结合型光伏温室，不论在学术界、政府管理层面还是在农业生产领域都存在很大争议。

如何让这些存量温室投入正常农业生产，在获得发电收益的同时，最大限度开发土地资源的价值，不要减损对农业生产的收益，使光伏温室真正兼顾既能发电获益又能进行农业生产获益的双获益技术和项目是当前亟待解决的问题。

近年来，光伏板生产企业针对农业生产的这种特殊要求在光伏板产品中开发了具有一定透光率的光伏板，甚至还有可以转换阳光波长的光伏板，这是一种好的尝试。但光伏板的存在对于冬季弱光季节运行的日光温室来讲，采用结合型光伏板布置形式，总会在不同程度上造成对作物采光的阻挡。

除了光伏发电与农业生产争光的矛盾外，光伏板与日光温室结合的光伏温室由于不能在温室屋面安装室外保温被，温室夜间的保温性能也受到严重影响。大量光伏日光温室冬季撂荒，不能发挥日光温室冬季高效节能生产的功能，难以获得冬季反季节蔬菜生产的高效益，也与这种技术上的局限有密切的关系。

青海凯峰农业科技股份有限公司在青海大学汤青川教授的指导下，面对困难和问题，对光伏板结合型日光温室的温室保温技术和温室种植品种筛选开展研究和实践，为这一具有巨大社会争议的技术寻找光伏发电和农业生产有机结合的办法，光伏温室真正意义上的农光互补技术方案从此得到了实践，给困境中的光伏温室甚至传统的日光温室生产者，开创了一条能够看到前途和光明的方向。他们的探索精神非常值得我们敬佩，他们的探索还在不断进行之中，更多更好的建立在农光互补基础上的光伏温室设计建设技术措施和温室种植产品方案更值得我们期待。

致谢

非常感谢青海大学汤青川教授多次邀请笔者赴青海凯峰农业科技股份有限公司考察，在本文的撰写过程中汤教授还提供了很多非常翔实的数据和资料，并对文稿进行了最后的审定；感谢青海凯峰农业科技股份有限公司杨雪峰董事长的多次热情接待，是他对光伏日光温室技术和效益的孜孜以求，才成就了今天光伏温室农光互补的一种有效解决案例。

光伏板在温室大棚上的
多样化布置形式

——从山东省新泰市农光互补设施农业产业园谈起

2018年9月14日，在结束了2天的会议交流后，"2018中国设施农业产业大会"会议组织者安排与会代表到泰安市新泰市（县级市）参观了规模宏大的新泰农光互补设施农业产业园。

新泰市坐落在鲁中腹地，泰山东麓，地处北纬35°37′～36°07′、东经117°16′～118°，是全国60个采煤重点县之一。全市探明煤炭资源可开采储量6.6亿t，1949年以来，已累计开采了约4.7亿t，为国家经济建设做出了巨大贡献。但长期的煤炭开采，引发大面积地表斑裂和塌陷，形成了129km²的采煤沉陷区，并主要集中在翟镇、泉沟镇、西张庄镇、果都镇、楼德镇等地（图1），尤其以翟镇为重，全镇2/3的耕地出现了大面积沉降，农民房屋受损严重，生态环境遭受严重破坏。2011年，新泰市被国务院批准确定为"资源枯竭型城市"。

被确定为"资源枯竭型城市"后，新泰市把压煤搬迁作为推进新型城镇化的重要举措，以每年搬迁3～5个村的速度推进，对民房斑裂较重的压煤村实施整体搬迁。在此基础上，又着眼于塌陷地治理，围绕泰安市"一圈一带"战略，在柴汶河沿岸的采煤沉陷区规划打造12万亩的高标准设施蔬菜产业带，以

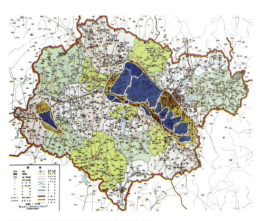

图1 新泰市煤炭开采集中塌陷区

121

a   b   c

图2 光伏板在日光温室采光面上的布置形式
a. 有规律连续布置　b. 有规律棋盘式布置　c. 无规律随机布置

a   b   c

图3 光伏板在日光温室后屋面外的布置形式
a. 一块板　b. 两块板　c. 三块板

期将采煤沉陷区由"包袱"变为"财富"，主导产业布局由"地下"转到"地上"，发展方式由"黑色"变为"绿色"，实现资源城市的根本转型。

按照规划，蔬菜产业带将借助国家光伏发电"领跑者"计划中的2 000MW农光互补项目，投入200亿元，建设3万栋日光温室、2万栋塑料大棚、100栋连栋温室和30个光伏电站，将传统农业种植与光伏发电相结合，设施外安装太阳能电池板发电，设施内种植绿色优质农产品，在不改变土地属性的条件下，将土地、空间和阳光立体高效利用，以期获得农业和发电双收益。

截至2017年9月底，项目一期工程500MW光伏发电板结合5 134栋日光温室和6 489栋塑料大棚在规划区翟镇、泉沟镇、西张庄镇3个乡镇的49个村中陆续建成投入生产和并网发电。二期工程已经开始研究实施。应该说该基地是国内目前光伏设施规划规模最大的集中生产区。除了规模大、集聚度高之外，光伏板与设施的结合形式与国内其他光伏温室相比也有很多突破。以下就结合国内光伏温室的形式对本园区光伏板与日光温室、塑料大棚和连栋温室的结合形式分别做一介绍。

一、光伏板与日光温室的结合

光伏板与日光温室的结合方式，主要包括光伏板直接铺设在日光温室采光面上的布置形式和光伏板固定布置在日光温室后屋面外两种类型。其中，光伏板直接铺设在日光温室采光面上的布置形式又分为分散布置形式和连续布置形式等（图2）；光伏板固定布置在日光温室后屋面外的布置形式也分为一块板、二块板和三块板等形式（图3），当然铺设光伏板的数量越多，温室之间的间距也将会越大。前者在冬季室外光照比较弱的季

a

b

c

d

图4 新泰园区内光伏板在日光温室后屋面外的布置形式
a. 六块板（全景）　　b. 六块板（局部）　　c. 太阳跟踪板1　　d. 太阳跟踪板2

节，光伏板发电必然会与室内作物的生长产生争光的矛盾（如何解决二者的矛盾是种植者重点的研究工作，目前的研究方向主要包括选择适宜的耐阴品种作物，如种植茶树、韭菜、苗木、食用菌等，以及冬季休闲而进行越夏生产的反季节生产模式都取得了不错的效益），但后者在保证温室栋与栋之间足够采光间距的条件下能够从根本上协调解决二者周年生产相互争光的矛盾。因此，本园区内光伏板与日光温室的结合方式统一都采用后者的布置形式。

　　为了增加光伏板的布置数量，尽可能争取在有限的土地上获得更多的发电量，本园区内的光伏板采用多种布置形式。一种是增加每组光伏组块上光伏板的数量，将上述最多三块板的组合模式增加到了六块板（图4a、b），在相同温室间距的条件下，园区光伏板的数量增加了1倍（这样做的后果肯定是牺牲了日光温室冬季的采光）。第二种做法是采用太阳能跟踪装置，即在光伏板支撑架上增设传动装置，使光伏板像向日葵一样永远跟踪太阳运动的方向转动，从而使照射到光伏板上的太阳永远处在直射光最小反射的入射角范围内，光伏板接受的太阳辐射能最大，从而光伏板获得的光伏发电量也将最大。根据太阳能跟踪装置的动力不同，每组光伏板的数量和组合方式也有差异（图4c、d）。

　　附加了太阳能跟踪装置后，相同光伏板面积上产生的光伏电量虽有增加，但太阳能跟踪装置运行也消耗一定的能量，而且增加跟踪装置也增加了设备的建设成本。一定功率的跟踪装置配置多大面积的光伏板才能够达到经济上的可行性，尚需要进行仔细的计算分析和运行实证，不同地区由于太阳能资源不同，这种匹配估计也应该有差别。具体

a   b   c

图5 光伏板在日光温室后屋面上的其他布置方式
a. 阴阳型日光温室屋面上的布置   b. 在透光背板上分散布置方式   c. 小面积布置方式

设计应用中是否采用太阳能跟踪系统，以及每套跟踪系统配置多大面积的光伏板应通过技术经济性能比较后确定。除了跟踪系统的动力匹配外，这种系统还应对不同方向的风荷载进行验算，以确保结构运行的安全性。

除了上述光伏板在日光温室上的布置形式外，笔者在走访调研中还看到过其他一些光伏板在日光温室上的布置方式，在此也一并做一介绍。

一种是在阴阳型日光温室屋面上的布置（图5a）。这种布置形式和上述日光温室后屋面上的固定太阳能光伏板的形式相同。所不同的是在传统日光温室的北侧附加了一个阴棚，光伏板正好位于阴棚的屋面上部。由于阴棚冬季原本就没有阳光直射，所以这种光伏板布置形式也不会影响阴棚的采光（阴棚采光主要为来自北侧的散射光），而且也不会影响后一栋日光温室阳棚的采光。从节约用地和有效利用光能的角度看，这种光伏温室的建设模式还是具有良好的经济和生态效益的。

第二种是在日光温室的后屋面架设透光的玻璃板或PC板，将光伏发电板镶嵌在透光板上（图5b）。这种布置方式，由于镶嵌光伏板的背板是透光板，而且光伏板布置的数量不多且很分散，所以，对相邻后部日光温室的采光影响不大。光伏板还可有效阻挡从温室后部的来风，从而避免了温室保温被和屋面塑料薄膜被风吹起的风险。但布置光伏板数量少、光伏发电量不多，以及光伏板可能会阻挡后屋面的排水等问题可能是这种布置方式的最大缺点。

还有一种是完全发电自用的小面积光伏板布置形式（图5c）。这种形式的光伏板也布置在日光温室的后屋面之上（也有安置在其他位置的），所不同的是光伏板的面积较小，主要用于温室电动卷膜器、卷帘机、灌溉水泵、室内照明等用电设备的供电。根据用电量的不同，所配套光伏板的面积也不同。此外，由于光伏发电与用电器的用电在时间和用电功率上不能同步，所以，这种系统一般都应配套蓄电池，将白天光伏板发出的电能储存在蓄电池中，各类用电器根据需要随时从蓄电池中获取电能。由于蓄电池造价高、使用寿命短，而且从光伏发电到蓄电池储电，再到用电器用电都需要变压或交直流转换，整个系统的能量转化效率很低。在真正的生产温室中应用的经济性并不看好，具体应用中应仔细测算，慎重选择使用，除了在一些电力供应比较困难的偏远地区外，一般生产温室建议不使用这种形式。

a   b   c

图6 新泰园区光伏板与塑料大棚的结合布置方式
a. 大棚之间布置   b. 大棚顶固定倾斜布置   c. 大棚顶固定平铺

二、光伏板与塑料大棚的结合

新泰园区中大量光伏板与塑料大棚的结合是这个园区的主要特点之一。园区中光伏板与塑料大棚的结合方式大体上可以分为两类：一类是光伏板架设在相邻两栋塑料大棚之间，塑料大棚东西走向布置（图6a）；另一类是光伏板架设在塑料大棚屋面，塑料大棚南北走向布置，其中光伏板在塑料大棚屋面上的布置又分为固定倾斜布置（图6b）和固定水平布置（图6c）两种形式。

从光伏发电与大棚采光的相互协调性来看，将光伏板布置在两栋塑料大棚之间，只要保持两栋塑料大棚之间足够的采光间距，和光伏板布置在日光温室后屋面一样，大棚农业生产和光伏板发电也应该能达到协调共赢。但塑料大棚东西走向布置，大棚内光照分布不均匀，在一定程度上会影响棚内种植作物的产量、品质以及商品性，而且由于每组光伏组件布置光伏板的数量多（图6a为6块，和园区内日光温室上固定布置的光伏板数量相同），光伏组件形成的阴影带面积大，使塑料大棚之间的间距自然拉大，造成农业生产的土地利用率低。因此，总体而言，这种布置方式还是优先考虑了光伏发电，而削弱了塑料大棚的农业生产效益。

将光伏板布置在塑料大棚的屋面上，无论光伏板是固定倾斜布置还是固定水平布置，都将严重影响塑料大棚内生产作物的光照。虽然光伏板没有连续布设（实际上固定倾斜布置时也不能连续布设），在相邻两组光伏组件之间会有太阳光照射进入塑料大棚，但大棚内的光照会严重分布不均，只有弱光作物或者对光照不敏感的作物才有可能获得良好的生产条件。据介绍，这种塑料大棚主要用于夏季的遮阳栽培，光伏板对塑料大棚既遮阳又降温，在炎热的夏季能够在大棚内形成相对凉爽的气候条件。或许这是这种光伏大棚最好的利用方式，但大棚选择什么样的作物种植，以及种植的经济效益如何都有待实践的考证。

光伏板与塑料大棚的结合，由于塑料大棚在北方地区本来就不越冬生产，所以冬季没有农业生产用光的需求，相比光伏板与日光温室的结合，这种结合模式光伏发电与农业生产争光的矛盾并不十分强烈，但塑料大棚不能进行越冬生产，所以，单位面积土地的周年利用率和农业产出量也会显著减少。从经济高效利用土地的角度看，光伏板与日光温室的结合相比光伏板与塑料大棚的结合其经济和生态效益更高。

图7 塑料中棚结合地面光伏板的布置形式

a

b

图8 非对称屋面连栋温室上光伏板的布置
a. 棋盘式布置方式　b. 连续布置方式

事实上，在生产中还有一种地面光伏板与中小拱棚结合的模式（图7）。这种方式是在地面光伏板的背部设计适宜高度的中小拱棚，用于夏季作物的保护地生产。中小拱棚的跨度限制在不影响地面光伏板采光的最小距离之内，高度不超过光伏组件的顶高，中小拱棚的存在完全不影响地面光伏板的正常采光间距。这种布置形式是在充分保障光伏板采光的条件下，为了充分利用土地面积而设计的一种光伏农业结合方式。实际上，中小拱棚内的农业生产完全是从地面光伏发电站的土地上挤出来的农业生产用地，应该说是一种有效提高土地利用率的光伏农业理想结合方式，在地面光伏电站中值得推广应用。

三、光伏板与连栋温室的结合

光伏板与连栋温室的结合一直是国内外光伏农业研究的一个热点。连栋温室屋面面积大，能够布置光伏板的数量也多，而且光伏板布置可完全借用温室屋面承力结构，无需专门的光伏支架，节省投资，选择合适的温室种植品种完全能够获得光伏发电和农业生产双赢的效果。

传统的连栋温室光伏农业设施大都采用不等屋面的连栋温室（南侧屋面长，北侧屋面短），温室屋脊东西走向，光伏板布置在温室南侧屋面，可以是连续布置，也可以是棋盘式布置（图8）。最好的不影响或少影响温室内作物生产的光伏板是采用具有一定透光率的非晶硅材料光伏板，尽管这种板的造价较高，但单位面积的发电量相比硅晶板的

a b

图9 新泰园区光伏板在连栋温室屋面上的布置形式
a. 正面（看室外）　　b. 侧面（看室内）

a b

图10 连栋温室屋面上的新型光伏板
a. 刻痕光伏板　　b. 分光透光光伏板

光伏板要小。

　　新泰园区内光伏板与连栋温室的结合中，连栋温室采用标准的文洛型对称小屋面结构，温室屋脊东西走向，屋面上光伏板间隔布置（图9），而且光伏板采用晶硅板。这种设计，温室结构为标准化构件，造价最低，但光伏板不透光，在温室中会形成大量的阴影带。此外，由于光伏板是间隔布置，文洛型温室的屋面小，沿屋面跨度方向每个南向屋面只能布置一块光伏板，所以，整体上看温室屋面上布置的光伏板数量少，而且文洛型温室屋面的坡度较不等坡屋面温室小，相应单位地面积的发电量也将会减少。

　　为了能最大限度利用屋面面积布置光伏板，同时又能最大限度减少光伏板对室内作物的遮光，使光伏温室真正能够实现光伏发电与农业生产的双赢效果，国内外最新的研究方向是创新改变光伏板。一种是将晶硅光伏板分隔成小面积分散布置的组件（称为刻痕光伏板），使大量的太阳光能够从硅晶板之间的间隙中透射进温室（图10a）。这种方法可以在温室屋面满铺光伏板，虽然每块光伏板的面积减小了，但由于可铺设的温室屋面面积增加，因此，单位地面积上总的光伏板面积不一定减少，但却使温室内光照强度增加，光照均匀度提高，在充分获得光伏发电的同时使温室内种植作物的光照条件得到大大改善。

　　另一种改进光伏板的技术路径是采用选择性透光技术，即对太阳能光谱进行选择性透过。对温室内作物光合作用较强的红光透过，对作物光合作用需求不高的绿光等其他波段的光不透过（图10b），这种将太阳光谱分光谱利用的方法很好地解决了温室内作物采光与光伏板发电用光之间的矛盾，应该是光伏温室未来发展的一种新方向。

四、结语

光伏温室是近年来随着我国绿色能源发展要求不断增大、光伏产能过剩、国家能源补贴政策的实施、金融资本大量介入等多种因素影响而发展起来的一种新型产业模式。从理论上讲，温室外布置光伏板发电，温室内种植农作物，从土地、空间和光能利用上可以获得互补共赢的多重效果，但从大量生产实践表明，光伏温室实际上是首先满足了光伏板的发电功能，而削弱甚至完全撂荒了温室内的农业生产。运行中，往往是电力企业和农业企业分别管理和运行光伏发电和农业生产，光伏板只要安装到位，光伏发电基本是"一劳永逸"，光伏企业可以"坐享其成"，而农业生产由于或多或少受到光伏板的遮光在一定程度上影响农业生产的效益，而且农业生产的效益还受到农产品市场波动的影响，所以，事实上也造成了农业生产企业的效益低下，甚至完全亏损。

从另外一个角度讲，光伏发电需要一定的规模，大多在10MW以上，这样势必需要大面积的土地，常见的规模化光伏基地面积都在成千上万亩。这样大规模的生产基地，从农产品市场化的角度看能够集中生产，规模上市，产品具有较好的市场竞争能力，但具体实践中农业生产确实也存在交通路线长、物流运输量大、生产运营招工困难、管理不方便等诸多问题，大量光伏温室生产基地中农业生产处于无效益、亏损甚至撂荒等现象也就不难理解了。

光伏温室是一种新的设施农业生产方式。虽然从目前大量的光伏生产基地的运营现状看，农业生产的效益大都不甚理想，但在这个领域中也不乏一些执着的农业领域的探索者在研究种植什么样的品种以及什么季节怎样种植能够在光伏温室中使农业生产获得效益。另外，从光伏板的研究和开发者的角度出发，研究新型的光伏发电板，在保证农业生产采光不受或少受影响的条件下最大限度获得发电，真正实现农业优先，兼顾发电，将光伏农业真正落实到农业上，也是光伏温室未来发展的一条有效路径。工程设计者，在真正理解光伏发电和农业生产的基础上，合理处理光伏板在温室建筑上的布局，也是保证光伏温室健康良性发展的一条路径。期待在未来的光伏温室发展中，农业生产者、光伏技术的研究者以及工程设计者三者能够共同合作，有机结合，开发出光伏发电和农业生产真正都能共存、共赢的光伏温室技术，使这一行业走出当前"一条瘸腿"的困局，实现光伏发电和农业生产"比翼双飞"。

桁架结构日光温室骨架及其构造

纵观中国日光温室的屋面骨架结构，大体可分为三类："琴弦式"结构、桁架结构和单管结构（包括实腹截面的钢筋混凝土骨架结构和其他新型材料骨架结构）。"琴弦式"结构的屋面结构是一种双向承力体系，包括沿温室长度方向的受拉钢丝（俗称"琴弦"）和沿温室跨度方向的受压排架结构，此外还有室内立柱，事实上形成一种三维承力体系；桁架结构和单管结构基本都是排架结构。其中，"琴弦式"结构中沿温室跨度方向的排架骨架也经常采用桁架结构和单管结构。钢制单管结构主要包括圆管骨架、椭圆管骨架和外卷边C形钢骨架。在日光温室钢结构骨架中桁架结构是使用最普遍、应用最广泛的一类骨架结构。本文就桁架结构的不同结构形式做一总结，供业界同仁们在设计和建造日光温室时参考。

一、桁架结构的基本形式与用材

1. 空间桁架

日光温室桁架结构分空间桁架和平面桁架两大类。空间桁架一般为三角形剖面结构（一般为等腰三角形或等边三角形），用3根钢筋分别做弦杆，形成三角形剖面的3个顶点，三角形剖面的3条边分别用钢筋做腹杆，将3根弦杆连接在一起（图1）形成结构稳定的三角形空间桁架。这种结构自身稳定性好，不存在平面外失稳的问题，即使不用纵

图1 空间桁架

a

b

c

d

图2 不同用材的平面桁架

注：×–×–×表示上弦杆–下弦杆–腹杆用材

a.管–管–管桁架　b.管–管–光面钢筋桁架　c.管–螺纹钢筋–光面钢筋桁架　d.管–光面钢筋–光面钢筋桁架

向系杆也能形成稳定的承力体系。但这种结构用钢量大、焊接作业量大，焊接后的桁架结构基本无法实现热浸镀锌表面防腐处理，所以结构的耐腐蚀性能较差，需要经常性地进行防锈处理，在中国早期的日光温室结构中有所应用，但近年来的日光温室结构中应用越来越少或者基本不用了。

2. 平面桁架

平面桁架由上弦杆、下弦杆和腹杆组成。根据选用材料的不同，桁架结构的上弦杆多用圆管，而下弦杆则可用圆管或钢筋（其中的钢筋又可选择螺纹钢筋或光面钢筋），腹杆多用光面钢筋，但也有使用螺纹钢筋或圆管的（图2）。

3. 桁架规格与用材

桁架用管材常用管径φ25mm、φ32mm，壁厚1.8mm以上圆管；钢筋一般选用φ10mm、φ12mm规格，也有的使用φ8mm甚至φ6mm的。上下弦杆之间的距离一般保持在200mm左右，同一弦杆上相邻腹杆之间的节间距离一般为200～300mm，不应超过400mm。相邻两榀骨架之间的间距一般控制在1m左右，最大不超过1.2m，最小不小

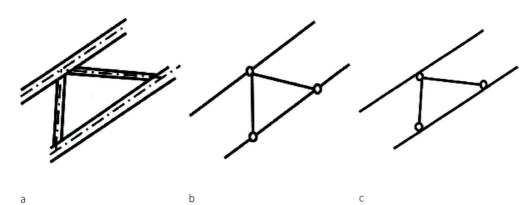

a   b   c

图3 腹杆与弦杆的构造要求与力学计算模型
a.腹杆与弦杆的轴线交汇在一点   b.弦杆与腹杆完全铰接   c.弦杆连续、腹杆铰接

于0.75m。

桁架的截面尺寸和用材应根据温室的几何尺寸、桁架的布置间距、温室建设地区的风雪荷载、安装在温室结构上的设备荷载（包括卷帘机、保温被、灌溉设备及管道等）和作物荷载等条件，再考虑屋面上人操作荷载后通过结构强度计算确定。

在生产实践中经常看到由于夏季或春秋季下雨造成温室倒塌的案例，这主要是由于保温被卷起后放置在温室屋面造成温室屋面排水不畅，并在保温被的背部形成积水增加额外负荷造成温室骨架过载的结果。有时候我们也经常看到由于温室前屋面靠近脊部比较平缓，坡度不够，在温室屋面上形成水兜的现象。温室结构设计中应充分考虑这些生产中可能出现的过载条件，保证结构设计的安全性。

二、腹杆的布置方式

1. 腹杆布置的标准形式

不论是空间桁架还是平面桁架，腹杆一般要求与弦杆成接近45°的角度布置，而且相邻两根腹杆在弦杆上的交汇点应使腹杆和弦杆的中心线相交为一点（图3a）。这样不论弦杆与腹杆的力学计算模型按完全铰接计算（图3b），还是按弦杆连续、腹杆铰接的方法计算（图3c），结构的内力计算都比较准确，而且不会在弦杆中产生次应力，是理想的结构构造形式。

2. 腹杆布置的变形形式

在具体设计和加工中，为了减少焊接工作量，或者为了方便焊接作业，对钢管或钢筋焊接的平面桁架往往不能达到上述理想的结构构造，由此出现了很多腹杆布置的变形方式。例如，在生产实践中出现一些腹杆与弦杆相互垂直的连接方式（图4a）以及不连续的V形腹杆连接方式（图4b）。这些连接方式腹杆用量少，焊接作业量小，但由于腹

a   b

c   d

图4 腹杆的变形布置方式
a. 与弦杆垂直腹杆　b. 不连续V形腹杆　c. 垂直腹杆与V形腹杆间隔布置　d. 垂直腹杆与单方向倾斜腹杆间隔布置

杆布置不连续，在弦杆表面均布荷载作用下会在相邻两根腹杆之间的弦杆中产生弯矩，如果结构力学计算模型简化为完全的铰接结构，计算结果会有较大的误差。为了增强这种结构的强度，有的设计者在两根与弦杆垂直的腹杆之间再增加一组V形腹杆（图4c）或在两根垂直腹杆之间增加一根同一方向的斜杆（图4d）。从理论上讲，相邻腹杆如果首尾不能相接，相邻腹杆与弦杆三根杆中心线的交点将不能交汇在同一点上，这样会使弦杆内部的次应力增大，在实践中应尽量避免使用这种结构形式。

　　从图4中的4种腹杆布置形式看，只有图4d中相邻腹杆首尾相接，尽管垂直腹杆不能和弦杆之间形成45°倾角，可能会增加腹杆的用量，从而加大骨架的焊接作业量和用材量，使结构的制造成本增大，但从结构承载能力和结构内力分布的合理性而言，这种结构设计应该是合理的。其他三种结构形式，由于相邻腹杆均未实现首尾相接，在桁架的弦杆中或多或少会产生弯矩和次应力，看似节约了腹杆的用材，也减少了骨架加工中的焊接作业量，但实际上却是一种不合理的结构形式，温室运行中结构失效的几率很高，设计中应尽量避免使用。

3. 腹杆的焊接作业方式

　　对于标准的弦杆与腹杆左右倾斜连接的桁架结构，具体加工制作中有3种方式：①将腹杆截断成短直杆，在腹杆的设计位置将其两端分别焊接在弦杆上即可；②将腹杆制作成V形结构，相比短直杆腹杆，减少了一次截断腹杆的工作量，相当于将两根短直杆连

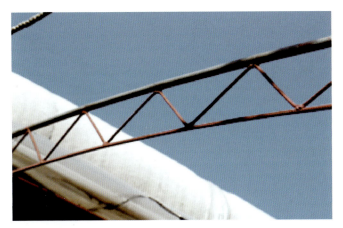

图5 整根钢筋连续折弯腹杆

接在一起,中间折弯即可;③用一根连续的钢筋,中间不做任何截断,在弦杆上确定焊接位置后,连续折弯作为腹杆的钢筋,并将折弯点焊接到弦杆即可(图5),这种方法省去了截断腹杆的工作,但在焊接过程中需要不断地折弯腹杆钢筋,现场焊接作业的劳动强度相对较大。

三、桁架的表面防腐与组装结构桁架

1. 桁架的焊接与镀锌

日光温室用的平面桁架一般沿跨度方向制作成一根连续的桁架,可形成对温室前屋面和后屋面的承力结构。对于跨度较大的温室,除非采用定制钢管,否则上下弦杆一般均需要对接焊接来满足整根桁架的长度要求。一般桁架弦杆对接连接点应避开与腹杆的连接点,弦杆的连接可采取对接焊接,也可采取内插管螺栓连接(对钢管弦杆)或搭接焊接(对钢筋弦杆)的方式。

对于焊接后整体镀锌的桁架结构,当遇到当地镀锌池尺寸较小、整根桁架难以一次完成热浸镀锌时,可将桁架截断为两段分别进行热浸镀锌,现场安装时再将两段桁架焊接成一根完整的桁架后再安装。遇到这种情况,镀锌前上下弦杆的截断位置不应选择在同一截面截断,而应将上下弦杆选择在不同位置截断,也就是说上下弦杆的截断位置处,两根弦杆的长度应不同,这样会减小由于后续焊接质量问题而造成桁架结构局部失效的概率。

2. 组装结构桁架

除了上述焊接式桁架之外,为了避免由于焊接作业破坏钢结构表面的镀锌层,有的温室设计者采用了组装式桁架结构。目前生产中应用的组装式桁架结构有2种形式:①用镀锌钢管做弦杆,卡具连接的组装桁架,称为卡具组装桁架(图6a);②用镀锌钢带经过辊压成外卷边C形钢做桁架的上下弦杆,用钢板做腹杆,螺栓连接弦杆和腹杆后形

a   b   c

图6 卡具组装结构桁架
a. 桁架整体   b. 立体卡具   c. 平面卡具

a   b

图7 钢带成型组装结构桁架
a. 结构整体   b. 局部大样

成组装式桁架，称为钢带辊压成型C形钢组装桁架（图7）。卡具连接钢管桁架的上下弦杆均采用热浸镀锌钢管，腹杆不用钢筋或钢管，而采用卡具。现场安装时，只要用卡具将上下弦杆连接在一起，即形成温室的承力桁架。其中，上下弦杆的连接卡具有2种形式：①连接上下弦杆和纵向系杆的立体卡具（图6b）；②只连接上下弦杆的平面卡具（图6c）。这种结构为完全组装结构，上下弦杆、纵向系杆均通过连接卡具用螺栓副连接，除了桁架两端与温室前沿基础或后墙圈梁处可能有焊接作业外，其他部位没有任何焊接，现场安装速度快，骨架抗腐蚀能力强，使用寿命长。但安装施工时要求所有螺栓的螺母应拧紧，不得出现拧不紧、漏拧或强制拧紧过程中损坏螺纹的情况。运行实践表明，有的卡具由于没有采用热浸镀锌表面防腐处理或者使用的螺栓副没有进行表面防腐处理，温室结构的失效往往从连接卡具的锈蚀或螺栓副的锈蚀开始。使用中应注意观察连接卡具和螺栓副的锈蚀情况，发现锈蚀严重时应及时更换。

 钢带辊压成型C形钢组装桁架结构采用热浸镀锌钢带，首先将钢带成型为C形钢（用一组滚轮辊压成型），以该C形钢为桁架结构的上下弦杆，桁架的腹杆亦采用钢带压制成型。腹杆与上下弦杆之间完全用螺栓副连接。这种结构完全摆脱了工厂化生产卡具的限制，将钢带成型生产线直接组装到施工现场即可边生产骨架边进行骨架安装，省去了

温室工程实用创新技术集锦❷

WENSHI GONGCHENG SHIYONG CHUANGXIN JISHU JIJIN 2

a   b

图8 上下弦杆两端处于同一水平面
a. 温室前沿基础处   b. 温室后墙上

a   b

图9 上下弦杆两端处于同一竖直平面
a. 温室前沿基础处   b. 温室后墙及梁垫处

工厂加工构件和构件长途运输的环节，现场加工和安装的速度快，建设成本低，而且所有构件均为热浸镀锌钢带辊压成型，构件的表面镀锌层得到完整保留，用螺栓连接也没有任何焊接作业，所以，结构的防腐能力强，使用寿命长。但这种结构美中不足的是相邻腹杆与上下弦杆的中心线无法交汇到一点，上下弦杆中可能会产生次应力，影响结构的承载能力。此外，和卡具连接的组装式桁架一样，螺栓副连接有可能存在螺栓连接不牢、螺栓连接变形、螺栓提早锈蚀等问题。生产管理中应定期巡查，及时发现问题并及时处置，以保证桁架结构的安全使用。

四、桁架端部的处理构造

日光温室的桁架两端分别连接在温室前沿的基础上和温室后墙的圈梁上（没有圈梁的温室可能通过连接件直接坐落在梁垫或砖墙上）。

由于计算力学模型的差别，一般桁架两端的处理方法有3种形式：①上下弦杆的两端处于同一水平面位置（图8）；②上下弦杆的两端处于同一竖直面位置（图9）；③将上下弦杆收拢到一点，包括将上下弦杆完全收拢到一个点的情况（图10a～c），也有将下弦杆先交汇到上弦杆上，上弦杆最终与温室基础或圈梁相连接的情况（图10d）。

a   b

c   d

图10 上下弦杆在端部收拢的做法
a. 钢管-钢筋桁架在墙体上端部收拢在一起的做法　b.钢管-钢筋桁架在基础下端部收拢在一起的做法　c.钢管-钢管桁架端部收拢在一起的做法　d. 钢管-钢筋桁架钢筋提前收拢到钢管的做法

　　从承力能力分析，将上下弦杆两端分别固定在基础或圈梁上的构造形式（不论是图8所示的水平对齐还是图9所示的竖直对齐）较上下弦杆收拢在一点的构造形式更有利于内力传递，因此在生产实践中大量的桁架结构采用上下弦杆端部分离的构造形式。对于上下弦杆分离的构造形式，在桁架与基础和圈梁连接时常采用角钢将两根弦杆的端部连接后再固定到基础或圈梁预埋件上的做法（图8b），也有采用预埋钢板的做法，将钢板预埋在基础或墙体的圈梁表面，桁架的上下弦杆甚至包括腹杆均焊接在预埋钢板上，之后再用水泥砂浆罩面，形成对预埋件和桁架端部的保护。

　　与上下弦杆端部分离的做法相比，上下弦杆端部收拢到一点的做法可使预埋件的体积变小，有利于节省预埋件的成本，但局部的结构强度应该通过结构力学计算予以保证。

　　生产实践表明，在桁架端部与基础或墙体交接处经常发生钢结构镀锌层被混凝土中水泥腐蚀的情况，造成桁架两端提早锈蚀而使整个承力结构失效（图11）。为此，在施工中应采取措施保护

图11 桁架端部锈蚀情况

温室工程实用创新技术集锦❷

WENSHI GONGCHENG
SHIYONG CHUANGXIN JISHU
JIJIN 2

a   b   c

图12 桁架在温室结构中的布置形式
a. 标准完全桁架结构布置方式 b. 削弱型主副梁结构布置方式 c. 增强型主副梁结构布置方式

钢结构，以避免被混凝土腐蚀。具体的做法包括在钢构件表面涂抹沥青、包塑等。

五、桁架在温室结构中的布置

标准的桁架布置应该是间隔0.75～1.2m布置一道桁架（图12a），形成排架体系，并用纵向系杆将所有桁架连接在一起形成整体承力体系，保证每一榀桁架平面内和平面外的稳定。但在生产实践中经常看到有的温室建设者为了节省建设成本，或者是因为当地的风雪荷载不大，将两榀桁架之间的间距拉大到3m左右，并在两榀桁架之间附加单管或竹竿等构件（其主要用途不是用于结构承力而是为了固定或绷紧塑料薄膜），形成主副梁结构体系（图12b）。与全部用桁架的结构体系（称为完全桁架结构体系）相比，由于桁架的间距加大，而且单管的承载能力有限，显然，这种结构布置形式严重削弱了结构的承载能力，笔者在这里将其称之为"削弱型"布置方式。如果没有可靠的理论计算依据，生产实践中应尽量避免这种结构布置形式。生产实践中另外一种布置形式也是主副梁结构体系，但这种结构体系中的骨架全部采用桁架，而且骨架的间距也基本与标准的完全桁架结构布置形式相同，所不同的是相邻两榀桁架所用的材料不同，一榀桁架的下弦杆采用钢筋，另一榀桁架的下弦杆则采用钢管，相对下弦杆为钢筋的桁架，这种主副梁结构应该是一种"加强型"布置方式（图12c）。当然，以下弦杆为圆管的桁架而言，也是一种"削弱型"布置形式。实际设计和建设中，究竟采用哪种结构布置形式，应该从本着节约投资、保证安全的原则出发，通过精准的荷载分析后，按照结构力学的原理进行结构内力分析，最后再按照轻钢结构设计方法和温室结构设计规范验算构件截面强度后最终确定。

单管骨架日光温室结构及其构造

桁架结构日光温室骨架用钢量大、焊接作业量大、焊接质量不易保证、构件表面防腐难度大（整体镀锌构件除外）、远程运输成本高（单位运输空间的重量小）、占用温室空间大（事实上压低了温室的有效种植空间和操作空间）、安装容易产生平面外扭曲，虽然其较强的承载能力在日光温室结构中应用量很大，但在不断追求温室结构轻简化、长寿命的过程中，这种结构的上述缺点也成为制约其进一步发展的限制因子。

单管骨架结构是近年来在日光温室结构轻简化过程中兴起的一种替代桁架结构的新型骨架结构形式。单管骨架，由于不存在构件焊接，采用热浸镀锌的钢构件表面防腐不会受到像桁架结构一样的焊接破坏，而且骨架结构轻盈、安装方便，有的温室企业甚至在温室建设现场加工骨架和安装骨架同步进行，更节省了运输和二次镀锌的费用。由此，这种结构在当今的轻简化日光温室结构中成为一种新潮流的结构形式。

本文就这种形式骨架结构的用材、结构形式和安装构造做一系统的梳理和介绍，供大家研究和设计参考。

1. 单管骨架用材

从单管骨架的用材来看，主要有圆管、椭圆管和外卷边C形钢（图1）。其中，圆管来源方便、价格低廉，在早期的日光温室结构中有大量使用。但由于在相同用钢量条件下圆管较椭圆管的承载能力小，所以近年来圆管骨架基本被椭圆管骨架所替代。外卷边C形钢（俗称"几"字钢）由于可以直接用镀锌带钢一次辊压成型，无需焊接作业和二次镀锌，不仅可降低加工成本，而且可简化加工设备，便于现场加工，因此，在轻简化日光温室结构中得到了大量推广应用。但外卷边C形钢是开口截面，相比闭口截面的圆管或椭圆管，在相同截面模量的条件下其承载能力相对较弱，设计中应全面分析开口截面和闭口截面的优劣，在充分保证结构强度的条件下，从材料取材方便、加工方便以及

温室工程实用创新技术集锦❷

WENSHI GONGCHENG
SHIYONG CHUANGXIN JISHU
JIJIN 2

a   b   c

图1 日光温室单管骨架常用材料
a. 圆管 b. 椭圆管 c. 外卷边C形钢

图2 完全单管骨架结构

加工安装成本等方面综合考虑选择经济适用的结构用材。

2. 单管骨架的结构形式

（1）**完全单管骨架结构** 从单管骨架的结构形式来看，最轻简的结构是用一根单管同时承载温室前屋面和后屋面，室内无柱（图2），这种结构称为完全单管骨架结构。这种结构用材省、结构轻盈、室内无柱遮光少、对室内种植和作业影响小，是一种非常理想的轻简化骨架结构。但由于单管的承载能力有限，这种结构主要用于小跨度轻型后屋面的日光温室。如果温室的跨度较大或要求承载的荷载较大，一般需在室内配置一排或多排立柱（图1a）或采用闭口结构的椭圆形钢管，但如果在室内设置多排立柱，实际上也就失去了结构轻简化的本意，也不是日光温室结构未来的发展方向。

（2）**系杆式单管骨架结构** 为了在不增加立柱的条件下尽可能增强单管骨架的承载能力，常用的做法是在温室屋脊下前屋面骨架和后屋面骨架间增加一道加强系杆，称为系杆式单管骨架结构。这种设置主要是考虑屋脊处保温被的集中荷载以及人员上屋面进行维修或更换塑料薄膜、保温被等维修作业荷载较大。根据加强系杆的设置位置和长短不同，系杆式单管骨架结构又分为短系杆、中系杆和长系杆3种结构（也可以称为上系杆、中系杆和下系杆或高位系杆、中位系杆和低位系杆）；按照系杆与水平面的倾斜角

a   b   c

图3 系杆式单管骨架结构
a. 斜拉短系杆　b. 水平中系杆　c. 水平长系杆

a   b

图4 系杆式单管骨架结构中系杆的用材
a. 圆管　b. 方管和圆管交替设置

度不同，又有斜拉系杆和水平系杆之分（图3）。

　　短系杆在前屋面骨架的连接位置一般在屋脊通风口的上沿，在后屋面骨架的连接位置大致在靠近屋脊的后屋面1/3长度位置；中系杆在前屋面骨架的连接位置一般在屋脊通风口的下沿，在后屋面骨架的连接位置大致在靠近温室后墙的后屋面1/3长度内；长系杆在后屋面骨架的连接位置一般在后屋面骨架的端部（亦即后屋面骨架与后墙的交接位置），在前屋面骨架的连接位置一般在温室屋脊通风口下沿或以下。

　　不论是短系杆、中系杆或长系杆，其设置的倾斜角度还没有一个统一、规范的要求和规定，设计者大都是根据不同的温室结构尺寸自主选择设置（有时可能也带有随意性或盲目性），建议在这方面的研究者们能针对这一问题进行系统研究，提出更合理的设计方法供业界同行设计参考。

　　从加强系杆的用材看，有的系杆用圆管，有的系杆用方管或矩形管，还有的采用圆管和方管交替设置（圆管或方管分别设置在不同的骨架上，圆管系杆骨架和方管系杆骨架相邻布置），如图4。从安装和连接方便的角度看，方管（含矩形管）更好，强度也更大，但从材料来源和造价的角度分析，圆管更有优势。具体设计中可根据当地的材料供应情况以及结构的承力条件综合分析，合理选材。

　　（3）局部桁架式单管骨架结构　　对于后屋面自重荷载（恒载）较大或温室建设地区风雪荷载较大的温室，为了进一步加强温室结构的承载能力，有的温室设计者将单管结构中的加强拉杆进一步升级。一种是在加强拉杆上再增加腹杆，与前、后屋面拱杆形成局部桁架结构。根据增加腹杆数量和布置形状不同，加强腹杆包括单吊杆（图5a）、V

a   b   c

图5 局部桁架式单管骨架结构
a. 单吊杆　　b. V形腹杆　　c. 桁架式拉杆

a   b

图6 外卷边C形钢骨架在屋脊处的连接
a. 前后屋面骨架对接连接　　b. 前后屋面骨架分离连接

形腹杆（图5b）、"之"字形腹杆、W形腹杆等；另一种是将加强拉杆直接用一根变截面桁架来替代（图5c），当然也可以是等截面桁架。和系杆式单管骨架结构中系杆的用材一样，局部桁架结构中的这些腹杆用材也基本采用圆管或方管（矩形管）。

具体设计中，采用哪种形式的桁架结构，应根据温室结构的荷载要求本着节约用材的目标合理选择用材，优化结构形式。实际上，过多地局部加强温室骨架，对提高温室结构的整体承力不一定都能达到预期的效果，往往温室前屋面弧度急变部位是骨架的最薄弱位置，不能同时补强最薄弱环节，在温室屋脊部位再多的补强也都是在画蛇添足。具体设计中可进行多方案比较，以提高骨架整体承载能力为目标，尽量减少骨架的用材量，优化结构、降低温室造价。

3. 单管骨架结构构件连接构造

单管骨架的连接主要包括骨架自身在屋脊部位大角度转折处的连接（称为骨架自身连接）和后屋面骨架在温室后墙圈梁（梁垫）上的连接、前屋面骨架在温室前墙基础（圈梁）上的连接（称为骨架与土建工程的连接）以及骨架与纵向系杆之间的连接、结构系杆与单管骨架之间的连接、结构系杆之间的连接。不同的连接部位，对连接节点的处理也有相应不同的特点。

（1）骨架自身的连接　对于骨架自身的连接，闭口截面骨架（圆管、椭圆管）和开口截面骨架（外卷边C形钢）的连接方式有很大的不同。闭口截面的圆管和椭圆管骨架常采用焊接或内插管的方式连接，其中焊接连接方式更为常见，而开口截面的外卷边C形钢结构则基本都用内插管的方式连接（图6）。其中的内插管要求焊接为一个整体，前后屋面骨架与内插管的连接至少应用2副螺栓副连接，内插管与骨架之间的间隙不得大于

a   b   c

图7 骨架与土建工程之间的连接
a.方管连接件与骨架螺栓连接　b.圆管连接件与骨架螺栓连接　c.圆管连接件与骨架焊接连接

1mm。前屋面骨架和后屋面骨架应尽量对缝连接（图6a），避免分离连接（图6b），以保证骨架截面不出现局部削弱。

　　采用6m长国标管（圆管、方管或椭圆管）做温室骨架时，如果日光温室的跨度较大，前屋面弧长超过6m时，前屋面骨架也需要自身连接。该部位的连接一般采用焊接方式连接。为了保证结构的安全性，一般要求全部骨架的连接焊口不要设置在同一位置，以避免由于焊接质量问题引起相邻多根骨架在同一位置失效而导致温室结构的整体失效。

　　（2）骨架与土建工程的连接　　骨架在温室基础和在后墙圈梁上的连接方式基本相同（图7）。一种做法是在基础或圈梁中预埋埋件（埋件的做法一般为在大小200mm×200mm、厚度5mm以上的钢板一侧焊接4根长100～150mm、直径φ10～12mm钢筋，钢筋端头最好带钩），埋件钢板表面与基础（圈梁）表面齐平，沿基础（圈梁）长度方向布置一道角钢，将角钢与预埋钢板焊接牢固，形成温室骨架的连接底座（这种做法不必要求预埋件与骨架一一对应，可节省埋件）。在连接底座上所有骨架基部所在位置焊接骨架连接管（方管、圆管或椭圆管，根据骨架的用材确定）。安装骨架时直接将骨架外套在骨架连接件上，并用一套螺栓副连接骨架和骨架连接件，即形成理想的铰接连接（图7a）。如果设计中骨架与土建的连接采用固结连接，则骨架与骨架连接件之间的连接至少需用2套螺栓副上下布置连接。用焊接的方式将骨架与骨架连接件焊接在一起（图7c）也是一种可选的方案，但要求焊缝均匀，焊缝的长度至少要达到焊接连接件直径（或方管的边长）的4倍，结构计算模型按固结计算。

　　另一种做法是直接将骨架连接件预埋在基础（圈梁）中（图7b，这种做法要求埋件与骨架一一对应，且位置要准确）。这种做法简化了施工程序，节约了建筑用材，但要求施工的精度较高，任何土建施工中的偏差都会给后续骨架的安装带来困难，施工安装中经常出现基础埋件和后墙上圈梁埋件的位置不准确造成骨架安装扭曲或由于埋件自身在预埋施工中发生扭曲造成骨架要么扭曲安装，要么无法安装等问题。因此，在条件许可的情况下，设计和施工中建议尽量采用第一种连接方法。

　　（3）骨架与结构系杆之间的连接　　结构系杆是指与骨架在一个平面内的构件。本文指系杆式单管结构中的加强系杆和局部桁架式单管结构中的弦杆及各类腹杆，前者主要表现为系杆和骨架之间的连接；后者则包括弦杆和骨架之间的连接，以及腹杆与弦杆、

温室工程实用创新技术集锦❷

WENSHI GONGCHENG
SHIYONG CHUANGXIN JISHU
JIJIN 2

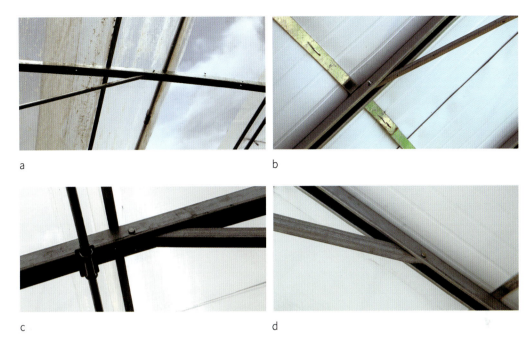

a b

c d

图8 外卷边C形钢骨架结构中弦杆（系杆）与骨架之间的连接方式
a. 圆管系杆与前屋面骨架的连接　b. 圆管系杆与后屋面骨架的连接　c. 方管系杆与前屋面骨架的连接　d. 方管系杆与后屋面骨架的连接

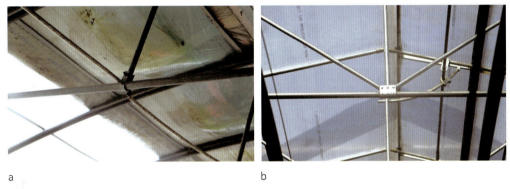

a b

图9 局部桁架结构中弦杆与腹杆之间的连接抱箍
a. 连接弦杆与腹杆的圆弧单腹杆抱箍　b. 连接弦杆与腹杆的方盒多腹杆抱箍

腹杆与骨架之间的连接。

　　对外卷边C形钢单管骨架，弦杆（包括系杆式单管骨架结构中的系杆，下同）与骨架之间的连接基本采用弦杆插入C形钢内腔后用螺栓横穿C形钢和弦杆，形成铰接形式的螺栓连接（图8），而腹杆与弦杆之间的连接多采用抱箍的连接方式，抱箍环抱弦杆，腹杆连接抱箍。根据腹杆和弦杆的形状不同，有圆弧抱箍（适用于圆管弦杆）、方框抱箍（适用于方管弦杆）；根据弦杆每个节点上连接腹杆的数量，还有单腹杆连接抱箍和多腹杆连接抱箍（图9），其中单腹杆连接抱箍上只有一组螺栓孔，而多腹杆连接抱箍上则有2组或2组以上的螺栓孔，分别对应不同的腹杆数。

图10 腹杆与外卷边C形钢骨架之间的连接

a   b   c

图11 外卷边C形钢骨架内嵌方管连接纵向系杆的不同构造做法
a. 系杆从内嵌方管侧面通过   b. 系杆从内嵌方管端部通过   c. 系杆从内嵌方管中部内孔中通过

  腹杆与骨架之间的连接，由于腹杆可能是圆管，也可能是方管，往往腹杆的尺寸不能和外卷边C形钢骨架的截面尺寸完全配合，所以，在两者之间连接时，必须有一个方管过渡连接件（图10），方管过渡段的一端插入外卷边C形钢的内腔，另一端则外套腹杆的端头，方管的两端分别用螺栓副与外卷边C形钢和圆管连接，从而实现圆管腹杆与外卷边C形钢骨架的连接。对于方管腹杆，如果尺寸匹配，可以采用上述弦杆与外卷边C形钢的连接方式；如果尺寸不匹配，也应采用过渡方管的连接方式。其中过渡方管与腹杆（不论是圆管还是方管）在尺寸匹配上可以不进行严格要求，结构强度计算中统一按照铰接计算。

  （4）骨架与纵向系杆之间的连接　　纵向系杆是指沿温室长度方向布置在温室结构上，连接所有骨架的构件。其作用是减小骨架在平面外的长细比，保证结构的平面外稳定。同时将所有骨架连接起来，也可提高结构的整体性。一般纵向系杆的间距不超过2m。纵向系杆多用圆管（因为来源丰富、价格便宜），圆管之间的连接可采用对接焊接、缩颈连接、内插管连接或外套管连接等多种形式。纵向系杆自身的连接节点最好避开与温室骨架的连接节点。

  ①纵向系杆与外卷边C形钢骨架之间的连接。纵向系杆与外卷边C形钢骨架之间的连接方式有多种形式，其中在外卷边C形钢内腔中内嵌方管是实践中最常用的一种形式。根据纵向系杆与内嵌方管的连接位置不同，可分为侧面连接、端部连接和中部穿孔连接等几种形式（图11）。方管连接件与外卷边C形钢的连接基本采用螺

a   b   c

图12 专用连接件连接外卷边C形钢骨架与纵向系杆的不同构造做法
a. 外凸Ω形连接板   b. 内嵌π形连接板   c. 内嵌盒形连接板

a   b

图13 纵向系杆与椭圆管骨架的连接
a. 连接件与骨架用自攻自钻螺钉连接   b. 连接件与骨架焊接连接

栓副连接，而与纵向系杆之间的连接除中部穿孔的方管外，均采用U形螺栓副连接（1套或2套）。

除了用方管连接外，纵向系杆与外卷边C形钢骨架的连接形式还有用钢板制作的专用连接件，包括外凸的Ω形连接板、内嵌的π形连接板和内嵌的盒形连接板等（图12）。这些连接板与外卷边C形钢的连接基本都采用自攻自钻螺钉或螺栓副连接，而与纵向系杆的连接则有多种形式，包括自攻自钻螺钉（图12a）、U形螺栓副连接（图12b）和键销固定（图12c）等。

②纵向系杆与椭圆管骨架的连接。纵向系杆与椭圆管骨架的连接基本都采用中部穿孔的专用U形连接件连接（图13）。U形连接件的开口两侧外抱椭圆管（抱箍的上沿距离椭圆管上表面不应超过椭圆管高度的1/3），并用自攻自钻螺钉固定在椭圆管上（图13a），也可以将U形连接件与椭圆骨架焊接在一起（图13b），连接强度更高，但应做好焊口处的清洁和防腐，纵向系杆从U形连接件的底部预留孔中穿过后用键销固定。

③纵向系杆与圆管骨架的连接。纵向系杆与圆管骨架的连接，完全采用装配式钢管骨架塑料大棚的连接方式。一种是用Ω形抱箍外抱圆拱杆后用U形螺栓将纵向系杆和圆管骨架连接在一起（图14a）；另一种是用Ω形抱箍外抱系杆后用自攻自钻螺钉将其固定

145

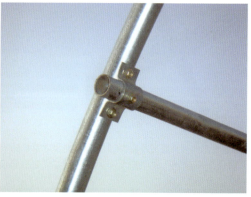

a   b

图14 纵向系杆与圆管骨架的连接
a. Ω形抱箍外抱骨架后用U形螺栓连接系杆　b. Ω形抱箍外抱系杆后用螺钉固定到骨架

在圆管骨架上（图14b）。

　　由于骨架是单管结构，受单管结构截面高度的限制，直接在单管上连接纵向系杆会严重影响屋面塑料薄膜的压紧深度。为此，在单管骨架上安装的纵向系杆与骨架之间的连接构件（包括方钢管、U形抱箍以及专用连接板等）连接后，一般应与骨架上表面有足够的距离，以加大纵向系杆与屋面塑料薄膜之间的间距，这实际上就是要求连接件要有足够的高度。近年来兴起了一种用在骨架上安装卡槽固定塑料薄膜的方法来替代传统的用压膜线压紧塑料薄膜的固膜方法。如果在生产中采用这种方法固定塑料薄膜，则纵向系杆与骨架之间的间距可以尽量缩小，同时，温室的有效空间高度也将得到相应提高。

日光温室卷帘机的
创新与发展

日光温室卷帘机（又称卷被机）的发明和不断创新是日光温室环境控制从人力操作向机械化、自动化操作方向迈进的重大突破。纵观日光温室卷帘机的发展历程，大致可将其分为人力操作手动拉绳卷被阶段、电动拉绳卷被阶段和电动转轴卷被阶段，目前大部分的卷帘机都采用电动转轴卷被的方式，并依据此原理开发了多种形式的卷帘机。

一、手动拉绳卷被

在电动卷帘机发明之前，日光温室的外保温材料主要为稻草苫和蒲草苫（统称为草苫）。草苫为长条形单幅苫（宽度1.0～2.0m，长度依据温室采光面弧长确定），温室保温依靠若干幅草苫，沿温室长度方向草苫长边相互叠压而覆盖整个温室采光面。草苫的两个短边分别称为固定边和活动边，固定边固定在温室屋脊或后屋面，整幅草苫沿长度方向覆盖温室采光前屋面，白天卷起，温室采光；夜间铺展，温室保温。

早期卷放草苫主要依靠人力拉绳的方法完成。在每幅草苫的下部铺设一根麻绳或草绳（紧贴日光温室采光面塑料薄膜），一端（称为固定端）固定在屋脊或后屋面，有的甚至绕过温室后屋面固定到温室的后墙；另一端（称为活动端）通过草苫的下表面（与温室采光面塑料薄膜相贴的面）后从草苫的活动边绕到草苫的上（外）表面，并一直延伸到温室屋脊或后屋面后，临时固定在温室后屋面上。操作人员站在温室的屋脊或后屋面，手持拉绳的活动端并向上拉绳，即可将草苫卷起（图1）。由于草苫自身重量较重，在一定的坡度上能够自动打开并下落铺展，为了防止白天拉起的草苫在自重作用下自动打开，草苫拉放到设定位置后，应将拉绳的活动端拉紧并临时固定在温室后屋面。需要打开草苫时，只要解开拉绳的活动端临时固定，草苫将会自动打开并铺展覆盖在温室采光前屋面。如果草苫卷起时停放屋面处的坡度较小，不能依靠自重自动打开，则可以用

图1 手动拉绳卷苫

图2 电动拉绳卷被卷帘机拉绳活动端在卷轴上缠绕的方式

手推或脚踹的方式给草苫一个初始力，草苫即可自动打开。

这种启闭草苫的方式，设备投入少（主要为拉绳和固定拉绳的设施），建设成本低，但拉起草苫时费时费力，一般拉开一栋日光温室（长度80m左右）的草苫至少需要30min，而且由于是单根绳卷放单幅草苫，卷放草苫还需要一定的经验和技巧，操作人员在拉起草苫时，要一边用力向上拉，一边观察草苫的重心和活动边的斜度，操作者必须通过不断调整拉绳位置，才能避免将草苫拉偏。为了提高拉苫的效率，保证拉苫过程中不会出现草苫拉偏，有的生产者在每幅草苫底下铺设2根绳拉苫（图1），但这种做法增加了1倍的拉绳材料用量。

如遇雨雪天气，草苫可能会浸水而使其自重显著增大。这种情况下，拉起草苫需要的力将会更大，对于一般体力的农村妇女，拉苫将是一件非常耗体力的工作，尤其是大跨度日光温室（草苫长，重量更重）。笔者曾听说有用拖拉机在温室后墙外拉拽草苫的事例，可见拉动草苫对操作者体力的要求有多大。

手动拉绳卷放保温被比较适用于保温被自重较重且温室采光前屋面坡度较大、保温被能够依靠自重自动打开的温室（其中也包括屋脊处局部坡度不大，但人工可触碰到能施加外力的温室）。对于保温被自重较轻且屋面坡度小，依靠自重不能自动打开保温被的温室，手动拉绳的方法还需要附加其他措施，一般不再采用这种方法。当然，为了节约设备投入成本，在铺放草苫时，操作人员可以踩踏在已经铺展的草苫上用手推或脚踹的方法打开草苫，但这种操作方法花费的操作时间将更长。

随着日光温室面积的不断发展和农村年轻劳动力外出打工人员的不断增加，用机械替代人力卷放草苫已经成为加快日光温室发展、解放劳动力的必由出路。由此也萌发了民间研发电动卷帘机的动机，在此强大市场需求的推动下，社会上陆续开发出了多种规格和形式的电动拉绳卷被式卷帘机和电动转轴卷被式卷帘机。

二、电动拉绳卷被式卷帘机

电动拉绳卷被式卷帘机主要由电机、减速机、卷绳轴、拉绳等组成，其工作原理和手动拉绳卷被的原理基本相同。所不同的是：①拉绳的动力由电动机替代了人力，动力更强，且省时省力；②拉绳的活动端不是临时固定在温室屋脊或后屋面上，而是在卷绳轴上缠绕若干圈后最终固定在卷绳轴上（图2），卷绳轴的存在也省去了卷绳活动端在屋脊或后屋面上临时固定的装置或设施；③草苫或保温被不再是单幅顺序卷放，而是一栋

a   b

图3 电机向卷绳轴传输动力的方式

a. 电机直联减速机后再通过齿轮齿条连接卷绳轴　b. 电机通过皮带连接减速机，减速机直联卷绳轴

a   b   c

图4 电动拉绳卷被卷帘机反拉绳的布置与安装方式

a. 地面上的换向轮　b. 反拉绳布置全貌　c. 反拉绳在卷绳轴上安装

温室一次性全部卷起或打开，因此大大提高了工作效率；④这种卷帘机不仅可以卷放自重较重的草苫，而且可以卷放自重较轻的各种保温被（包括发泡聚乙烯保温被、针刺毡保温被、发泡橡塑保温被等），使其应用范围得到大大扩展。

电机向卷绳轴传递动力的方式有多种形式。图3a是早期的一种动力传递方式，电机直联减速机，减速机输出轴连接小齿轮，通过链条将小齿轮上的动力传递到连接在卷绳轴上的大齿轮，并最终将电机动力传递到卷绳轴。采用齿轮齿条传递动力还可以再次减速（因为电机转速一般为1 440r/min，而卷绳轴的转速一般都控制在20～30r/min，所以，中间的减速是必不可少的环节）。图3b是后来开发的一种通过皮带传输动力的卷帘机。电机的输出轴上安装皮带，皮带连接减速机的动力输入轴，减速机的动力输出轴直接连接卷绳轴。由于皮带较齿轮齿条造价低、安装维修方便，所以大量的卷帘机采用皮带传输的方法。从机械原理上讲，也可以将电机、减速机和卷绳轴均采用直联的方式，而省去皮带或齿轮齿条过渡，这是一种刚性动力传输方式。但因为刚性动力传输对电机、减速机和卷绳轴的安装精度要求较高，生产实践中，大多还是采用柔性动力传输的方法，且用皮带传输的卷帘机占市场的绝大多数。

电动机的动力通过减速机和皮带或齿轮齿条传送到卷绳轴后将带动卷绳轴转动，保温被拉绳的活动端缠绕在卷绳轴上，随着卷绳轴的转动，拉绳活动端将不断缠绕到卷绳轴上，从而拉动拉绳卷起草苫或保温被。电机反转，则放松拉绳，草苫或保温被依靠自重自动打开。

对于自重较轻的保温被，或者虽然保温被的自重较重，但在屋脊处温室的屋面坡度较小，保温被依靠自重无法自动打开时，则需要在保温被上安装一套反拉的动力绳（称为铺被绳），见图4。该反拉动力绳区别与上拉绳（称为卷被绳），其一端固定在保温被的活动边，另一端则通过安装在温室前屋面室外的换向轮（图4a）后沿温室采光前屋面铺设并最终缠绕固定在卷绳轴上（图4c）。当保温被向上卷起时，铺被绳从卷绳轴上松开通过换向轮后被卷在保温被内；而当要打开保温被时，卷绳轴反向转动，缠绕并拉紧铺被绳在卷绳轴上的固定端，铺被绳通过地面换向轮换向后，形成向下的拉力，隐藏在保温被内的铺被绳正好将保温被打开。铺被绳和卷绳绳在卷绳轴上要求错开位置布置，且每隔3～4根卷被绳铺设1根铺被绳即可满足铺被的要求，因为铺展保温被时有被卷向下的自重作用，相应对外力的需求将减少。

电动拉绳卷被式卷帘机的电机减速机一般安装在温室长度方向的中部后屋面上，卷绳轴则沿温室长度方向通过支撑轴架安装在温室屋脊或后屋面上，其安装高度以卷被绳在保温被卷放过程中不剐蹭温室采光面上铺展的保温被为原则，一般距离温室屋脊0.8～1.2m。

电动拉绳卷被式卷帘机由于卷绳轴固定不动，拉绳的伸缩变形也较小，所以设备运行平稳，拉放保温被比较平直，尤其适合于长度较长的温室（长度超过100m的温室1台卷帘机也可以平稳运行），是中国早期日光温室卷帘机推广应用的主要形式。但这种卷帘机需要在温室屋面上安装卷绳轴和电机减速机的支座，对于轻型保温后屋面可能没有合适的位置安装支座基础，大多是将支座腿穿过温室后屋面焊接到温室屋面骨架上，一则安装的工作量大，二则温室后屋面的防水难以保证。另外，在运行过程中，也需要经常观察和调整卷绳的位置，一旦发生保温被偏位，就需要及时停机调整。有的操作者，为了图方便，经常在不停机的情况下调整卷绳，操作中时常会发生操作者衣袖、头发（主要指女同志的长头发）等被缠绕到卷绳轴上的情况，由此发生的伤亡事故在全国多有发生，并引起了农业农村部等相关业务主理部门的重视。因此，近年来新设计的日光温室配套的卷帘机基本淘汰了这种形式，而改用电动转轴卷被式卷帘机。

三、电动转轴卷被式卷帘机

电动转轴卷被式卷帘机是将保温被的活动边首先缠绕并固定在卷被轴上，电机减速机直接驱动卷被轴转动，从而卷起或铺展保温被，实现保温被的卷放。由此可见，这种卷帘机的基本组成应包括卷被轴（含箍被卡具）、电机、减速机及其支撑杆或架（采用支撑杆架主要是要平衡卷被过程中被卷自重形成的向下的分力）。这种卷被方式动力传输直接，附加设备少，造价低，受到了市场的广泛欢迎，是10多年来重点推广和应用的机型。

电动转轴卷被式卷帘机根据电机减速机在温室上所处的位置不同分为中置式和侧置式。中置式是将电机减速机安装在温室沿长度方向的中部，减速机两端输出动力，分别连接两侧的卷被轴，同时驱动两根卷被轴转动；侧置式则是将电机减速机安装在温室山

a   b

图5 中置式二连杆电动转轴卷帘机
a.单杆二连杆　b.加强杆二连杆

墙一侧，减速机单侧输出动力只在一侧连接卷被轴。为了避免卷被轴过长出现动力丢失或卷被轴发生变形，导致保温被不能卷放到位，一般单侧输出动力带动的卷被轴的长度多控制在50～60m或者更短的范围内，因此，对于温室长度为80～100m，甚至更长的温室，多选用单台中置式卷帘机或采用两台侧置式卷帘机分别安装在温室两个侧墙的方案，显然后者增加了一定的成本。

各类电动转轴卷被式卷帘机，由于所用的卷被轴、电机、减速机等主要部件基本相同，所以，区别不同减速机的特征就主要表现在支撑电机与减速机的支架上。中置式和侧置式有不同的支架方式，同样是中置式或侧置式，也有不同的支架方式。以下按照中置和侧置两个位置上不同的支架方式分别介绍不同形式的卷帘机。

1. 中置式电动转轴卷帘机

中置式电动转轴卷帘机根据支撑电机减速机机体的方式不同，可分为二连杆式、行车式和滚筒式三种形式。

（1）二连杆式卷帘机　　也称二力杆式卷帘机，采用中间铰接的二根支杆，一端固定在温室南侧室外地面，另一端连接在电机减速机上，形成二连杆支撑电机减速机的方式（图5）。对于重量较重的草苫，为了保证二连杆的强度，可对其中的一根支杆（主要为连接电机减速机端的支杆）进行加强处理（图5b），以保证任何一根连杆在运行过程中都不发生弯曲变形或断裂。

由图5可以看出，这种卷帘机在温室中部电机减速机所在位置保温被不能连续安装，所以，必须在该断续位置永久性地铺设一幅固定保温被，以保持保温被覆盖后的整体密封性。该永久固定保温被在其他保温被卷起时仍然处于覆盖状态，将直接影响温室内的采光和升温，尤其是在覆盖保温被的正下方（图6a）。为了解决这个问题，有的温室生产者将供水水池/水罐和灌溉首部等设备布置在室内永久覆盖保温被的正下方阴影部位（图6b），但这种做法牺牲了温室中部光照最好的种植区域，是一种不完美的工程解决方案。一种永久解决问题的方法是在连接电机减速机的二连杆上与卷被轴平行方向安装

a   b   c

图6 永久固定保温被在室内形成的阴影及解决方法
a. 中间覆盖永久保温被在室内形成的阴影　b. 在中间永久覆盖保温被室内阴影中布置设备　c. 将中间永久覆盖保温被做成可活动保温被

a   b   c

图7 电机、减速机及其与卷被轴之间的连接方式
a. 电机上置、卷被轴端部加强　b. 电机上置、卷被轴端部不变　c. 电机侧置、卷被轴端部加强

一根横撑，采用上述拉绳卷被的原理，在永久覆盖保温被的底部（贴近采光屋面塑料薄膜侧）铺设两根拉绳，将两根拉绳的活动端兜过保温被并拉紧固定在二连杆上安装的横撑上，横撑随着二连杆和电机减速机同步运动，这样，在卷起其他保温被时即可将中间分离的永久覆盖保温被也同时被卷起（图6c），展开保温被时中间的分离永久覆盖保温被也将被同时展开。这种方案设备增加不多，但效果良好，值得推广。

电机、减速机及其与卷被轴的连接方式，不同厂家有不同的做法。图7是几种典型的安装方法。电机可以安装在减速机的上部（图7a、b），也可以安装在减速机的侧面（图7c），由此，电机向减速机输出动力的方向也同时发生了变化。减速机与卷被轴之间的连接虽然都采用法兰盘连接，但卷被轴的连接端根据减速机输出动力的不同而采用了不同的加强措施（图7）。

采用二连杆卷帘机时，跟随电机运动的动力电线可直接沿二连杆固定，外观整洁、安全，卷帘机的控制开关可就近安装在二连杆的旁边，操作方便，也便于观察，但要注意防水和人员操作安全。

（2）**行车式卷帘机**　对于跨度较大的日光温室（跨度一般在10m以上），保温被重量也随之增大，继续采用二连杆支撑的稳定性变差，为此开发出了行车式卷帘机（图8）。

行车式卷帘机，除了支撑电机减速机的支架与二连杆式卷帘机有所区别外，其他如电机、减速机及其与卷被轴的连接方式，保温被的固定与卷放原理等均没有区别。

行车式卷帘机从整体外形上看，是一根安装在温室长度方向中部横跨温室跨度的桁架上吊挂支撑电机减速机而形成的一套卷帘机，因此，行车式卷帘机也被称为轨道式卷

a   b

图8 行车式卷帘机
a. 整体（保温被覆盖状态）　b. 局部（保温被卷起状态）

a   b   c

图9 行车式卷帘机支撑桁架两端的支架安装位置
a. 前支架安装在温室前屋面外　b. 后支架安装在温室后墙上　c. 后支架安装在温室后墙外

帘机或吊挂式卷帘机。从局部看（图8b），是在减速机的外壳上焊接一根支杆，该支杆的末端固定支撑在吊挂在桁架上的三角形底边上，该三角形的顶角处安装动滑轮，随电机减速机的运动在桁架的上弦杆滚动，从而引导和限制电机减速机的运动轨迹。

　　支撑桁架的两端支架，一端（前支架）支撑在温室前屋面的室外地面上，另一端（后支架）则根据温室后墙的承载能力，有的安装在温室的后墙上，有的安装在温室后墙外侧的地面上（图9）。桁架有平面桁架，也有三角形空间桁架，后者平面外稳定性更好，但加工制作成本较高。

　　与二连杆卷帘机相同，行车式卷帘机中部也存在一幅永久覆盖保温被。实际管理中，在吊挂电机减速机支撑臂的三角形吊架上固定两根拉绳，采用拉绳卷被的方法将该永久覆盖保温被与其他保温被同时卷起或铺展（图6c）。

　　与二连杆卷帘机不一样，行车式卷帘机由于桁架是固定不动的，所以随电机减速机运动的动力电线不能直接固定在桁架上，必须单拉一根支撑线支撑（图8b），动力电线通过动滑轮吊挂在该支撑线上，随着电机减速机的运动收拢或拉伸，部分时段也可能会直接在温室采光面塑料薄膜表面滑动，只要电线外皮不破损，一般不会发生电线短路或漏电现象。

　　（3）滚筒式卷帘机　实际上是一种变形的二连杆形式，主要表现在二连杆的变形上。标准的二连杆卷帘机两根支杆中间采用铰接连接后，一端连接在电机减速机，另一端固定在温室前屋面室外地面，而滚筒式卷帘机则是用一个带支架的滚筒替代了二连杆卷帘机的前支杆（与地面固定的那根支杆，滚筒相当于前支架的基础），并且滚筒可以

153

a   b   c

图10 滚筒式卷帘机
a.单臂滚筒　b.双臂滚筒　c.双臂滚筒地面轨道

在温室屋面上随电机减速机运动而滚动，温室屋面骨架成为滚筒的支撑面，将二连杆卷帘机的固定式前支架变成移动式前支架。相比二连杆卷帘机，滚筒卷帘机消除了二连杆的长臂，支撑臂缩短可大大节约用材，并提高了设备运行的稳定性。采用滚筒结构主要是考虑二连杆的前支杆不能单支点直接在温室屋面上滑动或滚动（压力集中容易划破保温被和塑料薄膜），但取消固定式支撑连杆后，随电机减速机一起运动的动力电线将没有地方固定，也没有像行车式卷帘机一样有桁架可以吊线支撑动力电线。为了避免电机减速机在运动过程中可能缠绕到动力电线，在滚筒式卷帘机的滚筒支架上一侧或双侧专门伸出一根电缆支撑臂，以保持卷帘机运行过程中电缆线远离滚筒。支架上单侧伸臂的称为单臂滚筒，双侧伸臂的称为双臂滚筒（图10a、b）。为了避免伸出的支撑臂在卷帘机落位到地面时剐蹭地面，专门设计了地面轨道（图10c）来承接支撑臂和滚筒。

和上述中置式卷帘机一样，中置滚筒式卷帘机也存在电机减速机（滚筒）下部一幅永久覆盖的保温被。可采用同样的拉绳卷被原理，在连接滚筒的支架横梁上拴系两根拉被绳铺放在保温被的底部随其他保温被卷起或铺展。

2. 侧置式电动转轴卷帘机

将卷帘机布置在温室的山墙一侧，卷帘机上不用附加任何其他设施就彻底消除了中置卷被机电机减速机下方永久覆盖保温被造成温室内遮光的问题。

侧置式电动转轴卷帘机根据支撑电机减速机机体的方式不同，可分为摆臂式、滑臂式、滚筒式和二连杆式等。

（1）**摆臂式卷帘机**　也称为伸缩杆式卷帘机。从外形上看，只有一道支杆，一端固定在地面，另一端连接电机减速机，保温被沿着温室屋面卷放时，好似一根摆臂在牵引着保温被运动（图11）。摆臂式卷帘机也正是依据这种直观的运动方式而命名。事实上，由于日光温室的前屋面弧形并非圆弧，用一根长度不变的摆臂难以适应非圆形的弧面，所以，牵引保温被运动的摆臂并非一根单管，而是两根单管穿套在一起形成的一个套管，内套管的外端头与电机减速机连接，外套管的外端头固定在地面上。当电机减速机的运行轨迹超过以外套管端部固定点为圆心、以套管最小长度为半径的圆弧时，内套管从外套管中伸出，并随着电机减速机的轨迹（实际上电机减速机的轨迹为日光温室山墙的弧线轨迹）不断变化时，内套管适应电机减速机的轨迹，从外套管中伸出或缩进，

图11 侧置摆臂式卷帘机

a

b

c

图12 侧置滑臂式卷帘机及其运行
a. 保温被卷起在最高位置　b. 保温被卷起在中间位置　c. 保温被处于闭合位置

从而牵引电机减速机运行。

从机械原理上讲，摆臂式卷帘机实际上也是一种变形了的二连杆卷帘机，只是将二连杆中间的固定点铰接变成了可活动的滑动连接点。

与二连杆卷帘机相比，摆臂式卷帘机摆杆用材量少，且套管的连接可靠性较铰接点可靠，此外，给电机供电的电缆线也能够沿着摆杆走线。当温室长度小于60m时，从经济适用的角度考虑应优先选用摆臂式卷帘机。

（2）滑臂式卷帘机　是对二连杆卷帘机支撑杆的进一步简化。该机只用一根支杆支撑电机减速机，其一端连接电机减速机，另一端则直接放置在地面上。随着保温被的卷起和铺展，电机减速机支杆的地面着力点则沿着地面上一条直线往复运动（图12），实际上将二连杆的地面固定支点变成了地面移动支点。为了减少支杆着力点在地面上运行的阻力，一是将运行轨道的地面铺设为混凝土路面；二是在支杆端部安装支撑滚轮。

这种卷帘机由于采用单根支杆，支架发生故障或破坏的概率大大减少，而且给电机供电的电缆可以从温室的山墙上接出后直接连接到电机，电缆线走线短，与支架不会发生任何干涉。

和侧摆臂卷帘机一样，由于支杆采用单根直杆，直杆不能适应日光温室曲面的变化，因此，这种卷帘机只能安装在温室的山墙外侧，以侧置形式出现。但如果将直杆演变为曲杆，则可避免与弧形温室屋面发生干涉或碰撞，笔者认为，侧置滑臂式卷帘机同样也可以设计为中置滑臂式卷帘机，从而大大提高卷帘机适应较长或超长温室的能力，只是曲杆在强度上要比直杆差，曲杆的用材量也比直杆多，但与两台卷帘机相比，总造

图13 侧置滚筒式卷帘机

a

b

图14 侧置二连杆式卷帘机
a. 整体结构　b. 直流电机

价还是会降低，而且单一曲杆的运行可靠性也比二连杆高，有兴趣的企业不妨进行一些试验研究，或许能够开发出性价比更高的卷帘机产品。

（3）侧置滚筒式卷帘机　　和中置滚筒式卷帘机的工作原理和结构组成完全相同，唯一的区别是侧置减速电机只有一个动力输出轴（图13）。说是侧置，实际上整个卷帘机，包括电机、减速机、滚筒以及连接杆件均在温室的采光面上，并没有像侧置摆臂式卷帘机或侧置滑臂式卷帘机有支杆确实处于温室的侧墙面，只是卷帘机的主机摆放到了温室的山墙一端。由于侧置滚筒卷帘机的滚筒主要支撑在山墙上，所以，滚筒下不需要铺垫固定的保温被，可避免固定保温被对温室室内采光的影响，同时，由于山墙的强度（主要指砖墙砌筑的山墙）高，在温室骨架设计时也不必特别加强卷帘机主机所在位置的骨架。

（4）侧置二连杆式卷帘机　　和侧置滚筒式卷帘机一样，侧置二连杆式卷帘机除了电机减速机的动力输出轴只有一个外，其他和中置二连杆卷帘机完全一样（图14a）。但图14所示的侧置二连杆卷帘机的电机采用了直流电机，由于自身转速低，所以，省去了电机减速机，电机输出动力端直接连接到卷被轴上。采用这种电机，也大大减轻了卷帘机主机的重量。但由于一般生产温室均使用交流电，使用这种卷帘机需要配置一套整流设备，将交流电整流成直流后才能使用，而且直流电的电压也需要按照电机的要求做相应调整。

温室工程实用创新技术集锦 ❷

WENSHI GONGCHENG
SHIYONG CHUANGXIN JISHU
JIJIN ER

四、结语

本文从日光温室卷帘机发展历史的角度总结归纳了国内卷帘机的类型及其特点，展示了民间开发研究卷帘机的潜力和贡献，但从总体来讲，中国目前卷帘机市场还比较混乱。虽然有些地方、企业，甚至农业部鉴定部门都制定了相关的卷帘机产品标准和性能鉴定大纲，在一定程度上规范了卷帘机的产品性能，但从理论上如何针对日光温室的结构形式与保温被的材料特性设计和选择日光温室卷帘机的方法还处于缺位状态，在民间不断创新和开发各种形式卷帘机的同时，学者们也应该积极跟进，为如何科学合理、经济实用地设计和开发日光温室卷帘机以适应我国当前日光温室快速发展的需求提出理论指导。

由于目前市场上卷帘机的形式多样，在学术界和理论上也没有提出具体分类和命名方法，文中提到的各种卷帘机的名称是笔者根据各自的特征命名的，或许有的名称不准确或不恰当，希望读者能批评指正，也希望相关部门或团体就日光温室卷帘机的命名方法进行研究，提出标准。

本文所提到的各种卷帘机是笔者在调研考察中见到的，或许还有很多笔者未曾见到过的卷帘机形式，期盼各位读者补充完善。

众所周知，日光温室由于节能效果显著，在我国北方地区主要用于蔬菜的越冬生产，夏季基本闲置。但随着我国土地资源供应越来越紧张，如何高效利用日光温室，使其周年生产，最大限度开发土地的利用效率，已经成为当前和今后日光温室性能改进和提升的一项重要研究任务。

传统的日光温室园区，夏季生产主要在两栋日光温室之间的空地上进行露地种植，日光温室内土地夏季大都撂荒，只有很少量的种植者掀开薄膜种植玉米等大田作物（这样可以获得倒茬的效果，减轻土壤连作障碍及土壤的富营养化），也有生产者覆盖薄膜消毒备耕。这主要是因为日光温室的保温储热效果好，夏季温室内温度太高，覆盖薄膜后如不采用降温措施室内作物基本无法生长。

为了降低温室内温度，有的生产者在日光温室上增设了连栋温室用的风机湿帘降温系统（主要用于夏季育苗的日光温室和特别需要越夏生产的作物种植日光温室中），但由于日光温室夏季运行热负荷大，风机湿帘的运行能耗高，与露地蔬菜种植的成本效益相比较，日光温室生产的效益相对较低，这也正是日光温室夏季大量闲置的主要原因。

遮阳是一种建设投资少、运行成本低，可用于温室越夏生产的有效降温措施，近年来在日光温室上开始探索性应用，并结合日光温室特点开发出了很多种形式。本文做一系统梳理，供业界同仁们分享和研究。

一、日光温室遮阳形式及其性能

为了有效降低温室内的热负荷，日光温室夏季生产用的遮阳系统基本都是采用外遮阳方式（这种方式热量被直接遮挡在室外不能进入温室，因此降温的效果更好）。按照能否人为调节遮阳来分，有固定式遮阳系统和活动式遮阳系统。其中固定式遮阳系统，

a   b

图1 固定式遮阳系统
a. 表面喷白遮阳系统 b. 遮阳网遮阳系统

图2 手动拉幕活动遮阳系统

根据遮阳材料的不同，又分为遮阳网遮阳和表面喷涂（多为喷白剂喷白）遮阳两种形式
（图1）；活动式遮阳系统可分为手动拉幕遮阳（图2）和电动（自动）控制遮阳系统。

固定式遮阳系统除了遮阳材料之外，基本不需要附加其他任何辅助设施，建设投资
低，基本也没有运行成本。但这种遮阳系统不能调节室内光照，在遇到阴雨天等室外光
照弱的天气条件时，将会直接影响温室内作物的光照，不利于作物生长。表面喷白遮阳
系统的喷白剂会随着室外降雨量的增加不断被清洗而使温室屋面的遮阳率不断降低，进
而失去温室遮阳的功能，需要根据降雨冲洗的情况适时补喷喷白剂。在选择使用喷白剂
时一定要注意材料的环保性能，材料应不含有害物质。目前连栋玻璃温室遮阳中有专用
的喷白剂，但在一些经济条件有限的地区或种植户可以采用泥浆做喷涂材料，既环保又
经济，只是这种材料雨水后容易被冲洗，需要经常性地根据冲刷情况增补。

相比固定式遮阳系统，活动式遮阳系统则可以根据室外光照、温度条件以及室内种
植作物的生长要求，适时灵活地控制遮阳网的启闭，合理调整温室内的光照和温度（如
上午温度低时，打开遮阳网温室采光；中午后室外温度升高，展开遮阳网降温），这应
该是未来重点研究和应用的一种遮阳形式。

a　　　　　　　　　　b　　　　　　　　　　c

图3 电动控制遮阳系统
a. 拉幕遮阳系统　b. 卷膜遮阳系统　c. 屋面拉幕立面卷膜遮阳系统

a　　　　　　　　　　b　　　　　　　　　　c

图4 后立柱的设置位置与遮阳网的不同驱动方式
a. 后立柱直接坐落在砖后墙上的纵向驱动系统　b. 后立柱直接坐落在土墙后墙上的横向驱动系统　c. 后立柱坐落在温室外地面上的横向驱动系统

　　活动式遮阳系统，根据驱动遮阳网的形式不同又分为拉幕（图3a）和卷膜（图3b）两种形式，有的温室也有将拉幕和卷膜集成为一套系统中使用的（图3c）。从全覆盖遮阳的角度看，卷膜遮阳是一种比较好的遮阳方式。当然，屋面采用拉幕遮阳，立面采用卷膜遮阳的集成式遮阳方式也能够实现温室屋面的全覆盖，而且屋面遮阳和立面遮阳还可以有不同的组合管理模式，但相对而言造价偏高，具体管理中对操作者的管理水平要求也高，实际应用中应根据经济和管理水平选择使用。

　　不论是拉幕遮阳还是卷膜遮阳，遮阳网自身的性能将直接影响遮阳降温的效果。目前市场上遮阳网的种类很多。按材质分类，有聚乙烯、高密度聚乙烯、聚氯乙烯等；按丝线截面形式分类，有圆丝、扁丝和扁圆丝；按编织方式分类，有经纬交叉编织网、针织网等；按颜色分类，有黑色、银灰色、红色等，还有专门表面缀铝的网材等，不同的颜色除了遮阳效果和降温效果不同外，对温室防虫的效果也不同，有的颜色对室内种植作物的生长也会有影响。同种类型的遮阳网一般都有不同遮阳率的系列产品。具体生产中应根据遮阳的目的和要求，从遮阳网的强度、耐老化、颜色、价格等多方面综合分析确定遮阳网的选材。对遮阳目的的遮阳网，一般多从价格出发选择黑色遮阳网。

二、活动遮阳拉幕系统

　　活动遮阳拉幕系统是将遮阳网的一边固定（称为固定边）在拉幕梁上，另一边（称为活动边）固定在活动边驱动杆上（可以是铝型材、钢管等材料），通过拉动活动边驱动杆即可实现对遮阳网的启闭。

图5 前后立柱同高横梁水平的拉幕系统

遮阳网的驱动系统一般采用钢缆拉幕驱动系统，也有采用齿轮齿条驱动系统的。前者使用灵活，尤其适用于大跨度不规则的拉幕系统，而且造价较低，但在运行中需要经常性地进行调整；后者虽造价较高，但运行平稳，维护成本低。

按照遮阳网的驱动方向不同，可分为沿温室长度方向的纵向驱动方式（图4a）和沿温室跨度方向的横向驱动方式（图4b）。纵向驱动方式，可采用钢缆驱动系统，也可采用齿轮齿条驱动系统，一般驱动电机放置在温室遮阳系统的中部；而横向驱动系统，由于温室跨度方向距离长，只能采用钢缆驱动系统，驱动电机一般放置与温室中部的前立柱上，便于操作和管护。

拉幕系统的支撑结构主要由支撑立柱和支撑横梁组成。两根立柱分别竖立在日光温室屋面的南北两侧（分别称为前立柱和后立柱），柱顶支撑拉幕横梁，形成门式结构。为了减小前立柱的柱长，拉幕系统的支撑结构一般随温室的屋面结构做成前部低、后部高的斜坡式门式结构，但也不排除有使用相同柱高而保持横梁水平的情况（图5）。沿温室长度方向，间隔3～4m设置一组门式钢架，形成整体的排架结构。为保证排架结构的整体稳定性，设计中应按照排架结构设计规范，在一定距离的排架之间设置立柱斜撑和横梁斜撑。

1. 后立柱形式及其设置位置

活动遮阳拉幕系统支撑结构的后立柱，根据温室后墙结构的承载能力不同设置的位置有所差异。后墙具有足够承载能力的温室，后立柱可以直接坐落在后墙的顶面（图4a、b）。这种做法可以缩短后立柱的高度，从而节省立柱用材，增加支撑结构的强度和稳定性。但这种结构在温室结构强度设计中应将温室屋面承力结构、温室遮阳拉幕系统支撑结构与墙体结构按照一个整体的结构体系来统一计算结构强度。由于目前对外遮阳在展开、收拢以及半张开等条件下结构承受风荷载的传力模型和体型系数研究不多，上述一体化的结构计算模型尚缺乏精确的结构强度分析手段，温室结构的强度设计带有很大的经验性。为保证温室结构的安全性，在可能的条件下，将后立柱脱离温室结构直接坐落在温室后墙外地面上的做法更可靠（图4c）。当然，对于后墙强度不足的日光温室，遮阳系统的后立柱必须坐落到后墙外地面上（这里所说的地面上，实际应该是独立基础上）。

a   b

图6 后立柱的结构形式
a. 单管立柱　b. 桁架立柱

a   b   c

图7 前立柱的结构形式
a. 带外斜撑单管立柱　b. 带内斜撑单管立柱　c. 桁架式立柱

后立柱的结构形式，根据温室的跨度、高度及温室建设地区的风雪荷载等条件不同，有的采用单管立柱，有的采用桁架立柱（图6），具体设计中应根据上述条件，按照合理的力学计算模型，分析计算遮阳网在不同开启度条件下的最不利状态进行结构形式选型和构件截面校核，以保证结构在安全条件下的经济性。

2. 前立柱形式及其设置位置

活动遮阳拉幕系统支撑结构的前立柱结构形式和后立柱结构形式基本相同，有单管立柱（图3c）和桁架结构立柱两种形式（图7c）。其中，对单管立柱，为了增强结构的承载能力，有的设计者在立柱的内侧或外侧再增设一道斜支撑（图7a、b），也是一种比较经济的设计方法。从抵抗立柱顶部托幕线和压幕线的拉力来分析，将斜支撑设置在立柱的内侧似乎更加科学。如将斜支撑设置在立柱的外侧，一般可用钢丝或钢筋等斜拉索代替管材，更能发挥材质的潜力，因为这种情况下斜支撑主要承受拉力。

为了节省立柱材料，有的设计者直接将前部拉幕横梁固定安装在前一栋温室的后墙上（图8），从而取消了拉幕支撑结构的前立柱。由于取消了前立柱，使温室前部的空间更加开阔，一是便于室外空地的露地种植；二是方便进出温室作业机具的交通和作业。但这种做法要求温室后墙有足够的承载能力，设计中应对温室后墙的承载力进行校核（尤其是局部拉力）。此外，这种做法增加了遮阳系统托幕和压幕线的长度，也增加了驱动钢缆绳的长度，一是增加了建设成本；二是增加了张紧这些线绳的难度。具体设计中应根据实际情况经济合理地选择使用这种形式。

图8 利用前栋温室后墙替代前立柱

a

b

图9 横梁结构形式
a. 单管横梁　b. 桁架横梁

3. 横梁结构形式

拉幕系统支撑结构的横梁是连接前后立柱、支撑遮阳网的主要受力构件。根据温室的跨度大小，一般有单管和桁架两种结构形式（图9）。

单管横梁支撑结构，用钢量少，横梁截面小，对温室屋面的遮阳少（主要指温室冬季遮阳网收拢期间），在保证结构强度的条件下应优先选用。对于单管横梁的支撑结构，为了进一步增强结构的整体强度，可在横梁和立柱的连接点处增设斜支撑（图9a），可减小横梁的净跨度，在用钢量增加不多的条件下能够显著提升结构的整体承载能力。一般单管横梁支撑结构多用于跨度较小（如8m以内）的日光温室。大跨度（9m以上）的日光温室，外遮阳支撑结构多用桁架做横梁。

三、活动遮阳卷膜系统

活动遮阳拉幕系统结构用钢量大，拉幕系统辅材（包括托幕线、压幕线、驱动钢缆绳等）用材多，拉幕电机功率大，因此，改进的方案是采用卷膜系统。由于遮阳网重量轻、厚度薄，所以非常适合卷膜开启，可直接选用塑料温室和日光温室的卷膜开窗机，成本低，设备标准化程度高，来源丰富，性价比高。

卷膜遮阳系统按照是否架设卷膜支撑架，分为无独立支撑架卷膜遮阳系统和有独立

a   b   c

图10 活动遮阳卷膜系统
a. 直接在屋面上卷膜遮阳　b. 与屋面同弧度骨架上卷膜遮阳　c. 与屋面不同弧度骨架上卷膜遮阳

支撑架卷膜遮阳系统两种形式。无独立支撑架卷膜系统就是直接利用温室的屋面骨架做支撑（图10a），将遮阳网覆盖在塑料薄膜之上即可。和温室屋面卷膜通风系统一样，遮阳网卷绕在卷膜轴上，通过卷膜轴的转动卷起或展开遮阳网，即实现对遮阳网的控制。而有支撑卷膜遮阳系统的遮阳网则是脱离温室屋面（图10b、c），在专门的支撑结构上运行，实现温室屋面的遮阳功能。

　　无独立支撑卷膜遮阳系统，结构用材少，安装速度快，但由于日光温室屋面上有开窗机构（包括温室前部开窗和屋脊开窗）和保温被卷帘机构，再安装遮阳系统后往往会造成多种机构管理和操作上的不便，设备运行中不可避免会出现相互干涉的问题。此外，由于遮阳网展开后紧贴温室屋面塑料薄膜，遮阳网虽遮挡了室外太阳辐射，但遮阳网本身吸热后的热量大部分又通过传导进入温室，使遮阳的降温作用大打折扣。因此，在经济条件允许的情况下，建议尽量采用独立支撑架的卷膜系统。

　　有独立支撑架的卷膜系统，由于遮阳网与温室屋面之间有一定空间，吸热的遮阳网不能直接将自身热量传导进入温室，大多情况下，遮阳网吸收的热量都通过遮阳网与温室屋面之间空间的空气对流而消散在温室外的大气中，使温室的热负荷大大减轻。

　　有独立支撑架卷膜系统的支撑架基本按照温室屋面的弧形设计，具体实践中有完全与温室屋面骨架弧形平行设计的支撑架（图10b）和与温室屋面骨架不同弧形的支撑架（图10c）两种形式。前者结构紧凑，占地空间少，结构用材小；后者温室屋面与遮阳网之间对流空间大，遮阳网展开后集聚热量少，降温效果更显著，温室屋面塑料薄膜和保温被更换时操作空间也大，但这种结构用钢量稍大，占地空间大。具体设计中应根据生产需要结合温室的温光性能要求综合分析后选择经济、合理的工程方案。

日光温室前屋面开机具作业门处骨架的处理方法

随着日光温室机械化作业水平的不断提高，中小型作业机具（包括耕整地、起垄、覆膜、定植、收获等）进入温室的需求越来越迫切。由于日光温室门斗的门洞尺寸小（宽度一般不超过1m），大部分作业机具不能直接从门斗进入温室（典型的10马力四轮大棚王拖拉机的外形尺寸：长×宽×高为2 200mm×1 200mm×1 000mm）。此外，温室前屋面（采光面）骨架的间距一般不超过1.2m（多在1.0m以内），从温室前屋面骨架间直接进入也有困难。为此，必须在温室上开设更宽的门洞才能使作业农机进入温室。

从门斗进入，必须要经过门斗入口和温室入口两道门（如果作业机具从门斗进入，必须加宽两道门），而且门斗室内空间小，作业机具在门斗内转弯半径也不够（门斗建筑轴线尺寸多为3m×3m或3m×4m），所以，中小型作业机具基本不从门斗进入温室，而从温室前屋面进入。

从便于安装和绷紧塑料薄膜的要求来看，日光温室前屋面骨架间距一般控制在1.0m左右，基本不超过1.2m。即使骨架间距为1.2m，由于骨架间距是按骨架中心线计算，实际的净空尺寸也不到1.2m，正常的温室骨架间四轮大棚王拖拉机不可能进入。为此，必须重新设计日光温室骨架，以适应中小型农机具进入温室。

笔者在走访过程中看到了几种比较典型的处理温室骨架的方式，介绍给大家，以供借鉴。

一、截断骨架的永久门

将相邻三榀骨架的中间一榀骨架从前部距离地面2.4～2.5m的位置截断，形成半截骨架，用一根横梁连接截断骨架的断头，并支撑到相邻两榀骨架，即形成净宽1.9m以

a   b   c

图1 截断骨架的永久门
a. 敞开的门洞　b. 塑料薄膜封闭门洞外景　c. 塑料薄膜封闭门洞内景

图2 端部无横向支撑的截断骨架

上、高度2.4～2.5m的永久门洞（图1），可容许中小型拖拉机自由出入。这种形式的门洞由于中间骨架被截断，其相邻骨架在横梁搭接点将产生局部集中荷载（一般应对这两榀骨架进行专门的强度计算）。此外，门洞处的塑料薄膜由于没有骨架的支撑，压膜线也难以压紧，支撑断头骨架的横梁对屋面排水也有一定阻碍作用。但这种门只要揭开塑料薄膜，不需要进行任何的其他操作，作业机具就可以自由出入，操作管理方便。

为解决截断骨架端部横梁对屋面排水可能形成的阻碍，有的截断骨架的端部不设横梁（图2），骨架的一端固定在后墙（或屋脊横梁），另一端则通过纵向系杆支撑后悬挑在温室屋面上。这种做法，省去了一道横梁，相应地对相邻两榀骨架也没有集中作用力，悬挑的骨架虽然足够高不会妨碍操作人员，但骨架的端部可能会割伤塑料薄膜。尽管是一种省工、省力的设置方式，但从美观和安全性上考虑却略有欠妥。

二、截断骨架可组装活动门

为了解决截断骨架永久门压膜线失位或端部横梁阻碍屋面排水等缺点，大部分的温室采用截断骨架可组装的活动门，就是将一榀骨架截断为两段，并在骨架截断处和骨架

a   b

图3 截断骨架可组装活动门
a. 活动门打开状态　b. 活动门闭合状态

a   b

图4 截断骨架的连接方式
a. 对接连接　b. 插接连接

与基础的连接点处采用专用连接件（或连接构造），在需要农机具进入温室时，将其前半截拆除，形成宽大的农机具通道（图3a）。当农机作业完毕后，再将两者组装连接为一个整体（图3b），除了局部连接节点处和其他骨架有一定区别之外，其他部位和标准骨架完全一致，既不影响压膜线压紧塑料薄膜，也不影响相邻骨架的受力，是一种比较理想的处理方法。

两段截断骨架的连接方法大体有2种：①采用对接的方法，就是在两段骨架的连接端部分别焊接端板，在两个端板上打孔，用螺栓连接（图4a）；②采用插接的方法，就是在骨架对应连接管处内插一个连接件，用螺栓或自攻钉将骨架钢管与内插件连接为一体或在骨架连接杆上外套一个连接管，将对应两个连接杆插入套管（图4b），之后再用自攻钉固定，如果插入足够深度（一般插入应超过插接件外径的4倍），在紧配合的条件下可不用任何螺栓或自攻钉固定。不论是内插件还是外套管（以下统称为连接件），实际应用中，可以将连接件与骨架的弦杆分离安装，也可以将连接件与其中一段骨架的弦杆永久焊接，安装时直接将另一段骨架的端部与之连接即可，这样可避免拆卸或安装时连接件丢失。

图5 截断骨架与基础的连接方式

图6 截断骨架与纵拉杆结合体

a

b

图7 纵拉杆的连接方式
a.正视 b.仰视

可拆装骨架与基础的连接处也应采用螺栓连接，以便拆卸（图5）。在骨架的端部安装端板，端板上开孔。在基础预埋板上直接焊接螺栓，安装时将基础预埋螺栓穿进骨架端板开孔，用螺栓固定即可；拆卸时拧开螺栓，可很方便地将骨架拆除。

纵向系杆在可拆卸活动门上的安装和拆卸也是保证活动门方便安装和拆卸的重要部分。如果纵拉杆的安装高度正好穿过活动门，则纵拉杆也需要在截断骨架的相邻两个骨架间截断，并与整体纵拉杆间设置连接节点。纵拉杆与活动门截断骨架之间可以是一体焊接结构（图6），也可以是通过连接件组装连接的结构。但不论纵拉杆与可拆卸活动骨架如何连接，纵拉杆与可拆卸活动骨架形成的整体结构除了活动骨架基部与基础连接、上部与骨架连接外，纵向系杆也必须与相邻骨架和整体纵向系杆形成可拆装式连接。还有一种简易的连接方式，即在纵拉杆上打孔，用1块钢板条将2根对接的纵拉杆通过螺栓连接即可（图7）。

三、底脚可移动骨架活动门

底脚可移动骨架活动门是不截断任何骨架，只是将相邻两榀骨架在前底脚与基础的连接点做成可拆装式，作业机具进出温室时，向外移动相邻两榀骨架的前底脚至对应骨

图8 底脚可移动骨架活动门

架相邻的骨架前底脚，即形成"八"字形门洞（图8），不论宽度还是高度都完全能满足中小型作业农机具的进出。这种做法对骨架的截面没有任何损伤，不会在骨架内部造成额外附加应力，但由于移动相邻两榀骨架可能会导致从骨架基部到屋脊产生位移，为此，连接骨架的纵向系杆可能都需要截断，相应拆装纵向系杆的工作量增加，如果在此处不设置纵向系杆，可能会造成骨架平面外失稳。另外，频繁地搬动骨架，容易扭曲骨架或造成骨架与后屋面或后墙连接松动，具体使用中应加强管护，避免造成骨架的变形或局部连接失效。

一种电动日光温室外保温被防雨膜

当前日光温室夜间保温主要采用柔性外保温被。柔性外保温被主要包括草苫、针刺毡、发泡聚乙烯等。这些材料的保温被中除了闭孔发泡聚乙烯保温被之外，其他保温被的保温芯内部空穴均能贯通。虽然这种贯通空穴在材料干燥时能够增强保温被的保温性能（事实上，提高材料的保温性能也正是依靠材料内部大量存在的这种空穴），但如果保温芯吸潮，甚至进水，材料内部空穴中原本用于绝热的干燥空气将被导热性能较强的湿空气或水代替，使保温被的保温性能严重下降，尤其对于具有外保护层的多层针刺毡类保温被，由于湿气或水在保温芯中易进难出，将长期影响保温被的保温性能。

为了减少或避免外保温被内部保温芯受潮或进水，多层针刺毡类保温被均在外层防护上下功夫：①对外保护层进行防水处理；②对针刺缝合的针眼刷防水胶；③紧贴外防护层内侧增设一层塑料薄膜等等，做法很多。有人也采用将外保温改为内保温的做法，避免保温被直接面对雨水淋洗，还有人采用弧形硬质彩钢板（又称滑盖）替代柔性保温被，这些做法在一定程度上也确实能解决柔性外保温吸潮的问题，但由于造价或操作等方面的原因，这些技术措施都没有得到大量推广。

目前，在柔性外保温被材料中，闭孔保温芯材料应该是解决防潮、防水问题最好的方法。但闭孔保温芯保温被由于质量轻（抗风能力差）、价格高，在生产实践中的推广面积还不大，所以解决大面积推广应用的草苫和针刺毡保温被的防水问题仍然是当务之急，尤其在如拉萨等一些夜雨比较多的地区，以及如湖北、河南等我国南北气候交界地区（这些地区冬春季比较温暖，降雨量大而降雪量小或多为雨夹雪天气），这种需求更加迫切。

2016年5月25日，笔者在考察陕西宝鸡一个现代农业园区时发现了一种用塑料薄膜覆盖日光温室外保温被进行整体防雨的做法，而且卷放塑料薄膜还采用电动驱动的方法，感觉可能对有的读者有学习和借鉴的价值，故此推荐介绍给大家，供大家研究并改进提高。

温室工程实用创新技术集锦 ❷

WENSHI GONGCHENG
SHIYONG CHUANGXIN
JISHU JIJIN ❷

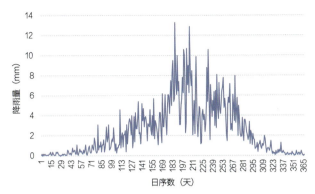

图1 宝鸡市30年每日平均降雨量分布

a

b

图2 安装保温被防雨膜的日光温室

a. 外景　b. 内景

图3 用无纺布防护日光温室后墙

　　宝鸡是典型全年降雨量较多的我国南北气候交界地区。30年累年平均降雨量为901mm，即使在冬春季节每天也都有降雨（图1）。所以，在这里建设日光温室，对外保温被的防雨就非常必要。

　　这里的温室采用典型的山东寿光五代半地下式机打土墙结构（图2），其中，为了保护后墙，采用不织布全面覆盖后墙（图3，这种做法对于机打土墙结构日光温室，即使在降雨量少的地区对保护后墙也非常有效）。温室保温被采用传统的针刺毡材料，采用中卷式卷帘机卷放（图2a）。由于针刺毡保温被材料自身防水性能较差，在降雨量分布

图4 外保温被及防雨膜

a

b

图5 卷放保温被防雨膜的驱动车
a. 前部　b. 后部

比较均匀的宝鸡地区，就不得不采用保温被展开后再进行外覆盖塑料薄膜进行防水的做法。这种做法相应地对保温被自身的外层防护要求就降低了，所以，该温室覆盖的外保温被甚至直接取消了保温被的外层保护面（图4）。但取消针刺毡保温芯保温被的外层防护层对整体防护的塑料薄膜的密封性要求较高，任何塑料薄膜的空洞都可能使水分通过空洞渗入保温芯。值得庆幸的是由于保温被自身无防水保护层，渗入保温芯的水分在塑料薄膜防水膜卷起后能有机会被蒸发出来。尽管如此，做好防水塑料薄膜的整体密封性仍然是这一技术推广应用的前提。

保护保温被的塑料薄膜采用摆臂卷膜方式卷放，在卷膜轴的一端安装卷膜电机，随卷膜电机的运动带动卷膜轴转动，从而带动防水膜卷起或铺展。由于保温被防水膜卷放的行程较长（相当于日光温室前屋面的弧面长度，可能超过10m），传统的日光温室或连栋塑料温室屋面开窗用的卷膜电机（一般卷膜行程在1m左右，不超过1.5m），由于动力不足而不能直接采用。为此，当地的温室建设者专门设计了一种带轮小车（图5），将卷膜电机及电机减速箱坐在移动小车上，使移动小车在温室一端山墙上运动，形成对保温被防水膜的摆臂驱动，手动控制电机减速机的正反转，从而带动保温被防水膜的卷放。

这种控制方式由于需要操作人员跟随卷膜驱动车在温室山墙上来回运动，所以，山

温室工程实用创新技术集锦 ❷

WENSHI GONGCHENG
SHIYONG CHUANGXIN JISHU
JIJIN 2

图6 塑料薄膜整体外防水

墙的坡度不能太陡，对寿光五代半地下机打土墙结构日光温室可能比较适用，但对砖墙结构的日光温室（尤其是在山墙上设有台阶时）操作可能有一定困难。为此，开发能够完全自动控制的保温被防水膜驱动机构应该是未来的发展需要。

为了解决外保温被塑料薄膜防水膜对屋面保温被整体防护的问题，要求防水膜在整个温室屋面为一幅膜（图6），这样对卷轴沿温室长度方向的变形控制就比较严格。由于采用摆臂式卷膜方式，卷膜轴的尺寸应适当加大。也正是采用了摆臂式卷膜，才使得防水膜能够在屋面形成一个整体，有效克服了中卷式保温被在温室中部将保温被分段的问题（图6）。

对于大风地区，在防水膜覆盖保温被后应有固膜措施，以保证防水塑料薄膜不被风刮起，否则将影响对保温被的防护，甚至造成对温室屋面的破坏。

日光温室外保温被固定边在后屋面上的固定方式

保温被是日光温室夜间保温必不可少的装备。目前市场上销售的保温被材料多样，性能参差不齐。在我国日光温室发展的早期，保温被材料主要采用稻草苫和蒲草苫，但随着日光温室面积的不断发展，一方面草苫的供应量远远不能满足日光温室发展的需要，而且草苫的质量也在不断下降；另一方面，草苫自身重量大、防水性能差、使用寿命短的问题越来越凸显出来，为此，以针刺毡做保温芯为代表的工业化生产的保温被被大量推广应用。针刺毡做保温芯的保温被可以充分利用纺织厂的下脚料，原料来源广泛，而且价格低廉，只要在其表面覆盖一层或多层防水布、反光膜等材料，即可制成既保温又防水且质地轻盈、使用寿命长的廉价保温被，尤其适合于电动卷帘机卷放。

除了针刺毡做保温芯的保温被外，多年来国内也先后开发出如发泡聚乙烯闭孔保温被、发泡橡塑闭孔保温被等防水、耐老化性能更佳的材料，但因这些材料都是石油产品的副产物，价格受国际石油价格波动的影响，波动较大，而且相对针刺毡保温被价格较贵，所以，在生产中应用还不普及。

不论是草苫还是其他材料的保温被，也不论是手动或电动拉绳卷被还是机械转轴卷被，安装在日光温室上的保温被都必须有一条边（称为固定边）沿温室长度方向永久固定在温室后屋面上。如何在日光温室后屋面上经济、方便、有效地固定保温被的固定边，使其在保温被卷放过程中不致被卷帘机拉坏，还能保证有效防水和防风，从而延长保温被的使用寿命，各地的做法不尽相同，但总结起来大体可分为点式固定法和线式固定法两种形式。在此，笔者将参观学习过程中看到的各种做法汇总如下，供业内同仁们参考。

a b c

图1 保温被固定边点式固定法
a.保温被直接穿线固定　b.保温被打孔穿线固定　c.保温被穿螺栓固定

一、点式固定法

　　所谓点式固定法，就是用不连续的点断续固定保温被的固定边。图1是点式固定法的几种典型做法。从表面上看，对保温被固定边的固定都是点式固定，但保温被外（下）却有一条（组）与保温被固定边平行的预埋件与之相配套。图1a所示固定法采用一组点式预埋件，即在温室后屋面上沿温室长度方向间隔预埋了U形或Γ形埋件，一条通长的钢筋或钢管（也有的用钢丝）穿过U形或Γ形埋件并固定，形成固定保温被固定边的固定支杆（线）。在保温被固定边边缘按照一定的间距用一根细铁丝穿过保温被后再固定到该固定支杆（线）上，即可完成对保温被固定边的固定。这种做法，铁丝在保温被上固定的位置比较随意，但细铁丝在保温被承受拉力后容易撕破保温被，不利于延长保温被的使用寿命。

　　为了解决直接在保温被上用细铁丝穿孔造成保温被被撕裂的问题，有的保温被生产企业在保温被出厂时就在固定边上按照一定的间隔预置穿孔，并用金属材料（通常为不锈钢或镀锌钢带）对穿孔护（图1b）。这种做法由于金属护圈的保护，保温被被撕裂的概率大大降低。由图1b还可以看出，沿温室后屋面长度方向设置的保温被固定支杆（线）改用通长连续的角钢（角钢下按照一定的间隔设置预埋件，并将角钢焊接到预埋件上），连接保温被与固定角钢的细铁丝也改为布带、塑料绳等系带材料（可因地制宜选择材料），对保温被的损伤进一步降低。

　　应该说图1b的做法相比图1a的做法，不论对保温被的保护还是对后屋面防水（单点固定在保温被受拉时容易破坏埋件位置屋面的防水）的影响都有了很大的改善。

　　图1c是另外一种典型的点式固定方法。该方法是用自攻自钻的大铆钉直接钻穿保温被后与预埋在保温被下部的预埋钢板连为一体。更换保温被时，用电钻退出大铆钉，替换旧保温被后再在原位或更换位置重新打钻固定保温被。这种做法对保温被固定边的固压效果好，而且对温室后屋面防水几乎没有影响。

　　对图1c固定方法的一种改进是直接在预埋条上按照一定间距焊接螺栓（螺栓是预埋件的一部分）。安装保温被时沿预埋条固定保温被的固定边，当固定边遇到预埋螺栓

图2 螺栓穿孔固定保温被的点式固定法　　　　　　图3 线式固定法

a　　　　　　　　　　　　　　b　　　　　　　　　　　　　　c

图4 线式固定法的安装过程

a. 预埋螺栓　b. 将保温被穿过预埋螺栓　c. 固定压条

时，用螺栓将保温被捅破，使螺栓从保温被中穿出，再用带丝扣的盖板（相当于螺帽）拧盖到螺栓上从而固紧保温被固定边（图2）。这种做法不用手（电）钻，但安装保温被时用螺栓捅破保温被需要一定的力量，对保温被的损伤也较大，不能绷紧保温被时容易引起保温被安装的皱褶。

二、线式固定法

点式固定法，保温被固定边在卷帘机拉拽时均为局部受力，受力点单位面积所受的拉力较大，保温被容易被撕裂；此外，相邻两个固定点之间的保温被固定边由于不受任何约束，在北风吹袭（我国北方地区冬季主要为西北风）时，冷风容易灌入保温被的内侧（保温被与屋面之间），直接降低保温被的保温性能，而且还会给保温被增加附加外力，进而降低保温被的抗拉能力。

为了解决点式固定法的上述问题，目前大量保温被固定均采用线式固定法。所谓线式固定法就是用通长的压条将保温被的固定边连续固定（图3）。

线式固定法可以说是图2所示螺栓穿孔保温被点式固定法的一种改进和升级。其做法是在这种点式固定法中的每个螺栓加盖螺帽前增加一条沿保温被固定边方向通长的压条。压条的作用，使原来保温被固定边的点受力变成了线受力，从而大大增强了保温被固定边承受拉力的能力，而且对固定边的密封更严密。

这种固定法的安装过程见图4。首先清理预埋螺栓周围的杂物，然后将每幅保温被平

温室工程实用创新技术集锦❷

WENSHI GONGCHENG SHIYONG CHUANGXIN JISHU JIJIN 2

a　　　　　　　　　　　　　　　　　　　　　　　b

图5 覆盖防水布的保温被和防水布固定边线式固定方法
a.压条布置方法　b.防水布覆盖后的状态

整地铺设在温室屋面（包括前屋面和部分后屋面），保证铺设平整和相互之间的完整搭接后，在预埋螺栓所在位置将保温被的固定边用螺栓穿孔并固定在预埋螺栓上，之后再将带螺孔的钢板压条套到预埋螺栓上并压紧保温被，最后在每个预埋螺栓上扣螺帽，将钢板压条压紧。这样就形成了一条沿保温被固定边通长方向的连续压带，实现保温被固定边的线式固定。

　　为了增强对保温被的防水，有的温室生产者，在保温被的外表面再单独覆盖一层防水布，这层防水布独立使用一套卷膜器，和保温被卷放分开控制。保温被卷起时先卷起防水布，后卷起保温被；保温被展开时，先展开保温被，后展开防水布。由于保温被和防水布是两种质地和结构完全不同的材料，重量、厚度和使用寿命均不同，为了固定和更换方便，保温被固定边采用压条连续固定的方法，而防水布固定边则采用固定塑料薄膜用的卡槽卡簧组件固定（图5），这实际上是一种更严密的线式固定法。相比压条固定，卡槽卡簧固定的密封性更好，防水效果更佳。但卡槽卡簧组件的固定方法仅适用于厚度较薄的防水布，而且应该用深度较大的卡槽，大风地区还可选择使用双卡丝固定，既防水又防风。

一场暴雨引发日光温室倒塌的成因分析

2017年6月21日一场暴雨如约来到了北京，从21日中午一直持续到24日凌晨，降雨持续66h，全市累计平均降雨量达到92mm，达到暴雨级别，其中怀柔区的降雨量最大，达到199.7mm。雨后，北京市气象台将此次暴雨过程命名为"6·22暴雨"。

暴雨不仅给人们的生活和出行造成了困难，也给北京市的设施农业带来了不小的损失。就在22日下午四五点钟，位于北京市海淀区某园区内一栋日光温室的前后屋面在噼噼啪啪的前奏声中轰然倒塌。笔者听到这个消息后，第一时间约了北京卧龙农林科技有限公司总经理李晓明先生，于6月24日利用周六的休息时间一同赴往园区对温室倒塌现场进行勘察，现就温室倒塌的原因进行剖析。

一、温室基本情况

温室建造于2005年，跨度7.5m，脊高3.5m，后屋面投影宽度（室内投影）0.84m，后墙高（室内）2.5m，后墙檐高（室外）3.0m，温室长度50m。温室内外景及结构见图1。

温室后墙采用双层黏土红机砖砖墙内夹 100mm厚聚苯板的做法，其中内侧墙体厚120mm，外侧墙体厚240mm。为加强温室保温，园区内一些温室还在后墙外侧粘贴了200mm厚发泡水泥保温层。

温室后屋面做法由内到外依次为：油毡+100mm厚聚苯板+陶粒层+20mm厚水泥砂浆找平抹面层+油毡防水，其中陶粒层既是温室后屋面的保温层也是温室后屋面三角区的填充层，厚度0～400mm不等。从温室后墙室内高度到室外屋檐与温室后屋面形成的三角形区域全部用陶粒填充，填充部位的屋面为平屋面，与温室后墙檐口齐平。

温室屋面骨架采用装配式镀锌钢管结构，按照单管、双管间隔布置的方式设置，骨架两端分别焊接到温室后墙和前墙基础的圈梁上，其他部位则全部采用卡具连接，结

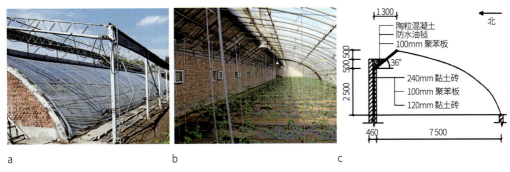

图1 倒塌温室的基本情况
a. 温室外景　b. 温室内景　c. 温室结构图（mm）

图2 温室倒塌的现场情况
a. 倒塌温室外景　b. 倒塌温室内景　c. 骨架局部断裂

图3 温室后屋面坍塌情况
a. 大部分屋面发生断崖式坍塌　b. 局部屋面断裂情况　c. 屋面坍塌后骨架在后墙的连接仍牢固

构现场组装。温室除了配置标配的屋脊通风口和室外保温被及卷帘机外，还配套了室外遮阳网和室内人工补光系统。该温室建造当时在北京市算得上是建造规格高、设备配置全、温室性能好的温室。

二、温室倒塌现场情况

　　雨后温室屋面（包括前屋面和后屋面）出现整体倒塌（图2、图3），但山墙和后墙保持完好，说明温室的墙体结构是牢固的，屋面整体坍塌是由于温室骨架的失效而引起的。

从温室前屋面的倒塌情况看，温室骨架发生了局部断裂（图2c），并由局部承力失效引起骨架整体折断，进而波及温室后屋面坍塌，最终造成温室屋面整体倒塌。

从温室后屋面的倒塌情况看，大部分区域发生断崖式坍塌，完全脱离温室后墙（图3a），只有在靠近温室门斗位置的局部区域屋面没有完全脱离后墙，但也都出现完全断裂（图3b）。这是因为温室后屋面构造层除了最外部的油毡防水层与温室后墙有连接之外，其他部位与温室后墙基本没有连接。从后屋面完全倒塌的区域看，温室骨架在后墙处的连接并没有发生断裂，说明这个局部节点并没有达到强度破坏的程度，只是由于前屋面和后屋面倒塌，使之发生了折弯（图3c）。

从现场倒塌情况看，温室的前屋面和后屋面已经完全失效，同时也失去了修复的价值，但温室的山墙和后墙基本完好。温室可以在保留墙体的基础上更新温室骨架，重新设计和建造后屋面来恢复温室的使用功能。

三、温室倒塌原因分析

分析温室倒塌的成因不外乎从结构破坏发生时的破坏荷载和结构承力薄弱点两个方面入手，其中包括现场能看到的显性直观现象，也包括现场看不到的隐性问题。以下从显性和隐性两个方面进行温室倒塌成因分析。

1. 温室前屋面骨架连接点断裂是事故的直观成因

从温室倒塌的直观成因看，是桁架的上弦杆发生了局部断裂（图2c），这个断裂点正好是在两根钢管的连接处。受单根钢管定尺长度的限制（一般定尺为6m），温室屋面桁架中的弦杆，不论上弦杆还是下弦杆，一定尺钢管都无法满足桁架总长的要求，所以，桁架弦杆必须采用两根钢管连接的方法来完成。对于组装式钢管结构，由于两根钢管之间的连接不采用焊接的方式（避免镀锌层破坏，也是由于钢管壁厚较薄，对焊难以满足焊接质量要求），而是采用两根钢管对接后内插或外套套管的方式连接。内插套管由于套管的直径较受力主管的小，而且套管与主管以及连接的两根主管之间可能还存在间隙，进一步减小了节点处骨架的截面尺寸，使该连接点最终成为承力的薄弱点。从实际破坏的情况看（图2c），桁架上弦杆采用内插管的连接方式（主要是考虑屋面覆盖塑料薄膜时在骨架表面不出现局部凸起影响塑料薄膜的安装和使用寿命），破坏正好发生在这一点，内插管完全断裂，而下弦杆采用外套管的连接方式，连接点处没有发生任何破坏，下弦杆的破坏点则转移到了主管，说明外套管的连接强度要高于主管。今后的工程设计中应慎重使用内套管的做法，在可能的情况下应优先选择外接套管的连接方式。

事实上，该温室倒塌早有预兆，两年前，桁架上下弦杆连接节点处就已经出现了变形（图4）。如果发现后及早支撑立柱、加强或更换桁架，这场事故也可能能够避免。

a   b

图4 温室骨架早已出现变形
a. 整体　b. 局部

a   b

图5 骨架在墙体和基础连接点的锈蚀
a. 与后墙的连接点　b. 与基础的连接点

从现场温室倒塌的情况看，温室骨架在后墙和基础处的连接还是可靠的。但从同类温室的使用情况看，这两个节点也同样存在很大的安全隐患。钢管根部与钢筋混凝土接触或连接部位镀锌层受到严重腐蚀，钢管锈蚀严重（图5）。由于桁架用钢管多为薄壁管，这种锈蚀可能直接造成骨架在墙体或基础连接部位的断裂。建议及早采取预防措施，或采用立柱支撑骨架，或附加连接件，消除锈蚀可能造成的安全隐患。

2. 温室后屋面渗水是温室倒塌的潜在诱因

倒塌温室采用倾斜保温板加松散陶粒填充后屋面三角区的做法。从提高温室后屋面的保温性能看，这种做法肯定具有良好的保温性能；但从倒塌温室的实际运行效果看，由于没有定期对屋面防水油毡进行维修，导致水分从油毡裂隙渗入，致使松散陶粒保温材料吸水后自重加重，随着使用时间的增加，在自重作用下出现局部沉降，使原来的平屋面出现局部凹陷。这种局部凹陷一方面影响屋面排水，使降雨后的屋面处于长期雨水浸泡中（图6a），增加温室屋面荷载；另一方面屋面变形可能会拉断防水油毡，造成油毡防水失效，使屋面积水进一步渗透到屋面保温层中，不仅加大温室屋面荷载，而且使

a   b

图6 温室后屋面形式与积水
a. 平屋面温室上的积水　b. 对照坡屋面温室

温室后屋面的保温能力严重下降。实际运行中也发现，由于后屋面内侧保温板不是插入温室墙体，而是直接对接到温室墙面，由于保温板与后墙的密封不严，从保温板边沿的水汽渗透已经造成了内部松散保温材料吸湿。吸湿后的松散保温材料由于体积较大，由此而产生的附加荷载会给温室骨架增加很大的荷载。由于进入温室屋面松散材料的湿气在屋面双侧防水层的保护下很难从内部蒸发，所以这种荷载将是长期的，这种荷载或许对温室结构的倒塌产生了一定作用。

从日光温室后屋面发展的趋势看，用陶粒等松散材料填充后屋面三角区的做法越来越少，取而代之的是采用坡屋面（图6b），将单层聚苯板保温材料直接从温室后墙的屋檐高度倾斜安装到温室屋脊。这种做法不仅取消了温室后屋面三角区的填充材料，节省了成本，也减轻了温室骨架的荷载，而且完全消除了平屋顶的积水问题。需要指出的是，这种做法在具体设计和施工中应在后墙檐口做挑檐，并在挑檐檐口下做滴水槽，以避免屋面排水淋湿温室后墙。挑檐的做法可以是钢筋混凝土板，也可以是砖挑檐，视具体条件而定。

3. 温室保温被挡水是温室倒塌的直接诱因

从温室前屋面破坏的位置看，一是在桁架上下弦杆连接的节点位置（图2c）；二是在屋面保温被所在的位置（图2a、图3a）。在桁架弦杆连接点破坏的原因前文已经进行了分析。温室骨架在保温被所在的位置断裂似乎是一种巧合，但其实也是一种必然。为提高保温被的保温性能，避免水汽渗透进入保温芯影响保温被的保温性能，所有的保温被都做了防水面层（尽管目前大量使用的针刺毡保温被表面防水层的防水质量较差），倒塌温室更是采用了一种电缆皮防水面层，几乎完全杜绝了雨水向保温芯的渗漏。大多数日光温室保温被夏季都不拆卸，而是卷起放置在温室屋脊位置。从倒塌温室保温被放置位置看（图2b），保温被刚好处于屋面第一道纵向系杆的位置，这个位置正好是温室屋脊通风口的下沿位置（图4b）。将保温被放置在这个位置，或许是管理者为了避免下雨期间室外雨水通过屋脊通风口流落进温室，将保温被放置在屋脊通风口以下，可用保温被完全覆盖屋脊通风口，从而彻底避免雨水通过屋脊通风口进入温室。

a   b

图7 保温被的阻水情况
a.保温被阻滞形成的积水   b.保温被卷放过程中的水流

但卷起的保温被同时又是一道"挡水梁"，从温室屋脊到保温被被卷中心覆盖区域的降雨被全部汇集在保温被卷与温室屋面形成的凹槽内，只有在形成一定水位后才能够通过保温被的两端排除。由于日光温室较长，当形成足够的排水水位时，在保温被卷的背部已经积聚了大量的雨水，这种推断可以从图7雨后保温被的积水情况得到印证。

由图7a可以看出，即使保温被下卷到接近温室前沿，在保温被被卷与温室屋面形成的凹槽中仍然积聚有一定水位的雨水。图7b是雨过天晴后展开保温被时保温被端部排水的情况，事实上，在保温被没有展开时，这些排水全部都积聚在保温被与温室屋面形成的凹槽中。雨后卷放保温被还有这么多积水，在暴雨期间，相信这一积水不会太少。恰恰这个积水荷载又作用在了温室骨架钢管连接最薄弱的部位，由此可以推断，超限荷载作用在了温室结构最薄弱的位置，两者的结合应该是造成这次温室倒塌事件的主要原因。

四、倒塌事故带给人们的警示

一次事故的发生可能是偶然的，但总结造成事故的成因却可能避免更多事故的发生。此次温室倒塌事件中也给了人们一些重要的启示：一是下雨期间日光温室保温被应尽量放置在靠近温室屋脊位置，以最大限度减少温室屋面和保温被之间区域的汇水面积或者将保温被展开到温室前屋面底部，使之完全覆盖温室屋面，消除保温被对屋面雨水的阻拦；或者到了夏季将温室保温被拆除后放置在门斗或脱离温室的安全地方。二是在温室设计荷载中应充分考虑降雨可能产生的附加荷载，尤其要考虑由于日光温室保温被的阻水作用形成的积雨荷载。该荷载应与暴雨强度、卷帘机单侧保温被长度（排水距离）、保温被阻水的汇水面积（保温被的放置位置）、保温被自身的透水能力（透水保温被可排出一定量的积水，但会直接影响保温被的保温性能）、保温被的厚度（影响被卷的直径）等因素有关。三是钢管对接时，应慎重采用内插套管的连接方式，尤其要避免内插套管与主管之间出现很大间隙或者两根对接主管之间对接不严的问题。四是在温室的日常管理中要对发现的安全隐患及时处理，避免小问题演化为大问题，甚至完全无可挽回的灾难。

倒塌日光温室的
新生

　　2017年6月24日，笔者在北京卧龙农林科技有限公司（以下简称"卧龙公司"）总经理李晓明先生的带领下，来到了北京市大兴区御瓜园生产基地，本来是想考察卧龙公司最新开发的一种组装式外保温塑料大棚（开发这种保温大棚的初衷是在一定地域种植合适的品种实现替代日光温室、节能节地的目标），却在无意中发现了一栋崭新的日光温室，虽然所处位置近乎犄角旮旯，但在一群老旧日光温室中仍然是格外扎眼。经李晓明先生介绍，原来这是一栋2016年7月因一场暴雨压塌后重新修复的温室，而且就是卧龙公司帮助重新设计修复的，其中还利用了公司的诸多专利技术。

　　抱着对温室倒塌原因的探究和对卧龙公司创新技术的兴趣，以及对老旧温室改造方法研究的想法，笔者对改造修复温室及其周围的老旧温室进行了认真仔细的现场考察，并与李晓明先生就倒塌温室的现场情况和温室改造的一些具体技术细节进行了深入交流。现归纳总结如下，供业界同仁们分享。

一、温室倒塌前的原貌

　　通过对与倒塌温室同批建设的其他温室的观察，可以大体看出倒塌温室之前的基本风貌（图1）。温室基本尺寸为跨度10.4m，后墙

a

b

图1 温室倒塌前的风貌
a. 温室内景　b. 温室后屋面

a   b   c

图2 温室倒塌现场
a.倒塌温室原始外景　b.倒塌温室原始内景　c.清理保温被后的外景

高度2.9m，脊高4.0m，长度61m。温室后墙为370mm厚砖墙外贴100mm厚聚苯板，后屋面构造为瓦楞板支撑100mm厚保温板外贴防水层。

　　从整体看，温室前屋面比较偏平，坡度较小，同样荷载下，骨架承受的内力可能更大，结构也更容易变形。这主要是由温室设计的跨度大、脊高矮造成的。

二、温室倒塌原因分析

　　从温室倒塌的现场照片（图2）可以看出，温室是在前屋面中上部靠近屋脊的第一道纵拉杆附近发生骨架变形失稳，引起整个屋面（包括前屋面和后屋面）倒塌，并牵连到温室西侧山墙开裂并向东倾斜。其中，前屋面倒塌是因为骨架失稳（从图2b看没有断裂），而后屋面倒塌是因为前屋面的失稳引起整体倾覆，后屋面的骨架和材料都没有发生结构性破坏。温室的后墙和东山墙基本完好。

　　从以上温室倒塌的现场分析可以确定，温室倒塌的原因主要是温室前屋面骨架过载失稳，其他结构都没有达到结构的破坏强度。因此，以下的分析将首先从温室前屋面骨架失稳的成因入手。

　　从温室骨架失稳的位置看，这里正好是保温被停放的位置。春秋季节保温被卷放在温室屋面中部位置，室外下雨期间，由于保温被被卷挡水，一方面在保温被被卷的背部积存了大量积水，另一方面由于保温被自身吸水也显著增加了自身重量，使温室前屋面的荷载突增，造成结构过载进而引起结构失稳破坏。由于该荷载在设计规范和实际的设计中都没有体现，而且类似的事故在之前也有多次出现，这就再次提醒我们在日光温室的管理中，当遇到降雨天气时，可以将保温被展开让雨水顺畅地从保温被表面流走（虽然这样会影响温室作物采光），也可以将保温被卷到温室屋脊，将保温被被卷阻挡的积水减小到最低限度。

　　在同批建设的温室中，为什么只有这一栋温室倒塌了而其他温室都保持完好呢？经李晓明先生介绍，原来倒塌温室是由于卷帘机电机损坏，导致保温被停留在温室前屋面中上部无法移动。这就印证了上述推断——保温被被卷阻水是造成温室倒塌的"罪魁祸首"。这从另一个角度给我们提出了要求，即卷帘机在电机减速机出现故障后应有相应

a   b

图3 温室结构在设计和制造上的缺陷
a. 钢结构腐蚀严重　b. 屋脊兜水

的应急处理措施，如切断温室电源，手动拨动减速机皮带轮，将保温被卷起或展开。另外，园区平时应有备用的配件，出现设备故障后应及时修复，保证设备的正常有效运行。

　　虽然造成温室倒塌的主要原因是下雨天保温被被卷起阻水引起屋面荷载过载导致结构局部失稳诱发温室屋面整体倒塌，但从现存的温室可以看到温室结构中还是存在一定隐患（图3）。由图3可见，一是温室桁架结构的下弦杆和腹杆严重锈蚀（图3a）；二是在温室屋脊位置有大量水兜存在（图3b，尽管不是下雨天）；三是选择使用的保温被为针刺保温毡，自身防水性能差，下雨时自身吸水后自重激增。由此可以看出，温室倒塌可能还与温室的设计（主要表现在温室跨度大、脊高不够，造成屋面坡度小，排水不利）、制造（钢结构构件表面防腐处理不完整）以及保温被材料的选择有直接关系。

　　综上所述，一栋温室的安全运行，必须从设计、制造和管理各个环节建立安全防范机制，尤其要建立运行管理中的应急预案，在遇到应急情况时能及时启动应急措施，才能有效防范事故的发生，保障温室结构和生产的安全运行。

三、倒塌温室的修复

　　从温室倒塌后的现状评估，温室骨架中部折弯已经失去修复的价值，由于骨架失稳引起温室后屋面整体坍塌和西侧山墙局部开裂倾斜，也都不能通过简单的修复复原其功能，只有温室的后墙和东侧山墙基本完好，具有继续使用的价值。

　　根据以上评估结果，温室改造将全面更换屋面承力骨架和后屋面，更新西侧山墙，加固改造东侧山墙和温室后墙。据此，提出如下修复方案。

1. 山墙修复与加固

　　对温室山墙的修复，西侧山墙拆除重建，用加气混凝土泡沫砖既保温隔热，又轻巧、占地面积小（图4a），是当前黏土砖禁用后的一种比较理想的建筑材料。对东侧山墙，由于原有温室是用红机砖砌筑，为保证结构用材的统一性，继续选择使用红机砖修

a   b

图4 山墙修复与重建
a. 西山墙重建　b. 东山墙修复加高

a   b   c

图5 温室后墙的修复与加固
a. 清理表面后挂网　b. 支模　c. 加固后的外墙

补，根据新设计的屋面骨架几何尺寸对墙体进行局部加高（图4b），增加温室屋面的坡度，提高温室采光和屋面排水能力。为了增强温室两侧山墙的保温性能，可以在两堵山墙的外侧均外贴保温挤塑板对墙体进行防护和保温。

2. 后墙改造

对温室后墙的改造，因为墙体的主体结构没有受到破坏，不会对温室结构的承力造成影响，但由于墙体使用年久，砖墙表面出现风化，再加上新建温室时砌砖的灰缝也不饱满、保温层结合不紧密，为此，在本次后墙改造中剔除墙体表面原有抹灰和外保温板，采用卧龙公司的专利技术——轻体闭孔发泡水泥浇筑墙体，替代原有的聚苯板保温材料，一是消除聚苯板不阻燃的安全隐患；二是轻体闭孔发泡水泥可以严格密封后墙的孔洞；三是发泡水泥保温层热阻大，自身为一体，密封性能好，可显著提高温室的保温性能和使用寿命。

针对老旧温室墙体改造项目，卧龙公司在浇筑轻体闭孔发泡水泥墙体施工中也总结出了一整套特殊的施工方法。对温室后墙的外表面，先剔除表面保温层和松动的砖缝中的抹灰，在清理干净的墙体表面打桩（15～20cm长膨胀螺栓，外露7.5～10cm）展挂钢丝网（图5a，这层钢丝网实际上也是未来发泡水泥墙中的加强筋），紧贴钢丝网的外侧架设钢模板（图5b），在钢模板与温室墙体之间的空隙中灌注发泡水泥浆，使其充满整

图6 墙体内表面水泥砂浆抹面

个空间（保持发泡水泥层的厚度在200mm），水泥浆在流动的过程中可自动填补砖混墙体的表面破损缝隙，并使水泥浆和墙体形成"铆钉式"紧密结合，待发泡水泥完全凝固后，拆除模板，在发泡水泥墙体表面挂抗裂网格布并抹抗裂砂浆，即完成对后墙的改造（图5c），经过20～30天的保湿养护后即可投入使用。

轻体闭孔发泡水泥导热系数仅为0.048～0.063 5W／（m²·K），黏土砖砌体导热系数为0.81W／（m²·K）。现场在黏土砖墙体外侧整体浇筑轻体闭孔发泡水泥20cm，相当于额外砌筑了2.5m厚砖墙的保温效果。浇筑后的墙体，发泡水泥与黏土砖墙浑然一体，保温性能及粘结的牢固度大幅度提升，可有效防止砖混墙体继续被风雨侵蚀，并使旧有黏土砖墙体吸热、蓄热能力显著提高。

对后墙内表面的处理，主要是剔除表面疏松的水泥砂浆，重新用高标号水泥砂浆抹面（图6），既形成对墙体的保护，又可密封砖缝，水泥砂浆面层对墙体表面的吸热也具有非常积极的贡献。

3. 骨架更新

对温室骨架的更新，考虑到原来的桁架结构构件整体镀锌比较困难，为了提高钢结构的表面防腐能力，改造温室完全摒弃了原设计桁架结构的方案，而采用镀锌钢带一次成型的外卷边C形钢做骨架材料，彻底消除了钢构件表面锈蚀的问题。外卷边C形钢的钢板厚度为1.8mm，开口方向宽度78mm，顶面宽度45mm，高70mm，表面镀锌层厚度110g／m²。

为了安装C形钢结构的骨架，需要在骨架两端（一端在温室后墙顶面，一端在温室前沿基础顶面）所在的基面上埋设预埋件。施工中在温室后墙的顶面构筑钢筋混凝土圈梁（圈梁截面为200mm×200mm），在圈梁长度方向每隔3m伸出一根φ14mm钢筋，用焊接或栓接的方法将一根沿墙体通长布置的角钢（∟5mm×50mm×75mm）固定在圈梁表面（图7a）；在温室前沿基础上也采用同样的方法固定相同尺寸的角钢。为了增强温室前沿基础的保温性能，温室前沿基础也采用和后墙保温层相同的轻质发泡水泥浇筑，埋深1.0m，埋入地下宽度500mm，伸出地面200mm高，地上宽度收窄到300mm，和后

温室工程实用创新技术集锦❷

WENSHI GONGCHENG SHIYONG CHUANGXIN JISHU JIJIN 2

a   b   c

图7 骨架更新安装过程

a. 后墙圈梁上的埋件　b. 前沿基础上的埋件　c. 安装骨架

图8 温室骨架通过骨架安装座栓接在　图9 改造后的温室后屋面
　　基础（圈梁）表面角钢上

墙圈梁一样，其中预埋钢筋（图7b），并通过钢筋在基础表面固定角钢。对冻土层不超过1.0m的北京地区的日光温室而言，这种做法可彻底隔绝温室地面土壤向室外的传热，对提高温室地温、消除地面边际效应具有重要的作用。

　　温室骨架安装是通过骨架安装底座（图8），以栓接的形式固定连接在温室基础或圈梁表面的角钢上（图7c）。安装底座焊接在角钢上，焊接面刷环氧富锌漆做防锈处理。这种安装方法，完全避免了骨架两端与预埋件的焊接连接，也就保证了骨架表面的镀锌层完整无缺，对延长温室骨架的使用寿命具有重要的作用。同时安装底座与基础的连接牢靠，防腐处理得当。

　　由于倒塌温室的前屋面结构坡度不够，经常存在表面积水的问题，在新的温室改造中，提高了温室的脊高，减小了温室的跨度，将温室跨度减小到8.5m，脊高提高到4.3m，并将温室前部骨架的坡度加大，一方面加大了温室的操作空间，便于机械化作业；另一方面，也更适于吊蔓的果菜等作物种植。同时，为了避免在温室脊部积水在屋

上篇　日光温室工程技术

a   b

图10 改造后的温室新貌
a. 外景   b. 内景

面形成水兜，在温室屋脊通风口的膜下铺设了一层防兜水钢丝网，可有效避免下雨天屋面水兜的形成。

4. 后屋面更新

考虑温室原有后屋面由于温室倒塌受损，新的骨架结构尺寸与原骨架尺寸有显著变化，原有温室后屋面材料的尺寸也不适合新改造温室骨架尺寸，同时考虑提高温室后屋面的保温性和安装的便利性，将温室原来的厚度5～10cm、容重5～6.5kg/m²聚苯板保温芯的低强度菱镁土保温板更换为厚度10cm、容重12kg/m³的聚苯板保温芯，并采用双面防锈、加厚彩钢板保护的特制保温板（图9）。这种材料的更换使温室后屋面的保温性能较改造前增加了1倍多，同时屋面的使用寿命至少可延长到10年。

经过温室墙体、后屋面和前屋面改造后的温室新貌见图10。与倒塌前温室（图1）相比，改造温室的前屋面弧形更合理，温室的保温性能得到显著提高，结构的耐久性和使用寿命也会大大延长。

5. 保温被与卷帘机更新

老旧温室使用的是传统的针刺毡保温被，这种保温被虽价格便宜，但保温性能和使用寿命都不理想，而且自身防水性能差，抗拉强度低，生产中确实需要有新型保温被来代替。该温室倒塌的部分原因就是这种保温被的防水性能差，遇水后保温芯吸水使自身重量加大，从而增加了温室结构的负荷。

本工程改造中采用了一种新型保温被（也是卧龙公司的专利产品），从外表看为黑色（图11），是一种长寿命抗老化PE膜，保温芯为发泡闭孔橡塑材料，保温芯的厚度为1.5～5cm（可根据温室建设地区冬季室外气温和种植品种对室内温度的要求选择，本工程采用2cm厚保温被）。这种材料保温芯的导热系数为0.03W／（m²·K），保温性能好，而且重量轻、自防水、质地柔软易卷曲；表面覆盖材料强度高、抗紫外线能力强、使用寿命长。尤其重要的是这种保温被可以整体连接无缝隙，大大减少了透过保温被的冷风渗透，使保温被的保温性能得到有效发挥。

这种保温被根据面层颜色不同分为内外全黑、外黑内白、内外全白三种表皮颜色，

图11 更新的保温被

可分别使用在不用的温室和种植要求中。白色反光，用于内层表面有利于室内夜间补光温室提高室内光照强度和光照均匀性；用于外层表面有利于反射白天过强的太阳辐射，可用于夏季设施食用菌种植和早秋果树提早冬眠。黑色吸光，用于外表面快速吸热，有利于冬季保温被表面的积雪融化。用户可根据温室建设地区的室外温度和光照条件以及室内种植品种等因素综合考虑选择使用。这种保温被厂家的保证使用寿命为10年，实际使用寿命可达15年。虽然一次性投资较高（30～40元/m²），但按照每年的运行折旧摊销后，其单价甚至比针刺毡保温被还低，可以说是一种性价比较高的保温被产品。

6. 附加地面主动储放热系统

为了提高温室冬季室内温度的保证水平，该温室在改造中增加了一套空气循环地面土壤升温储热系统（图12）。

该系统在温室的西侧设置一个进风管，并在进风管的进风口安装一台送风风机（风机功率为127W，风量为1 230m³/h，压力359Pa），风机口的安装高度为3.3m。

温室中沿温室跨度方向埋设4排东西方向的地埋PE管，作为热量交换的散热管。每排地埋管的长度为59m。冬季白天9：30之后当室内温度超过22℃后，风机可自动启动，向地下管道送风，将温室空气中多余热量储存在温室地面土壤中；夜间当室内空气温度降低到种植作物要求的设定温度后，风机可自动启动，将白天储存在土壤中的热量抽出来输送到温室中，补充温室热量的损失。这种地面土壤储热系统不仅可以提高温室夜间空气温度，而且对稳定和提高温室地温具有非常积极的作用。据测定，一般可将温室内-0.3m处土壤温度稳定在16℃以上，-0.6m和-0.1m处土壤温度稳定在13℃以上，完全能够满足喜温果菜对地温的要求。由于白天送入地下的是温室中的热空气，温度高、湿度大，在地面土壤中进行热交换后温度降低，当循环空气的温度达到露点温度后，可将空气中的水分析出，从而起到降低空气相对湿度的作用；夜间从地面土壤中抽出的热空气，可提高室内温度，同样也能降低温室内的空气湿度。所以，这套地面热交换系统不仅具有调节空气温度的作用，而且具有调节室内空气湿度的作用，在保证室内温度的同时还是一套廉价的除湿机。

a   b

图12 地面主动储放热系统
a. 进风口（风机口）　b. 出风口

四、结语

本工程案例通过对一栋倒塌温室的改造，使原有老旧温室在结构强度、保温性能、蓄热性能等方面一跃跨入了现代日光温室的行列。这种改造模式也为今后中国北方地区大量的存量老旧日光温室改造提供了一种可供选择和借鉴的技术方案。

近年来极端恶劣气候天气条件频繁发生，造成各地温室倒塌的事例屡见不鲜，给日光温室设计和管理提出了更多的挑战。另一方面，20世纪80年代以来，中国北方地区建设了大量的日光温室，尤其是建设在20世纪90年代和进入21世纪前10年的温室，其中有很多温室设计不够合理，使用的建筑材料也不规范，致使其温光性能难以满足各种作物生产的需要。大量温室的改造和重建已经成为当前温室行业的一项重要和急迫的任务。虽然也有一些成功的修缮和改造案例，但能够形成标准化的推广应用模式改造方案在行业内却凤毛麟角。本改造工程应用最新的技术和材料改造倒塌温室给我们提供了一种可借鉴、可复制的模式。希望本案例的启发，能够带动业界同行们及时总结发生在每个人身边的好的日光温室改造方案，为中国日光温室的升级改造和性能提升提供更多的优秀案例，为中国温室技术的更新贡献每个人的力量。

致谢

北京卧龙农林科技有限公司总经理李晓明先生为本文提供了大量技术资料和部分现场照片，在成文过程中还提出了不少建设性的修改意见，在此表示衷心的感谢。

水灾纪实

——记寿光"8·20水灾"后日光温室的灾情及救灾措施

　　2018年8月19—21日，接连的台风暴雨和上游水库的泄洪，给位于弥河下游的山东省寿光市造成了严重的洪涝灾害，也给当地的设施农业造成了重大创伤。2018年9月8—10日，笔者受农业农村部的委派，作为专家组成员首次调研了灾后寿光的设施农业。9月14—15日参加完在山东泰安召开的"2018中国设施农业产业大会"后，笔者再次赴寿光，对寿光灾后的温室设施进行了更深入的调研。在两次调研的基础上，形成本文，是对灾情的历史记录，也是对寿光人民抗击水灾的智慧荟萃，其中灾后重建的一些技术措施完全可以适用于全国存量老旧温室的改造和提升，也可用于日光温室的日常维护，同时，水灾带来的经验和教训更值得我们在今后的工作中借鉴和引用。"前车之鉴，后事之师"，面对灾难，我们要警钟长鸣。本文或许有总结不到位的地方，甚至有错误或武断之处，供广大读者参考和借鉴的同时，欢迎指正。

一、灾情

1. 水灾形成过程

　　2018年第18号台风"温比亚"（热带风暴级）于8月15日14：00在距离浙江省象山县东偏南方向约475km的洋面上生成，于16日夜间至17日凌晨从浙江台州到上海一带沿海登陆，登陆之后，一路向北，8月18日夜间进入山东中部（图1a），弥河全流域普降大暴雨甚至特大暴雨。据青州国家气象站消息，青州市24h降雨量达263.1mm，为2000年以来最大，也是有气象记录以来历史第二大；临朐、寿光降雨量超过100mm，为大暴雨，虽未达到历史极值水平，但大暴雨面积广阔，几乎覆盖全市。粗略推算，"温比亚"在青州、临朐一天之内降水量超7亿m³。

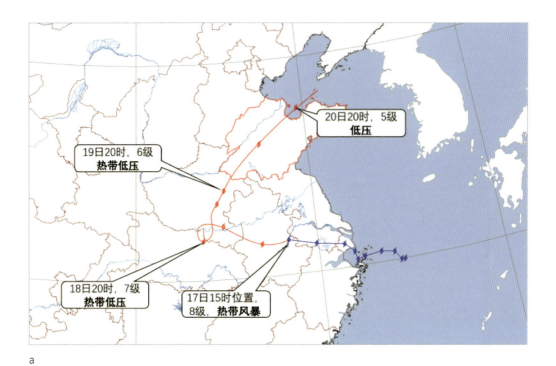

a

b

图1 水灾形成过程

a. 台风"温比亚"登陆路径　b. 水库洪峰时序

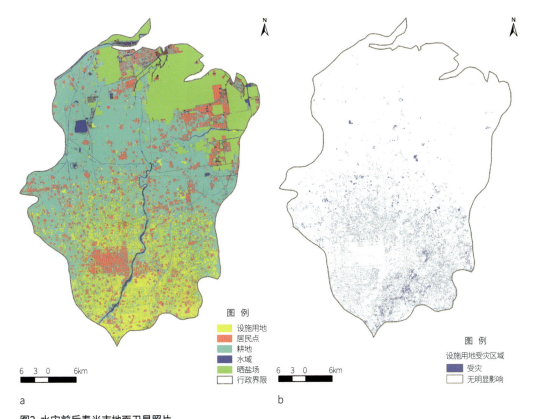

图例
设施用地
居民点
耕地
水域
晒盐场
行政界限

图例
设施用地受灾区域
受灾
无明显影响

6 3 0   6km

6 3 0   6km

a

b

图2 水灾前后寿光市地面卫星照片
a. 灾前寿光地面卫星图片   b. 受后寿光灾情卫星图片

在大面积大暴雨的同时，位于弥河上中游的4个主要水库（淌水崖水库、冶源水库、嵩山水库、黑虎山水库）的蓄水量也超过警戒水位。为了减小水库压力，降低水库溃坝后给下游带来更大灾难的风险，潍坊市人民政府防汛抗旱指挥部于2018年8月19日发布紧急通知，黑虎山水库自2018年8月19日8：00起加大泄洪流量至100m³/s；冶源水库自2018年8月19日9：00起加大泄洪流量至200m³/s；嵩山水库自2018年8月19日10：00起开始泄洪，泄洪流量为20m³/s，水库泄洪流量总计达到320m³/s（图1b）。

大面积的集中暴雨和上游水库的泄洪，使处于寿光境内的下游弥河、丹河沿线发生决堤、溢坝，造成寿光全市性的洪涝灾害，给当地的人民生活和农业生产带来了一场严重的灾难。在寿光市人民的奋力抗击下，至8月20日晚，弥河、丹河沿线决堤、溢坝陆续被封堵。8月21日15：00弥河寿光古城段水位明显下降。8月21日18：15，冶源水库、嵩山水库、黑虎山水库，全部关闭溢洪闸，停止泄洪，险情得到基本控制。

2. 水灾造成寿光设施农业的灾情

据统计，寿光市共有温室大棚17.2万栋，其中日光温室14.7万栋、大中拱棚2.5万栋，主要集中在寿光市的南部区域（图2a）。此次洪涝灾害共造成10.6万个棚室不同程度受灾，受灾率达到61.6%。其中，受灾较轻、棚内作物能继续生长的棚室3.58万个，占受灾棚室的33.8%；需重新定植的棚室2.02万个，占受灾棚室的19.1%；设施中轻度损

a   b   c

图3 客水侵入温室情况

a. 客水退去后室外的水深   b. 灾后20天尚未退去的客水   c. 进入室内的水深

a   b   c

d   e   f

图4 客水导致温室破坏情况

a. 后墙倒塌（室外） b. 后墙倒塌（室内） c. 后墙连带屋面倒塌 d. 山墙及门斗倒塌 e. 室内立柱断裂 f. 温室整体变形

坏，需加固修复的棚室3.23万个，占受灾棚室的30.5%；设施严重损坏或倒塌，需重新修建的棚室1.84万个，占受灾棚室的17.4%。

从受灾的区域看，寿光市设施农业区基本都被波及，但其中受灾最严重的地区主要集中在弥河、丹河和桂河的两岸（图2b），由于河水溢流使两岸地面水流倒灌进入温室并难以及时排除（图3a、b），致使温室内水位上涨（图3c）且长时间滞留，最终造成温室墙体倒塌，连带引起温室屋面垮塌、立柱断裂和温室整体结构变形等（图4）。

除了客水外，一些地区由于地处低洼地带，虽然室外客水没有直接进入温室，但由于地下水位升高，致使温室内也变成一片汪洋（图5），这主要是下挖温室地面造成的。这种情况下，如果能够及时排除室内积水，温室结构基本不受太大影响。

温室进水后，除了造成温室内种植的作物受涝、温室结构局部或整体坍塌破坏等，对温室土壤的影响也非常严重。有的温室内出现了土壤板结以及绿藻、红藻等富营养化现象（图6），还有的温室内由于客水携带淤泥进入温室，严重破坏了温室土壤的团粒结构，给温室的土壤改造带来了很大的困难。

温室工程实用创新技术集锦 ❷

WENSHI GONGCHENG SHIYONG CHUANGXIN JISHU JIJIN 2

图5 地下水升高进入温室情况

图6 大水后温室地面情况

图7 标准的机打土墙结构日光温室

二、寿光日光温室特点

寿光自1989年从辽宁开始引进日光温室以来，已经发展形成了一套独特的下挖式机打土墙"琴弦"温室结构，并面向全国推广，为北方地区日光温室的发展做出了杰出的贡献。

机打土墙结构温室建设速度快、成本低、墙体材料可就地取材，一般后墙和山墙的基底宽度6～10m，墙顶宽度2～3m，后墙高度3～5.5m。正是由于厚重的温室土墙结构造就了这种温室无与伦比的保温蓄热性能，因此深受广大农户的欢迎，也成为国内外温室行业科研工作者的重点研究对象。

温室标准跨度一般为10m，目前最大的跨度已经达到20m。温室屋面支撑体系采用"琴弦式"结构，用沿温室长度方向的钢丝和沿温室跨度方向的竹竿（有的温室也用钢管或钢管-钢筋桁架）形成双向屋面承力体系，室内设多排立柱（6～7排）将屋面荷载传递到温室地基。应该说这是一种标准的三维承力体系（图7）。

短后屋面也是这种温室的特点之一。一般后屋面的宽度在1m以内，多在0.5～0.8m。短后屋面可能降低了温室的保温性能，但基本不影响温室的采光，因此温

图8 有外墙面防护的墙体

室内的光热性能更好。短后屋面也大大减轻了温室的屋面荷载，使温室立柱的承载力要求大大降低。

正是由于温室的土墙结构，就地取土建设墙体，造成了温室种植地面为下挖式半地下形式，这种建筑形式更有利于温室的保温，但取土建墙直接破坏了地表有机土层，也给温室及其场区的排水埋下了重大隐患。地面下挖和土墙结构也正是防水上的软肋，这次寿光水灾也再次印证了这种观点。在夏季降雨量大的地区或易受洪水侵袭的地区，建设日光温室时应慎重选择使用这种结构形式。

三、日光温室破坏形式分析

水灾造成寿光日光温室破坏的形式有局部破坏和整体破坏两种情况，主要表现在墙体破坏、后屋面破坏并连带造成温室内立柱断裂和温室屋面结构坍塌。

1. 日光温室墙体破坏情况

寿光日光温室的墙体大都是机打土墙，受水浸泡后，土粒结构膨胀变松，在上部荷载的作用下，会很容易发生局部或整体坍塌，这是土墙结构浸水坍塌的根本原因。

水灾造成寿光日光温室墙体整体或局部坍塌的主要成因可分为三类：一类是天然降雨从温室后屋面渗漏，使温室后墙顶部浸水，造成局部坍塌；第二类是室内地下水位升高，使温室墙基受水浸泡，造成温室墙基局部坍塌；第三类是室外客水涌入温室，不能及时排除，使温室墙体长期受高水位浸泡，造成温室墙体局部或整体倒塌。事实上，第二类情况下如果室内积水不能及时排除，也可能发展成为第三类型的破坏；在第三类情况下，加强排水使室内水位低于室外水面时，也会演变为第二类。

从墙体破坏的形式看，由于机打土墙墙体厚重，而且外墙面都覆盖有防水膜或者是无纺布，基本起到了疏导雨水的作用，真正渗入温室墙体的雨水并不多，或者说即使有雨水渗入，也不致达到引起温室墙体局部或整体坍塌的程度，灾区温室虽然出现大量整体倒塌，却几乎看不到温室后墙外表面倒塌的现象（图8），温室墙体倒塌全部都是内侧

图9 客水造成墙体破坏的情况
a. 山墙中部坍塌　b. 后墙整体倒塌　c. 后墙连带后屋面整体倒塌

图10 墙体表面的裂纹

坍塌，说明这种墙体外表面防护是非常有效的。

从墙体内表面的破坏情况看，只要不是客水高水位长期浸泡，墙体的破坏大都是局部的。客水引起温室墙体破坏可分为两种情况：一是造成温室墙体中下部土体坍塌，说明温室墙体在建造时中部的密实度不够，或者是客水涌入温室后有冲击波浪不断冲刷墙体；二是造成温室墙体从底部到顶部的整体滑坡式坍塌，并连带冲击室内立柱，造成温室立柱不同程度的位移、折断、完全破坏（图9）。

考察中还发现有的温室墙体存在局部开裂，形成上下通缝的情况（图10）。这种墙体通缝应该是土体干裂的结果，不应归因于这次水灾。由于筑墙的土壤黏度大，筑墙时为便于黏合，在土壤中添加了适当的水分，待墙体干燥后自然会因水分蒸发、土壤收缩形成裂纹。一般这些裂纹只表现在墙体表面，只要在墙体上不形成贯穿墙体的通缝，对结构的安全就不会形成影响，日常维护中可用原土拌成泥浆将表面裂纹勾缝，既可增强墙体的保温性，又利于墙体的美观。

2. 立柱破坏情况

标准的寿光土墙结构日光温室共有6排立柱，靠近后墙的立柱为第一排，向南依次排列直到最前面的屋面立面墙立柱（有的温室最前面不用立柱，直接用竹竿做前屋面的立面）。第一排立柱一般设置在温室墙基根部。第二排立柱有的布置在走道的边沿，有的

上篇　日光温室工程技术

a   b

图11 寿光日光温室第二排立柱的布置位置
a. 布置在走道边沿 b. 远离走道布置

a   b   c

图12 由于墙体坍塌或滑坡引起立柱断裂的情况
a. 仅第一排立柱断裂 b. 第一、二排立柱断裂 c. 第三排立柱断裂

远离走道布置（图11）。

　　从立柱破坏的情况看，主要有两种破坏形式。一种是由于墙体坍塌或滑坡，坍塌的土体在位移过程中碰撞立柱，使立柱受到侧向冲击力后发生不可恢复的断裂（图12），这种破坏形式主要发生在第一排和第二排立柱，最远的局部波及第三排立柱，第四排之后立柱基本保持完好。从图12c看，第三排立柱中只有1根立柱发生断裂，而且墙体的滑坡土体也远远没有波及立柱，所以实际上第三排立柱的破坏并不是因为墙体的倒塌而引起，或许是屋面钢管变形造成柱顶侧压力所致，或者是早在温室墙体倒塌之前已经发生。

　　第二种破坏形式是由于屋面垮塌，造成立柱破坏，这类破坏主要影响第一排立柱，其破坏形式主要表现为立柱与柱顶梁的错位或移位（图13）。

　　常见的立柱破坏都是后墙局部坍塌或整体滑坡造成的。从立柱的破坏形式看，主要表现为截面脆断。在侧向冲击力较大时内部配筋也完全断裂，在冲击力较小时，内部配筋发生折弯（图14）。一方面说明墙体坍塌带来的冲击力非常大，另一方面也说明立柱的截面和配筋不够，尤其是在温室靠近后墙的第一排立柱和第二排立柱，立柱的柱身高、截面小，必然导致立柱的长细比过大，在外界横向荷载的冲击下很容易造成截面脆断。这也警示我们在类似寿光日光温室立柱设计中，所有立柱不能不论长短都采用同一截面和配筋的设计方法，而应该根据立柱所处位置的承力要求和柱长等条件，按照钢筋混凝土设计规范，科学合理地设计立柱的截面尺寸和内部配筋。从立柱破坏的截面看，柱内配筋基本是钢丝，配筋截面太小，数量也不足，而且只有纵向主筋没有横向箍筋，这也是不合理的配筋方式。

温室工程实用创新技术集锦❷

WENSHI GONGCHENG
SHIYONG CHUANGXIN JISHU
JIJIN 2

a   b

c   d

图13 由于屋面倒塌引起立柱的移位或断裂
a. 正常的立柱与柱顶梁位置   b. 立柱与柱顶梁平面内错位   c. 立柱与柱顶梁平面外错位   d. 立柱位移并断裂

a   b   c

图14 立柱的截面断裂破坏情况
a. 截面部分断裂、配筋完好   b. 截面完全断裂、配筋完好   c. 截面和配筋均完全断裂

从立柱的破坏情况看，地面受水浸泡都没有引起立柱超负荷，说明在降雨期间屋面荷载不大，地面受地下水或客水浸泡后也没有发生局部沉降或变形，立柱的基础基本是稳固的。

四、日光温室修复与重建

对于局部坍塌的日光温室，经过评估，若日光温室的主体结构还能继续使用，则通过局部维修和加强，温室很快即可投入生产，而对于墙体整体坍塌的温室则需要重新砌筑墙体。从节省费用的角度看，应在尽可能保留立柱和局部屋面结构的基础上进行维修

a   b

图15 屋面局部修复与加固方法
a. 后屋面局部修复方法　　b. 前屋面局部加固方法

a   b

图16 立柱加固与更新方法
a. 靠贴钢筋混凝土短柱　　b. 用钢管立柱更换钢筋混凝土立柱

或全部拆除后重新修建。但从提高温室性能的角度看，应借此机会重新设计或引进性能先进的温室形式，在重建温室的过程中将寿光日光温室的建设再提升一个新的台阶。

　　本文就考察过程中看到的一些局部加固和维修的措施做一介绍，其中的一些措施可能是有效的，但有些措施确实也仅仅是过渡性的，有些措施或许还需要进行科学论证，并通过实践检验其可靠性。

1. 屋面局部加固与修复方法

　　为了尽快恢复生产，对于局部坍塌的日光温室后屋面，寿光农民采用了一种保留坍塌后屋面、重新架设新屋面的改造方法（图15a）。这种方法无需拆除倒塌的原有后屋面，而是以倒塌后屋面为基础，在其上安装立柱，重新搭建温室后屋面。温室后屋面结构采用钢管替代传统的竹竿做橡条，一端搭置在温室的后墙，另一端搭置在屋脊横梁上，并用短立柱支撑屋脊横梁，形成新的温室后屋面。这种做法钢管来源丰富，加工成形方便，构件可长可短，非常适合局部维修，但这种做法局部的加强处和周围未维修更换处屋面结构的强度差异很大，结构使用寿命的同步性存在很大差异，从局部维修的角度看没有什么问题，但从温室整体结构看，昂贵的造价并没有带来温室屋面整体性能的提高。

　　这种改造方法的前提是倒塌后屋面及墙体不再发生变形，能够为更新后屋面提供稳定的支撑基础。如果墙体或倒塌的后屋面结构不稳，将会给局部新建的温室后屋面带来

图17 墙体的局部维修方法
a. 原土夯实　b. 草泥抹面　c. 沙（土）袋围护　d. 红机砖围护　e. 空心砖围护　f. 木板围护

非常大的安全隐患。

　　用同样的钢管材料替代传统的竹竿，也可以用来加固温室的前屋面（图15b）。因为温室的外保温被卷起时基本放置在温室前屋面的后部，这种加固方法能够大大提高温室前屋面后部的承载能力，是一种值得推广的维修改造措施。

2. 立柱加固与更新

　　立柱加固和更新的方法也有两种（图16）。第一种是在原有钢筋混凝土立柱上靠贴一根钢筋混凝土短柱，使局部受损的钢筋混凝土立柱得到加强。这种做法要求将两根立柱用钢丝扣紧，使之真正成为一体化的承力立柱，但从结构承力的角度分析，由于原立柱中部受伤，柱顶力通过加强柱传递到原柱或加强柱基础，存在二次传力的过程，而这种传力主要是通过二者之间的摩擦力传递，对两根柱的连接要求比较高，往往是连接两根柱的扣丝断裂使传力失效。因此，笔者的建议是在可能的情况下尽量采用全柱更换的方式不用旁柱加强的方法更好。第二种立柱加强的措施是用钢管柱替代钢筋混凝土柱。这种做法立柱的强度更大，占用空间也小，对温室内种植作物的遮光和室内作业的影响更小，而且钢管材料来源丰富，加工安装都非常方便。但需要注意的是钢管需要进行内外表面防腐处理，否则在温室内高温高湿的环境中很快将会锈蚀，影响结构的整体使用寿命。

3. 墙体加固与修补

　　对墙体的局部加固，民间的做法很多，大都是就地取材，采用简便易操作的方法，如原土夯实、草泥修补、沙（土）袋修补、砖石修补、木板修补等（图17）。寿光市农业局组织专家也总结出了一套墙体修补的方法，供广大的农户在温室维修时根据自身的特点选择使用。需要指出的是这些局部维修应该是在温室墙体整体稳定的条件下才具备

图18 温室重建

图19 室外排水导流沟

可行性，如果温室墙体整体存在安全隐患，局部的维修将不能解决整体的稳定，最终局部维修也只能是劳民伤财。

4. 重建

对于墙体大面积垮塌、后屋面倒塌的温室，依靠局部维修已经难以恢复温室原貌时，则应采用重建的方法。目前在应急状态下农户的重建方案还是沿用了传统的寿光机打土墙结构温室（图18）。据介绍，寿光蔬菜产业集团和农发集团也在积极征地，计划分别建设万亩温室园，以保证寿光设施蔬菜的生产。在企业化的新建温室中，建议引进新技术和新的温室形式，用企业的力量带动当地日光温室技术的升级换代。期待寿光人民在灾后重建的过程中能更多地发挥主观能动性，创造出更适合寿光，乃至全国推广的高性能日光温室。

五、灾害后的启示

1. 要重视合理选择温室建设场地

一是温室建设要远离河道，尤其要远离排水沟渠。在地势较高的地区温室建设场地一般应离开河道500m以上，对于地势较低的地区温室建设场地应离开河道1 000m以上，严禁在河道内或者泄洪渠内建设温室设施。二是温室建设要避开低洼积水地段，避免降雨天在温室场区形成积水。三是温室建设要选择地下水位较低的地区。如果地下水位常年较高，则应选择砂性大、透水性强的土质地区建设，避免在黏质土地区建设温室。四是在地下水位较高的地区建设日光温室应尽量避免采用下挖式半地下温室结构形式。

2. 要重视温室场区排水设计

温室建设要配套建设好温室及其周围的排水系统。一是要在温室的外墙周围做好散水或墙面防水，避免雨水或周围积水浸入温室墙体基础，保障温室墙体的安全。一般直立墙体的散水宽度应达到600~1 000mm，像寿光这种机打土墙，由于墙体厚度大，外墙面坡度大，只要做好外墙面的防水，基本可以避免墙体坍塌。二是在地下水位比较的高的地区，应该在温室外开挖导流沟（图19），沟底标高比温室室内地面标高低500mm以

a   b   c

图20 墙体防护措施
a.外墙面防护 b.后墙内墙面防护 c.山墙内墙面防护

图21 夏季对保温被的防护   图22 防止通风口滴水浸湿墙体的防护措施

上。在地下水位升高时，集中排除导流沟内的积水即可避免温室内地下水位的上升。三是在温室建设区做好排水沟的整体布局，在应急状态下，从温室中或从温室边的导流沟中排除的积水能及时通过场区外的排水沟排除。四是从大区域考虑做好整个区域的排水设计，保证区域排水顺畅，避免积水倒流进温室场区。

3. 要重视温室日常维护

做好日光温室的日常维护对防灾减灾非常重要。本次水灾后的调研中发现有的温室生产者对温室的墙体（包括后墙和山墙）从内到外均做了防护（图20），水灾后温室结构没有受到任何损坏。这种防护方法简单，成本也较低，尤其适用于土墙结构的日光温室。这种做法在夏季雨量较大的其他地区建设和运行土墙结构日光温室时也非常值得借鉴和参考。

除了对墙体的防护外，寿光的温室生产者对夏季保温被的防护也做得非常到位（图21）。将保温被卷起放置在屋脊位置后用塑料薄膜和无纺布等材料包裹，并用土袋或砖块将包裹材料的边缘压紧，避免大风将包裹材料卷起。这种防护方法不仅可保护保温被不被雨水淋浸，也可保护保温被不会受夏季紫外线的长时间照射而降低使用寿命。对保温被的防护还能保证保温被在下雨条件下不会增加额外重量，从而有效避免了对温室结构的附加荷载。夏季由于保温被防护不到位而造成下雨时压塌温室的案例已不是个案，所以寿光这种保温被防护的理念和措施非常值得在全国推广和应用。

调研中还发现一种非常实用的温室后墙内表面防护方法，就是在温室屋脊通风口的下方安装一幅塑料薄膜（图22），用以将屋脊通风口滴落的雨水或结露水滴导流到温室走道内，从而避免水滴直接滴落温室墙面，使墙面得到有效保护。到了冬季，抬高导流塑料薄膜的檐口还可以导流室外冷风，避免从屋脊通风口进入温室的冷风直接吹袭作物冠层，可有效避免作物冷害或受冻。

致谢

非常感谢农业农村部的信任，指派笔者赴寿光进行灾后的首次调研。潍坊科技学院刘炳国教授给笔者创造了第二次赴寿光调研的机会，使笔者有更充足的时间进行更深入的调研和思考；在文稿的成文过程中，刘炳国教授还提供了大量的信息和资料。寿光市农业局蔬菜站站长刘立功先生也为本文稿提供了很多有价值的信息和图片。农业农村部规划设计研究院农业资源监测站孙丽高级工程师专门为本文制作了受灾前后寿光地区的卫星地面图片。成稿后刘炳国教授和刘立功站长还提出了很多补充修改意见，修正了文稿中一些不完整甚至不当的论述，对大家给予的帮助在此一并表示衷心的感谢！

河北唐山"3·26日光温室蔬菜基地火灾"带给我们的思考

　　2019年3月27日，网上一则河北经济台"今日资讯"栏目的视频被大量转发。当天笔者正在井冈山学习，是北京卧龙农林科技有限公司总经理李晓明先生第一时间告知了我这一信息。当我打开网络查看这一信息后才知道是3月26日河北省唐山市丰南区大新庄镇的日光温室蔬菜生产基地发生了火灾，燃烧的场景确实触目惊心，如此大的火灾在中国设施农业生产区，尤其是日光温室生产区实为罕见。春季天干物燥，是火灾的多发期，3月30日发生在四川凉山州的森林大火致30多位战士牺牲，令人痛心，同一天发生在北京密云、平谷的山火也引起了北京市政府的高度重视。

　　火灾无情人有情。作为中国设施农业的一名从业者，或许本人对抗击山火或者森林火灾无能为力，但河北省唐山市的"3·26日光温室蔬菜基地火灾"却一直牵动着笔者的心。从井冈山学习回来后，笔者第一时间相约北京卧龙农林科技有限公司总经理李晓明先生于4月6日利用清明假期时间驱车到灾后现场进行实地调研。河北省唐山市丰南区农业农村局蔬菜站冯贺敬站长和技术员董海泉先生热情接待了我们，介绍了火灾发生、施救的简单过程以及善后处理的一些政策，并全程陪同进行了现场调研。为了吸取这次火灾的教训，总结经验、防患未然，笔者将这次实地调研和考察的情况及个人感悟整理成文，供业界同仁们参考和借鉴。

一、火灾的起因与发展

　　火灾发生在唐山市丰南区大新庄镇孟庄子村、西滩沟村、东滩沟村、佟庄子村和黄米廒村等5个村的连片集中日光温室蔬菜生产基地内。火源起始于孟庄子村的西北部一栋

图1 火灾起源的塑料大棚

a

b

图2 火灾的起始位置
a. 水沟中的着火边缘　b. 水沟着火引起旁边温室着火

正在进行焊接安装作业的塑料大棚（图1）。焊接工人（也可能是没有焊工资质的农民）在大棚骨架进行高空焊接作业的过程中，由于当时风力较大（据说在5级以上，按理说这么大的风力不应该进行高空焊接作业），施焊过程中从高空掉落的高温焊渣在风力的作用下飘落到施工大棚旁边的水沟中将水沟中的芦苇等干草点燃（图2），风借火势，将处于下风向4个村的286栋日光温室完全烧毁（图3a），火势一直蔓延到日光温室生产基地的东部和南部边界（图3b、c），在专业救火人员的严防死守中才将火势控制在基地东部和南部村庄的边界。

据介绍，火灾从15:40开始，直到20:30才将明火扑灭，未燃尽的灰烬一直持续燃烧到第2天。过火区域从西到东达17列日光温室，超过2km距离，涉及4个村的地域。此次救火共出动14辆消防车和10多辆当地园林处的洒水车，在救火过程中1辆消防车被大火围困而烧毁，还有一辆农户的面包车在火灾中没有来得及驶出也被大火吞没，此外一些农机具和农用车辆来不及转移也在火灾中烧毁。火灾造成包括温室设施和温室内种植作物在内的直接经济损失超过千万元，给当地农民造成的心灵创伤更是难以估量，为当地恢复设施蔬菜的生产带来了巨大的压力。

二、大面积火情蔓延的根源分析

由于日光温室采光的要求，日光温室群建设无论南北方向还是东西方向温室栋与栋之间一般都留有足够的露地开阔空间。这一空间不仅能满足温室采光要求，也完全能够

a   b   c

图3 基地着火的区域
a. 区域总况   b. 区域南部边界   c. 区域东部边界

a   b   c

图4 基地内日光温室的主要建筑形式
a. 有后屋面温室   b. 无后屋面温室   c. 带阴棚温室

满足安全防火通道和防火隔离的要求。一般而言，一栋日光温室着火不应该引起周围日光温室的连锁反应。以前也确实发生过日光温室着火的案例（有的是孔明灯点燃的，有的是爆竹点燃的），但大都是单栋温室着火，很少波及周围相邻温室。究竟是什么原因将如此大面积相互独立的日光温室"火烧连营"了？带着这样的问题和思考，笔者一行进入了火灾现场。通过现场考察和分析，笔者以为大面积着火主要有以下几个原因。

风借火势是这次火灾的直接原因。火灾当天风力较大，现场大风将地面火苗吹向了空中，在飘过温室之间的隔离空间后跌落到下风向相邻温室屋面、墙面上覆盖的塑料薄膜和保温覆盖材料，由于塑料薄膜和草苫、保温被等覆盖材料都是易燃物，而且都是连续铺设，在风力的助推下，大约5min即使一栋温室全部过火，屋面塑料薄膜完全烧尽，卷放在温室屋顶的保温被和后墙、后屋面保温帘等或因屋面塑料薄膜引燃，或因空中飘落的火星点燃。短时间内，来不及任何的施救，上百米长的温室即整体燃烧，给灭火工作带来很大困难。由于火情蔓延太快，大片温室很快成为火海，消防车和洒水车难以进入火场内部，只能在路边守护，大量温室都是在种植者绝望的心态中眼看着被烧毁。应该说大风是这次火灾大面积蔓延的直接原因。

1. 可燃覆盖物是火灾蔓延的内在原因

温室透光和保温覆盖材料不阻燃且无防护是火灾蔓延的内在原因。基地内日光温室从建筑形式看主要分为传统的有后屋面日光温室和本基地特有的一种无后屋面日光温室两种，此外还有一种变形的阴阳型日光温室（图4）。不论哪种形式的温室，其后屋面和后墙都不是传统的固定式土建结构，而是采用在塑料薄膜外覆盖可拆卸的柔性草苫或保

a   b   c

图5 日光温室后墙保温构造
a. 从室内看   b. 从室外看   c. 保温被结构

a   b   c

图6 温室后墙和后屋面柔性保温材料覆盖方式
a. 墙基围草苫，屋面、墙面覆盖保温被   b. 屋面、墙面均覆盖草苫   c. 阳棚屋面、墙面覆盖保温被，阴棚屋面、墙面覆盖草苫

温被的做法（图5、图6），其中草苫为约2cm厚的稻草帘，保温被为7层工业材料叠置后缝制而成的复合结构材料，由外向内依次为热淋膜（将废旧塑料粉碎融化后涂布在黑色无纺布等材料表面形成的防水保护面层）、针刺毡、太空棉、针刺毡、发泡聚乙烯、针刺毡和热淋膜（图5c），总厚度约1cm。

设施在冬季覆盖柔性保温材料形成保温的日光温室，度过严寒冬季后拆除柔性保温材料后按塑料大棚管理。这种建筑做法，设施可周年使用，冬季保温性能好，按温室管理，夏季通风降温能力强，按塑料大棚运行，设施周年运行的加温和降温的能源成本投入较低。应该说是一种低成本运行的良好设施结构形式，比较适合在土地资源比较紧缺（要求周年高强度开发利用土地）、劳动力富余且相对廉价（每年需要廉价劳动力拆装温室保温覆盖材料）、四季温差较大（冬季冷、夏季热）、冬季日照百分率高（60%以上）的地区推广和应用。

为了加强温室的保温性能，同时又不影响温室夏季的降温性能，有的温室后墙底部还做了1m高的空心砖墙并在墙体外侧培土，形成固定式保温后墙墙基（图7），使温室的保温性能得到进一步增强。除了保温的功能外，永久性的土建结构还能起到防水的作用，可避免场区排水不畅时室外积水倒灌进入温室。此外，低矮的永久结构后墙也不会影响温室夏季的通风。

从基地设施的覆盖材料和建筑构造看，包括覆盖前屋面的塑料薄膜和活动保温被，覆盖后屋面和后墙的固定塑料薄膜、可拆装草苫及保温被等都是易燃物，而且全部暴露在温室的外表面，任何火苗都可能引起整栋温室燃烧，尤其塑料薄膜的燃烧速度甚至比

a b

图7 固定式保温后墙墙基的做法
a. 内侧砖墙　b. 外侧培土

a b c

图8 温室之间干枯秸秆是火势蔓延的接力棒
a. 南北相邻温室间水沟中草秸　b. 东西相邻温室间水沟中草秸　c. 南北相邻温室间种植作物秸秆

草苫还快，任何一处着火很快即蔓延到整个温室棚面燃烧。更可怕的是塑料薄膜被点燃后很快收缩形成炽热的火团并烧断整幅棚膜，烧断后不受约束的塑料薄膜在大风作用下直接飘向室外上空，带着火苗的塑料薄膜有的跌落到地面，有的飘向空中，从而将火源带到处于下风向的邻近温室，而基地内所有温室的表面覆盖材料又都是易燃材料，覆盖材料表面也没有任何防火的保护措施，春季天干物燥，所有覆盖材料又都处于严重干燥状态（事实上，作为保温覆盖材料，要保持材料的保温性能，在温室的整个保温生产期内都应该远离潮湿，始终保持干燥状态），遇到明火瞬间即被点燃，从而造成火情的大面积蔓延。由此不难推断，无防护的易燃材料做温室的透光和保温覆盖物是此次火灾蔓延的内在原因。

2. 温室之间干枯秸秆是火势蔓延的接力棒

　　一般讲，如果风力不是很大，两栋日光温室之间的距离又较大，一栋温室着火的火苗是很难飘落到其邻近温室的。这也正是为什么我国的日光温室大都不做防火考虑的主要原因。从该基地的实际情况看，温室分区之间（包括温室南北之间的分区和东西之间的分区）都设有排水沟（图8a、b）。从场区排水的角度看，设置这些排水沟都是合理的，而且也是非常必要的。但从现场实地看，这些排水沟中都长满了野草和芦苇，经过一个冬季后沟内茂密的野草和芦苇全都干枯，日常管理中没有及时清理，起火后自然就成为火势的传递者。本次火灾的起源也正是这个原因。

此外，为了最大限度利用土地，大多温室种植者夏季都会在两栋温室南北之间的露地种植玉米、果树等农作物。从提高土地产出、增加农民收入的角度看，这种做法是非常合理的，也是实际生产中通行的一种生产模式。从该基地的情况看，相邻日光温室南北之间的空地中主要种植玉米作物，而且为了保持水土，玉米收获后并没有对土地进行翻耕，也没有清理玉米残茬和根茎。在经过一个冬季后这些玉米的根茬也都完全干枯（图8c），和场区排水沟中的枯草一样成为火苗的传播者。

正是由于温室周边排水沟中没有清理的枯草和温室之间残留的农作物干枯根茬拉近了温室之间火源传播的距离，即使不是大风天气，只要有风力助推，一栋温室上的火苗也很容易吹落到就近的枯草上并将其点燃。事实上，也正是相邻温室之间的枯草或秸秆成为了整个基地火势蔓延的接力棒。

3. 温室缺乏总体布局是火灾蔓延的潜在隐患

据了解，该温室蔬菜生产基地是在20世纪90年代起步建设的。建设的初期都是比较低矮的带后屋面的传统日光温室，温室栋与栋的间距是按照低矮温室的合理采光距离确定的，多在5m左右。这个采光间距，对跨度7.45m、脊高2.95m的带后屋面日光温室而言应该是基本合理的。但随着日光温室技术的不断发展，温室的总体尺寸在不断加大。在基地建设向外不断扩张的过程中，外围的温室总体尺寸不断加大（跨度到9.5m，脊高3.5m），且取消了温室后屋面。为了与早期建设温室在总体布局上整齐划一，一部分后期建设的高大型无后屋面温室仍然保持了前期有后屋面低矮温室之间相同的南北间距。同时一部分早期建设的低矮温室随着使用寿命到期或提升使用性能的需求，也不断在进行大型化改造，但这种改造大都是在原地加大温室的跨度和脊高，而实际上却缩短了温室南北之间的间距，一方面对温室的采光造成了影响，另一方面也为温室之间的防火隔离埋下了隐患。

按照《日光温室设计规范》（NY/T 3223—2018）的要求，对于大面积日光温室区，应进行分区布局，每个小区的边长不宜超过500m，每个小区之间应设主干道，一方面方便交通和物流，另一方面也是为了防火隔离。虽然这一规范刚刚颁布可能无法弥补老旧设施基地业已形成的现状，但对于今后新建日光温室基地或老旧基地改造应尽量贯彻执行，以尽可能避免或减小类似的火灾隐患。

另外，园区的电力线缆全部采用线杆式低空架设，火灾发生后由于必须切断电源，导致整个园区无水可用，严重影响了灭火工作。消防车和洒水车所携带的水量，对于东西长达近百米的日光温室而言，无疑是杯水车薪。如果前期进行了整体规划，采用地下埋设的方式布置电力线缆，就可以在地面过火时只切断地表电源而不影响水泵运行，可充分保证灭火的消防用水。

温室工程实用创新技术集锦 ②

WENSHI GONGCHENG SHIYONG CHUANGXIN JISHU JIJIN 2

a   b

图9 阻断火源蔓延的措施

a. 推倒一栋温室形成防火隔离带　b. 及时拆除塑料薄膜和保温被切断火源传递

图10　塑料薄膜燃烧后黏附在骨架的构件表面

4. 现场救火缺乏统一组织是火灾蔓延的人为因素

在现场考察中冯贺敬站长给我们介绍了火灾大面积蔓延的一个人为因素是大家缺少团结协作和个人牺牲精神。在火灾刚刚开始的阶段，处于火灾下风向的温室生产者大都处于观望状态，大家抱着看热闹的心态，对事态的严重性缺乏充分的估计和预判，以致等火势蔓延到自家温室时再行营救已经为时已晚。如果在火灾的前期，能够尽快组织进行防火隔离，一是拆除中间1～2栋温室形成区域隔离；二是尽快拆除覆盖在温室表面的塑料薄膜和保温覆盖材料，阻断火源扩散，都可以有效阻止大火的蔓延。

从现场的施救情况看，在后期的救火过程中，确实有人推倒了其中一栋温室（图9a）形成了防火隔离带，或拆除了温室表面的部分覆盖材料从而阻断了火源的扩散（图9b），成功阻断了火势的蔓延，从而保护了相邻温室免受大火吞噬。如果这一措施能够提早实施，如此大面积的火灾也可能消灭在萌芽中了。

这种救火的经验非常值得借鉴，尤其在火灾蔓延的现场，应有现场组织者，尽快组织拆除1～2栋温室形成阻火通道，这当然不仅需要地方领导（尤其是镇长、村支书或合作社的领导们）的快速灵活管理和决策能力，更需要农户能够勇于担当、舍己救人（舍得拆除自己的温室以保护大家的温室免受灾难）。事实上，如果用一栋温室的损失能换来大面积温室的保护，不论从哪个层面考虑都是一种明智的选择。当前我国正在进行全国范围内的乡村振兴建设，其中道德建设和村民互助也应该是重要的建设内容。相信在今后类似的火灾事件中，农户会从中吸取教训，站在全局的高度，协同抗灾，将可能的大灾控制在小灾或无灾的范围内。

三、灾情评估与灾后恢复重建的建议

1. 灾情评估

（1）温室钢结构骨架　　从灾后的现场情况看，大部分温室的钢结构骨架虽然基本保持了原状（图4、图7），但所有构件表面在火灾过程中均被熏黑，而且还都黏附了一层燃烧后的塑料薄膜残迹（图10），恢复重建首先需要全面清除构件表面污浊，并重新进

a   b   c

图11 温室骨架失稳倒塌的情况
a. 保温被长时间燃烧引起结构局部软化造成整体倒塌　b. 阴阳型温室前屋面骨架失稳后引起后墙立柱和阴棚骨架变形　c. 温室屋面整体倒塌

图12 无固定后墙的温室   a   b

图13 火灾后的温室山墙和室内钢筋混凝土立柱
a. 山墙立柱　b. 室内立柱

行二次防腐处理。由于卷放保温被所在位置燃烧时间长，该处温室骨架大都出现局部变形，有的甚至在长时间高温炙烤后局部软化变形并引起温室屋面骨架整体倒塌（图11）。从钢结构的承载力分析，在构件经过长时间高温炙烤后，结构内部应力可能发生了重新分配。理论上讲，经过高温炙烤软化后的钢材，其承载能力将会严重下降。

综上，笔者认为虽然现存温室钢结构骨架尚有一定的承载能力，但由于无法评估实际承载能力（或者需要进行专业的承载能力评估后确定是否继续使用），而且剔除表面污渍并进行二次防腐处理的工作量很大，清理立柱与屋架表面污渍还需要高空作业，也存在一定的安全隐患，因此重新修复利用温室骨架的价值不大且存在安全风险，建议全部清除温室现场，重新进行统一规划建设。

（2）温室土建墙体及钢筋混凝土立柱　从现场看，基地内温室的后墙体有的采用基部1m高的空心砖砌后墙墙基，上部为可拆装的活动保温材料覆盖（图7），但大部分温室后墙都不是固定的土建结构墙基，整堵墙体为可拆装的活动保温材料覆盖（图12）。温室山墙有的采用与后墙相同的可拆装保温材料覆盖结构（图13a），但大部分则采用砖墙结构（图14）。基地内大部分近期改造和建设的大跨度排架结构温室室内无柱，但也有一些"琴弦式"结构的温室室内有1～2排钢筋混凝土立柱（图13b）。从灾后墙体的损坏情况看，土建结构后墙墙基基本保持完好，经过维修后可继续投入使用，但土建结构的山墙有的基本完好，有的则开裂（图14），恢复重建中对基本完好的山墙可以经过维修后直接利用，对开裂的山墙建议拆除重建。山墙和室内用的钢筋混凝土立柱，由于过

a   b   c

图14 火灾后的温室山墙
a. 开裂的山墙　b. 基本完好的"琴弦式"结构温室山墙　c. 基本完好的阴阳温室山墙

a   b   c

图15 火灾后温室门斗倒塌情况
a. 屋顶烧毁，墙体基本完好　b. 屋顶烧毁，墙体部分残存　c. 屋顶烧毁，墙体基本倒塌

火时间短，基本保持完好（图13），温室恢复重建中可直接再次使用。

（3）温室门斗　从现场看，很多温室没有门斗，有门斗的温室，由于屋面梁和檩条大都用木料，在火灾中屋顶基本烧毁，基本看不到有完整屋顶的门斗，只有砖墙结构一息尚存（图15）。恢复重建温室时应尽量利用现存温室门斗的墙体，对于基本完好的墙体，可重新整修后继续使用，并在原有墙体轮廓基础上新盖门斗屋面；对于部分残留的墙体，也应充分利用原有墙体基础，在原基础上补建墙体并新盖门斗屋面；对墙体基本倒塌的门斗，可全部拆除墙体残体，直接利用原有基础重新砌筑门斗墙体并加盖新的屋面。以上不论哪种形式的门斗修复方案，都应该与新建或维修温室主体结构一并考虑，整体设计、统一维修或建设，不应只考虑利用现有门斗而造成整个新建或维修的温室结构不一致而影响温室的性能和使用寿命，此外也影响生产基地的整体风貌。

（4）保温覆盖材料及卷帘机　从现场看，所有的保温覆盖材料，包括塑料薄膜、后墙草苫、后屋面-后墙-前屋面保温被全部被烧成了灰烬，只剩下与此相关的钢结构构件——卷膜杆、卷被杆、卷帘机连杆及减速电机等（图16）。温室屋面卷膜开窗用的卷膜杆由于燃烧塑料薄膜的速度快，杆件内部结构可能损伤不大，在清除表面污渍进行二次表面防腐后可以重新使用。但对于卷被用的卷被杆，由于置身于保温被卷内部，在长时间的保温被燃烧过程中肯定对杆件形成烧伤，内部应力将会发生很大变化；燃烧保温被后表面附着物较多（图16a），清理表面附着物和进行二次表面防腐处理的工作量较大；清理后的杆件变形也较大（图16b），该类杆件继续使用的风险很大，建议在恢复重建中更新卷被杆。至于卷帘机的减速电机，则应对其进行具体评估，主要看内部的电路

a   b   c

图16 火灾后的卷帘机及卷被杆
a.尚未清理的卷被轴　b.清理后的卷被轴　c.卷帘机驱动杆

a   b   c

图17 火灾后温室内设备
a.采暖炉及烟囱　b.室内排水沟　c.电气开关

是否受损伤，再看表面的防腐层是否需要修复，在恢复重建中应逐一检查，根据实际情况确定是否更换。卷帘机的驱动杆除了连接机头局部区域可能受到长时间烧伤而有变形外，杆件的大部分应该基本保持完好（图16c），在检查完表面防腐后可继续使用。

（5）**其他设备**　其他设备包括电气设备、灌溉设备、采暖锅炉等（图17）。从现场看，采暖锅炉受到严重熏烤，连接采暖锅炉的热风管道基本被烧毁（图17a）；表面可见的灌溉设备也全部荡然无存，或许有地下的供水管道没有受到影响，但室内土建的供水渠道基本保持完好（图17b）；电器开关直接明装在温室内山墙上，这严重不符合安全用电规范，供电明线基本烧毁。恢复重建温室中，采暖锅炉或许有修复使用的价值，土建供水水渠经过修整后可继续使用，地下埋设的供水管道看实际受损情况确定其利用价值，其他设备则需要完全更新。

2. 地方政府对灾后重建的政策

由于这次火灾损失温室面积大，涉及农户数量多，给当地温室重建和农业生产恢复都带来了很大影响。但因为引起火灾的直接责任人是大棚安装的焊接工人和建设大棚的老板，考虑到他们的实际经济支付能力，直接追究他们的责任，要求他们赔偿如此大的损失似乎也是很不现实的。为此，丰南区委区政府本着安抚民心、稳定社会、增强农民重建家园的信心，出台了对每亩温室贴息贷款2万元的政策。这部分费用主要用于温室重建需要保温被材料费用约1.2万元，塑料薄膜、压膜线约0.2万元，温室卷帘机及电气控制系统约0.6万元。另外，每亩补助500元种子费用，并委托位于大新庄镇小裴庄村的唐山市天合亿农业发展有限公司进行集中育苗，按照农户提供的种子免费向受灾户提供种苗，以期尽快恢复生产，使受灾群众尽早走出灾难的阴影。

从政府扶持资金的用途看，贴息贷款的资金并没有考虑温室主体结构（包括墙体、门斗和钢结构）的更新改造费用，也没有考虑材料和设备运输安装的费用。如果完全按照政府补贴政策恢复生产，一是由于没有改造温室主体结构（不改造更新温室主体结构将给未来温室结构的安全埋下隐患）；二是恢复生产的费用中只包括材料费，没有含运输安装费（要么农民自己施工安装，这将对安装质量产生很大影响；要么农民再掏腰包雇佣专业的安装队进行安装，这将再次加大农民的经济负担）；三是政府支持仅是贴息，但本金尚需要农民自己偿还，因此，政府支持政策在经济上的实质性支持力度并不很大。总体而言，虽然政府出台了支持恢复和发展设施农业的政策，但落实到农民重建设施上并没有显著的效果。有的农户由于劳动力老化或经济实力不足，甚至有人从外出打工的比较效益考虑，或许这场火灾将使他们彻底远离设施蔬菜生产，这种后续的影响或许是这场火灾带来的更深层次的长远负面效应。或许政府应该以更长远的视角，从保持"菜篮子"工程持续健康发展的角度出发制定相关恢复生产的扶持政策。

3. 笔者对灾后恢复重建的建议

（1）统一规划　　灾害是人类的不幸，但合理处置灾害也可能会带来全新的机遇。发生在唐山市丰南区大新庄镇设施农业生产基地的火灾确实给当地的农民带来了巨大的损失。在这巨大的灾难面前，个体的农户可能没有太多的应对措施，但作为农业生产的政府管理部门应该面对灾难有所作为。

面对灾后恢复生产，可能有很多的路径和方法。由于此次灾害是成片区域的灾害，在火灾扫过的区域，劫后余生的温室设施很少，为此笔者建议对火灾区域进行重新科学规划布局，将当前日光温室的最新发展技术与当地的自然条件和种植结构调整相结合，以政府工程的形式，引进企业或组织合作社管理，通过土地流转或土地入股的形式，建立全新的现代农业生产和经营体制，使灾害后的地方产业走向跨越式发展。

新的规划中，不仅要考虑生产温室的布局，还应将蔬菜育苗、生产资料存放以及农产品产地分级、包装和冷藏、销售等设施相结合。规划中不仅要优化布局温室的场区道路体系、给水、排水以及供配电，还要明确给出生产基地的防火分区，总体布局中每隔一定距离应该设置消防设备，如消防栓、消防水带等，做到作业生产方便、基础设施配套、交通路线流畅、安全防护到位。

（2）规范温室设计　　该温室生产基地由于建设起步时间早，发展规模逐年扩大，因此在基地内建设有各种类型的温室。从温室的建筑形式看，有带后屋面的日光温室、无后屋面的日光温室和阴阳型日光温室（图4），还有纯粹的大棚结构；从温室承力的整体

图18 温室整体结构体系
a. 竹木钢骨架"琴弦式"结构　b. 全钢骨架"琴弦式"结构　c. 无"琴弦式"全钢骨架排架结构

图19 温室承力骨架的结构
a. 平面桁架和立柱　b. 空间桁架和立柱　c. 单管骨架＋钢筋混凝土立柱

结构体系看，有竹木钢骨架"琴弦式"结构温室、全钢骨架"琴弦式"结构温室以及无"琴弦式"全钢骨架排架结构温室（图18）；从温室承力骨架的结构构件形式看，有平面桁架结构、空间桁架结构，还有单管结构（图19），有室内有柱结构，也有室内无柱结构等。不同的建筑结构形式，不仅影响温室的使用性能，而且直接影响温室的使用寿命和生产作业，对室内种植作物的选择以及温室的运营管理模式也有或多或少的影响。

　　为了规范管理、提高温室的性能，笔者建议结合新的规划，以调整种植结构为宗旨，结合当地地理纬度和气候条件，统一设计温室建筑规格和结构形式。建筑设计方面，应突出温室生产作业的机械化、环境控制的自动化和智能化，建设用地应符合国家相关规定；结构设计方面，应合理确定当地的风雪荷载和种植作物的吊挂荷载，并依据环境控制设备和作业机具充分考虑设备荷载，结合当地的材料供应情况，以合理控制温室造价为目标，通过精准的结构强度分析和校核，优化设计温室的结构用材；在保温设计方面，可在保留当前活动式保温墙面和保温屋面的基础上，选择保温性能好、防水又防火的保温材料，如果由于经济性能要求保温材料不能达到防火要求，设计中应采用在保温层外附加防火隔离的做法，以便能阻止或延缓保温材料的自燃或助燃，提高温室的防火能力。

　　（3）集中处理灾后塑料薄膜灰烬　本次火灾使覆盖温室的塑料薄膜和保温被几乎全部被烧毁。由于保温被中夹设了太空棉和发泡聚乙烯等高分子有机材料，和高分子聚合物的塑料薄膜一样，在燃烧后形成结块的有机灰烬（图20）。这些有机灰烬和高分子有机材料一样，在自然状态下很难短时间内被分解，如果将这些灰烬翻耕到土壤中可能还

图20 塑料薄膜燃烧后的灰烬

图21 集中码垛堆放在温室旁的草苫

a

b

c

图22 温室生产区内的火灾隐患

a. 温室南部排水沟杂草　b. 温室之间铺满草苫和秸秆　c. 温室覆盖草苫和秸秆保温

有毒性，影响作物的生长和种植产品的安全性。

为此，笔者建议对保温被和塑料薄膜燃烧后的灰烬应分别单独收集，并在有关部门的监督下进行集中堆放或处理，不能让老百姓随意处置或翻耕到种植土壤中，避免今后温室种植中的土壤污染。

四、火灾带给我们的思考与经验

为了从灾难中总结经验，避免在今后的生产和管理中发生类似的事件，笔者认为以下几点应该在今后的日光温室园区或基地的设计和管理中重点进行管控。

1. 温室生产现场应严格控制用火

日光温室生产区有大量的易燃物，覆盖温室采光面的塑料薄膜、夜间保温用的保温被都是安装在温室建筑上的易燃材料；有些温室管理者夏季将保温被从温室屋面卸下来不加覆盖地码垛集中堆放在室外门斗旁（图21），也是火灾的隐患；温室周边干枯的野草、作物秸秆以及温室附加保温的草苫等（图22），都是易燃材料。这些材料在大部分的日光温室生产区还是不可替代的材料。由于这些易燃材料的存在，在温室生产区内应禁止烟火，即使在离开温室生产区一定距离的地方进行如电焊等可能引起火花的作业，也应避免在大风天气条件下进行，尤其不能在温室生产区的上风向作业，或者一定要进行作业时，应在作业现场做好围挡防护，同时必须在焊接作业区周边配备灭火器等消防设备。除了现场焊接作业外，还有些可能引起火花的活动如放孔明灯、抽烟等也应严格限制，抽烟的烟头必须熄灭。对温室采暖的火源也应进行严格管理，尤其是对明火的火源应有专人看管。对温室内外的供配电设备和电线，应进行定期安全检查，发现设备漏电或电线破损等情况应立即进行修复或更换。温室设计中应禁止在温室内使用闸刀电闸或裸露的金属动力/照明电线。室内所有电源插座应防水。以上各种措施在温室生产区应该像发放卷帘机安全使用规程一样粘贴在温室生产者能够经常看到的地方，以随时提醒和警示温室的生产者或来访的客户。

2. 温室保温材料应做防火防护

目前日光温室结构正在朝着轻简化方向发展，后墙、山墙以及后屋面采用柔性保温被材料做围护的技术已经开始大量推广，但这些柔性的围护保温材料大多都不防火。对于传统的被动式储放热结构日光温室后墙，目前和未来的做法也倾向于内层承重、外层保温的双层结构构造，其中外层保温材料大多用硬质的彩钢板或柔性的保温被，如果彩钢板中的聚苯保温材料中不加防火阻燃剂，这种材料也是一种易燃材料。彩钢板房着火的事件或许大家还没有忘记，为此国家也明文规定了在民用建筑中禁止使用不阻燃的彩钢板，但在温室建筑中，考虑到建设成本的问题仍在大量使用这种不阻燃的彩钢板材。

对于这些易燃的墙体保温材料，在温室设计和管理中应进行表面阻燃保护，如喷涂防火层、粉刷水泥浆等。当然，在设计选材中直接选用阻燃的保温被或彩钢板、挤塑板等，防火的问题将会在源头得到控制。对于夏季集中码垛堆放的草苫、保温被等，应在其表面覆盖防火被，或将其安放在临时搭建的防火设施内。

3. 及时清除排水沟中杂草和露地种植作物秸秆

此次火灾中排水沟中的干枯杂草和露地种植的作物根茬成为火势蔓延的接力棒。为此，在今后温室生产基地的日常管理中，应及时清除生长在场区内排水沟中的杂草，一是保证场区排水的畅通；二是可减少或避免由于杂草产生或传播的病虫害波及温室内作物；三是避免冬季干枯后成为火灾的隐患。对种植在南北两栋日光温室之间空地的作物，在收获后应及时清理作物秸秆，或对土地进行翻耕，清除作物残茬，避免火灾隐患。

4. 规划设计应分区留出消防隔离通道

对于规模化的园区或生产基地，在规划设计阶段就应该对园区或基地进行分区，每个分区的最长边长以500m为限。这种设计，一是可以减少物流的距离，节约生产管理成本；二是每个分区可以设置独立的供水水源、供电电源和排水系统，一方面可节约运行成本，另一方面可避免由于一个区域的水电供应故障而影响其他区域的水电供应，可将生产运行的故障影响面降低到最低限度；三是生产管理可进行独立承包或运营，不同的分区可以种植不同的种植品种、采用不同的管理模式或由不同的单位（企业）承包运行，并根据种植结构建设独立的生产资料和产品包装、储存等的辅助生产设施，便于生产管理；四是分区之间留出足够宽度的防火隔离通道，也可避免类似的火灾发生。

致谢

北京卧龙农林科技有限公司李晓明总经理最早提供了这次火灾的信息并全程陪同进行了现场考察调研，在成文过程中还提供了很多现场照片并对文中内容和观点提出了很多修改意见；河北省唐山市丰南区农业农村局蔬菜站冯贺敬站长和技术员董海泉先生介绍了火灾的过程并陪同做了现场考察，在文稿修改过程中也提出了不少中肯的意见和建议；农业农村部规划设计研究院设施农业研究所张凌风同志亲赴现场并操作无人机拍摄了场区总体概况，对文稿中的一些错误也提出了中肯的修改意见。是他们的大力协助和共同努力才使本文呈现给广大读者，在此一并表示真诚的感谢！

一种保留墙体、更换骨架、整体提升温光性能的日光温室结构改造方案

自20世纪80年代以来，中国日光温室技术迅猛发展，各地创造了很多规格的日光温室结构，性能不断提升，面积不断扩大，呈现出欣欣向荣的发展势头，不仅从生产功能上解决了中国北方地区冬季蔬菜的供应问题，而且从技术上得到了国际学术界的认可，并吸引了很多外国学者参与研究中国的日光温室。

在新技术不断更新的背景下，早期建设的老旧温室改造和性能提升已成为社会重点关注的问题。由于老旧温室存量大，不同时期、不同地区建设日光温室的性能差异也较大，如何用更少的投入改造温室使其获得更好的性能，这其中不仅有工程界面临的问题，更有科研领域需要攻克的难题。

在这方面，北京市已经开始了探索性的实践。2017年5月30日，北京市农业局蔬菜处王艺中处长给我发来了一组照片，说平谷区绿都林科技示范园正在施工改造日光温室，让我抽空去看看。

6月2日，我约了北京卧龙农林科技有限公司的李晓明先生一同前往位于北京市平谷区山东庄镇李辛庄村的绿都林科技示范园。园区董事长任德忠先生热情接待了我们，并详细介绍了温室改造的方案，还带我们参观了正在施工的温室现场。

改造温室建设于2002年。园区共建设日光温室30栋，温室长70m、室内净跨度9.0m。建设初期温室用于种植黄金梨，盛果期梨树的产量为2 000kg/栋，按照16元/kg的售价，每栋温室的毛收入为3.2万元，扣除成本后种植的效益并不太高。种植7年后，园区决定改种草莓，现在种植"红颜"草莓的产量达到3 000kg/栋，平均销售价格为40元/kg，总收入将能达到12万元/栋；种植白草莓产量为2 000kg/栋，平均销售价格为80元/kg，总收入将能达到16万元/栋。由此可见，种植草莓的经济效益要比种植梨树高出很多。

a   b   c

图1 改造温室的总体尺寸变化
a. 后墙加高　b. 跨度加大　c. 脊高提高

表1　改造前后温室总体尺寸变化

项　目	跨度(m)	后墙高(m)	脊高(m)	长度(m)
改造前	9.0	2.0	3.5	70
改造后	9.5	2.8	4.2	70

　　由于温室骨架锈蚀和变形，存在很大的安全隐患，而且由于2002年建造的温室，受当时技术水平限制，总体来讲温室的结构比较低矮、保温性能也较差（也可能是当时建设时以种植黄金梨的生长环境要求为目标，对温室的保温性能要求不高，这种设计就是合理的，当将其用于草莓种植，甚至果菜种植，温室保温性能就不足了）。为了进一步提高温室的保温和采光性能，提高温室结构的安全性和承载能力，适应更多品种植物的种植，园区决定对全部温室进行整体改造，包括温室的整体建筑尺寸、墙体、骨架和后屋面。

　　现就相关温室改造的背景和改造方案做一介绍，供温室改造相关管理和技术人员参考和借鉴。

一、温室整体建筑尺寸的变化

　　改造温室跨度9.0m（室内净跨，下同），后墙高2.0m，脊高3.5m。近年来，日光温室发展的趋势是朝着高大化方向发展，跨度和高度都在不断增加。改造温室由于受栋与栋之间固定间距的限制，温室的高度不可能像新设计温室按照优化结构尺寸改造，所以，对温室跨度和高度的增加都只能在有限范围内进行变化。

　　对温室的跨度尺寸，由于种植草莓采用沿温室长度方向的东西垄向种植，垄距85～90cm，扣除走道宽度60cm后，原有温室只能种植9垄，但有点富余；现将跨度增大到9.5m，则可以种植10垄，从而显著提高了温室的地面利用率。为此，温室改造中将跨度增加了50cm，相应温室的后墙高度和脊高也发生了变化（表1、图1）。由图1c可以看到，在提高温室屋脊的过程中，温室屋脊的脊位也向后移动了50cm，从而加大了温室的采光面，更有利于温室白天的采光和增温。

a   b

图2 温室后墙外贴保温板的做法
a. 整体外贴保温板　b. 外贴保温板厚度

a   b   c

图3 温室山墙的改造
a. 改造前温室山墙　b. 改造前温室山墙厚度　c. 改造后温室山墙厚度

二、墙体改造

改造之前的原温室，后墙采用600mm厚红机砖空心墙（240mm厚砖墙+120mm空心+240mm厚砖墙），由于保温性能差，在后来的运行中又在温室的墙体外侧粘贴了60mm厚聚苯板（图2）；山墙采用370mm厚实心红机砖墙体，外侧没有粘贴保温板（图3）。总体来看，原设计温室的保温性能较差，本次改造必须加强温室墙体的保温性能。

改造之前的温室基础埋深0.50m，基础垫层厚0.50m（三七灰土分三层夯实），从使用以来的情况看，温室墙体没有变形，说明温室的基础埋深和基础强度足够。本次改造完全保留了温室的原有墙体（包括后墙和山墙及其基础）。

后墙改造是在原有后墙顶面打圈梁（截面尺寸为240mm×240mm），并在圈梁上每隔1.0m伸出钢筋与屋面桁架连接（这种连接方法由于新加800mm高后墙，如果不考虑墙体的作用，骨架的力很难传递到墙顶圈梁上，还不如在墙顶设梁垫将骨架荷载直接传递到墙体，没有必要一定将骨架荷载传递到圈梁。另外一种做法也可以直接将圈梁设置在新增墙体的顶面，这样骨架可直接焊接在圈梁的预埋件上，传力更加简洁明了）。新增高后墙部分的外侧和墙体改造之前一样，砌筑完成后外贴60mm厚保温板，与原有温室外表面齐平。

对温室山墙的改造，一是加厚山墙，提高其保温性能（图3），山墙厚度由原来的370mm增加到500mm；二是加高和加长山墙，与改造后温室骨架的尺寸相适应（图1c）。本次对山墙的改造只增加了墙体厚度没有像后墙一样外贴保温板，对温室的整体保温而言似乎有点欠缺，如果能在山墙外再粘贴60mm厚保温板，其保温效果将会更好。

温室工程实用创新技术集锦❷

WENSHI GONGCHENG SHIYONG CHUANGXIN JISHU JIJIN 2

表2　改造前后温室屋面骨架材料变化

项　目	上弦杆(mm)	下弦杆(mm)	腹杆(mm)	桁架间距(m)
改造前	φ20−1.8	Φ12	Φ6	1.0
改造后	φ20−2.5	Φ12	Φ8	1.0

注：φ20−2.5——内径20mm，壁厚2.5mm钢管；Φ——一级钢筋（光面钢筋）；Φ——二级钢筋（螺纹钢）。

图4　改造温室前墙基础做法

a

b

图5　温室骨架改造
a.改造骨架整体布置　b.改造骨架与纵拉杆的连接

　　由于温室跨度加大，原来安装温室骨架的前部基础完全失位，为此，改造温室将现有前墙基础向南平移500mm，采用240mm×240mm钢筋混凝土圈梁压顶，并在基础圈梁上预埋钢筋，与温室屋面骨架相连（图4）。

三、温室骨架改造

　　由于温室的总体尺寸发生了变化，原有温室骨架全部废弃。本次改造在保留原有焊接桁架形式的基础上，采用全新的骨架，不仅加大了骨架的总体尺寸，而且使骨架材料的截面也相应增大，一是增大了上弦管的壁厚，二是加大了腹杆的截面。改造前后桁架杆件截面尺寸的变化如表2。

　　虽然骨架用材的截面增大了，但骨架的布置间距仍然保留1.0m不变，因此，这种改造在一定程度上也提高了温室骨架的承载能力（由于温室跨度增加、脊高提高，增大骨架截面尺寸也在情理之中，工程改造中每个杆件截面具体增大多少应通过力学强度分析计算确定）。

　　连接排架结构桁架的纵拉杆从前屋面到后屋面共设置了5道（图5），纵拉杆采用直径12mm螺纹钢。纵拉杆与桁架的连接采用焊接连接，但与传统的连接方式不同，改造温室的骨架上在纵拉杆通过的位置单设了一根垂直桁架上下弦杆的腹杆，该腹杆同样采用直径12mm螺纹钢。纵拉杆直接焊接在该腹杆的中部（图5b）。这种做法使纵拉杆避免了与桁架下弦杆的焊接连接，纵拉杆在温室中的布置高度也有了相应提高，可有效提高温室内的操作空间（尤其是最南侧一根纵拉杆），但相应也减小了压膜线的压膜深度，在塑料薄膜整体绷紧的情况下可获得双赢的效果，但如果塑料薄膜安装比较松弛，则会影响压膜线的压深，进而影响塑料薄膜的绷紧。

四、温室后屋面改造

改造前原温室的后屋面为永久固定的彩钢板保温板。由于温室后墙升高，屋面骨架更新，原来的后屋面必须全部拆除，而且由于温室屋脊脊位后移，温室的后屋面长度变短，原来的后屋面保温材料尺寸基本也不符合新改造温室，为此，新改造温室将温室后屋面做成了用保温被覆盖的可拆装保温屋面。保温被材料为前屋面夜间保温用针刺毡保温被，幅宽3m，沿温室长度方向铺设，一边固定在温室的后墙，另一边绕过温室屋脊固定在温室的前屋面屋脊通风口边沿，两端固定在温室两侧山墙。后屋面保温被采用双层被覆盖（单层保温被为三层针刺毡保温芯双侧用不织布封装），两边用∟40mm×40mm×2mm角铁压边后固定在温室骨架和墙体上，在温室屋脊位置再用一道－40mm×2mm扁钢通长固定（在骨架上固定保温被的角钢和扁铁实际上也成为连接温室屋面桁架的纵向系杆）。据任德忠董事长介绍，这种后屋面做法，一可以减轻温室后屋面结构的荷载，从而减小温室屋面骨架的截面面积或提高温室屋面骨架的承载能力；二可以在温室运行中吸收室内的水汽，在一定程度上可以降低温室内的空气湿度（夜间吸收的水分白天光照条件下能够蒸发出来，形成会"呼吸"的后屋面）；三是施工安装方便、快捷，有利于降低施工成本。

但这种做法也存在后屋面材料防水性能差、不耐老化，使用寿命短的问题。这种做法接近近年兴起的活动后屋面的思路。笔者认为，从便于通风和保温的角度分析，再增加一套卷帘机和卷膜通风器可以一步到位，直接做成活动后屋面，更能增加未来温室温光调控的灵活性。或者至少要在最外层保温被的外侧增加一层塑料薄膜或其他防水材料，提高保温被的防水性能，避免下雨或下雪后雨水浸入保温被降低后屋面的保温性能。

五、温室改造成本

该园区改造得到了平谷区人民政府的资金支持，支持经费为每栋温室4万元。任德忠董事长介绍，这个费用基本能够满足改造的支出。但笔者按照北京市的预算定额并部分

表3 改造费用预算

序号	项目	数量	单价(元)	总价(元)	备注
1	后墙砖墙	33.6m³	420	14 112	600mm×800mm×70m，含水泥砂浆和施工费，定额价
2	山墙砖墙	4.75m³	480	3 705	500mm×500mm×9.5m×2
3	基础钢筋混凝土圈梁	4.032m³	2 160	8 709	240mm×240mm×70m
4	墙顶钢筋混凝土圈梁	4.032m³	2 964	11 951	240mm×240mm×70m
5	后墙保温板	56m²	80	4 480	6cm×800mm×70m，30kg/m³，含挂网、抹灰及施工费
6	桁架	71根	200	14 200	估价
7	纵向系杆(Φ12)	420m	3.1	1 302	3 440元/t
8	保温被固定角铁	140m	5.6	784	∟40mm×40mm×2mm，含辅料，3 000元/t
9	保温被固定带钢	70m	2.4	168	−40mm×2mm，含辅料，3 800元/t
10	后屋面保温被	420m²	12	5 040	3kg/m²，3层针刺毡+2层无纺布
11	骨架、后屋面保温被安装费	700m²	10	7 000	
12	合计			71 451	

地按照市场价格估算了一下改造成本（表3），发现4万元/栋的改造费用远远不能满足实际支出，政府补贴约为总造价的一半。这是因为2017年北京市土建工程的预算价格进行了较大幅度的调升，可能是推高预算价格的主要因素。具体工程中可以使用价格比较便宜的砖和水泥，施工队的人工成本也有可调控的空间。所以在预算价格的控制下，实际工程造价可能会比预算价稍低。

实际工程中，在改造温室的同时还新建了温室门斗（图3a），这部分费用没有计算在总体造价中。

一种保留骨架翻修墙体的
日光温室结构改造方案

　　中国从20世纪80年代开始研究和建设日光温室以来，各地每年都在不断建设新的日光温室，同时也在不断淘汰和改造老旧日光温室。目前日光温室建设的区域已经从传统的"三北"地区（东北、西北和华北）拓展推广到西南地区（如西藏、云南等地）和长江流域（如湖北、江苏、安徽等地），日光温室已经成为中国园艺产品重要的生产设施形式。由于中国日光温室地域分布广、存量面积大，而且在很多地区，建设跨越的时间都远远超越了日光温室的实际设计和使用寿命。同时，随着科技水平的不断提高以及实践创新的不断涌现，一二十年前建造的日光温室，其性能已远远不能适应当前农业生产和发展的需要，甚至几年前仿造前期温室建设经验建造的温室，其性能也已经迈入淘汰的行列。因此，大量现存的日光温室急需改造翻新，以提升性能，增强抗灾、防灾能力。

　　面对这一急迫而又巨大的社会需求，科研和技术推广部门的科学研究和技术储备显然不够，标准化的日光温室改造技术和规范定额远远滞后于社会和生产需求。与此相反，民间对日光温室改造和翻新的创新方案却一直层出不穷。笔者在调研考察中也看到过一些非常典型且有推广价值的日光温室改造方案，但这些改造方案大都是保留日光温室墙体，更新日光温室骨架，改造日光温室后屋面。这些改造方案也确实是当前日光温室改造中最值得推广的方案。在笔者的脑海里一直有一种理念：没有了墙体，日光温室就将没有可改造的内容了，改造日光温室墙体和新建一栋日光温室，从造价上看没有什么两样，而且新建日光温室还可应用最新的研究成果，使其性能一跃达到现代最高水平。

　　这种理论的思维或许每个人都有，但现实生产中，建设费用却是制约这种理论思维成为现实的最大瓶颈。在目前日光温室生产比较效益每况愈下的条件下，节约每一分成本（包括建设成本和生产成本）都将直接影响生产者的效益。在这种客观现实的背景

温室工程实用创新技术集锦❷

WENSHI GONGCHENG
SHIYONG CHUANGXIN JISHU
JIJIN 2

图1 温室后墙结构

图2 温室后墙砌筑墙垛支撑后墙

下，即使其温室的墙体已经出现了整体变形或局部倒塌等严重影响安全生产的问题，一些温室生产者考虑到经过多年使用的温室骨架通过局部改造还能继续使用的现实，还是选择了保留温室骨架而翻修温室墙体的改造方案。

2018年5月1日，利用"五一"假期时间，笔者和北京卧龙农林科技有限公司总经理李晓明先生一同来到位于北京市昌平区的四季青山有机农业园，考察了这里正在改造翻新中的日光温室施工现场。这里的温室改造现场正是笔者所说的保留骨架、翻修温室墙体的温室改造方案。

走进园区后，园区的总经理隋士华先生热情接待了笔者一行，并带领笔者一行参观了正在改造建设中的和已经改造建设完成的温室。这就让我们跟随隋先生的脚步去探访一下这种温室改造的具体细节吧。

据隋先生介绍，园区占地面积近300亩，建设有120栋日光温室，目前主要生产草莓和各类蔬菜。整个园区分东、西两个片区，两个片区的温室均为统一规格的双层砖墙内夹保温板的结构形式，温室跨度8m，脊高3.3m，后墙高2.25m。目前已经改造和正在改造的温室有10多栋。

一、改造前温室的现状

改造温室建设于2008年，是北京市政府引导大规模集中建设日光温室中首批建造的温室。从使用时间看，温室已差不多到了设计使用寿命，确实也需要改造翻新了。事实上，从北京市2008—2012年政府补贴建设的这批日光温室看，总体建设质量不高，普遍存在更新改造的需求。

就该园区目前现存温室看，包括温室后墙、温室后屋面以及温室骨架都出现了不同程度的变形或锈蚀，存在严重的安全隐患，翻新改造已是迫在眉睫。

首先从墙体看，温室后墙为双层240mm厚砖墙内夹聚苯板保温层的三层复合墙体（图1）。由于墙体基础不均匀沉降以及内外两层墙体之间缺少拉结（双层墙体完全是两层独立的墙体），温室的外层墙体发生严重变形，生产中为了安全，温室管理者几年前已经在后墙外砌筑了间隔不等的砖垛（图2），用于抵御后墙向外的倾覆。即使如此，后

a

b

c

图3 温室后屋面的构造与变形
a.后屋面构造　b.后屋面保温板滑移　c.后屋面保温板脱离屋脊

图4 温室骨架端部的锈蚀情况

a

b

图5 支撑后屋面保温板钢构件的锈蚀情况
a.暴露在温室内的构件锈蚀断裂　b.埋设在屋面内的构件整体锈蚀

墙倒塌的危险仍然随时存在。

　　再来看温室的屋面，从破坏后屋面的剖面看，温室后屋面的做法从内向外依次为聚苯板保温层→炉灰渣填充层→水泥砂浆罩面防水层（图3a）。从室内看温室后屋面，可以明显地看到后屋面的聚苯板保温层向下滑移（图3b），造成温室屋脊处保温聚苯板与屋脊梁压板脱离（图3c）。发生这种破坏可以直观地推断是由于后墙的外层墙体下沉或向外位移牵动温室屋面保温板位移而造成的结果。后屋面板滑移，造成温室后屋面出现裂缝，除了安全因素外，保温、防水的问题也已经成为急需解决的问题。

　　从温室骨架看，在骨架的端部与后墙圈梁相接触的地方已经发生严重锈蚀（图4）。这种锈蚀将直接导致温室骨架承载的失效，严重的在遇到恶劣天气条件时随时都可能引起温室前屋面坍塌。此外，从翻修温室的现场还可以看到，温室后屋面上支撑和固定保温聚苯板的角钢和扁钢也都发生了严重的锈蚀，有的已经断裂（图5a），有的完全锈蚀（图5b），已经失去了其支撑和承载的能力。可以看出，这些钢构件在建设时防锈问题就没有得到良好处理，在长期的使用过程中，温室内的高温高湿更加速了这些钢构件的锈蚀。此外，钢构件与混凝土长期接触，水泥对钢构件的腐蚀作用也不可忽视。由此，也再次提醒我们，在温室建设中对所有钢构件均应做好防腐处理，对预埋在钢筋混凝土中的钢构件，要么对混凝土圈梁中使用的水泥选择腐蚀性小的品种，要么对埋入圈梁中的钢构件进行局部加强防腐处理。从使用效果看，目前的热浸镀锌仍然是钢构件表面防腐的一种比较理想的方法。

a   b   c

图6 温室骨架局部加固的方法
a."断肢再生"法 b."原路搭桥"法 c."旁路搭桥"法

二、温室骨架的改造方法

温室骨架除了与后墙连接处发生严重锈蚀外，其他部位也有不同程度的锈蚀。但考虑到更换全部骨架的费用问题，园区生产者还是选择了一种过渡性的改造方案，即加固局部节点，保留整体骨架。

事实上，日光温室骨架在墙体上固定处的锈蚀问题是一个普遍问题。该温室工程改造中，采用了局部替代的方法，用一段约50cm长的热浸镀锌钢管焊接在温室的骨架端部更换腐蚀部位的钢管，使骨架的内力通过新的替代钢管传递到温室墙体（图6）。实践中采用了两种方法：①截去骨架端部锈蚀的部分，用同种规格的镀锌钢管替代后再重新对接焊接到受力骨架上（图6a），称为"断肢再生"。这种做法不改变骨架原有的设计传力模式，结构承力的安全性较高，也更适合于翻新屋面的改造温室。②保留原有已锈蚀的骨架，在骨架的端部重新焊接一根新的钢管，称为"搭桥"。其中，有沿原骨架位置平行焊接的（图6b），称为"原路搭桥"；也有在骨架上下弦杆间焊接的（图6c），称为"旁路搭桥"；这种做法可能会改变原设计骨架的传力路径，有一定的安全隐患，尤其是"旁路搭桥"安全隐患更大，这种方法更适合于不翻新温室屋面的温室骨架加固。不截断或去除原有腐蚀的局部钢管，可节约改造用工，降低改造成本，虽然会影响温室结构的美观，但不会影响温室结构的使用性能，所以，在实际生产中这还是一种可接受的方案。

该改造工程，没有对骨架在温室前沿部位进行局部改造，对骨架的整体结构也没有改动，有的只是局部进行了防锈处理，这里不多赘述。

三、温室墙体的改造方法

温室后墙由于外层沉降和变形严重，改造中将其彻底拆除，包括在温室后墙外临时砌筑的墙垛也一并拆除。由于温室后墙的内层结构基本完好，在本次改造中完全保留了内层墙体。事实上，墙体改造过程中，两层墙体之间的保温层也进行了更换。从保留墙体内层结构的角度看，这种温室改造还不能称之为完全的拆除并更新后墙的日光温室改造方案。

a   b   c

图7 后墙改造方法
a. 清理外墙地基　b. 重新砌筑外墙　c. 翻修后的外墙结构

图8 施工过程中对墙体的支撑和保护

施工中，首先拆除温室墙体的外层结构，重新夯实和平整墙体地基（图7a），然后按照原设计方案重新砌筑后墙（重新砌筑的后墙如图7b），并在新旧两层墙体之间填塞聚苯板保温层（图7c）。这种改造方案完全保留了原设计方案，包括温室的总体尺寸和建筑构造均完全得到保留。由此也可以推断，这种温室的性能也基本保持了原有温室的性能。

需要指出的是，在后墙改造的过程中，由于拆除了外层墙体，温室结构的所有荷载将全部支撑在温室的内层墙体结构上。为了结构的安全以及施工过程中施工的安全，应对温室保留内墙进行局部支撑或加固。另外，为了避免施工过程中雨水将温室墙体内层结构淋湿，影响温室墙体的保温，施工中应用塑料薄膜等防水材料包裹墙体的对外表面（图8）。

由于施工过程主要在温室外作业，基本不影响温室内的生产，所以该温室在改造过程中温室内的种植还在正常进行。园区管理者选择在4月份的季节改造温室，估计也是考虑到这个时间北京室外的夜间温度也不会太低，即使是单层的墙体或者甚至短时间拆除后屋面也不会影响温室内的温度。从这个角度看，选择在4—5月进行温室改造，可以达到温室改造与温室生产两不误的效果。

从温室改造的效果看，虽然完全地将温室后墙中存在安全隐患的外层结构进行了成功更换，但由于墙体内外两层结构缺少相互的拉结，墙体结构仍然是"两张皮"结构，整体承载能力仍然不足。所以，这也是一种不彻底的改造方案，过渡使用3～5年可能没有问题，但正常使用8～10年或许还存在隐患。对于双层夹心墙体的改造，笔者建议最好

a   b   c

图9 后屋面改造方法
a. 架设支柱　b. 焊接骨架及埋件　c. 焊接屋面支撑

还是能够在两层墙体之间形成拉结，这种拉结可以是砖拉结，也可以是钢筋拉结（或许钢筋拉结的方案在本改造方案中更具操作性）。

从最新日光温室墙体保温的研究理论看，三层结构中间保温的建设方案已经是一种过时的建设方案。从保温储热的角度看，内层墙体为储热放热层，中间的保温层主要阻止内层墙体内热量的外传，两层结构已经完全能够实现温室墙体被动储放热的功能，而且内层结构为承力结构，温室的结构安全也能得到保证，所以，外层的砖墙功能似乎只剩下围护中间保温层的作用了。根据日光温室墙体被动储放热理论研究成果，对类似温室的墙体改造，可以直接在温室内墙外侧粘贴保温板，并将保温板的外表面做防水处理即可。这样可大大节省建筑材料和建筑用工，从而降低改造成本。当然，如果经过计算校核认为240mm厚的内层砖墙承载能力不够，一是可以将240mm厚砖墙加厚到370mm或490mm，并用钢筋拉结将其形成一体化承力体；二是可以在内墙内侧增设壁柱来提高内墙的承载能力。这种方案，无论是结构的承载能力还是温室的保温性能都将得到显著提升。

相信民间的创新能力会更强，相同的问题或许有更多的答案或解决方案，请大家献计献策，共享成果，为中国日光温室的更新改造提出更多、更好的优化解决方案。

四、后屋面的改造方法

由于温室后屋面的保温板随着温室后墙外层结构的位移而发生滑动，该温室改造必须整体更换温室屋面。施工中更换屋面和加固温室骨架是同步完成的。

温室后屋面改造的过程为首先拆除温室后屋面，露出所有温室后屋面拱架。为了保证施工的安全，在拆除后屋面之前应对温室骨架进行加固或支撑（图9a）。拆除后屋面后，将所有温室拱架在后墙支撑点锈蚀的钢管切除，采用"截肢再生"的方法用同样规格的镀锌钢管更换锈蚀部位钢管，并将其端部焊接到预埋在温室后墙的角钢上（图9b）。待所有温室拱架全部改造完成后，再在拱架上沿温室后屋面坡度方向（温室跨度方向）布置数道沿温室长度方向的屋面支撑（至少4道，包括屋脊部位专用压条1道、骨架与墙体交接处角钢1道、中间扁钢2道），所有屋面支撑构件都应该进行热浸镀锌表面防腐（图9c）。

在改造温室后屋面的过程中，考虑到原来使用的保温板密度小、强度低，在拆除

a   b   c

图10 保温板更新
a. 原有旧保温板   b. 新保温板   c. 更新保温板后的温室屋面

图11 改造后的温室室内整体面貌

的过程中也有大量损坏（图10a），更新温室后屋面时重新更换了新的屋面保温板（图10b），一是增加了保温板的密度，从而提高了保温板的强度；二是加强了保温板的表面防护，将原来的水泥砂浆表面防护改变成了挂网后白水泥罩面，不仅增强了保温板的表面防护，而且白色能反射照射到其表面的太阳辐射，增加室内种植作物的光照强度和光照均匀度（图10c）。应该说这种改造是成功的，是一种类似改造工程中可以推广应用的技术。

除了更换后屋面保温板之外，温室后屋面改造中考虑到原来设计找平层中使用的炉渣材料目前在北京市场基本没有原料供应，所以，在改造施工中用水泥砂浆直接对保温板进行勾缝后罩面，一是增强后屋面保温板的密封性；二是增强后屋面的表面强度，保证屋面上人工操作的安全性。

五、结语

该温室通过改造，从表面上看温室结构已经焕然一新（图11），温室内种植的作物也生机盎然，可以说是一种成功的改造，但从生产和技术发展的角度看，这种温室改造方案仍然存在很大的局限性：一是温室的主要建筑做法完全沿用了原设计温室的做法，没有改进就没有温室性能的提升；二是保留骨架实际上是保留了原温室的总体建筑尺寸

表1　改造温室成本估算表

序　号	项　目		单　位	数　量	单价(元)	合计(元)
1		换后坡板	m²	180	36	6 480
2		防水布（丙纶）	m²	240	10	2 400
3	材料费	胶	桶	12	50	600
4		保温板（聚苯板）	m²	400	15	6 000
5		水泥	t	10	280	2 800
6		砂子	车	10	650	6 500
7		拆墙清理砖块	工日	30	200	6 000
8		砌墙	工日	20	200	4 000
9	施工费	找平层	工日	10	200	2 000
10		水泥屋面	工日	10	200	2 000
11		后墙抹灰	工日	10	200	2 000
12		焊接后屋面拱架	工日	8	300	2 400
13	合计					43 180

注：①表中没有计算焊接的钢管、焊条以及后屋面上更换的角钢、扁钢等材料；②表中费用没有计算利润、税金等财务和管理费用。

和采光性能，这种改造只能提高温室结构的安全性，但对温室的温光性能提升影响不大；三是保留骨架虽然在一定程度上节约了温室的改造费用，但总体费用仍然不低。据隋先生粗略估算，这种方案改造的成本每栋温室约4.5万元，如表1（温室长100m，单栋温室面积约800m²），按照温室单位面积计算，改造成本约为54元/m²，如果考虑温室改造由专业施工队施工，改造费用中至少还应增加企业利润和管理成本，按成本价的50%计算，改造总费用将为81元/m²，折合每667m²造价5.4万元。如果改造中更换温室骨架，并适当加高温室墙体，增强温室保温性能，或许多投资3万～5万元，但温室的整体性能和使用寿命将会得到大大提升，温室改造的性价比将会显著提高。

　　由于受温室生产者投资能力的局限，这种改造方案看似是一种节约资源、保护生态的做法（保留了骨架、复用了砖石），但也确实是一种性价比不高的改造方案，或许也是温室生产者经济实力不够而面对现实的一种无奈，也或许是温室生产者根本就没有找到更优化的温室改造方案。建议北京市政府针对2008—2012年政府补贴建设的日光温室进行一次大普查，以提升性能和保证结构安全性为目标，形成一次性整改的技术方案，对整栋温室采用奖补政策，按照提升性能、保障10年以上使用寿命改造的温室，通过专家验收后可给予政策性补助，以鼓励温室生产者将温室改造能一次到位，彻底解决管理和生产中的后顾之忧。从整体效益讲，优化的温室改造方案将会具有更好的社会和生态效益。

一种机打土墙结构日光温室
修补墙体、更新骨架的改造方案

2018年10月15日下午应北京市农业局蔬菜处王艺中处长之约，与北京市农业技术推广站李红岭站长、小汤山农业科技展示园区曹之富主任以及北京卧龙农林科技有限公司李晓明总经理等一行来到了北京市怀柔区庙城镇的三山有机农场，看到了这里正在更新屋面结构中的一种机打土墙结构日光温室。

我个人一直有一种理念，就是机打土墙日光温室在北京市应该是属于落后和淘汰的一种温室类型，无论是农户还是企业都不应过多投资去维修或改造这种类型的温室，政府更不应该补贴鼓励这种类型温室的改造。主要理由一是这种温室在建造墙体时就地挖土破坏了原始耕地的耕作层，给未来土地的恢复带来很大困难，是一种生态不友好的建筑形式，不符合现代温室未来发展的方向；二是机打土墙结构日光温室墙体结构松软、防水性能差、使用寿命短，与屋面镀锌钢架承力结构无法达到同步寿命；三是机打土墙结构日光温室由于取土打墙，温室地面下沉，场区排水困难，无论是2018年山东寿光的"8·20"水灾，还是北京市2012年的"7·21"水灾，都从实践证明，这种结构形式的温室很容易遭受水涝灾害；四是从北京市的经济水平和环境保护的角度看，机打土墙结构日光温室也不会是北京未来的发展主流；等等的理由可能还有很多。

但看过三山农场的温室改造现场，又将我的"理性思维"拉回到了现实生产中。的确，从整个行业看目前设施农业生产的效益还不是非常令人满意，设施种植比较效益每况愈下的大局已经不可逆转，每个种植者都绞尽脑汁、想方设法在建设和生产的每个环节上寻找开源节支的途径，很多种植者甚至都舍不得将温室建设和改造的任务交给专业化的温室企业（其中或许也有温室生产者自我感觉自己的改造方案最科学的一种传统），而是自己动手、自力更生修补和改造老旧温室。从这个角度出发，我也慢慢理解了三山农场的管理者为什么还要执着地去改造机打土墙结构日光温室的缘由了。这或许也是一种无奈，毕竟机打土墙结构日光温室保温蓄热性能好的特性目前还没有更好的替代者，而且推倒土墙温室、新建砖墙复合保温墙体日光温室的造价确实也太高。

下面就让我来给大家介绍一下这栋温室的改造情况吧。

a b c

图1 改造前的温室

a. 外景　b. 温室结构　c. 温室后屋面

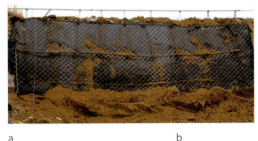

a b

图2 温室墙体修补的方法

a. 大面积修补　b. 局部修补

一、改造前的温室状况与改造需求

改造前，该温室是一种典型的下挖式机打土墙结构日光温室（图1）。从外形看，温室屋面低矮、平缓（图1a），屋面的排水和温光性能与现代温室相比有很大差距；从承力结构看，温室采用竹皮材料做屋面拱架、钢筋混凝土立柱支撑竹皮，与传统的"琴弦式"结构相比，其结构承载能力较弱，竹皮的使用寿命也很短，从现场看，竹皮已经基本丧失了结构承载的能力（图1b）；从温室的后屋面材料看（图1c），用塑料薄膜包裹的秸秆保温材料基本腐烂，已经完全丧失了保温的能力。

从保证结构安全和提高温室温光性能的角度分析，该温室确实已经达到了需要改造的使用期限。更换温室骨架、改造温室后屋面已经迫不及待。另外，从改造现场看，温室的墙体局部塌落也正是温室改造所要解决的主要问题之一。

二、温室墙体修补

机打土墙温室结构，由于建造过程中压实密度不够、土质黏性差、屋面漏水等原因很容易出现局部或整体表面坍塌的情况。如何修复剥落甚至局部坍塌的墙面，2018年"8·20"山东寿光水灾后当地的老百姓想出了很多办法，如今走进三山农场看到了另一种别样的修补方法，看上去表面防护效果还不错，借此机会推荐给大家，权当是对寿光温室后墙修补方法的一种补充。

这种修补方法采用一种黑色塑胶布对墙体剥落或坍塌部位的内表面做整体防护（图2），既可阻挡墙体表面土体脱落，又能大量吸收太阳辐射，便于墙体白天储热夜间放热。

a b c

图3 温室屋面骨架的安装
a. 温室基础桩　b. 在基础桩上安装屋面骨架　c. 屋面骨架的布置

为了能长久固定防护塑胶布，该方法采用钢桩结合表面双层护网的固定技术，首先在塑胶布的外表面平压一层小网格的镀锌钢丝网，保持塑胶布平整并紧贴温室墙面，再在钢丝网的外侧用钢筋做成1m×1m见方网格（视情况也可以局部加密）的钢筋网防护钢丝网和塑胶布，最后用钢管将钢筋网、钢丝网和塑胶布钉挂在温室的内墙表面。这种方法由于塑胶布和钢丝网都具有平面柔韧性好的特点，能很好地适应凹凸不平的土墙墙面；向机打土墙中钉入钢管施工容易，而且钉入深度足够时对塑胶布的固定牢固，应该说这是修补机打土墙的一种有效方法。美中不足的可能是钢管突出于墙体表面，不太美观，钢筋和钢管如能采用热浸镀锌进行表面防腐处理将会更有效地增强墙体的使用寿命。

三、温室屋面骨架更新

该温室屋面骨架更新的做法没有像传统日光温室屋面骨架采用圈梁或基础埋件固定骨架的方法，而是采用一种类似桩基的支撑方法。骨架的两端分别连接在桩基支撑的横梁上，彻底摆脱了骨架基础的土建工程。施工时，首先在温室前基和后墙上用锤击的方法插入基础桩（图3a），再在基础桩的顶面焊接沿温室长度方向布置的水平横梁，最后将温室的屋面承力骨架安装在该横梁上（图3b），即完成温室屋面骨架的安装。改造温室的屋面承力骨架采用当前比较流行且轻盈的矩形单管骨架。为了增强骨架的承载能力，在温室的屋脊部位还增设一根附加弦杆（图3c），这也是单管骨架中常用的一种方法。

在温室骨架施工安装完成后，分别在温室前基和后墙的桩基外采用与前述后墙修补相同的塑胶布围护，并在塑料布的外部填土保温（图4）。为避免塑料布在背部填土后发生变形，施工中采用与修补后墙相同的钢丝网，夹设在桩基柱与塑胶布之间（前基桩基由于伸出地面高度较高，为了进一步防止钢丝网变形，在钢丝网与桩基之间又增设了沿温室长度方向通长布置的两道钢筋）。由于机打土墙结构温室本身为下挖形式，温室室内地面低于室外地面，将温室前基处桩基的高度正好露出室外地面并用塑胶布围护，自然地解决了下挖地面在温室前部的墙面围护问题（图4a、b）；在温室后墙上桩基伸出墙体顶面，又正好解决了提高温室后墙高度、增加温室采光性能的问题。总体来讲，这种结构改造方式具有一定的创新性，尤其适合机打土墙结构温室的改造。采用桩基支撑屋面骨架的设计方案在要求不能进行基础土建施工的地区以及全组装式轻型结构保温日光温室建设中也非常值得学习和借鉴。

温室工程实用创新技术集锦 ❷

WENSHI GONGCHENG SHIYONG CHUANGXIN JISHU JIJIN 2

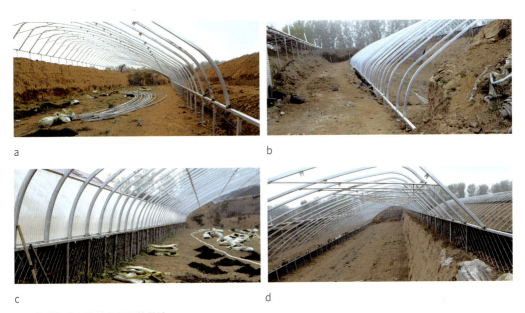

a　　　　　　　　　　　　　　b

c　　　　　　　　　　　　　　d

图4 桩基标高与外填土保温的做法
a. 温室前基标高（室内）　b. 温室前基标高（室外）　c. 温室前基的围护　d. 温室后墙桩基的围护

a　　　　　　　　　　　　　　b

c　　　　　　　　　　　　　　d

图5 温室后屋面保温
a. 后屋面挤塑板（室内）　b. 后屋面挤塑板（室外）　c. 后屋面防护毡（施工中）　d. 后屋面防护毡（施工毕）

四、温室后屋面与山墙面保温

　　当前日光温室轻型后屋面的做法大都采用100～200mm厚的挤塑板，既保温又防水，而且材料商品化生产，来源丰富，价格低廉，自身重量轻，安装方便。本温室改造中后屋面也采用这种材料（图5a）。但由于受板材规格尺寸的限制，板与板的接缝（图5b）

图6 温室山墙保温
a. 室内侧 b. 室外侧

如果处理不当，不仅会跑风漏气而且可能会漏水，将严重影响温室后屋面的保温性能。为了解决这一问题，本改造温室在传统后屋面挤塑板的外侧又增铺了一层保温无纺布的防护毡（图5c、d），不仅封堵了挤塑板的板缝，而且在挤塑保温板的基础上又增加了一层保温层，使温室后屋面的保温性能得到进一步提高。但由于无纺布自身不带防水保护层，这种防护层的防水性能尚不理想，无纺布干燥状态时保温性能良好，如若无纺布淋雨或化雪后被打湿，其保温性能将难以保证。如果能在无纺布的外侧再增设一层如塑料薄膜等材料的防水层，对温室后屋面的保温和防护将会更加有效。

  温室在改造中由于后墙上的基础桩将温室后墙加高，直接导致温室原有山墙的高度不能与改造后温室屋面骨架的尺寸相匹配。为此，本改造温室对两侧山墙也相应进行了局部加高。山墙局部加高在结构上的处理方法与后墙上埋设桩基的方法相同，控制桩基的柱顶表面标高直接连接温室屋面骨架，将温室山墙高度抬高到改造后的温室屋面弧形高度，即可实现温室屋面的整体平整。由于温室山墙结构尺寸的提高，温室屋面与原有山墙之间自然形成了没有保温的落差空间。为了解决这一落差空间的保温问题，本改造温室对山墙落差空间采用了柔性保温被材料进行密封，并在保温被的双侧采用塑料薄膜覆盖防水密封（图6）。

  从温室的保温性能来看，这种局部保温与原有土墙的保温性能相比可能相差很大，但与温室屋面保温被的保温性能相比基本相当。从墙体保温的角度看，这种保温做法不够理想；从温室的整体保温性能来看，相当于增加了温室屋面的散热面积。总体来讲，这种山墙的保温方式，尽管施工容易，但对温室整体的保温会有一定影响，如能进一步加强原有山墙与改造屋面之间落差部位的保温，如用保温砖、保温板或者多层保温被等保温方法，使改造处墙体的保温热阻接近山墙土墙的热阻，温室的保温性能将会得到大大提升。

五、温室后墙外表面防护

  机打土墙结构日光温室的后墙表面防护一直是这类温室建设和管理的一个要点。由于墙体外表面土壤松散，强度低，而且外露表面经常处在年际的冻融循环和常年雨、

a

b

c

图7 后墙的防护
a. 防护前的后墙　b. 防护后的后墙　c. 防护后的后墙和后屋面

a

b

图8 温室通风口的安全防护
a. 前部通风口防护　b. 屋脊通风口防护

雪、风、霜等自然环境的暴露之下，如果没有适当的表面防护，裸露的墙体会发生表面风化、水土流失等破坏墙体结构的状况。为此，自从机打土墙结构这种温室形式诞生之日起，不论是温室设计或建造者还是温室生产的管理者，都把墙体的表面防护作为一项重要的研究内容在进行各种措施的尝试。从2018年山东寿光水灾的案例也可以明显地看出，进行温室墙体表面防护可大大提升温室抗击雨雪和水灾的能力。本改造温室汲取了土墙温室生产管理中的经验，对温室的后墙外表面进行重新清理，表面填实整平（图7a）后用柔性防水布（图7b）或废旧塑料薄膜进行防护，并与后屋面的保温无纺布形成整体连接（图7c），使温室后屋面以及后墙上的雨水能够全部导流到温室外，从而实现对温室墙面的整体防护。这种后墙面防护措施虽说没有太多创新，但却是温室改造或维护必需的。

六、温室通风口的安全防护

日光温室通风口包括前部通风口和屋脊通风口。对前部通风口的防护主要是防止通风口开启时室外害虫进入温室。常用的方法是在通风口处安装适宜防虫目数的防虫网（图8a）。对温室屋脊通风口处的防护，除了与前部通风口相同的防虫要求外，由于温室屋脊部位坡度小，经常会发生塑料薄膜兜水的情况，给温室结构带来安全隐患，为

a   b   c

图9 骨架连接节点
a.前屋面骨架与横梁的连接　b.后屋面骨架与横梁的连接　c. 弦杆与拱杆的连接

此，在屋脊通风口上除了安装防虫网外还需要额外安装一层支撑网（有的温室用钢板网，有的温室用塑料网），以保证屋面通风口塑料薄膜铺设平整、排水顺畅，避免出现水兜（图8b）。本改造温室在前屋面通风口和屋脊通风口处的安全防护应该说做得非常到位。

七、温室改造中的得与失

从总体看，本次改造，一是增大了温室的室内空间，改善了温室的光温性能；二是采用镀锌钢管骨架，大大延长了骨架的整体使用寿命；三是温室后屋面的双层保温也改善了保温效果；四是温室后墙表面防护到位，能有效防护土墙结构表面风化，提高墙体的防水性能；五是采用专用塑胶布对墙体局部塌落部位的修补措施有效、可行，值得类似温室改造借鉴采用；六是采用桩基支撑屋面骨架，彻底解决了建设和改造温室中大量土建工程的问题，有效保护了土地，而且施工速度快，为今后农业设施在耕地上建设提供了一种有效的解决方案。

但由于不是专业化的设计和安装，温室改造中也存在一些不合理的构造处理方法。

第一个问题是骨架与横梁、横梁与桩基以及骨架与弦杆之间的连接均采用现场焊接方式（图9）。由于焊接作业过程中完全破坏了镀锌钢管表面的镀锌层，使本来使用寿命较长的镀锌钢管在连接节点处的强度和防腐性能大打折扣。虽然在每个节点焊接后采取了涂刷防锈漆的措施，但笔者在现场发现，很多节点处焊渣都没有清理即涂刷了表面防锈漆，是无知还是故意为之，笔者不敢臆断，但至少是浪费了材料、浪费了工时，却完全没有达到钢构件表面防腐的目的。实际上，现代的温室结构基本淘汰了现场焊接的安装方式，而采用构件工厂化生产现场组装的方式，施工安装现场禁止采用焊接作业，所有连接节点均采用抱箍、卡具等连接件用螺栓或铆钉连接，这样可完全保护构件表面镀锌层。此外，从图9b中也可以看到后屋面骨架与横梁的连接处，由于骨架后屋面处于倾斜位置，承力骨架与横梁没有满截面连接，而是采用切割承力骨架断面的措施，这样做大大削弱了承力骨架的承力断面面积，使骨架向横梁的传力全部集中到被严重削弱的骨架断面一角，未来在这一点处由于骨架锈蚀和截面削弱发生断裂破坏的几率将会很高。

第二个问题是屋面承力骨架与桩基不是一一对应传力，从承力骨架上传递的内力必

a

b

图10 屋面骨架与桩基的对应关系
a.温室前沿位置 b.温室后墙位置

a

b

图11 桩基与横梁之间的连接
a.用方管过渡 b.用圆管过渡

须要通过横梁转换后才能二次传递到桩基。由于桩基的间距和承力骨架的间距不等同，所以，不同桩基间横梁连接骨架的位置和数量都不同（图10）。这样横梁不仅承受很大的弯矩，而且不同部位承受内力的大小也不同。实际运行中，我们甚至无法判断横梁的最危险点在哪里。建议在今后的改造过程中最好将骨架与桩基一一对应，避免横梁受弯。

第三个问题是由于施工精度不够，桩基在插入过程中不能很好地将所有桩基顶面标高控制在同一水平线上，致使有的部位横梁无法接触到桩基。为了能将横梁连接到桩基，施工中又在桩基的侧面再焊接一根短柱，使桩基的顶面标高达到横梁的标高（图11）。这种做法一是增加了焊接短柱的材料用量和焊接工作量；二是横梁的承力通过短柱二次传递到桩基上，使结构的传力复杂，同时也增大了结构破坏的风险。此外，在施工现场还发现，连接横梁与桩基的短柱用材也比较随意，有的地方采用方管，有的地方采用圆管（图11），估计这是就地取材的结果，但不同的材料焊接质量和传递内力的能力可能完全不同。施工中应严格控制插入桩基的顶面标高，一般应将其控制为正标高，也就是桩基的顶面标高应高出其设计标高，在安装横梁时，一是可以继续用锤击的方法将桩基打入基地深处；二是采用切割桩基端部的方法，使桩基顶面标高与横梁水平

图12 纵向系杆与骨架的连接

标高相一致。

第四个问题还是安装精度的问题，即全部屋面骨架没有安装在一个弧面中，出现屋面骨架高低不平的问题。这可能是骨架总体尺寸精度控制不够，或者是安装过程中横梁不在一条水平线上，或者是温室前部横梁和温室后屋面横梁不平行。由于骨架安装不平整，造成的直接后果是连接骨架的纵向系杆无法安装到骨架与纵向系杆的连接卡具中（图12），或者即使勉强能安装进去也会造成纵向系杆的弯曲变形，在骨架与纵向系杆之间形成强大的预应力，将非常不利于温室构件的有效承力。

从温室改造设计的方案和施工的精度看，这是不专业的人在干不专业的事。施工中花费的材料成本和施工周期不一定能节省，却可明显地看出温室施工的质量并不乐观。为避免工程中发生类似现象，在可能的条件下，建议应请专业的设计人员精心设计，请专业的施工队伍按照标准化的安装程序安装施工，施工安装完毕后再按照国家和行业相关标准验收，以确保温室改造的质量，使有限的资金产生更长远的效益。

"大棚房"清理带给我们的思考

近年来，一些地方的工商企业和个人借建农业大棚之名，占用耕地甚至永久基本农田，违法违规建设"私家庄园"等非农设施，严重冲击了耕地红线。为切实加强耕地保护，坚决遏制农地非农化现象，2018年9月14日，农业农村部和自然资源部联合印发了《关于开展"大棚房"问题专项清理整治行动坚决遏制农地非农化的方案》（农农发〔2018〕3号），要求于2018年9—12月在全国范围内重点针对以下三类问题集中开展"大棚房"问题专项清理整治行动：①在各类农业园区内占用耕地或直接在耕地上违法违规建设非农设施，特别是别墅、休闲度假设施等；②在农业大棚内违法违规占用耕地建设商品住宅；③建设农业大棚"看护房"严重超标准，甚至违法违规改变性质用途，进行住宅类经营性开发。

2018年11月6日，应北京市平谷区农业局胡宝旺局长之约，笔者一行来到了平谷区的夏各庄镇和东高村镇，对这里拆除"大棚房"的情况进行了调研，重点调研了园区农业大棚"看护房"超标的问题。通过亲眼目睹，并与当地领导和村民座谈交流，笔者深感这次"大棚房"清理中有很多值得研究和深思的问题。这里笔者仅从技术的角度重点就农业大棚"看护房"以及农业园区内建设道路等基础设施和辅助生产设施等问题，谈一下个人的思考和感悟，供业界同仁们共同研究和争鸣。

一、门斗的作用与功能

《专项清理整治方案》中表述的农业大棚"看护房"，在日光温室中实际上就是"门斗"。本文从规范的学术术语出发，以下针对日光温室园区的"看护房"统一称之为"门斗"。

日光温室的门斗，从其设置的功能来讲，主要是为了缓冲室外冷空气直接进入温

图1 门斗的辅助功能
a.存放农具 b.存放农资 c.安装锅炉 d.安装电控及加温管道 e.安装水肥一体机

室，避免操作人员出入温室时使温室门口附近作物受冷风直接侵袭，也避免大量冷空气直接吹进温室。但从生产实践中，门斗除了实现上述功能外，还同时兼备存放农具、农资，安装锅炉、灌溉首部、配电箱（柜）等辅助生产设施的功能，甚至还有供工作人员休息、值班等功能（图1），有的温室确实也将门斗兼做了外地来京务工人员生活居住的场所。对日光温室而言，小小门斗兼具了如此多的功能，应该说门斗是生产必不可少的一种辅助生产设施。为此，不论是《日光温室设计规范》（NY/T 3223—2018），还是国家政策文件中都明确规定了日光温室可配套建设一定面积的门斗。

为了避免日光温室建设中随意扩大门斗的建筑面积或将门斗用于其他用途，国家标准和文件也都明确规定了门斗建筑面积的上限。《日光温室设计规范》（NY/T 3223—2018）中规定：长度不超过100m的日光温室设1个门斗，门斗建筑面积不宜超过15m²；长度超过100m的日光温室可设置2个门斗，且2个门斗的总建筑面积不得超过24m²。国土资发〔2014〕127号文件规定：进行工厂化作物栽培的园区，附属设施用地规模原则上控制在项目用地规模5%以内，最多不超过10亩。该面积中包括设施农业生产中必需配套的检验检疫监测、动植物疫病虫害防控等技术设施、必要的管理用房用地；设施农业生产中所必需的设备、原料、农产品临时存储、分拣包装场所用地；符合"农村道路"规定的场内道路等用地。这个文件虽然没有明确规定日光温室门斗的建筑面积，但从5%的用地规模控制分析，扣除场区道路后，留给日光温室门斗的面积可能远远不足《日光温室设计规范》（NY/T 3223—2018)中规定的15m²。因此，这次"大棚房"清理中日光温室门斗面积的掌控上线都以15m²为依据。

在现场考察中发现，有些园区内建设的日光温室中确有随意扩大门斗建设面积并将其用于其他用途的情况（图2），也有在温室内建设非农建筑的（图3）。按照国家标准

a   b   c

图2 拆除的超大面积门斗
a. 4间房的门斗　b. 2间房的门斗　c. 超大面积的单间房门斗

a   b

图3 日光温室内建设非农建筑
a. 温室中套民用建筑　b. 温室中建设卫生间

a   b   c

图4 从山墙直接进温室不合理的门斗设置
a. 带门斗（室外）　b. 带门斗（室内）　c. 不带门斗

和政策，这些超标准建设的门斗确实应该属于清理整改的范畴。

　　除了超标准面积的门斗外，考察中也发现一些功能上完全不合理的日光温室门斗设置方法，如门斗是一间完全独立于温室的房间，内部没有设置通向温室的门洞，进入温室是在温室山墙上再开设门洞（图4a、b）。从缓冲进入温室冷风的功能讲，这种门斗设置完全实现不了这种功能要求，其存在与没有门斗直接在温室山墙上开设门洞（图4c）的效果完全相同。这种形式的门斗是用于存放农具、农资等，从主要功能用途讲，没有起到设置门斗的作用。理性地讲，这种形式的门斗也应该属于清理的对象，或者在清理

图5 铺设运输车轨道的室内走道　　　　　　　　图6 传统的室内走道布置位置

a　　　　　　　　　　　　　　b　　　　　　　　　　　　　c

图7 变异的室内走道布置位置
a. 离开后墙设置　b. 设置在温室中部　c. 设置在紧靠温室前屋面底脚

过程中应监督温室建设者封堵山墙上直接进出温室的门洞，并将该门洞转移到门斗内温室的山墙上，恢复门斗的实际功用。

二、室内道路

室内硬化道路也是这次"大棚房"清理中的一项重要工作。按照规定，室内道路宽度超过0.6m就算超标。

在调研中很多群众提出0.6m宽的道路限制有点严格，一是铺设运输轨道的道路（图5），按照运输车的规格尺寸，宽度至少应达到0.8m；二是采用双轮推车进行运输作业的温室，走道宽度至少也应在0.8m以上；三是有的温室用于观光采摘，批量游客进入温室，携带采摘篮交叉往来，0.6m宽的道路确实难以错位。

除了道路的宽度外，道路在日光温室中设置的位置，实际上也是一个值得关注的问题。传统的日光温室都是将室内道路设置在紧靠温室后墙的位置（图6），一是因为在靠近后墙处地面的光照最差，种植效果不佳；二是道路可直通温室门斗，交通便利而且节约用地。但在生产实践中也有的温室生产者将室内道路设置在离开后墙的室内种植区（图7a、b），或者设置在紧靠温室南部前屋面底脚处（图7c）。

将室内走道设置在南部前屋面底脚处，一是因为前屋面底脚处的边际效应，这一区域地温较低，气温波动大，不利于作物生长；二是这一区域种植空间低矮，高秧攀蔓类

温室工程实用创新技术集锦❷

WENSHI GONGCHENG
SHIYONG CHUANGXIN JISHU
JIJIN 2

作物生长高度受限，影响作物产量；三是这一区域作业空间不足，人工作业也不方便，所以传统的日光温室在这一区域要么撂荒不种，要么种植一些低矮、耐低温的叶菜，对种植攀蔓果菜作物的温室而言，这一区域的种植效益不高。将温室的走道设置在温室前部，将靠近后墙的高大空间区域置换出来种植作物应该是一种良好的设计思路。但这种走道设置方法一般应将走道地面下挖，以保证作业人员的行走空间，为此，必须建设温室前墙和种植区的挡土墙，土建工程量大，温室造价高。此外，生产作业从前部走道通向温室门斗还必须在靠近温室山墙的位置设置走道；机械作业从温室前部进入种植作业面也需要留出专门的通道。实际建设中应权衡利弊、慎重选择。但对半地下结构日光温室，将走道设置在温室前部，一可以避开下挖地面形成的温室前部的阴影区；二可以充分利用下挖地面形成的前部空间高度，应该说是一种比较理想的道路布置方案。

相比走道设置在紧靠温室南墙（基）或后墙的设计方案，将走道设置在温室中部种植区的做法似乎就没有太多的理论依据了。一方面将种植区人为地分隔成了两个区块，不利于机械化作业和种植管理；另一方面损失了日光温室中温光环境最好的种植区域。从图7a的情况看，实际上靠后墙区域的土地也没有进行种植，而图7b的情况更是设置了2条道路，既保留了传统的靠后墙的道路，又增加了种植区中间的道路，实际上造成了温室种植地面的更大浪费。

三、园区基础设施

园区内的基础设施主要指园区道路、排水沟和温室四周的散水。基础设施建设占地面积大，紧凑合理布置和设计基础设施可以大量节约园区的建设面积，应精细控制和设计。

1. 道路

道路是园区中交通运输不可缺少的基础设施，也是园区辅助生产设施中占地面积最大的一类辅助建筑设施。对园区内的道路建设，在原国土资源部和原农业部《关于进一步支持设施农业健康发展的通知》中规定应符合"农村道路"规定的道路标准。对照原国土资源部办公厅《关于进一步规范农村道路地类认定工作的通知》中农村道路的建设标准，应该是"路面宽度不超过6.0m，或路基宽度不超过6.5m"。《日光温室设计规范》(NY/T 3223—2018)中对场区道路宽度的规定是：分区（边长不宜超过500m）之间道路宽度宜为6～8m；分区内相邻日光温室东西之间的距离，有门斗侧3～6m，无门斗侧2～4m。

日光温室生产园区内的道路主要有3种形式：①贯通整个园区的主干道；②连接主干道与温室门斗的日常人流交通支路；③连接主干道与温室前屋面的作业机具交通支路。

a   b   c

图8 连接园区主干道与温室门斗的支路
a. 紧靠温室门斗的标准支路　b. 满铺温室门斗前院落的支路　c. 拆除超面积支路后的情景

国家政策文件和《日光温室设计规范》(NY/T 3223—2018)中只对主干道的宽度做了规定，而对支路的设置基本都没有明确的规定。根据调查中群众的反映，这次"大棚房"清理中要求园区内的道路（主要指主干道）一律不得超过3.0m。对照中央部委的文件精神和行业标准，似乎"文件规定"与"文件执行"有一定的出入。

对于连接园区主干道与温室门斗的支路，考察中发现，标准的宽度应为1~2m，且紧靠温室的门斗设置（图8a），但也有的温室生产者将门斗南侧的整个院落全部硬化，形成较大面积的超宽支路或院落（图8b）。这次"大棚房"清理中，这种超宽支路或院落有的被保留，有的被拆除（图8c）。由于政策没有明文规定，清理中掌握的尺度也有差异。

连接园区主干道到温室南部的支路，一是用于管理人员操作中置式卷帘机的交通道路（对前屋面基础设有散水的温室可用该散水兼做人行道路）；二是用于微耕机等作业机具从温室前部进入温室进行耕种、运输等作业。调研中这一支路基本没有看到，实际作业基本上人员和机具都是在土壤地面上行走，遇到雨雪天气时，这种路面非常不便行走。由于作业机具进入温室作业的频次较少，合理安排耕作时间，可以避开雨雪天气作业。所以，不设这一支路也基本不影响温室的生产。

2. 排水沟

排水沟是组织场区水流的重要设施。为了尽快将场区雨水有组织地排出场区，避免场区积水，保证温室建筑和温室生产的安全，场区排水沟应该是必不可少的设施（降雨量稀少地区的场区排水沟或许可以不设）。对于棚面集水的温室（集水用于温室灌溉），该排水沟实际上也是集水槽。近年来，发生在全国各地设施农业园区的水灾多次给人们敲响警钟，场区排水不良可能会给整个园区造成灭顶之灾，尤其是建设机打土墙结构日光温室地面下挖的场区。

园区排水沟包括沿单体温室（含门斗）四周的排水沟和沿园区主干道设置的主排水沟、汇水池、泵站。很多日光温室南部只有基础没有墙体，而且基础埋深较浅，如果在基础外侧做了散水，前部的排水沟可不设，从屋面流下的水流可通过散水排到温室前部的露地土壤中，依靠自然渗透的方式入渗到土壤中。但温室后墙和山墙（含门斗墙）的外侧不论砖墙还是土墙，一般均应结合散水设置排水沟（图9a、b）。

主排水沟设置一般结合道路，布置在主干道一侧或两侧（图9c）。如果温室四周设

a   b   c

图9 排水沟设置
a.砖墙日光温室后墙外排水沟　b.机打土墙日光温室后墙外排水沟　c.园区主干道两侧主排水沟

置了排水沟，则温室四周的排水沟应该与道路两侧的主排水沟相联通。由于日光温室南北两侧一般都为了保证采光而留有足够的露地空间，在地下水位较低的地区，这一空间可作为自然渗水的场所，但在地下水位比较高的地区，为了保证温室场区的排水，在两栋日光温室之间的露地空间中也必须设置渗水兼排水沟，且其沟底标高要低于温室种植面标高500mm以上。

3. 散水

为了能将温室屋面的排水顺利排进设置在温室四周的排水沟或温室两侧的露地土壤，沿温室四周设置散水是十分必要的，散水实际上更是保护温室墙体和基础的重要设施。对于机打土墙结构的日光温室，由于温室后墙土层较厚，而且一般对温室后墙的外表面都铺设了保护层，所以，这类温室的后墙外侧可不设散水，但在山墙和前墙外均应设置散水，尤其是在温室门斗的3个外露面下更不应省略散水，其中门斗和温室前部的散水可结合道路设置，使其兼具排水和交通的双重功能。尤其在温室南部设置散水，既方便工人操作卷帘机，又方便棚膜更换、温室检查，另外对保温被也是一种保护。散水的宽度一般为600～800mm，多为混凝土面层防护。

四、辅助生产设施

对一个生产性园区来讲，辅助生产设施可包括停车场、生产资料储藏库、农机库、农产品分拣与包装车间、集中供排水和供电设施、农作物废弃物（烂果、秸秆等）处理设施、公共卫生间、工作人员餐厅和浴室等。虽然国家政府文件和标准中都明文规定了生产性园区允许建设辅助生产设施，并规定了辅助生产设施的建设面积以总用地面积的5%，且不超过10亩为限（其中包括道路占地面积），但对于集中建设农民分散经营的日光温室园区，这些辅助生产设施基本都没有建设。调查中发现，种植农户也迫切希望建设这些辅助生产设施，以便园区生产有一个整洁、干净、美观和舒适的环境，更好地吸引游客采摘，也可避免垃圾到处堆放、蚊蝇四处飞舞，进而减少或杜绝外界病虫害的传播。考虑到城市核心区的环境压力以及可循环农业的运行规律，采收的蔬菜应该在园区

a   b   c

图10 门斗拆除的情况

a.完全拆除门斗   b.保留原门斗，拆除超标建筑   c.拆除超标门斗，新建标准门斗

a   b

图11 拆除"大棚房"给温室结构带来的损伤

a.山墙压顶受损   b.温室后屋面受损

内进行初步的清理，达到准净菜的标准，这也需要一定的条件。此外，功能完整的生产辅助设施一方面能够为园区生产提供便捷的服务条件，另一方面也能为从事农业生产的劳动者创造一个像工业生产一样的工厂化生产环境，使农民真正成为一份有尊严的职业。

五、拆除"大棚房"后一些遗留问题的思考与建议

调研发现，这次"大棚房"清理整治行动力度空前，违规建筑基本得到了拆除和清理。但清理后随之也带来了一些遗留问题，需要政府和学者积极跟进研究提出具体解决方案。以下就考察中发现的几个技术问题谈一下个人的见解。

1. 拆除超面积门斗后门斗的再恢复问题

调查发现，门斗拆除的方式有3种：①将超标准门斗完全拆除（图10a、c）；②保留门斗及超标建筑的后墙，拆除其他结构（图2）；③保留符合标准面积的门斗，拆除搭建在温室内或门斗与温室之间的超标建筑（图10b）。在拆除超标房的过程中也发生了大量损坏温室山墙压顶、温室后屋面的情况（图11）。这些拆除都不同程度地损伤了温室结

图12 塑料薄膜内门斗

构，甚至会直接影响温室的使用性能，亟待尽快修复，及早恢复生产。

对于完全拆除门斗的情况，没有了门斗的温室，实际上也就失去了冷空气进入温室的缓冲功能，冬季操作人员进出温室将使室外冷凉空气直接进入温室，不仅会降低温室内的整体温度，也会使门口附近的作物直接受冻；门口缺少了防虫网，病虫害也将更容易进入温室。为了尽量减轻失去外门斗给温室生产造成的影响，有的温室生产者在室内用塑料薄膜搭建了内门斗（图12）。看似解决了问题，实则是一种无奈情况下的临时补救措施。

对于图10b中保留原门斗拆除超标建筑的情况，从门斗对温室的功能而言，门斗与温室分离实际上和图10a中温室无门斗的情况完全相同，而且孤零零的门斗还占用土地不能耕种，应该说这种情况的出现也绝不是这次"大棚房"清理整顿的初衷。

对于图2中拆除超标建筑后仅保留后墙的情况，从腾退耕地的角度看，保留后墙毫无意义，而且还对后墙北面的土地形成遮阳。

针对上述拆除门斗后的遗留问题，笔者建议在拆除超标准门斗后应尽快重新修建符合标准规定面积的门斗，以保证温室的安全生产。对于完全拆除门斗的温室，应允许其重新建设门斗；对于门斗与温室分离的温室，应将温室与门斗之间的空间按照原温室的结构补建温室，形成完整的日光温室；对于拆除超标建筑保留后墙的温室，建议利用保留的墙体做承重后墙，按照原温室结构重新修建温室和门斗，恢复温室的生产功能。考察中也发现，有的园区在拆除超标准门斗后又重建了符合标准的新门斗（图10c），但新建门斗与温室分离，实际上也没有起到门斗的作用，建议也按照上述的办法在门斗与温室之间补建温室。

2. 门斗拆除后的土地复垦问题

调研发现，对拆除门斗的土地大都进行了复垦，但复垦后土地的质量却难说令人满意，大量建筑垃圾混杂其中（图13）、土地经营权属不清、温室失去缓冲门斗等问题全部呈现出来，尤其是原来安装在门斗中的电控设备，如今完全暴露在室外（图13a），给生产的用电安全带来极大风险。实际复垦的农田也基本处于撂荒状态，形成了变相的土

a　　　　　　　　　　　　b　　　　　　　　　　　　c

图13 拆除门斗后土地复垦的问题
a. 单体门斗拆除后的土地复垦　b. 群体门斗拆除后的土地复垦　c. 园区门斗拆除后的土地复垦

a　　　　　　　　　　　　b　　　　　　　　　　　　c

图14 围墙和大门设置的问题
a. 合格的围栏和大门　b. 合格的大门与违规的围墙　c. 拆除的违规围墙和大门

地浪费。从另一个角度看，"土地复垦"后园区的整体环境几乎到了"破败不堪、惨不忍睹"的程度（图13）。往日车水马龙、红红火火的采摘园如今变得无人问津，农民生产的积极性更是降到了"冰点"。

　　针对上述问题，笔者建议所有拆除超标门斗的温室应一律按照规定标准重新规划建设门斗，并将门斗与温室之间的空地用相同结构的温室连接，使园区恢复原来温室生产的功能，而不是恢复露地种植的功能。建议政府本着"提高生产力水平"的原则，从政策上甚至在资金上给予支持，使清理整治后的园区通过重新规划建设，美化环境，尽早恢复设施农业生产本来面貌。

3. 围墙和大门拆除后的恢复问题

　　围墙和大门也是这次"大棚房"清理整治中的一项内容。为了便于督查和发现违规建筑，园区内所有封闭的围墙一律要求改为通透式围墙（图14）。对于公司或企业化集中管理的园区，每栋温室之间基本不存在封闭的问题，但对于集中建设、分散管理的农业园区，每个种植户为了保证安全都在前后两栋温室之间建设了围墙，这种安全围护对于居住与生产分离的园区尤为重要。

　　调研过程中也听到有农民反映，在拆除围墙后确实有丢失水泵、卷帘机等设备的情况，说明围墙确实还是有作用的。

　　从拆除封闭围墙、更新通透围墙后的效果看，虽然围墙的功能恢复了，但整个园区的整体风貌却被破坏了。建议利用现代互联网通讯技术，在园区的各个角落安装摄像

表1 不同长度日光温室园区附属设施面积占比(%)

序号	项目	温室长度(m)		
		60	80	100
1	道路+排水沟	4.69	3.60	2.92
2	15m²门斗	1.13	0.87	0.71
3	道路+排水沟+15m²门斗	5.82	4.47	3.63

注：①每栋温室沿跨度方向占地（包括温室和温室前部露地）按20m计算；②门斗在温室长度方向的尺寸为3m；③排水沟宽度按0.6m计算，一栋温室只计算一侧排水沟；④道路按两侧温室共享，每栋温室有门斗侧道路宽度为1.5m，无门斗侧道路宽为1.0m。

头，并将实时摄像记录上传"云端"，以便种植户可以随时查看园区的安全情况，万一发生偷盗事件，也可以通过翻查录像寻找案犯。用高科技的手段管理园区，还现代化的园区一个整洁、漂亮的生产环境。

4. 对辅助设施建设指标的讨论

国土资发〔2014〕127号文中明确规定，辅助设施的建设面积不得超过用地面积的5%，且不得超过10亩。

从绝对的10亩用地指标看，如果园区的用地面积为200亩，则10亩建设指标就等同于用地面积的5%。但如果园区的用地面积超过200亩，规定的辅助建筑面积将会少于总用地面积的5%，而且面积越大，这个比例越小。对于日光温室生产园区而言，温室的门斗和道路面积基本不会随着建设面积的增大而减小，从这个角度看，10亩地的上限约束对大面积园区约束更严格，或者说这种规定不合理。

再来分析5%这个限定参数。按照门斗侧主干道路3m宽，无门斗侧道路2m宽，并在门斗侧主干道边设0.6m宽排水沟的情况考虑（这都是最低设计标准），不同长度温室，道路和排水沟建设面积占整个园区占地面积的比例见表1。

由表1可见，对于建有60m长温室的园区（北京市大部分日光温室的长度在60m），仅道路和排水沟的建设面积已接近5%的上限，再加上15m²的门斗面积，辅助建筑面积已经突破了5%的控制指标；对于80m长的温室，道路、排水沟和门斗的面积占比也接近5%的上限。由此可见，要满足5%的控制指标，温室的长度应该建设在80m以上。如果要建设如停车场、农资库、农机库、冷库、包装车间等辅助生产设施，则基本没有可能。

如果按照《日光温室设计规范》（NY/T 3223—2018)中规定的道路上限宽度计算，即使全部温室长度都建成100m，道路、排水沟和门斗的总面积占比也都超过了5%的控制指标。

从以上的分析可以看出，5%的控制指标似乎有点偏小，建议应将该指标提高到8%～10%比较合适，温室长度短者（如60m）取上限，温室长度长者(如100m)取下限。这样，园区才会有足够的空间用于建设如收集、整理、包装、冷藏农产品，存放农资、农机、农具等，停车场、堆放与处理的农业生产废弃物、集中供排水等生产辅助设施，以及厕所、浴室、值班室、休息室等生活设施。

5. 室内水源及水肥一体化设备布置空间的问题

日光温室中除了交通和运输用的道路外，有的温室中还设置了灌溉用的水池、集中秸秆生物反应堆、主动储放热循环水水池以及水肥一体化灌溉设备的首部设备等。这些设施和设备也需要占用一定种植面积，并可能要硬化种植地面，或在种植地面或地下建设土建工程。类似这样的设施设备用地，都是温室生产必不可少的，建议在今后的国家文件和标准中也应该给出规定。

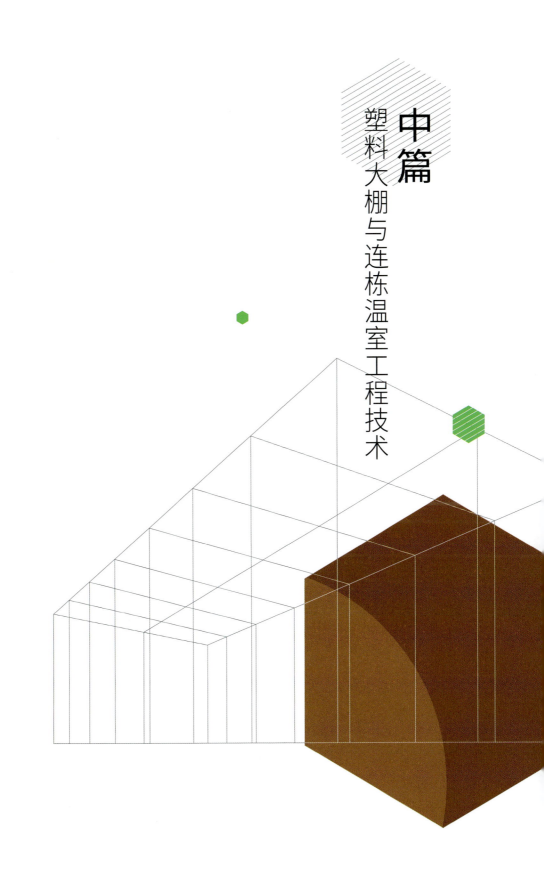

中篇

塑料大棚与连栋温室工程技术

合成木骨架
塑料大棚

笔者曾在2013年第1期《农业工程技术（温室园艺）》杂志上报道过一种利用回收的废旧农膜加工制造的日光温室骨架。那篇文章中的回收材料为地膜和塑料薄膜，加工成的骨架用作日光温室的拱架。2015—2016年，笔者在陕西考察期间多次看到了另外一种利用硬质废旧塑料加工制作的塑料大棚骨架（俗称合成木骨架）。现介绍给大家，供大家在温室大棚的结构创新和废旧材料的循环利用中参考和借鉴。

一、原料制备

合成木塑料大棚骨架的原料是回收的硬质塑料，如电视机外壳、汽车用塑料件、塑料管件等，原材料来源丰富，但成分复杂（图1a）。因此，用这些材料制成的骨架在力学、热学等物理学性质方面存在较大差异。但与地膜和塑料薄膜相比，硬质塑料材料

a   b   c

图1 原料制备过程
a. 回收的原料　b. 原料研磨成粉　c. 造粒机制造的颗粒

a   b   c

图2 材料成型过程与成型材料
a. 成型机成型 b. 成型材料码垛 c. 成型材料截面

图3 利用拱杆预制固膜卡槽

表面干洁、材质薄脆，所以在原料制粒前没有必要进行专门的清洗，可直接将硬质塑料挤压或锤击成碎片后进行研磨（图1b），研磨成粉后再进行原料配比，经过配比的粉末原料进入造粒机造粒，即成为后续加工的原料（图1c）。

二、型材成型

制粒后的原料送入成型机，经过热熔、挤压成型、冷却定型等环节（图2a）最终加工成"工"字形截面型材（图2b）。

由于硬质塑料抗压性能优于抗拉性能，为了增强材料的抗拉强度，材料成型过程中，在型材的受拉侧下缘内置了一根抗拉钢板型材（图2c，其结构承力原理基本同钢筋混凝土结构中的受拉钢筋）。此外，由于型材为挤压成型，成型过程中改变模具很容易形成各种形状的截面。为满足塑料大棚固膜的需要，在"工"字形型材的上下表面都直接挤压出用于固膜的卡槽（图2c、图3），这样不仅省去了安装塑料薄膜的卡槽，而且为型材两侧安装双层塑料薄膜创造了条件，是一种经济有效的好方法。

成型后的型材可按照塑料大棚拱架的设计长度进行截断、码垛、贮存（图2b），塑料大棚拱架制作过程中不再需要对接延长或截断缩短，有效节省了原材料和连接件用量，也节约了拱架制作加工和安装的成本，是大棚拱架工厂化生产的理想模式。

三、拱杆成型

工厂加工成型的型材为直杆，便于贮藏（节约贮藏空间）和运输（较成形拱杆运输量大）。但直杆不能直接用作拱形大棚拱架，还需要在塑料大棚建设现场对直杆进行弯曲成型。

弯曲成型的方法是将直杆型材放入内置电热丝的加热炉内（图4a），在高温作用下软化型材。软化后的直杆型材从加热炉中拉出后快速转移到拱架成形模具上按照模具形状成形（图4b），同时在其表面喷洒凉水使其快速冷却并硬化。初步硬化后的拱架，从

钢模具

成型拱杆

挡杆

码垛拱杆

a   b   c

图4 拱杆成形过程
a.直杆加热炉   b.拱杆成形模具   c.拱杆码垛

a   b   c

图5 拱架安装过程
a.基坑开挖   b.拱架与基础连接   c.拱架系杆连接

图6 安装完毕的拱架

成形模具上脱模后就近码垛（图4c），同时腾出成形模具进行下一根拱杆的成形。码垛的拱杆应在关键部位设置竖直挡杆，以保证成形拱杆在冷却过程中不会发生二次变形。待拱杆完全冷却后即可用于大棚结构安装。

四、塑料大棚结构与安装

经过软化成形冷却固化的拱杆即成为塑料大棚的拱杆或骨架。按照设计的拱杆间距，首先进行基础浇筑。

基础浇筑的方法是首先在拱杆基础所在位置的地基上用螺旋钻钻孔到设计深度以上20～30cm（图5a），然后夯实地基到基础底面设计深度，在基坑内灌注设计配比的细石混凝土至拱杆基部设计标高以下5～10cm，将所有基坑灌注混凝土浇筑完成后，应设置保湿设施以保持混凝土硬化，待基础混凝土硬化到设计强度的60%以上后将所有基础表面二次抄平到设计标高，并开始安装大棚拱架（图5b），同时用斜撑和纵向系杆（图5c）将所有安装拱架形成稳定安装单元，并最终完成全部骨架及两侧山墙的安装（图6）。

由于合成木拱架为"工"字形截面，且截面尺寸较大，传统的装配式镀锌钢管塑料大棚骨架的抱箍或卡具连接方式基本不能适用。为此设计者专门开发了一种两端配有丝扣的钢管作为纵向系杆，用螺母通过中间连接件直接连接相邻两根纵向系杆（图5c）。这

中篇　塑料大棚与连栋温室工程技术

261

a　　　　　　　　　　　　　　b　　　　　　　　　　　　　c

图7 大棚的保温与通风
a. 双层膜保温　b. 室外卷膜开窗机　c. 室内卷膜开窗机

种连接方式可以使构件全部工厂化生产，加工精度和质量有可靠保障，提高了现场安装的速度和精确度，大幅度降低安装成本。

五、大棚保温与通风

成型拱杆由于上下表面均预制了固膜卡槽，所以，这种骨架可以在其上下表面分别安装塑料薄膜，形成双层保温膜结构塑料大棚，增强塑料大棚的保温性能（图7a）。为了增强塑料大棚的通风降温性能，设计采用在大棚两侧侧墙分别安装内外膜双层手动卷膜开窗机（图7b、c）的方法，同时在外膜位置安装固定的防虫网，用于通风期间大棚的防虫。

由于大棚通风只采用两侧卷膜通风的模式，通风口的高度受到一定限制，室内屋脊处的热量难以快速排除，因此大棚内中上部空间的温度会较高，这对种植低矮叶菜作物影响可能较小，但对种植黄瓜、番茄、辣椒、茄子等高大吊蔓作物，顶部高温可能会直接影响作物的正常生长发育。对于长度较短的大棚，开启两端山墙大门，在大棚中形成穿堂风，可有效降低大棚内的高温，但在长度较长的大棚中，这种措施的降温效果十分有限，应设法在大棚的屋脊处开设通风口，以增强大棚的自然通风降温能力。

合成木骨架是一种新型材料骨架，是一种低碳、环保、生态的资源利用模式，很值得提倡和推广。但由于这种骨架的原料来源复杂，成分多样，可能会直接影响骨架材质的一致性，尤其是塑料材料的抗高温和耐低温性能会因为材料成分不同而有所变化，型材制造厂家应在配料过程中分析清楚材料的组成成分，并针对材料组分添加合适的添加剂，以提高或改良材料的性能，使其力学和热学等物理学性能得到同步提升，延长塑料大棚骨架的使用寿命，保障农业生产者的经济效益。

一种装配式外保温塑料大棚

塑料大棚建造成本低、建设速度快、土地利用率高、适合中国南北气候区域，其分布遍及大江南北，可种植蔬菜、花卉、食用菌、果树，也可用于蔬菜育苗、水稻育秧、畜牧养殖和水产养殖，所以塑料大棚一直是中国设施农业中的重要生产设施之一，面积占全部设施（不含中小拱棚）面积的一半以上。

使用塑料大棚在北方地区主要用于春提早和秋延后作物生产，不能进行越冬生产是影响这种设施在北方地区大面积推广的最大障碍，尤其在北方地区日光温室迅猛发展后，对塑料大棚建设的需求似乎越来越小。

随着日光温室的不断发展，占地面积大、建设成本高、越夏生产困难、生产的比较效益逐年下降等诸多问题的逐渐暴露，使人们又开始将设施发展的方向瞄准到对塑料大棚的改造上，包括对结构的改造、环境调控设施的增加以及保温性能的提升等。

一种理想的改造方案就是将日光温室的冬季保温性能直接移植到塑料大棚上，使这种设施既能像日光温室一样在北方地区越冬生产，又能像塑料大棚一样可进行越夏生产，从而达到设施可周年生产的目标。

提升塑料大棚保温性能的方法有很多，但大多是在冬季气候比较温暖的地区采用多重保温的方法种植蔬菜，在北方地区也有采用外保温被保温进行果树提早上市栽培的案例（因为果树提早上市栽培需要冬季休眠的冷环境，所以在最严寒的季节对大棚的保温性能要求并不是很高）。传统的装配式单管骨架塑料大棚，采用日光温室保温被进行外保温越冬生产蔬菜，不仅没有日光温室墙体的储放热能力，而且骨架的承载能力也不足，所以，直接在传统的组装式钢管骨架塑料大棚上安装保温被进行越冬生产在技术上还存在一定困难。

2017年6月24日，笔者在北京卧龙农林科技有限公司总经理李晓明先生的带领下，来到了北京市大兴区御瓜园生产基地，看到了该公司最新开发的一种组装式外保温塑料大

a   b   c

图1 保温大棚

a.外景 b.内景 c.山墙

a   b

图2 保温大棚结构

a.大棚顶部 b.大棚基部

棚，似乎看到了塑料大棚与日光温室相结合进行周年生产的端倪。现介绍给大家，供大家一起来研究和探讨。

一、建筑结构与设备配置

塑料大棚采用圆拱顶落地结构（图1）。大棚跨度12.3m，脊高4.5m，长度100m。借鉴日光温室的布局模式，大棚采用屋脊东西走向布置，东西两堵山墙采用300mm厚加气混凝土块砌筑，中间开门并在大棚内地面中部长度方向连接两端进出门洞设计了操作走道。大棚双侧安装了保温被，用2台卷帘机分别从两侧控制卷放。此外，大棚还配置了屋顶和侧墙自然通风系统。该塑料大棚总造价12万元/亩。

二、承力结构

由于该塑料大棚跨度大、高度高，而且还有双侧卷帘机及保温被荷载，采用传统的单管镀锌钢管组装结构（薄壁钢管，管径多为22、25、32mm），显然承载能力不足。为此，该塑料大棚的承力结构采用一种新型的组装式桁架结构（图2）。该桁架高度250mm，上下弦杆均采用镀锌带钢板一次成型的C形钢材料，整个桁架弦杆（包括上弦杆和下弦杆）一次成型，中间不设断点或接头，有效地避免了由于连接点薄弱可能发生

温室工程实用创新技术集锦❷

WENSHI GONGCHENG SHIYONG CHUANGXIN JISHU 2

结构失效的风险，而且没有中间连接点，减少了零部件规格和安装工时，在一定程度上也降低了大棚造价。桁架结构的腹杆也采用镀锌带钢板一次冷压成型，所有腹杆一种规格，控制节间间距400mm，制造和安装都很方便。桁架结构上下弦杆与腹杆的连接全部采用螺栓连接，而且螺栓帽全部隐藏在弦杆C形钢的凹槽内，完全不影响塑料薄膜的安装。相比组装式钢管骨架塑料大棚采用抱箍或连接卡连接上下弦杆，这种用螺栓连接腹杆和上下弦杆的方式连接更牢固，如果采用不锈钢螺栓和螺母，使用寿命会更长，结构由于连接不当失效的几率将很低。需要时，这种结构上下弦杆C形钢的凹槽可以直接代替塑料薄膜的固膜卡槽，还可进一步节省卡槽的费用。桁架上弦杆凹槽朝外，下弦杆凹槽朝内，还可在大棚冬季需要保温时直接在下弦杆上安装塑料薄膜，形成双层塑料薄膜的保温大棚，在显著提高大棚保温性能的同时基本不再增加额外的结构零部件。总体而言，该结构是一种比较节省和轻便的结构，这种结构在一些日光温室中也曾有应用。

这种结构也有不足之处：①由于大棚跨度大、屋脊高，如果一次成型上下弦杆不是在现场加工，而是在工厂加工后运输到现场，则需要的运输车的吨位就较大，增加了材料运输的成本（鉴于此，较大规模的工程都是在现场直接弯曲成型）；②上下弦杆为开口C形钢，相比圆管或方管等闭口结构的材料，同样截面尺寸材料的承载能力较低；③相邻腹杆在同一弦杆的连接处没有交汇到一点，而且两个连接点之间的距离较大，按照结构力学的计算模型，上下弦杆在腹杆的两个连接点之间会产生次应力，不利于提高桁架结构的承载能力。为此，建议在今后的结构安装中将同一弦杆上相邻两根腹杆的连接点交汇到一起，这样不仅结构传力明晰，而且还能节省螺栓和螺母以及安装这些螺栓和螺母的人工费用。

三、通风系统

大棚的通风系统采用屋脊通风口和侧墙通风口相结合的方式。其中包括两道屋脊通风口，分别位于靠近屋脊的两侧（图2a），屋脊通风口宽度800mm，通风口完全敞开不设塑料薄膜覆盖和开窗机构，控制通风口大小和通风量多寡完全依靠控制保温被的位置来实现，实际上把保温被当作了覆盖材料，将卷帘机当作了开窗机构。这种做法从用材上确实节省了通风口塑料薄膜及其固定材料，也省去了专门的通风控制执行机构，但从实际运行看：①保温被能否平直卷放从而均匀控制通风口的开启大小有待检验。②用保温被位置控制通风口需要频繁启动卷帘机，相比专用的屋面通风机（如卷膜通风机、齿条开窗机等），电机启动电流大、运行功耗高。如果采用自动控制，电机频繁启动，将不利于延长电机的使用寿命；如果采用人工控制，则控制精度和控制时间掌握的难度很大。③在冬季需要更大面积屋面保温时，可能会打不开屋脊通风窗，保温与通风的矛盾比较突出。

大棚侧墙的通风采用落地式卷膜通风机构，安装在大棚两侧，可以是电动卷膜器，

a   b   c

图3 保温被的安装
a. 卷帘机与保温被   b. 卷放中的卷被绳   c. 覆盖后的压被绳

也可以是手动卷膜器，可根据用户的使用和管理要求选择。由于大棚在跨度方向的尺寸较小，如果将双侧通风口同时打开，在风压作用下可形成大棚内沿跨度方向的穿堂风，更有利于大棚的通风和降温。此外，在大棚两侧山墙上开门，也会形成大棚长度方向的穿堂风，虽然这种穿堂风的通风量相比跨度方向的通风量小很多，但可根据风向和室内通风量的要求合理调配，从而达到更灵活的通风控制效果。

四、保温系统

大棚的保温系统和传统日光温室的保温系统从形式上看都是一样的，但该大棚无论从保温被的选择还是安装方面都有一些特别之处，用控制保温被位置来调节大棚内温度和光照更是该大棚的独特之处。

大棚保温被采用橡塑材料保温芯、双侧电缆皮防水的一种新型保温被。橡塑保温芯材料具有容重小、内孔封闭、自防水、热阻大、柔韧性好、易卷放等特点；电缆皮具有耐老化、防水性能好、使用寿命长等优点。相邻两幅保温被之间的连接不是传统的搭接或扣接方式，而是采用对接的方式，并用专用胶带双面粘接。这种连接方法可使整个屋面的保温被形成一整幅，保持整个屋面保温被表面平滑，也可避免搭接连接保温被的浪费，在整幅保温被安装完成后再在保温被的双侧覆盖完整的保护外层，不仅提高了保温被的密封性，也提高了保温被的防水性能。该保温被及其连接方式是北京卧龙农林科技有限公司开发的专利产品，笔者以为，该保温被是目前在塑料大棚和日光温室上使用的保温和防水性能最好的保温被之一。

为了保证卷被轴在保温被卷放过程中保持平直不弯曲，保温被在卷被轴上安装的同时还安装了卷被绳（图3），而且卷被绳沿卷被轴铺设的间距采用不等间距布置方式，靠近卷帘机电机位置卷被绳布置间距密，离卷帘机电机距离越远卷被绳间距越疏。卷被绳的一端固定在大棚的屋脊，另一端缠绕在卷被轴上，随保温被的卷放同步运动。这种做法或许是保持卷帘机卷轴平直的一种良好方法，不仅可以在塑料大棚上使用，在日光温室卷帘机上也有同样的效果。

除了缠绕在卷被轴上的卷被绳外，在卷被轴两端和中部位置还安装了压被绳，当保温被展开覆盖大棚表面后，这些压被绳紧压保温被的外表面，可防止保温被被风刮起，

温室工程实用创新技术集锦 ❷

WENSHI GONGCHENG
SHIYONG CHUANGXIN JISHU
JIJIN 2

a   b   c

图4 保温被的管理
a.一侧打开，一侧封闭   b.两侧随机半打开   c.两侧封闭

是一种保护保温被的有效措施。

对保温被的管理是该塑料大棚的核心技术。到了秋冬季节，为增强塑料大棚的保温性能，将大棚北侧屋面保温被展开，并永久固定，恰似轻型组装式日光温室的保温后墙和保温后屋面，南侧屋面保温被白天打开采光，夜间覆盖保温被，如同日光温室的南侧采光面，这种通过双侧保温被的控制将塑料大棚从形式上形成了另外一种形式的装配式日光温室结构（图4a）；而在春秋季节则可根据室外温度，白天结合大棚通风灵活控制南侧屋面和北侧屋面保温被的停放位置，保温和采光协调配合，达到室内作物需要的温光水平（图4b）；到了需要保温的夜间则可将双侧保温被全部展开，形成完全外保温的塑料大棚（图4c），如同日光温室的夜间保温。通过保温被的控制实现了设施在塑料大棚和日光温室性能之间的转换，一种设施，两种性能，周年生产，而且土地利用率高、建设成本低。如果配套地面储热系统或其他主动储放热系统，甚至临时加温系统，能够在冬季室外气温－15～－10℃地区生产蔬菜安全越冬，则这种形式的塑料大棚将具有非常广阔的推广应用市场。

五、存在问题与改进方向

一项新的产品在看到其优点的同时，也应充分分析其存在的问题，以便为产品的不断改进和提高找到"抓手"。以下笔者就该保温大棚在走向替代日光温室的道路上遇到的一些问题进行分析，为产品开发者改进技术、提升设施性能提供参考。

1. 采光问题

由于塑料大棚是以屋脊为中心的左右对称结构，在保温被卷起时，双侧保温被同时停放在大棚屋脊位置，自然会在大棚内形成一条阴影带（图1b），而且这条阴影带大部分时间处在作物种植区，在一定范围内总是会影响作物的采光。如果将保温被固定边设置在大棚的下部，这种遮光的影响将会完全消除。

到了冬季保温大棚按照日光温室的保温模式运行时，一侧保温被完全覆盖半个大棚屋面，另一侧保温被卷起时也停放在同侧通风口附近，占大棚地面1/2以上屋面面积被保温被覆盖（由于保温被的固定边都是固定在屋脊位置，这种覆盖模式难以再扩大采光面

a   b   c

图5 保温被兜水现象
a. 双侧保温被放置在屋脊　b. 保温被覆盖通风口　c. 保温被端头排水

积），相比传统日光温室后屋面的投影宽度不足温室跨度的1/3，塑料大棚冬季屋面的遮光面积相对较大，会直接影响大棚北侧种植作物的采光。采用不对称屋面大棚，南侧采光面大，北侧采光面小，类似日光温室结构或许能克服这种遮光的影响。

2. 保温被兜水问题

  大棚双侧安装卷帘机，下雨时从两侧卷起的保温被停放在屋脊位置后，两卷保温被之间积水无法排除是这种保温被安装所带来的一个比较难以克服的问题（图5a），而且两卷保温被之间的距离越远（下雨期间用保温被遮盖屋脊通风口，从而形成较大的汇水面积，图5b），积聚的雨水也越多。由于该保温被具有良好的防水性能，积聚在保温被一侧的雨水无法通过保温被渗漏排除，而且由于大棚长度较长，积聚雨水向两侧排除由于没有足够的排水坡度，势必也会增加雨水积聚的风险，这些积聚的雨水会增加大棚的屋面荷载，给结构安全造成隐患。此外，向保温被两侧排水也会直接淋洒在大棚山墙上，造成山墙被雨水浸湿（图5c），给山墙的墙体结构造成安全隐患。

  下雨期间，保温被覆盖屋脊通风口，也直接影响大棚的通风。虽然将双侧保温被全部展开可避免屋面雨水的积聚，却影响了大棚的采光和通风。实际上，冬季下雪后，由于大棚屋顶较平，通过积雪滑落来清除屋面积雪的可能性很小，屋面积雪需要人工清扫或等到自然融化。该大棚在屋脊位置塑料薄膜下增设了防水兜支撑网（图2a），集雨和积雪不会引起塑料薄膜出现水兜，但雨雪产生的附加荷载却应引起重视，这在普通温室大棚的设计规范中都没有考虑。

3. 储热问题

  目前这种保温型塑料大棚还没有配置主动或被动储放热系统，根据经验，单纯依靠保温的塑料大棚在北京种植果菜还难以越冬安全生产。为了保证大棚冬季蔬菜的安全生产，配置临时加温设施或储放热设备还是必要的，但针对这种大棚究竟配套多大供热量的供热设施还需要进一步研究和实践。根据公司总经理李晓明先生的介绍，大棚可以配套土壤热风储热系统，依靠地面土壤的白天储热和夜间放热来弥补大棚夜间的散热，但这一措施的效果如何还有待实践。

一种装配式内保温双层结构主动储放热塑料大棚

近年来，国家对土地资源的管理越来越严格，传统日光温室土地利用率低的问题成为人们关注的焦点。

塑料大棚建设投资低、土地利用率高，可适合南北各种气候条件，因此，以日光温室的保温节能性能为目标，通过增强塑料大棚的保温性能和储放热能力来部分或全面替代传统日光温室的实践，在生产中已经开始探索应用。早期提高塑料大棚保温性能的方法主要是直接借用传统日光温室的保温技术，采用外覆盖保温被的方法增强大棚的保温性能。近年来，随着农村劳动力的不断转移和劳动力价格的上涨，设施生产对机械化作业的要求越来越高，因此，保温大棚更朝着大跨度（跨度在20m以上）方向发展。但大跨度塑料大棚室内大都多柱，尤其是屋面坡度小，清雪、排水都很困难。此外，大跨度塑料大棚承力骨架大都是焊接结构，构件表面防腐难度大、结构工厂化生产水平低、对结构的强度要求高等问题还没有得到很好解决。为此，有人转而研究中跨度（跨度10～15m）组装式的塑料大棚，试图通过加强保温实现工厂化生产，提高大棚建设的标准化水平并降低生产和建设成本。

对组装结构的保温大棚，笔者曾报道过一种外保温的外卷边C形钢拱架组装结构，2018年1月底，在一次和北京阳光天下科技发展有限公司董事长吕昊先生的交流中得知，他们公司在试验研究一种内保温的组装式塑料大棚，并给我展示了照片，还给我提供了新疆阿克苏阿拉尔市正在生产中的种植辣椒现场的温度测试报告，引起了我极大的兴趣和我们之间的共鸣。通过进一步深入交流，笔者基本了解了这种大棚的结构及其配套设备和基本性能，在征得吕昊董事长的同意后，在他提供资料的基础上整理出本文，并以此文向业内同行隆重推介这一新型产品。

a   b

图1 保温大棚
a.外景　b.内景

一、建筑结构与设备配置

内保温塑料大棚采用圆拱顶带肩结构，内外双层，内层结构与外层结构无论山墙侧还是侧墙侧均完全分离，间距0.5m（图1）。大棚外层结构跨度12.0m，脊高4.5m，标准单元长度42.0m；内层结构跨度11.0m，脊高4.0m，长度41.0m。一个标准单元大棚的建筑面积504.0m²，使用面积451.0m²。

内保温大棚的外层结构和传统的装配式镀锌钢管结构塑料大棚一样，配套两侧或单侧山墙大门，用于操作管理和夏季通风，在大棚的两侧墙安装手动或电动卷膜器，用于大棚的通风换气（这也是传统塑料大棚的标配要求）。保温大棚的内层结构是保温的主体，除了和外层结构一样需要在山墙开设操作门和侧墙安装卷膜通风机外，在其外表面覆盖保温被是这种大棚的主要特征。由于在室内（相对外层结构）安装保温被，不能像装配式外保温塑料大棚那样安装中卷式卷被机，而只能在山墙的一端安装摆臂式卷被机。受摆臂式卷被机工作距离的限制，从山墙一侧卷被时，卷被轴的长度不宜超过60m；如果在两侧山墙均安装摆臂式卷被机，则大棚的长度可达到与配套中卷式卷被机的外保温塑料大棚的长度，但需要多使用2台卷被机（双侧卷被）。该设计采用单侧山墙摆臂式卷被机，从使用安全的角度考虑，大棚的长度采用40m长的内层结构，是一种比较保守的设计。

二、承力结构

内保温双层结构大棚的主体承力结构也分为双层。外层结构承受室外风雪荷载，内层结构承受保温被及卷被机荷载和种植作物的作物荷载。

外层结构和内层结构在承力体系上完全脱离，互不影响。外层结构由于内层结构的阻碍，无法安装室内立柱，所以大棚的跨度受到限制。设计采用12.0m的外层结构跨度已经是无立柱塑料大棚结构中跨度比较大的结构，在不同地区推广使用这种类型的大棚时一定要根据当地的设计风雪荷载校核结构强度。该设计外层结构采用

图2 大棚内层结构及立柱斜撑

a   b

图3 保温大棚内层结构吊挂作物支撑系统
a. 中部立柱部位   b. 靠近侧墙部位

φ60mm×30mm×2.5mm椭圆管（这也是该大棚区别于传统装配式钢管结构塑料大棚的一个显著特征，采用椭圆管后较圆管的承载能力显著提升），拱杆间距1.0m，屋面安装5道φ32mm×2.5mm圆管纵向系杆，靠近两山墙的侧墙端安装斜撑，保证结构的纵向稳定性。

大棚的内层结构完全不用考虑室外风雪荷载的作用，但考虑到保温被和卷被机的荷载以及作物荷载较大，设计采用中部立柱的结构形式（实际上这也是一种较保守的设计）。为了加强立柱与屋面拱杆的连接，在立柱上部沿大棚跨度和长度两个方向安装了斜支撑（图2），分别连接屋面拱杆和大棚屋脊梁，可有效抵抗卷被机及保温被的运动荷载。内层结构主拱杆采用φ60mm×30mm×2mm椭圆管，间距1.0m，与外层拱杆位置对应。内层结构屋面上沿大棚长度方向安装3道纵向系杆，其中屋脊部位纵向系杆采用−400mm×2.0mm钢板（便于和立柱连接），屋脊两侧屋面纵向系杆采用φ25mm×2mm圆管。和外层结构一样，内层结构在靠近山墙的侧墙上也安装有斜撑，保证结构的纵向稳定。立柱采用φ40mm×2.0mm圆管，间距3.0m。

为了便于承载作物荷载和吊挂作物，在内层骨架上专门设计了一套作物吊挂系统（图3）。在大棚的肩高部位沿跨度方向间隔1m（每根拱杆上）拉钢丝做三级吊蔓线*，

---

*三级吊线为沿塑料大棚跨度方向（一般指垄作方向）水平布置，直接吊挂吊蔓线的拉线或支杆；二级吊线为沿塑料大棚长度方向（垂直于垄作方向）水平布置，支撑三级吊线的拉线或支杆；一级吊线指竖直布置，一端固定在大棚骨架或系杆，另一端固定在二级或三级吊线上的吊线或拉杆。

图4 大棚主动储放热系统
a. 进风口　b. 系统整体　c. 出风口

两端分别固定在内层骨架上肩高位置；从屋面纵向系杆上竖直向下挂一级吊蔓线，其中屋脊两侧纵向系杆吊挂的一级吊蔓线直接与三级吊蔓线连接，而在屋脊梁上吊挂的一级吊蔓线则连接在沿大棚长度方向通长布置的刚性钢管上（称为二级吊蔓线），该二级吊蔓线与三级吊蔓线相交处，三级吊蔓线跨越二级吊蔓线，对三级吊蔓线起到支撑作用。这种做法可减少二级吊蔓线的数量，而且能充分发挥大棚中间立柱的作用。

种植作业中，如果作物按大棚跨度方向起垄，垄距为1.0m，则可直接利用三级吊蔓线吊挂作物；如果采用大小行垄距种植或是沿大棚长度方向起垄，则需要在三级吊蔓线上再搭设一层二级吊蔓线来吊挂作物。

不论是大棚外层结构还是内层结构，全部骨架均采用热浸镀锌表面防腐，工厂化生产，现场组装，构件连接采用大棚专用连接卡具，没有焊点，组装方便、拆卸容易，工业化、标准化水平高，具有良好的推广性能。

三、主动储放热系统

内保温大棚除了前述的双层结构保温以及内层结构外保温被保温外，采用主动储放热系统是该保温大棚的最大亮点。在被动保温的基础上，为了进一步增强大棚的温度主动调控能力，该大棚配套了一套空气循环地面储热的主动储放热系统(图4)。

在大棚中部靠近屋脊位置安装风机（这里白天的空气温度最高），将室内白天热空气通过直立的集风管道（图4a白色管道）导入埋设在地下沿大棚长度方向布置的热风分配管，热风分配管上通过三通连接换热管，将热风分配管中空气导流到埋入地下的散热管中，散热管中的高温空气与低温的土壤进行热交换，从而将大棚室内空气中的热量储存在地面土壤中。散热管的端部通过弯头伸出地面（图4c），将经过换热的冷空气重新导入大棚，融入大棚室内空气，一方面起到大棚降温的作用，另一方面在大棚内对冷空气进行再加温，提高空气温度后再进行循环换热。到了夜间，当大棚内空气温度降低到设定温度时，重新启动风机，将白天储存在地面土壤中的热量再通过散热管重新输送到大棚内，以保持和提升大棚内夜间空气温度，使其满足作物生长的要求。

主动储放热系统的风机和集风管间距6m，集风管采用φ200mm PVC管，热风分

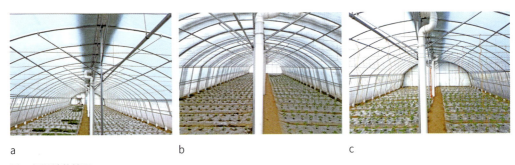

图5 保温被的管理
a. 白天打开状态　b. 夜间覆盖状态　c. 山墙围护

配管采用φ160mmPVC管，散热管采用φ110mm PVC 管，散热管间距1.0m，埋深1.2m。由于散热管埋深较深，深层土壤的温度比较稳定，而且基本不会影响大棚内的耕种作业。

由于采用了这套主动储放热系统，在多重严密保温的基础上，大棚可以在中国大部分地区越冬生产，并有替代传统日光温室的可能。

四、保温系统

大棚的保温系统包括内层结构的保温被外保温和内外层结构间形成的空气间层的隔热两部分。

由于大棚内外层结构均覆盖PO薄膜，即使没有内层结构的保温被，在内外两层结构间也能形成封闭的空间，通过空气的绝热作用可在一定程度上减少大棚的散热。一般双层结构较单层薄膜塑料大棚可节能60%左右。

内层结构覆盖保温被，与外层结构覆盖保温被相比，对保温被的防水性能、防风要求以及表面抗紫外线等耐老化性能的要求均有显著降低，所以在内层结构上覆盖的保温被可不用厚重的草苫等材料，而可选择使用更加轻盈、保温性能好的材料。该保温大棚配套的保温被材料没有采用我国传统日光温室使用的草帘、针刺毡等保温被，而是采用一种自主研究开发的新型保温被材料，内层保温芯为EPE发泡材料，外层保护层为牛津布，保温被质地轻柔、重量轻、不吸水，而且还可以少量透过散射光。白天卷起后体积较小，室内阴影面积小（采用散射薄膜后室内几乎看不到阴影，图5a）；夜间覆盖后铺展均匀，无漏缝（图5b），大棚具有良好的保温性能。

除了EPE发泡材料的保温被外，公司还针对寒冷地区推出了一种复合材料保温被，即在原有三层结构EPE发泡材料保温被（牛津布+EPE+牛津布）的基础上研制出一种五层结构的保温被（牛津布+EPE+中空隔热纤维+EPE+牛津布），其中各层保温材料的厚度可按照不同地区室外温度改变和定制。但这种复合材料保温被目前成本比较高，而且增大厚度后保温被的体积增加很多，不仅给远距离运输增加了成本，而且被卷在大棚内，卷起后体积大、遮阴面积大，对室内作物采光影响显著。针对此问题，公司又

图6 新型充放气可变体积隔热材料保温被
a. 充气状态　b. 放气后状态

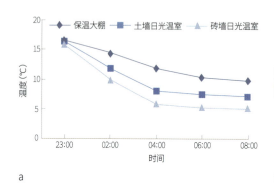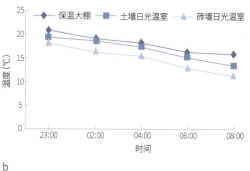

a

b

图7 保温大棚与日光温室的温度性能测试对比
a. 空气温度　b. 土壤温度

开发了一种充气放气可变体积隔热材料的保温被（图6），充气后30cm厚度与10cm厚10kg/m³容重聚苯板保温性能相当；放气后的厚度仅3mm左右（加上保护层总厚度为5~6mm），在棚顶收卷后的直径30cm左右，对室内的遮光基本上可以忽略不计。

对大棚两侧山墙的保温，屋脊南北走向布置的大棚（这也是塑料大棚常用的布置方式），北山墙的内层结构采用与屋面保温被相同的材料固定覆盖，与大棚内层结构屋面保温形成封闭的保温体系；但南侧山墙考虑到白天采光没有增设固定保温被，夜间只利用内外两层结构间形成的空气间层形成保温，这里或许是大棚夜间散热的一个冷桥面，如果在未来的技术研究中能进一步提高南山墙夜间的保温，则将对提升大棚的整体保温性能起到很大的作用。有的保温大棚南侧山墙采用中空PC板替代单层塑料薄膜，可显著提高南侧山墙的保温性能，但由于中空PC板的透光率较低，这种增强夜间保温性能的措施会减少大棚白天的采光，实践中应权衡利弊，结合当地的太阳辐射水平选择使用。

五、实际运行性能

该大棚在新疆南疆的阿克苏阿拉尔市建设运行。2018年1月5日定植生产，1月19—23日连续5天与当地的土墙日光温室和砖墙日光温室进行对照测试，在室外温度－20～－15℃

a   b

图8 内保温双层大棚的安装
a. 先装内层结构再装外层结构   b. 外层结构的侧墙通风卷膜器安装

图9 开沟机开沟

的条件下，温室大棚内的气温和地温见图7（图中温度为5天各时段的平均温度）。由图可见，双层内保温大棚夜间的保温性能已经超过了当地日光温室的水平，而且室内最低温度保持在10℃以上，基本达到了果菜生产的最低温度要求，替代日光温室已经成为现实。

六、施工安装关键技术

双层结构大棚，由于外层结构的存在，给内层结构的施工和安装带来极大不便。另外，大棚内设计采用空气循环地面储热系统，在大棚结构安装后再施工时作业空间也受到限制。为此，该大棚的施工安装程序和单层结构的塑料大棚（包括单层结构外保温塑料大棚）有很大区别。

双层结构塑料大棚的安装顺序为主动蓄热地埋散热管安装（包括开沟、布管和回填）→内层结构安装（包括基础、主体结构、覆膜、卷膜器、保温被和卷被机）→外层结构安装（包括基础、主体结构、覆膜、卷膜器等）→其他设备安装。按照这样的施工安装程序，内外两层结构可像单层结构的施工安装一样，施工安装不受任何空间上的约束（图8）。

开沟安装主动蓄热地埋散热管可用专用的开沟机（图9），按照放线位置和开沟深度一次快速成型，施工速度快，劳动强度低，作业标准化水平高。

大棚主体承力骨架的安装首先应做好基础。大棚基础的做法有很多种，从不扰动地基原土的角度考虑，目前比较流行的大棚基础做法是采用基础钢桩，即将1.0～1.5m长的钢管（钢管直径与大棚主体结构的骨架尺寸相匹配）用冲击锤打入地中，通过螺栓连接的方式将基础桩与上部结构的拱杆连接在一起（图10），形成完全的组装式结构。这种做法完全省去了土建工程，施工的标准化程度高、速度快、效率高、成本低。基础桩的承力主要依靠与土壤的摩擦力，不仅可以承载上部结构自重和竖向荷载对基础的下压力，而且能承载风荷载对基础的上拔力。施工采用完全机械化的冲击锤打桩机

a   b

图10 大棚基础桩的施工
a. 冲击锤打桩机　b. 打桩完成的基础桩

（图10a），不仅可以降低劳动强度，而且打桩速度快，作业的标准化水平高，施工的工程质量好。

七、存在问题与改进方向

一项新产品在看到其优点的同时，也应充分分析其存在的问题，以便为产品的不断改进和提高找到抓手。以下笔者就这种保温大棚在走向替代日光温室的道路上遇到的一些问题进行分析，以提示产品开发者改进技术、提升设施性能。

1. 采光问题

该保温大棚采用双层结构，进入大棚作物种植区的太阳辐射要经过两层塑料薄膜的反射和折射，较单层塑料薄膜作物采光区的总光量损失至少10%，如果考虑结露、积尘等因素，实际的光照损失可能会达到20%以上。管理中应选择高透光率的流滴性塑料薄膜，并经常清扫塑料薄膜表面的灰尘，以保持塑料薄膜的高透光性能。

内层结构屋面上的保温被在白天卷起滞留在屋脊部位是大棚内形成阴影带的一个难以克服的成因。保温被从内层结构的两侧侧墙卷起，白天基本卷放在屋脊位置，如果两侧卷被机不能把保温被卷紧，室内的阴影带或许会更宽。管理中一是要采用高散射薄膜，尽量减少大棚内的直射辐射比例，提高大棚内光照的均匀性；二是要选用质地轻柔、厚度小、热阻大的保温被材料，使保温被卷起时被卷的尺寸控制在最小的范围内。

2. 通风降温问题

该保温大棚内外双层结构均安装了侧墙卷膜开窗通风系统，但由于室内热空气基本都集中在大棚内屋脊部位（这里空间位置最高，是热空气的集聚区），单纯的侧墙通风排除屋脊部位热空气的效率很低，尤其从春末到秋初的炎热季节，给大棚的降温带来很大困难。改进的措施应该在大棚内外层结构的屋脊部位开窗通风，使集聚在棚内屋脊部位的热空气能够以最短的路径、最快的速度排出大棚，从而获得高效的通风降温效果。实践中可在外层结构的屋脊安装1～2台手动或电动卷膜开窗机构，在内层结构的屋脊两旁（躲开保温被被卷长期停留的区域）开通风口，安装手动或电动卷膜器，同时控制内外两层结构屋脊的通风机构可快速通风换气，排除室内湿气、降低室内温度。此外，从夏季降温的角度考虑也可以在大棚内层结构外表面（保温被下）安装遮阳网，阻挡和减少进入大棚的太阳辐射，从而起到降低室内温度的作用。

3. 未来研发的设想

该保温大棚开发的初衷是在满足用户性价比要求的前提下，把各种技术进行集成，筛选出一种适合中国乃至全世界通用的大棚标准结构。通过模块化设计、大规模生产来降低制造成本，各个模块采用标准化设计，通过更换各个模块来适应各种温度环境和用户的需求，目前该保温大棚已经具备了模块化设计的条件。如可以通过更换透光覆盖材料和保温覆盖材料来满足和适应不同环境气候，以及用户的要求，在室外温度低于−30℃的地区，采用中空PC板做外层结构的透光覆盖材料，可大幅度减少透光材料的热损失；在大棚两侧山墙安装风机-湿帘降温，可满足大棚夏季炎热季节的降温需要；可以选择不同厚度的保温被来满足不同地区和不同种植品种对大棚冬季室内温度的需要；可以安装屋顶模块化通风让用户有更多选择，从而满足不同要求。

温室设施在北方地区冬季运行，能耗是构成生产成本的重要因素，所以节能一直是各种温室设施设计和建设中重点关注的关键控制要素。笔者曾对中国创新的高效保温塑料大棚和日光温室进行过专题总结报道，对保温型连栋温室也曾报道过一种平卷被多层内保温温室。2017年笔者在走访调研中先后在河北、山东等地看到了艾森贝克农业设备（北京）有限公司建设的一种模块化的内保温连栋塑料温室，不仅保温性能好，而且夏季的降温性能也不错，其中的一些设计理念对我们很有启发，现介绍给大家，供业内同行们研究和借鉴。

一、温室建筑结构

从外观上看，这种温室和传统的连栋塑料温室没有太大区别，圆拱形屋面、屋顶安装外遮阳系统、侧墙安装手动或电动卷膜通风系统（图1），但细看温室的侧墙，该温室摒弃传统的直立侧墙结构，而采用圆弧形的侧墙外形（实际上是在保留传统连栋塑料温室直立侧墙的基础上又附加了一层外形呈圆弧状的保温结构）。这种改变一是可以在侧墙形成气流导流面，有利于提高结构的抗风能力；二是这种附加结构可以和温室侧墙直立面之间形成侧墙空气间层，有利于提高温室墙体的保温性能；三是采用弧面结构，这种结构较平面结构，构件承受侧面风荷载后的受力性能更好（更多的压力替代了弯矩）；四是改变了原侧墙立柱的承力方式（风荷载由布满立柱的线荷载变成了只作用在柱顶的点荷载，而且由于外弧结构的分担，使作用在柱顶的点荷载较作用在柱体的线荷载的总荷载效应大大减小）。

从图1还可以看到，温室的平面可以任意组合，在温室的跨度方向按温室跨数，可以是双连跨，也可以是三连跨或更多的跨数；在温室的开间方向，可以按照温室的开间模

图1 温室建筑
a.双连跨 b.三连跨

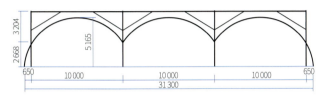

图2 三连跨温室剖面图（单位：mm）

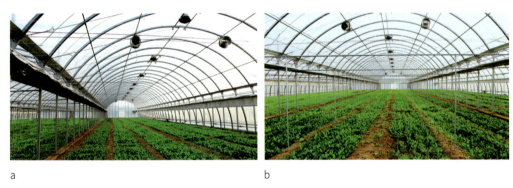

a b

图3 温室结构
a.无下弦杆标准结构 b.带下弦杆加强结构

数（3m）按照建设场地的地形条件，可长可短，形成了温室平面组合上的模块化设计。由于温室采用完全自然通风方式通风和降温，生产中大都采用双连跨或三连跨结构，标准单元温室的跨度10m，开间3m，檐高2.668m，脊高5.165m，室外遮阳网高度5.872m（图2）。三连跨温室在跨度方向上温室自然通风的距离保持在30m左右，是理想的自然通风温室。

从温室结构看，温室有两种结构形式：一种是屋面结构不设下弦杆（图3a），室内空间大，作业无障碍；另一种是在柱顶设水平系杆，并用2根立柱支撑系杆（图3b），便于吊挂作物和安装水平内保温幕。可根据室内种植作物和温室建设地区的风雪荷载选择使用。对种植叶菜、草莓等低矮作物的生产温室可采用标准型无水平系杆的温室结构，对种植长季节吊蔓作物（如黄瓜、番茄、辣椒等）的生产温室可选择带水平系杆的温室结构，这样种植作物的选择基本不影响温室的标准化结构，从而实现温室结构的模块化

a   b

图4 温室卷膜通风系统
a. 侧墙卷膜通风系统　b. 屋面卷膜通风系统

表1　无动力风机主要技术参数

型号	高度 (mm)	排风口(直径) (mm)	通风口风速 (m/s)	风量 (m³/h)	材质
XLW-400	400	500	3.4	1 380	不锈钢
XLW-500	500	620	3.4	2 520	不锈钢
XLW-600	650	800	3.4	3 600	不锈钢
XLW-800	650	880	3.4	4 500	不锈钢

注：表中排风量按通风口平均风速为3.4m/s(三级风),室内外温差5℃计算,若通风口平均风速增加,则排风量以同比例增加。

选型。针对不同种植品种和地区，可因地制宜选择经济适用、造价低廉的单元配置，提高了温室结构的通用性和温室配置的适应性。

二、温室通风系统

通风系统是每种类型温室必须首先考虑的设备配置。该温室选择配置了连栋塑料温室标准的侧墙和屋面卷膜通风系统（图4），均采用电动卷膜器操控，可根据室内外温度实现自动控制。温室在选择配置电动卷膜器时，根据温室的连跨数、建设场地的常年风向和风力大小，可以仅配置侧墙卷膜器（主要针对双连跨温室），也可仅配置屋面卷膜器（主要针对寒冷地区），还可侧墙和屋面均配置卷膜通风系统，从而实现温室卷膜通风系统的模块化设计和选择性配置。

除了温室侧墙和屋面卷膜通风系统外，该温室还在屋顶安装了无动力自然排风机（图5），每跨屋面上相隔一个开间安装1台排风机（间距6m），依靠室内外温度差形成的热压作用，形成温室的自然通风。这种通风系统日常运行无能源消耗，设备安装也不需要电力负荷和电路布线，节省了温室的运行能耗和运行成本。无动力风机有多种规格，表1是各种规格的主要技术参数，可供设计选择应用。

对屋顶无动力自然排风机的设计，也应根据温室建设地区的风力条件结合温室的侧墙和屋面卷膜通风系统综合分析后选择使用。对于夏季室外温度高且风力小的地区，无

a   b

图5 温室屋顶无动力自然排风通风系统
a. 室外　b. 室内

a   b

图6 温室主动降温系统
a. 室外遮阳与喷雾降温系统　b. 室内喷雾降温系统

动力自然排风机能够充分发挥其排风作用；而对于室外风速较大的地区，温室依靠屋面和侧墙的卷膜通风，在风压和热压的共同作用下即可达到理想的温室通风，这种情况下，温室则无需设计安装屋顶无动力排风机。从这个角度讲，温室通风系统又形成了两种自然通风系统的模块化选择和设计。

三、温室降温系统

自然通风是最经济的温室降温方式。但完全依靠自然通风，在夏季炎热的季节，当室外风力较小或无风时刻，难以达到温室内理想的控制温度，因此，配套其他的降温设施是连栋温室周年生产的必要条件。

外遮阳降温系统是温室常用的夏季降温的廉价设施。在温室屋脊500mm以上位置安装室外遮阳网，可直接将室外强光阻挡在温室之外，从源头上消除或减弱温室的降温负荷，是一种最经济有效的降温方式。只要选择适宜室内作物要求光照条件的具有一定透光率的室外遮阳网，就可使温室的降温性能达到理想的经济有效的效果。为了能适应不同季节天气条件下的遮阳降温需要，一般室外遮阳网均设计为自动控制的可启闭遮阳网系统，在需要阳光进入温室时能够收拢遮阳网，保证温室的采光。

该温室在配置标准的室外遮阳网的同时，还配置了屋面喷淋系统（图6a），一方面

a   b   c

图7 温室保温系统
a.侧墙保温间层　b.侧墙保温系统　c.屋面与山墙保温系统

可通过在屋面外喷淋形成水雾降低温室屋面周围的空气温度，增大室内外温差，提高温室屋面通风口气流传输的速度，加大室内热量对外交换的速度；另一方面，喷淋水滴可直接降低温室屋面塑料薄膜的表面温度，使温室内通过塑料薄膜的热量传导速度也大大加快，从而显著提高温室降温的效率。此外，由于在室外喷淋降温，不会造成温室内空气湿度增大，而且喷淋水还可以通过温室天沟回收后循环利用，不浪费水资源，具有节水和生态环保的作用。这种屋面喷淋降温系统在国内大部分的连栋温室中均没有采用，实践中，温室设计和生产者可借鉴这种技术，形成廉价、高效的降温设施。该喷雾降温系统除了夏季温室降温外，在尘土较重的北方地区还可以用于清洗温室屋面塑料薄膜上的灰尘，定期清洗屋面积灰，有效提高温室屋面的透光率，尤其在光照不足的冬季，提高温室屋面的透光率不仅可以提高温室作物的光合强度，增加作物产量，提高作物品质，而且可以提高温室内温度，更有利于作物生长和减少温室的加温负荷，具有一举多得的效果。

除了室外的吊挂式喷雾降温系统外，该温室还在室内配套了一套喷雾降温风机（图3、图6b）。在温室内每跨配套2组风机，分别安装在以屋脊为对称的两根屋面纵向系杆上。风机在温室长度方向上的间距为20m，对60m长温室，每跨安装6台风机（双列，每列3台）。该风机是在传统循环风机的基础上，在风机的排风侧附加安装了一套供水系统（图6b中蓝色管为供水管）和一个布水盘，供水水管中的水流在动力作用下射入布水盘，在排风机风力的作用下，布水盘中的水流在风机的排风端被风力切割、冲击形成细雾，伴随风机的气流扩散到温室中，与室内高温空气混合，随着水分的蒸发吸热，从而降低温室中的空气温度。当供水管中停止供水后，该风机可直接用作室内水平环流风机，开机运行可有效扰动空气，提高作物冠层和叶面周围空气的流动速度，夜间可减少病害，白天可增加作物的光合作用。所以，该风机具有降温和扰流的双重功能。但室内喷雾风机运行可能会增大温室室内的空气湿度，运行中应同时检测温室空气的温度和湿度，在保证降温的同时应尽量减小温室空气湿度，避免空气湿度过高引起作物病害。

由于温室配置了以上室内外多种通风和降温设备，完全省去了传统连栋温室常规配套的湿帘风机降温系统，不仅降低了温室建设的投资，而且大大降低了温室的运行费用（湿帘风机降温系统在夏季风机和水泵运行的能耗一般占生产成本的10%～20%），所以，这是一种高效的温室降温系统。多种降温设备也为温室的夏季降温提供了多种模块

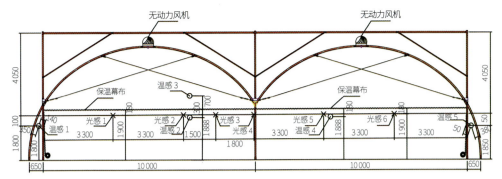

图8 测点布置图（单位: mm）

化的选择方案。

四、温室保温系统

保温系统也是该温室的一个非常独特的配置。不像双层结构内保温塑料大棚，该温室没有用双层结构却形成了事实上的双层保温结构。首先在侧墙外侧，通过增加弧形侧墙附加杆件（图7a）在温室的直立侧墙与弧面侧墙之间形成了能够保温隔热的空气间层，外层用塑料薄膜围护，白天用卷膜通风机打开通风，夜间关闭通风口覆盖保温（为了保证有效防虫，在塑料薄膜的内侧安装了固定的防虫网，防虫网的目数可根据室内种植作物的要求进行选择）。在直立侧墙的内侧同样采用电动卷膜器控制内保温幕（图7b），实现直立侧墙与弧面侧墙的封闭，从而形成侧墙的双层隔热空间，降低温室通过侧墙的传热。白天温度升高后，可卷起内侧保温幕实现温室采光；当需要通风时，可同时卷起内层保温幕和外层塑料薄膜形成侧墙通风口进行通风换气。

在温室内檐口高度安装室内水平移动的内保温幕，采用钢缆拉幕系统操控保温幕的启闭（驱动轴及驱动电机减速机安装在侧墙直立柱外侧，如图7a），同时将水平保温幕的两端伸出，并自由下垂到地面，与温室两端的山墙之间形成隔热间层，随着水平保温幕的启闭而启闭（图7c）。从总体上看，在温室内形成了一个封闭的夹套保温空间，屋面、山墙和弧面侧墙上的塑料薄膜形成外层围护，室内水平保温幕（含两端的山墙侧垂直保温幕）与两侧直立侧墙的保温幕形成内层保温，完全隔离的双层空间形成保温的"瓶胆"效应，使温室冬季的夜间保温性能得到大大提高。白天所有内层保温幕卷起或收拢，基本不影响温室的采光。到了夏季，当室外太阳辐射强烈的时刻，可将室内水平保温幕展开，在很大程度上也能起到温室遮阳降温的作用。

五、保温效果实测结果

2018年1月，笔者选择位于山东临沂一个园区内的一栋双连跨保温温室（图1a），对其保温性能进行测试。分别在室外、侧墙、屋面和室内水平保温幕之间的空气间层，以及温室内种植区布置温度测点（图8）。

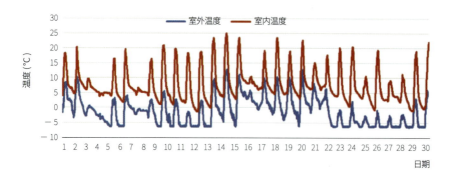

图9 温室2018年1月份室内外温度变化

图9为2018年1月份整月的室内外温度变化（其中室内温度以图8中测点2为代表）。由图可见，在室外温度−6℃左右时，室内温度基本保持在0℃以上，也就是说这种温室基本可以保证6℃的室内外温差，在冬季室外温度−5℃以上的地区越冬生产叶菜应该没有问题；在室外温度在0℃以上地区，可保持室内温度在5℃以上，种植如草莓等耐低温的水果将能够安全生产。

平卷被多层内保温塑料温室

——中国农业机械化协会设施农业分会2017年设施农业装备优秀创新成果评介

连栋温室冬季生产采暖的能源消耗在北方地区占产品生产成本的20%～40%，甚至更高。降低温室能耗，不仅能够降低温室作物的生产成本，提高产品的市场竞争力，也有利于节约能源、保护生态环境。因此，尽可能降低温室冬季的能耗不仅对生产企业具有良好的经济效益，对社会也具有良好的社会和生态效益。任何形式的节能技术在连栋温室上的应用都将具有经济、社会和生态的多重效益。

良好的保温是降低温室夜间能耗的有效方法。连栋温室中配置二道保温幕已经成为南北方气候条件下温室的基本标配。室内二道保温幕保温隔热的效果主要表现为在温室中形成两个上下相互隔离的独立空间，一是减小作物种植区的采暖空间，减少温室采暖热负荷；二是利用保温幕与温室外覆盖材料之间的空间形成空气隔热层；三是利用二道幕保温材料自身的隔热性能增加温室散热的热阻；四是从材料自身的面层材质选择上采用高反射长波的材料（如铝箔）反射和隔断温室地面和作物向外的长波辐射，减少温室的辐射散热。

但传统的室内二道保温幕（严寒的北方地区甚至使用2层或3层保温幕），由于保温幕材料自身质量轻、质地薄、热阻小，作为保温材料，其热性能还远远不能满足保温隔热的要求。为此，进一步的改进措施是用热阻大的厚保温被代替传统的热阻小的薄层保温幕（包括塑料薄膜、无纺布、缀铝遮阳保温幕等），除了保留传统保温幕的空气间层的保温功能外，通过提高保温材料自身的保温性能，可进一步提高温室的整体保温性能。

除了提高温室保温幕自身的保温性能外，采用多层结构的温室，还可进一步增加空气间层的数量，也是提高温室保温性能的有效措施。

a   b

图1 温室建筑立面及屋面结构
a. 温室整体立面   b. 温室屋面结构

在2017年中国农业机械化协会设施农业分会评选首届设施农业装备创新成果过程中，笔者见到了这种采用厚保温被替代传统薄保温幕的多重保温温室。为了证实这种保温系统的真实性和可靠性，2017年8月19日笔者在温室建造企业北京盛芳园科技有限公司杨青海总经理的陪同下赴山东威海实地调研和核实了这种温室。现就这种温室的基本配置和创新技术介绍如下。

一、温室结构

踏进建设温室的生产园区，远远望去，我们要考察的温室是几栋锯齿形连栋塑料温室（图1a），分散在园区的不同位置。据杨总经理介绍，标准温室为六连跨建筑，温室跨度7.0m，檐高3.5m，屋面脊高5.57m，锯齿通风口顶部高度为6.5m，温室开间3.0m，长度可按照开间的模数设计和建造，控制在60m以内。

走近细看，原来这栋温室除了外形为锯齿形外，实际上还是一栋温室内套温室的双层结构温室，双层屋面（以下分别称为外屋面和内屋面）在温室中部共用室内立柱（图1b、图2a），通过各自的天沟连接到温室立柱，而两侧则分别支撑在各自独立的侧墙立柱上（两侧墙立柱间距0.8m）。温室的山墙也同样是双层墙，从平面上看，温室的内外结构形成了一个完整的"回"字形结构（图2b），在内外两层结构间形成了一定空间的空气间层，一方面可以利用空气的隔热减少温室的热负荷，另一方面可为安装内层塑料薄膜和卷膜机构等操作以及设备维修提供必要的空间。两侧山墙由于双层结构以及内保温，实际上每堵山墙的保温占据了一个3.0m的开间，温室的有效保温空间为（18×3m）×（6×7m）=2 268m²，地面有效利用率为86.7%。当然，到了夏季打开山墙的内保温层，可扩大温室的种植面积至2 394m²，使地面有效利用率达到91.5%。

温室不设外遮阳和湿帘风机降温系统。温室生产以多肉植物种植和育苗为主。

二、温室通风

通风是温室夏季降温和春秋乃至冬季换气的主要手段。由于温室没有配套传统温室

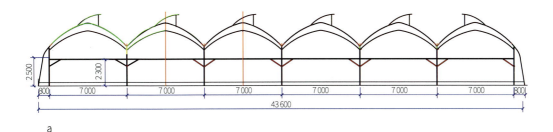

a

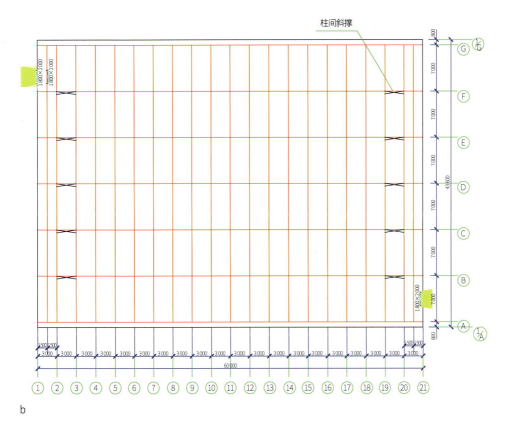

b

图2 温室平面图、剖面图(mm)

a. 剖面图 b. 平面图

使用的湿帘风机降温系统，为了增强温室夏季降温能力，温室从建筑形式上采用锯齿形屋面结构，这是自然通风温室中通风能力最强的一种结构形式。为了避免室外主导风向正对屋面锯齿口从温室通风口倒灌冷风，同时也从结构承力的角度考虑减少温室屋面的局部荷载，温室在锯齿口朝向设置时，将最外侧两跨温室的屋面锯齿口都面向温室跨度方向开启，这样无论从侧墙哪个方向吹来的风都不会直接面对锯齿口。中间跨屋面上的锯齿口方向则根据温室建设地区当地夏季主导风向的方向开启，以最大限度提高温室的夏季自然通风降温能力。当地夏季主导风向为西北风，该温室中间跨锯齿口全部朝东（图1a）。每个屋面锯齿口通长安装竖直方向启闭的电动卷膜开窗机构，根据室外天气条件和室内种植作物的生长要求以及室外风力，可自动控制卷膜器的启闭。

a

b

c

d

图3 温室通风系统
a.屋面通风口　b.外侧墙通风口　c.内侧墙通风口　d.山墙通风口

由于温室是双层结构，而且双层结构都用塑料薄膜覆盖，所以温室的通风除了要打开外层屋面和墙面通风口的覆盖物外，同时还要打开内层结构在屋面和墙面上通风口的覆盖物才能形成有效的通风系统。

温室内层结构屋面通风口设置位置和开启方式见图3a，通风口设置在内层结构的屋脊两侧，采用卷膜开窗的方式从内层屋面的两侧向屋脊卷起。由于内层屋面的通风口与外层屋面的锯齿通风口处在正对的垂直位置，两者形成了良好的"烟囱效应"，更有利于室内外气流的交换。

除了屋脊通风口外，温室的侧墙和山墙均设置了内外两层结构的通风口（图3b~d），并且均采用电动卷膜方式控制启闭。为了节约成本，仅在温室的外层结构通风口上安装了适宜防护的防虫网，内层结构不设防虫网。当然，对于防护要求较高的种植作物，也可考虑在内外双层结构的通风口均安装防虫网。但由于防虫网对温室的通风具有一定的阻碍作用，在不影响温室作物防虫的情况下，还是尽量采用一层防虫网更好。

温室运行中屋脊通风口可以单独运行，也可以和侧墙、山墙通风口配合运行。冬季

温室工程实用创新技术集锦❷

WENSHI GONGCHENG
SHIYONG CHUANGXIN JISHU
JIJIN 2

a   b

图4 温室室内遮阳降温系统
a. 拱屋面卷膜遮阳   b. 平拉幕遮阳

通风量需求较小时，仅打开屋脊通风口即可满足排湿和换气的要求，不需要大流量通风，而到了夏季则需要将山墙、侧墙和屋脊的通风口全部打开进行联合通风降温。春秋季节可根据室外温度和光照的变化，适时开启屋脊通风口和侧墙、山墙通风口进行通风降温或排湿。

三、温室遮阳

遮阳是温室夏季降温的主要手段。该温室由于没有设置外遮阳系统，设置内遮阳系统就是夏季遮阳降温的唯一选择。为了增强温室的遮阳降温能力以及不同遮阳水平的调节，该温室设计了两种形式的内遮阳系统，一种是利用温室的内屋面拱架，在其外表面铺设遮阳网，可以是固定的，也可以用卷膜方式开启（以下简称拱形遮阳，图4a）；另一种是采用传统连栋温室的平拉幕内遮阳系统（以下简称水平遮阳，图4b）。

拱形遮阳系统可直接利用温室内层骨架，除了配置卷膜器和必要的卡槽/卡簧固定遮阳网外，不需要配套其他设备，安装简单、设备用量少。夏季遮阳降温期间可拆除内层屋面塑料薄膜，将遮阳网永久固定在内层骨架上，也可以铺放在塑料薄膜上，独立配置一套手动或电动卷膜系统，根据室外光照条件随时调节遮阳网的启闭，操作更灵活，而且室内空间大，作物种植层温度低，作业人员没有空间压抑感。

水平遮阳完全采用室内平拉幕系统的机构和设备，在温室跨度方向开启，收拢后集中在温室天沟下，基本不影响温室的采光。由于在温室跨度方向拉幕，传统的齿轮齿条拉幕系统齿条的长度不够，为此该系统采用钢缆驱动系统，并安装减速电动驱动，可实现自动控制。由于该温室内种植多肉植物和用于多肉植物的育苗，所以，在设计中还采用了双层水平遮阳幕，使光照的控制能力进一步增强，调节也更灵活。

实际运行中可根据种植作物对光照的要求和室外光照水平，采用其中任何一层的单层遮阳，也可以将多层遮阳网同时使用或不同遮阴率遮阳网相互配合使用，以适应种植作物对光照的不同要求，这种系统尤其适用于室外光照强烈、室内种植耐阴作物的温室。

a   b   c

图5 温室内保温系统
a.侧墙内保温 b.山墙内保温 c.室内水平保温（模型）

四、温室保温

严密的保温是该温室的最大特点。除了双层结构形成的温室隔热保温体外，该温室用高保温热阻的保温被替代传统连栋温室的保温幕进行室内保温，显著地提高了温室的保温性能。使用保温被保温，不仅可对温室的屋面进行保温，而且可对温室的四周墙面进行保温，这种完全"内胆"式的严密保温结构，是该温室保温降耗的创新点。

该温室的侧墙保温借用了温室的内层结构，在内层结构塑料薄膜的外侧安装保温被，如同日光温室的外保温一样，夜间塑料薄膜封闭，保温被展开，温室的保温从内到外依次是内层塑料薄膜–保温被–空气间层–外层塑料薄膜，形成"双膜单被一空间"的隔热保温结构（图5a）。保温被和通风口的启闭分别采用相互独立的卷膜（被）电机，白天保温被卷起，温室采光，同时根据温室通风降温需要启闭卷膜通风口；夜间温室需要保温时，将卷膜通风口闭合，同时展开保温被形成严密的保温结构。春秋季节温室不需要严密保温时，可将保温被永久卷起，控制温室内层和外层结构的通风口启闭来实现温室保温和换气的要求。

温室的山墙保温没有采用与侧墙保温相同的保温结构，而是将保温被进一步退进室内单独形成保温层（图5b），使温室的保温结构从内到外依次为保温被－空气间层－内层塑料薄膜－空气间层－外层塑料薄膜，形成了"双膜单被两空间"的隔热保温结构，进一步提高了温室的保温隔热性能。保温被和温室内外两层结构通风口塑料薄膜的卷放和控制与侧墙基本相同。保温被与内层塑料薄膜之间的空间可以作为操作空间利用，夏季也可以作为种植空间利用，不会因为增加了空气间层而浪费温室土地面积。

对温室屋面的保温，该设计没有借用温室的屋面结构（不论是内层结构还是外层结构），而是采用了与水平遮阳网平行的水平覆盖/驱动保温幕形式。由于传统的连栋温室水平拉幕系统要求保温幕的厚度不能太厚，否则保温幕收拢后的体积很大，将在室内形成较大的固定阴影带，不利于温室作物的生长，此外，传统的连栋温室水平拉幕系统大多是沿温室开间方向往复运动，两幅保温幕之间的接缝较多，而且基本都是采用对接方式密封，往往密封不严密，保温性能差。本设计采用日光温室保温用的厚保温被，而且为了避免保温被开间方向运动造成密封不严的问题，设计采用了保温被在温室跨度方向运动的模式。保温被收拢后放置在温室天沟下，与天沟在温室中形成的阴影带重叠，可

温室工程实用创新技术集锦❷

WENSHI GONGCHENG
SHIYONG CHUANGXIN JISHU
JIJIN 2

最大限度减少保温被收拢后在温室中形成的阴影，而且在天沟下设计了一幅水平永久固定的密封带，当保温被展开后可平铺在该密封带上，这种搭接式的密封方式，极大地提高了保温系统的密封性。

由于保温被材料和保温被运动方向的改变，传统的连栋温室拉幕系统将不适用于该系统，为此，设计者创新性地设计了一种双机驱动的保温被水平运动卷被系统（图5c），这是该温室的最大创新。采用卷被系统后能够在保温被卷起时被卷卷得更紧，卷起后被卷的直径也更小，对温室白天遮阴的影响也降低到了最小限度。

由于在水平方向上保温被采用卷被方式启闭时，缺少了保温被自重作用力参与平衡保温被驱动系统的内力，仅靠单一的卷被电机反转无法打开保温被，为此，专门增设了一台驱动电机与保温被的卷被电机（分别称为展被电机和卷被电机）共同组成一套保温被卷放的双机驱动系统。保温被卷起和展开时分别采用不同的减速电机驱动，其中一台减速电机工作执行卷/放被动作（称为主动电机）时，另一台减速电机则断电形成从动电机，跟随保温被转动。卷起保温被时，卷被电机为主动电机，展被电机为从动电机，卷被电机驱动卷被轴卷起保温被，且卷被电机跟随保温被运动，将保温被卷起到温室保温被固定边所在的天沟旁；展开保温被时展被电机为主动电机，卷被电机为从动电机，展被电机及其驱动轴固定安装在保温被展开时活动边所在的温室天沟下（同幅保温被固定边和活动边分别在温室同跨的两侧立柱天沟下），展被采用绳索拉开保温被（如同日光温室的卷绳式顶卷被机一样，所不一样的是展被绳是从被卷内部拉出），展被绳一端固定在展被电机驱动轴上（该驱动轴沿温室天沟方向安装），另一端固定在卷被机的驱动轴上。卷被绳沿驱动轴方向的设置间距为3m。保温被卷起时将展被绳卷入保温被内，展开保温被时展被电机工作，带动其驱动轴转动，并将展被绳缠绕在驱动轴上，同时拉动保温被将其打开。由于保温被收放时被卷的直径在不断变化，而减速机转速是恒定的，卷放保温被时如果卷被机和展被机两台电机同步转动，由于展被绳和卷被轴的线速度不同，必将造成两者转速的不同，由此，可能会造成展被绳被拉断或减速电机过载。对此设计者专门设计了一种离合器，使减速机与卷轴之间可以实现接合和分离，卷被时展被减速机与其驱动轴分离，展被绳压在保温被中随保温被运动的同时带动展被机驱动轴转动；展被时，卷被电机与卷被轴分离，展被电机带动其驱动轴转动，缠绕展被绳将保温被展开。电机减速机与驱动轴的离合及其控制是该系统的关键创新。

密封是保温系统的关键控制点。该温室以保温被为核心的内层保温系统，在屋面水平保温被与山墙立面保温被之间的密封未附加任何设备，只将水平保温被探出山墙立面（图5b）即可实现两个面之间保温被的严格密封；水平保温被、侧墙保温被及跨间水平保温被与水平保温被之间则通过水平固定的密封带与活动保温被的活动边相互叠压实现密封。侧墙和山墙立面上保温被的上部为固定边，不存在密封的问题，侧墙的下部活动边密封通过与侧墙通风口下沿固定塑料薄膜之间的搭接来实现，山墙的下部活动边则是依靠卷被机尽量将保温被落地形成自身密封。只有在山墙和侧墙转角处保温被的密封需

图6 温室内保温在拐角处的搭接　　图7 采暖热风机

要在转角部位侧墙和山墙的两个方向分别固定密封带（图6），与保温被垂直卷放的活动边形成搭接，实现密封。上述的密封措施，使该温室形成了非常严密的内保温系统，而且由于保温被自身的保温性能强，所以，温室的整体保温性能得到了很大提高。

五、温室采暖

尽管温室做了多重严密的保温措施，但为了保证温室冬季安全越冬生产，温室设计中还是配套了采暖系统。该采暖系统采用热风机散热，由锅炉房供暖。锅炉房采用燃煤锅炉，将循环水加热后供入风机内的热水盘管，通过风机将热水盘管中的热量以热风的形式释放到温室中（图7），补充温室热量的不足。热风采暖具有升温速度快、室内空气相对湿度低、散热设备不占用温室种植空间等优点，尤其适合于短时间临时补温。

温室在两侧边跨的内侧立柱上各安装了7台热风机，整栋温室共安装14台热风机。单台热风机的额定功率为27kW，温室供暖总负荷为378kW，按有效保温面积（2 268m^2）计算单位面积的供暖热负荷为167W/m^2。

据介绍，2016—2017年冬季园区2栋温室供暖，有效种植面积合计4 536m^2，一个冬天采暖耗煤量为39t，相当于每667m^{2}耗煤量5.73t。标准煤的热值约为29.3MJ/kg，考虑锅炉效率和外线损失，从锅炉到温室的有效供热效率按80%取值，则两栋温室的实际供热量为39t×1000kg/t×29.3MJ/kg×0.8≈9.14×10^{5}MJ，一个采暖季按4个月计算，每天供热10h，单位面积供热量为9.14×10^{5}MJ/[4536m^2×（4月×30天/月×10h/天）]≈16.79MJ/(m^2·h)，折合46.63W/m^2。由此可以算出，温室的实际能耗仅为设计供暖负荷(167W/m^2)的28%。虽然理论计算与实际运行可能存在些许的差别，但从总耗能看，该温室的高效节能效果是显而易见的，这正是这种温室多重保温效果的体现。

六、温室排水

连栋温室的屋面排水一般采用自由落水和组织排水两种方式，也有内排水和外排水之分（温室长度过长时，经常采用内排水的方式）。国内大部分的连栋温室基本都使用

温室工程实用创新技术集锦 ❷

WENSHI GONGCHENG
SHIYONG CHUANGXIN JISHU
JIJIN 2

a   b   c

图8 温室排水系统
a.直立天沟外排水　b.倾斜天沟外排水　c.内天沟内排水

管道有组织外排水方式，而且外排水的落水管大都采用PE或铁皮材料圆管。这种排水系统在北方地区冬季使用容易在排水管内结冰而冻裂排水管，所以，北方地区连栋温室采用有组织管道排水时冬季须将温室北侧的落水管卸除，到翌年开春后再安装使用。

为了解决每年拆装及保管落水管的问题（每次拆装不仅消耗劳动力，而且都有可能造成落水管的损伤），该温室设计者采用了一种开口式C形外排水槽（图8a）。该排水槽采用钢板一次卷曲而成。为了保证其强度和不发生变形，在排水槽的开口面每隔一定距离（1~1.5m）焊接1根拉筋（可以是钢筋，也可以是钢板条）。排水槽根据集中排水的排水沟位置，可以是直立安装（图8a），也可以是倾斜安装（图8b）。排水槽直立安装时，为了避免雨水从天沟端口直接飞落地面，在天沟与排水槽的连接处特别安装了一个挡水板（图8a），将天沟端口流出的雨水通过挡板导入排水槽，从而实现有组织排水。排水槽倾斜安装时可根据雨水排放或收集的位置设计排水槽的倾斜度，可以是从天沟端口到排水沟之间直接倾斜安装（图8b），也可以采用将天沟水平延长一定长度后再倾斜或竖直安装排水槽。

由于该温室采用双层结构，除了温室屋面的外排水（主要是室外雨水或雪水）外，在外层天沟下表面冬天还会经常发生结露（温室内湿度大，天沟表面温度低造成的）。为解决天沟下表面滴水问题，北方地区传统的连栋温室天沟下大都安装有结露槽，以导流天沟内表面的结露水滴。该温室由于采用了双层结构，在外天沟下本身就设计有一道内天沟，内天沟除了作为结构件支撑内层屋面结构外，还同时起到了收集和导流外天沟内表面结露水的作用。由于内天沟在温室内，不存在像外天沟一样冬季结露水结冰的问题，所以，本设计在内天沟结露水排放时采用了传统连栋温室使用的PE材料圆管，由排水管收集的结露水通过室内的结露水导流槽导入地面排水沟，统一收集后集中使用或排放（图8c）。

大跨度保温塑料大棚的实践与创新

塑料大棚是中国园艺设施中应用面积最大、适应地域最广、造价最低的一种设施，从20世纪60年代在中国开始推广应用以来，全国推广面积已经超过137万hm²，其中工厂化生产的装配式塑料大棚在中国也有30多年历史，成为目前标准化程度最高、技术最成熟的大棚形式。

但传统的装配式镀锌钢管大棚跨度多数为6、8、10m，12、15m跨度的大棚应用很少，20m以上跨度的装配式塑料大棚在生产中几乎没有，更谈不上有标准化的大棚。

近年来，随着劳动力价格的不断上涨，设施农业对机械化作业的需求越来越迫切。传统的小跨度、低脊高、落地式塑料大棚已经完全不能适应机械化作业的要求。此外，除了传统的蔬菜种植外，一些植株高大的果树（如冬枣、樱桃、桃等）也开始在大棚中大量进行提早促成栽培。这些生产和种植要求都对加大塑料大棚的空间提出了迫切要求。

日光温室保温性能好、北方地区越冬生产能源消耗少，彻底消除了北方地区冬季蔬菜的生产淡季，具有良好的经济、社会和生态效益，已经成为北方地区设施生产的主要形式和农民增收的重要途径。但日光温室占地面积大、土地利用率低、机打土墙结构温室对土壤破坏严重、温室钢结构加工安装规范性差，而且室内环境控制难度大、温光分布不均匀、应对自然灾害的能力差、机械化作业水平低。针对日光温室结构性能改造提升的呼声也在不断上涨。

将塑料大棚土地利用率高、结构件加工和安装标准化水平高以及日光温室保温节能等优点共同结合在一起，并以实现机械化作业为目标，同时破解传统塑料大棚和日光温室跨度小、操作空间不足的难题，大跨度保温塑料大棚的理念由此形成。

近年来，在日光温室占主导地位的北方地区已经开始了这一理念的探索和实践，同时在传统的塑料大棚优势区（主要在长江中下游地区），科研和生产者也加入了这一理

温室工程实用创新技术集锦 ❷

WENSHI GONGCHENG
SHIYONG CHUANGXIN JISHU
JIJIN 2

a   b

图1 大跨度保温大棚的建筑形式
a.对称结构　b.非对称结构

念实践者的队伍。

笔者将其在各地看到的不同形式的大跨度保温大棚及其配套环境控制设备做一系统总结和梳理，以供广大的温室设施研究和生产者借鉴，期望该文能成为国内研究和实践大跨度保温大棚的一个新的起点。

一、保温塑料大棚建筑形式

1.按照屋面建筑形式分类

传统的塑料大棚按建筑形式可分为无侧立墙的落地拱棚和有侧立墙的直立拱棚，两种形式的大棚都是以屋脊为中心线的左右对称结构。大跨度保温塑料大棚也继承了这种结构形式，称为对称结构大棚（图1a），但同时也借鉴了传统日光温室的结构形式，形成非对称结构大棚（图1b）。

由于大棚单体建筑形式不同，在场区总平面布局中，单体大棚的布置方向也有差异。对称结构大棚的屋脊一般为南北向布局，而非对称结构大棚的屋脊是东西向布局（和传统的日光温室的布局形式完全一致）。但对称结构大棚，由于采用屋面外保温，屋脊东西走向布局，通过分别控制南北两侧屋面保温被的启闭也能实现传统日光温室的管理模式（冬季北屋面保温被长期覆盖，相当于传统日光温室的保温后屋面和后墙；南屋面保温被白天卷起夜间覆盖，相当于传统日光温室的前屋面）。

对称结构大棚继承了传统塑料大棚的性能特点，屋脊南北走向布置时室内温光分布均匀，而且通过分别控制东西两侧保温被还可以早晨提早打开东侧保温被抢阳，傍晚提早覆盖东侧保温被保温。虽然给日常管理提出了更高的要求，但如果实现自动化控制后，其采光和节能的效果将更优于传统的日光温室。

2.按照山墙的建筑材料分类

大跨度保温大棚按照山墙的建筑材料不同可分为土建结构山墙和组装钢结构山墙两

a   b

图2　土建结构山墙
a.机打土墙山墙　b.空心砖山墙

a   b   c   d

图3　组装钢结构双层保温山墙
a.北侧保温山墙（内侧）　b.南侧透光山墙（外立面）　c.北侧保温山墙（剖面）　d.南侧透光山墙（剖面）

种形式。其中土建结构山墙又可进一步分为机打土墙结构山墙和砖墙结构山墙（图2）。

机打土墙山墙结构大棚完全采用机打土墙结构日光温室的建造形式，墙体厚度为3～5m，墙面保护采用塑料薄膜或针刺毡、无纺布等材料覆盖。这种墙体建造速度快、建造成本低、保温性能好，但和机打土墙结构日光温室一样墙体占地面积大、对土壤的破坏严重、墙体使用寿命短。

砖墙山墙结构大棚的墙体材料可采用烧结红机砖、蒸压灰砂砖或空心砖等，一般厚度为240mm或370mm，按照保温性能要求还可以在墙体外侧增设保温板。这种建筑做法，墙体占地面积小、建筑材料标准化程度高、使用寿命长，但相比机打土墙结构，其墙体建造速度慢、建造成本高，保温性能一般也比机打土墙结构差。

不论是机打土墙结构山墙还是砖砌结构山墙，除了大棚屋脊南北走向的北山墙外，大棚的土建结构山墙总是会或多或少阻挡室外阳光进入大棚，尤其是大棚屋脊南北走向布置时的南部山墙，遮光影响最大。

为了解决土建山墙给大棚内部造成的遮光问题，人们在生产实践中创造了一种既保温又透光的双层结构装配式钢结构山墙（图3）。屋脊南北走向布置的大棚，北侧山墙采用日光温室保温被或其他保温材料做山墙的围护材料（图3a），加强保温；而南侧山墙则用透光的塑料薄膜或中空PC板围护，既可保持足够的透光又能有良好的保温（图3b）。当然，对于屋脊南北走向的大棚，北侧山墙也可以做成土建的山墙，以进一

a   b

图4 大棚门斗围护材料及设置方法
a. 组装结构山墙大棚的门斗设置　b. 土建山墙大棚的门斗设置

步降低造价，提高保温性能。

　　对于装配式钢结构山墙，除了提高围护材料自身的保温性能外，合理设计双层结构也是加强保温的重要措施（图3c、d）。双层结构可通过增加空气隔热层来提高墙体的整体保温性能。从传热理论来分析，双层结构内部的空气处于干燥、静止状态时的隔热性能最好（一般保持空气处于静止状态，要求空气间层的空间尺寸应小于25cm），但为了墙体结构和围护材料施工安装方便，生产实践中双层结构的间距多在1m左右，这样大的空气间层，实际上其内部空气对流强度是很大的，虽然也有良好的保温性能，但距离静止绝热空气的要求还有很大距离。为此，北侧山墙可采用非透光保温材料，进一步增强其保温性能，而南侧山墙则可以采用活动式内保温幕等方式，白天卷起避免遮光，夜间展开增强保温，可获得采光和保温二者兼得的效果。此外，合理安排双层结构的空间，还可以用于存放农资和农具，既可减少空气流通空间，增加辅助生产设施的面积，又可充分利用空间。

3. 大跨度保温塑料大棚的门斗设置

　　和传统的日光温室一样，为了避免进出大棚作业时冷空气直接灌入大棚，在大棚的山墙外紧贴山墙设置缓冲门斗是非常必要的。一般屋脊南北走向大棚，门斗设置在北山墙处；屋脊东西走向大棚，门斗可设置在东侧或西侧山墙，长度较长的大棚也可在东、西两侧山墙均设置门斗。

　　门斗的入口方向一般应与大棚山墙上的入口方向垂直，这样可完全避免室外冷空气直接灌入大棚，但从对外交通便捷和建筑施工安装方便的角度考虑，门斗的入口方向也可以和大棚山墙上的入口平行，这样设计时，最好能将两个入口错位布置，尽量避免将两个入口正对在一条线上，以最大限度减少或缓冲室外冷风直接灌入大棚。

　　大棚门斗的围护材料可以是塑料薄膜、PC中空板或彩钢板等（图4）。由于大跨度保温大棚的山墙长度较长、高度较高，可设计室外门斗的面积和空间也相应增大。除了能设计满足缓冲冷空气进入大棚的缓冲门斗外，在大棚的山墙外还可设计如配电室、水处理间、灌溉首部等生产辅助用房，从而进一步提高土地的利用率。

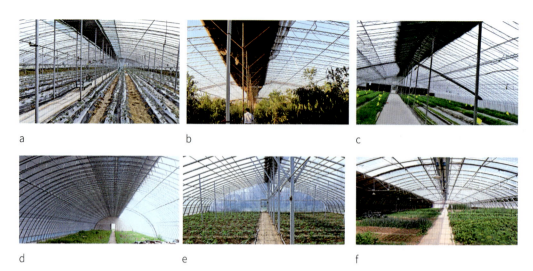

图5 按照屋面结构形式分类

a. "琴弦式"结构　b. 焊接式平面桁架结构　c. 平面-空间主副梁桁架结构　d. 组装式平面桁架结构　e. 单管结构　f. 悬索结构

二、保温塑料大棚结构形式

结构是大棚的承力体系，是抵抗室外风雪荷载、室内作物荷载及设备荷载（如保温被、保温幕、吊挂设备等）的承力构件的集合，同时也是安装塑料薄膜等围护材料的载体。大棚的承力结构按照室内有无立柱分为多立柱、单立柱和无立柱结构；按照屋面结构用材和结构形式又可分为多种形式。以下从大棚的屋面结构形式和立柱的布置形式两个方面分别做一详细归纳。

1. 按照大棚屋面结构形式分类

大跨度保温塑料大棚的屋面结构有的采用传统塑料大棚结构形式，也有的采用日光温室屋面结构形式，还有的采用连栋塑料温室屋面结构形式，应该说结构种类繁多。笔者见过的目前主要使用的大跨度保温塑料大棚各种屋面承力结构的形式见图5。

图5a是传统"琴弦式"日光温室的屋面结构，两榀钢结构桁架之间布置3～4根竹竿，并沿大棚屋面长度方向布置纵向钢丝，间距30～50cm，与大棚跨度方向的桁架形成双向承力体系。由于大棚结构的整体承载能力较弱，这种结构必须在室内布置多排立柱，和屋面桁架、"琴弦"钢丝一起构成三维空间的承力体系。这种结构造价低廉、可就地取材，但结构使用寿命短、室内多柱，不便于机械化作业。

图5b是传统的平面桁架屋面结构。由于屋面结构全部采用平面桁架结构，大棚屋面的承载能力得到大大提升、室内立柱减少、使用寿命延长，是目前大棚使用最广泛的一种结构形式。图5c是在图5b平面桁架屋面结构的基础上，为了进一步增强结构的承载能力而改进的一种平面桁架和空间桁架组合的主副梁桁架结构。空间桁架采用三角形截面桁架，上弦杆用单根钢筋或钢管，下弦杆用两根钢筋或钢管，上下弦杆以及两根下弦杆

之间用腹杆连接，形成稳定的空间三角形桁架结构。两相邻空间桁架之间布置3道平面桁架，与室内立柱构成整体承力体系。

不论是单一的平面桁架结构，还是空间桁架与平面桁架组成的主副梁桁架结构，其共同的特点是承载能力强，可以不受条件限制在现场加工和安装。但由于主体桁架结构不是工厂化生产的工业产品，大部分甚至是在安装现场焊接组装，因此其产品的标准化水平较低，而且现场焊接后钢结构材料的表面防腐不能得到有效处理，有的进行了表面刷漆，但大部分没有进行任何形式的材料表面防腐处理，结构在安装使用1年内即锈迹斑斑，不仅直接影响结构的使用寿命，而且对表面覆盖的塑料薄膜的寿命也会产生间接影响。

为了解决焊接桁架材料表面防腐的问题，有人探索使用镀锌钢板冷弯成型的组装式平面桁架结构（图5d）。这种结构保留了焊接桁架承载能力强的特点，可解决钢材表面锈蚀的问题，延长结构的使用寿命，同时也可保护屋面覆盖的塑料薄膜。只是这种结构造价偏高，而且连接上下弦杆的相邻腹杆的轴线不能与弦杆的轴线交汇在一点，容易在弦杆内产生次应力，影响结构的传力，可能会造成弦杆局部失效。此外，使用螺栓副的寿命和安装质量将直接影响桁架结构的寿命，往往是螺栓副的提早锈蚀或安装位置不准造成桁架结构的提早报废或局部失效。使用中应注意观察螺栓副的锈蚀状况，及时发现并更换由于锈蚀而失效的螺栓副。

从根本上解决组装平面桁架螺栓副锈蚀问题的另一种方法是采用单管热浸镀锌管做屋面拱架（图5e），如同传统的装配式单管骨架结构，其使用寿命可达20年以上。但由于大跨度保温塑料大棚跨度大、屋面荷载重，依靠单管难以满足承力要求，必须设置多列室内立柱与单管骨架共同组成结构承力体系。室内多柱必然会造成机械化作业的不便，而且结构件增多，也必然会增大结构失效的概率，为此，一种无立柱悬索结构大棚应运而生（图5f）。这种结构彻底解决了大棚室内立柱的问题，而且跨度可以达到20～30m，室内空间大、生产作业无障碍，非常有利于室内种植作物的布局和机械化作业。

2. 按照立柱的布置形式分类

塑料大棚的跨度越大，屋面荷载也相应越大，单纯依靠屋面拱架承载的结构体系将造成用材不经济、成本增大等问题，因此，合理设置室内立柱非常必要。大跨度保温塑料大棚结构的立柱设置方法大体有3种：多柱（沿大棚跨度方向多于2根立柱）、双柱和单柱（图6）。由于大跨度保温大棚的室内走道多布置在大棚跨度方向的中部，所以，在立柱布置时就出现了沿走道双侧布置立柱和单侧布置立柱的方式。保温塑料大棚采用外保温被覆盖，使保温被基本永久滞留在大棚的脊部位置，而且由于保温被是沿大棚屋面以屋脊为界双侧卷放、独立控制，所以，两侧保温被卷放的位置在运行管理中基本不会出现以屋脊为对称轴的对称卷放，因此，保温被荷载在屋面上几乎不会出现屋脊两侧的

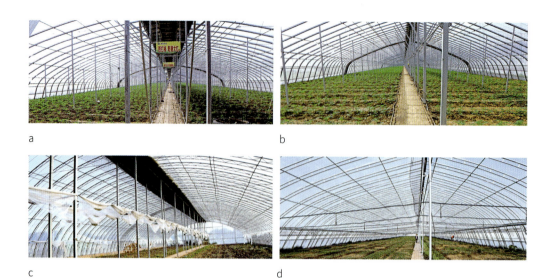

图6 按照立柱的布置形式分类
a. 多立柱（走道双侧立柱）　b. 多立柱（走道单侧立柱）　c. 双立柱（走道两侧）　d. 单立柱（走道一侧）

对称荷载，这样，沿走道单侧设置立柱的结构将会或多或少地形成立柱的偏心受力，不利于提高立柱的结构承载力，而走道双侧立柱的做法对这种偏心荷载的敏感度较低，更有利于增加结构的稳定性和承载能力。但双柱结构增加了1排立柱，相应结构的用材量和造价也将随之增加，从图6所示的单柱和双柱结构也可以看出，双柱结构屋面保温被铺放在室内形成的阴影带也更宽，具体设计中应通过精细计算和系统比较确定采用最经济有效的立柱结构布置方案。

三、保温塑料大棚通风形式

大跨度保温塑料大棚由于兼具塑料大棚、日光温室和连栋温室的特点，所以在通风口设置时也直接采用了上述各类设施的设置方法，但总体来看，大棚的通风口主要包括屋面通风口和侧墙通风口两种形式，二者联合工作形成热压通风和风压通风。

1. 屋面通风口设置与管理

对于大跨度保温塑料大棚，由于保温被长期固定在大棚屋脊（不论保温被卷起还是展开，屋脊两侧一定范围屋面始终处于保温被覆盖状态），所以，在大棚自然通风效果最好的屋脊位置无法开设通风口，为此，屋面通风口（图7）基本都在屋脊两侧离开屋脊一定距离的位置沿大棚长度方向通长设置。根据控制通风口开闭方式的不同，通风口距离屋脊的位置也有不同，但通风口的数量基本限制在屋脊两侧每侧1条。与同跨度的连栋塑料温室相比，大跨度保温塑料大棚屋面上仅在屋脊双侧设置通风口的数量似乎不够，难以满足夏季最大通风量的需要，但这种设置对于冬季生产则完全可以满足需要。在夏季比较炎热的地区，仅靠自然通风难以满足大棚降温要求，这种情况下应结合如风机湿

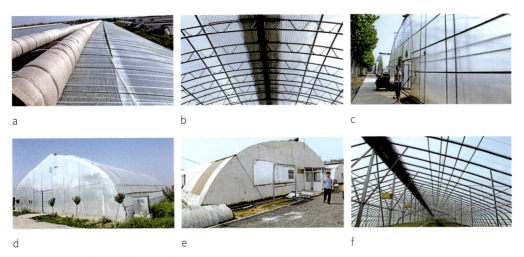

图7 大棚屋面通风口设置与控制方式

a. 人工扒缝通风　b. 保温被压通风口　c. 摇臂式手动卷膜通风　d. 链轮式手动卷膜通风　e. 电动卷膜通风　f. 屋面通风口内景

帘等强制降温措施来降温。

　　控制屋面通风口启闭的方式基本采用日光温室和连栋温室的屋面通风口控制模式，包括手动扒缝通风、手动卷膜通风和电动卷膜通风等。图7a是日光温室早期使用的一种屋脊手动扒缝通风的通风口启闭方法，这里直接将其引用到大跨度保温大棚上。由于人工手动扒缝需要操作人员站立在屋脊处的保温被上操作通风口的启闭，受操作人员身高、臂长的限制，为了尽量减少保温被卷起时在室内形成的阴影带宽度，屋面通风口应尽量设置在靠近屋脊位置，且通风口的宽度不宜过大，但同时要考虑保温被由于卷放不整齐而造成通风口不能开启的问题。人工扒缝通风的工作量大，费时费力，而且还不能根据室内外温度的变化随时调整通风口的大小和启闭，所以，有一定投资能力的生产者都不采用这种模式的通风口。

　　图7b是一种不用塑料薄膜覆盖的敞口式屋面通风口。这种做法是直接在屋面上永久敞开一个通风口，控制通风口的启闭以及控制通风口的大小均通过控制保温被卷放来完成。完全关闭通风口时，将保温被覆盖通风口即可实现，通过调节保温被覆盖通风口面积的多少可控制通风量的大小。这种通风口取消了通风口的活动膜和卷膜通风设备，节省了成本，也克服了由于通风口塑料薄膜的污染和老化带来的透光率下降形成的室内弱光带的问题。但这种控制通风的方式需要经常性地控制保温被卷放，由于卷被电机的功率大，运行能耗也较大，此外，保温被覆盖通风口将增加屋面遮光，加大室内阴影带，影响室内作物的采光，出现卷被轴弯曲时还可能直接影响通风口的开启面积，造成室内通风降温的不均匀。当遇到雨雪天气时，为避免雨水进入大棚，必须用保温被覆盖通风口，一方面影响大棚内作物的采光，另一方面也直接封闭了屋面通风口，直接影响大棚的通风，这个问题在夏季的影响或许是比较严重的。

　　除上述两种屋面通风口操控系统外，大部分的大跨度保温大棚屋面通风均采用连栋塑料温室中常用的卷膜开窗的方式，包括手动卷膜开窗和电动卷膜开窗（图7e）。其

中篇　塑料大棚与连栋温室工程技术

a   b

c   d

图8 大棚侧墙通风口设置与控制方式
a. 侧墙通风口内景　b. 手动卷膜通风　c. 电动卷膜通风（摆臂式）　d. 电动卷膜通风（爬杆式）

中，手动卷膜开窗方式，由于屋面通风口距离地面的高度较高，必须借助机械臂来完成操作，常用的开窗机构包括摇臂式卷膜开窗机（图7c）和链轮式卷膜开窗机（图7d），这些都是大家熟知的，这里不多赘述。

2. 侧墙通风口设置与管理

大跨度保温塑料大棚的侧墙通风口设置方式与传统的塑料大棚侧墙通风口、日光温室前屋面通风口和连栋塑料温室侧墙通风口设置基本相同。一般是在距离地面50cm以上设通风口（图8a），宽度多为80～100cm，沿大棚长度方向通长设置。为保证通风口的密封，在靠近山墙的1～2m范围内不开通风口。

侧墙通风口的控制和传统塑料大棚以及日光温室前屋面和连栋塑料温室的侧墙通风口控制基本相同，采用卷膜通风开窗的方式，所用卷膜器有手动卷膜器（图8b）和电动卷膜器，其中电动卷膜器还包括摆臂式卷膜器（图8c）和爬杆式卷膜器（图8d）等。如果大棚长度较短（60m之内），在大棚的山墙一侧安装卷膜器即可；如果大棚长度较长（超过60m），则需要在大棚两侧山墙均安装卷膜器，以保证卷膜轴运行平直和通风口开口均匀。

四、外保温形式

1. 保温被与卷帘机

卷被式外保温是大跨度保温塑料大棚的主要特征。由于大跨度保温塑料大棚是在传

a

b

c

d

图9 外保温被卷帘机的形式
a.侧摆臂式卷帘机　b.中置二连杆卷帘机　c.中置行车式卷帘机　d.山墙滚轮式卷帘机

统日光温室的基础上发展而来，将塑料大棚屋面以屋脊为界分为两个弧面，每个弧面就相当于日光温室的采光前屋面，所以在日光温室采光前屋面上所用的外保温技术可以完全移植到大跨度保温塑料大棚上，所不同的只是传统的日光温室仅在采光前屋面安装1套卷帘机，而大跨度保温塑料大棚则要在大棚的两侧各安装1台卷帘机（新近开发的通风后屋面日光温室也采用2套卷帘机）。

大跨度保温塑料大棚所用的保温被几乎完全采用日光温室用的各种保温被，包括针刺毡保温被、橡塑材料保温被等，而卷放保温被的卷帘机也几乎完全照搬日光温室中所能用到的各种卷帘机形式，如侧摆臂式（图9a）、中置二连杆式（图9b）、中置行车式（图9c）、山墙滚轮式（图9d）等，其基本运行模式都是"上卷下铺"。这种运行模式技术成熟、可选用的卷帘机形式多样，但最大的问题是保温被长期滞留在大棚的屋脊，会在室内形成不可消除的移动阴影带，不仅影响大棚内作物的采光，也影响大棚内温度的提升。此外，保温被从大棚两侧卷起后会在大棚的屋脊处形成一个凹槽，遇到雨雪天气后，滞留在该凹槽内的雨水和积雪难以排除，不仅增加了大棚的屋面荷载，也对保温被的防水提出了更高的要求。对于防水性能较差的保温被，雨水可能很快渗入保温被，不仅增加了保温被自身的重量，也降低了保温被的保温性能。

2.保温被在屋脊处的固定与卷放

日光温室保温被的固定边可以固定在温室的屋脊处，也可以固定在温室的后屋面，但大跨度保温塑料大棚上的外保温被却只能固定在大棚的屋脊处。事实上，覆盖大棚的外保温被是一张整体保温被，安装时将保温被整体覆盖在大棚棚面后，在大棚屋脊位置

a   b   c

图10 外保温被在屋脊处的收紧形式
a. 双柱支撑下外保温被的固定　　b. 单柱支撑下外保温被的固定　　c. 双柱支撑下铺展的外保温被

固定保温被。对于走道一侧单柱结构大棚，在连接柱顶一条通长压板上伸出保温被固定螺栓，穿过保温被后再用一条压板固定保温被。一对固定压板即形成对两侧保温被固定边的固定（实际上是一条固定边，两侧卷被公用，图10b），同时该固定压板及其固定螺栓也可用于固定两侧保温被的压被绳。

对于走道两侧设置立柱的保温大棚，保温被在屋顶处的固定则采用两条固定压板，分别安装在两排立柱的柱顶位置（图10a）。这种保温被固定方法将使走道顶部的保温被处于永久铺放状态，在室内形成的阴影带面积更大。为了方便铺设保温被卷被绳和压被绳，这种保温被固定系统还在大棚的屋脊位置保温被的外侧沿大棚长度方向安装了一条压条或压管（图10c），两侧保温被的卷被绳和压被绳可同时固定在该压条或压管上，从而有效提高压条的使用效率。

3. 保温被在室内的阴影

前已叙及，大跨度保温塑料大棚安装外卷被保温系统采用"上卷下铺"的操作方式后，保温被将永久滞留在大棚屋脊，会在室内形成移动的阴影带，而且该阴影带的宽度还与保温被的固定方式和保温被卷起的位置有直接的关系。走道两侧双立柱结构大棚内保温被形成的阴影带宽度较走道单侧立柱结构大棚内的阴影带更宽（图11a）。对于中置卷帘机的卷被系统，除了沿大棚长度方向的阴影带外，在大棚的中部还有一条沿大棚跨度方向的阴影带（图11b）。这些阴影带随着太阳的运动在大棚内移动，不会形成固定阴影带，但这种阴影带对作物生长的影响还是非常显著，尤其是大棚中部阴影带滞留的时间相对较长，影响更大。

为了解决大棚内由于保温被覆盖形成的阴影带，有研究者开发了一种"下卷上铺"的卷被系统（图11c）。这种卷被方式当保温被卷起时收拢到地面，大棚屋面上没有任何覆盖物，完全消除了由于保温被覆盖造成的室内阴影带，而且大棚屋面开窗也可以设置在大棚的脊部，使自然通风的效果达到最佳，屋面上由于保温被积水的附加荷载也将完全消除。基于这一原理开发的卷帘机，可能不止一种形式，希望业界同仁们开拓思路，相信在未来的研究和开发中针对大跨度外保温的问题会有更多的解决方案呈现给人们。

a   b   c

图11 传统卷帘机造成室内阴影及其改进方法
a. 侧卷被形成的条带阴影　b. 中卷被形成的交叉阴影带　c. 改进的下卷上铺卷帘机

b

a   c

图12 水平拉幕内保温系统
a. 沿长度方向电动拉幕　b. 沿跨度方向手动拉幕　c. 沿跨度方向电动拉幕

五、内保温形式

保温大棚除了上述外保温外，为了进一步增强大棚的保温性能，很多大棚还在室内安装了二道，甚至三道、四道保温幕。这些保温幕的材料有的是透光塑料薄膜，有的是连栋温室室内保温幕用的缀铝箔保温幕，还有的使用轻质材料的保温被，如腈纶棉等。驱动内保温幕的机构有水平拉幕和弧面卷膜两种形式。

1. 水平拉幕式内保温系统

水平拉幕式内保温系统是通过手动或电动方式将保温幕在水平面内收拢或展开的一种拉幕方式。根据保温幕活动边的运行方向，可将水平拉幕系统分为沿大棚跨度方向的拉幕系统和沿大棚长度方向的拉幕系统。对室内多柱的保温大棚，由于立柱的阻挡，不论是沿大棚跨度方向的拉幕还是沿大棚长度方向的拉幕，均需要将幕布分为多幅，拉幕系统的行程即立柱之间的间距（图12a）；但对于走道两侧双排柱、走道单侧柱和室内无立柱的保温大棚，如果采用大棚跨度方向拉幕系统，由于跨度方向距离较小，则室内保温幕只用2幅即可（走道两侧双排柱的大棚，走道顶部的保温幕应单独设置和控制），这种系统保温幕的密封性更好（图12b、c）。沿跨度方向的拉幕系统，其固定边一般固定在大棚侧墙肩部的位置，而沿大棚长度方向的拉幕系统，保温幕的固定边则需要安装在立柱所在的位置，而且为了增强保温幕的密闭性在相邻两幅保温幕的交界处应设置密封兜。由于密封兜是固定不动的，在大棚内会形成固定的阴影带，在一定程度上会影响种植作物的采光。

2. 双层结构卷膜式内保温幕系统

与水平拉幕保温系统相区别的应该是坡面或弧面卷膜保温系统。由于大跨度保温塑料大棚的屋面基本为弧面，所以配套大跨度保温大棚的非水平拉幕保温系统主要是弧面卷膜系统（图13）。

水平拉幕保温系统支撑保温幕的结构为托幕线和压幕线，无论托幕线还是压幕线都可以直接固定连接在大棚的立柱或屋面骨架上，大棚不需要再另设任何专门的结构构件，而弧面卷膜系统则必须有独立的支撑结构，这种独立支撑结构与原有大棚从结构上形成了一种双层夹套结构，也就是在原有大棚内再套一个塑料大棚结构。其中内层结构的主要功能就是支撑保温膜和卷膜机构。

从山墙看大棚内有两堵山墙，与大棚的外山墙平行，但高度稍矮，一方面是为了形成与原大棚山墙之间的空气间层，依靠空气间层保温隔热；另一方面更是为了安装和操作内层保温膜的需要。山墙一般用透光材料覆盖，可以是PC中空板（图13a），也可以是常规的塑料薄膜（图13d、e）。

内层结构的骨架由于大棚跨度较大，多用桁架结构。从结构承力来讲，内层结构不承担室外风雪荷载，大部分情况下只承担保温膜产生的荷载，有的大棚也将作物直接吊挂在内层结构上，这样内层结构可能同时承载作物荷载，还有的将喷灌车等设备安装在内层结构上，所以在内层结构设计中应重点考虑作物荷载和设备荷载。由于设计承载力的不同，内层结构有的采用完全的桁架结构（图13b），有的则采用主副梁结构，即两榀桁架之间布置2～3榀单管骨架（图13c）。具体采用哪种结构形式应根据结构承载情况通过结构力学分析确定。

内保温的密封性是关系大棚保温性能的主要因素。任何保温膜之间的连接必须有足够的搭接。图13c是屋面保温膜在山墙处的密封方式，在靠近山墙的2～3m范围内应有一层永久固定的塑料薄膜，内层屋面和侧墙的卷膜保温膜与该固定保温膜搭接宽度至少应在0.5m。在内层结构的侧墙与地面的交接处同样也应该有类似山墙处的密封方式，就是在靠近地面0.3～0.5m的范围内设置一幅永久固定的保温膜（图13f），从屋面和侧墙上卷放下来的保温膜与该固定膜重叠，形成侧墙的严密保温。

双层间套结构是这种内保温的核心。有了支撑结构，启闭内保温膜的卷膜器可以是

温室工程实用创新技术集锦 ❷

WENSHI GONGCHENG SHIYONG CHUANGXIN JISHU JIJIN 2

图13 双层结构卷膜内保温系统
a. 山墙结构　　b. 双层屋面桁架结构　　c. 主副梁屋面桁架结构　　d. 山墙门洞　　e. 山墙侧卷膜器　　f. 侧墙结构
g. 双层结构外观

电动卷膜器，也可以是手动卷膜器，其型号和使用与大棚外层结构的通风系统完全一致。一般可在内层结构的两侧侧墙安装手动卷膜器（也可以是电动卷膜器），控制两侧的卷膜；在内层结构的屋面安装电动卷膜器（也可以是带手臂的手动卷膜器），控制屋面上保温膜的卷放。

采用透光的保温膜不仅可以用于大棚的夜间保温，在室外光照强、温度低的白天也可以在不影响作物采光的条件下覆盖保温，从而有效提升大棚白天的温度，增加作物的有效积温。

六、其他环境调控技术

和日光温室不同，由于加大了塑料大棚的跨度，其生产性能基本和连栋温室相同，大跨度保温塑料大棚不仅可以用于作物的冬季生产，而且可以用于作物夏季生产，这也正是这种设施结构能够在性能上优于日光温室以及连栋温室的核心竞争力表现。相比日光温室，这种大棚具有良好的保温性能，可越冬生产，而且土地利用率高、机械化作业水平高、环境调控能力强、设计和建造的标准化水平高、造价不相上下，可越夏生产；相比连栋温室，其节能效果显著，是未来生态、绿色发展的必然趋势。为实现超越日光温室和连栋温室性能的目标，大跨度保温大棚在环境调控设备上也充分借鉴了日光温室

a   b   c

d   e

图14 其他环境控制技术
a. 湿帘-风机降温系统　b. 排风风机　c. 加温与喷灌系统　d. 被动储放热系统　e. 酿热池

和连栋温室的环境调控设备。

1. 湿帘-风机降温系统

　　湿帘-风机降温系统是连栋温室夏季降温的标配设备。大跨度保温塑料大棚为了能够实现越夏生产，也可以配套湿帘-风机降温系统（图14a、b）。一般湿帘和风机分别安装在大棚相对的两个山墙上，为了不影响采光，南侧山墙安装风机，北侧山墙安装湿帘。湿帘的高度一般应为1.2～1.5m，宽度以内层保温结构能够安装的宽度为限，一般安装在内层结构上，夏季通风降温时打开大棚山墙的外门，关闭内层山墙门，形成湿帘的进风口，打开大棚外层侧墙通风口也可以形成湿帘的进风口。风机一般按照4～6m的间距设计安装大流量轴流风机，风量多为14 000m³/h。由于受风机有效工作距离的限制，一般风机湿帘之间的距离不超过60m，这也就从另外一个方面限制了大棚的总体长度。对于长度超过60m的超长大棚，也可以参照连栋温室湿帘风机的设计方法，在大棚的中部安装湿帘，在大棚的两堵山墙安装风机，但这样会在室内形成较大的阴影带，操作也不方便，因此，安装湿帘风机的保温大棚建议长度一般控制在60m左右为宜。

2. 被动储放热与加温系统

　　尽管大跨度保温塑料大棚采用多重保温措施（包括外保温和内保温），但与日光温室相比，这种结构除了地面之外，没有其他的储放热体，其自身没有储热和放热的性能是影响其冬季生产性能的致命因素。

为了模拟日光温室被动式储放热墙体，有的生产者在大棚内作业走道上堆砌了低矮的草泥墙（图14d），试图通过这些草泥墙来增加大棚内白天的蓄热量，或许有一定的效果。

与被动式储放热相比，在大棚内采用主动放热或许是未来的一种趋势。图14e是一种屋脊东西走向的不对称屋面大棚，在大棚内靠近北侧墙体的位置设计一个酿热池，在池中投放马粪等高发热量的材料，通过控制池内温度可控制放热量。由于生物发酵是一种生物反应，其发热量和发热时间一般也难以控制，所以，这种发热系统仍然是一种被动式。为了彻底解决保温大棚在低温期间的热量补充问题，目前的做法是直接采用电热风机（图14c）临时补温，也有采用热泵技术的，可以是地源热泵、水源热泵或空气源热泵，但由于这种系统一次性投资较高，在广大农村推广还有一定的难度。

3. 灌溉系统

灌溉是温室和大棚作物生产必备的设备，实际上大部分的灌溉系统与温室和大棚的结构也没有直接联系，但移动式喷灌车是个例外，因为这种喷灌系统的轨道是直接固定在大棚的骨架上（图14c）。移动式灌溉系统主要使用在育苗中，一些叶菜或苗木生产也使用喷灌。只要结构上安装了喷灌车，在结构强度设计中就应该考虑该设备荷载，另外如作物荷载和水平内保温幕的拉幕线、托幕线以及驱动钢缆线的作用荷载也应一并考虑。

塑料薄膜温室
生态餐厅

生态餐厅是利用温室设施创造周年绿植环绕的生态环境，为食客们提供一种仿佛置身于大自然中用餐的场所，是温室设施向第三产业延伸的典型案例。从20世纪90年代以来，生态餐厅在中国大地从北方向南方不断延伸推广，深受广大消费者的青睐。

提起生态餐厅，大部分人第一感觉可能是玻璃温室或PC板温室，很少有人会想到用塑料薄膜温室来做生态餐厅。2016年5月笔者在陕西宝鸡考察时，看到了一种用塑料薄膜温室做生态餐厅的实例，经济适用，也不失优雅，餐饮方式也很特别。在此介绍给大家，供有兴趣的同仁们研究和借鉴。

一、餐厅概况

该生态餐厅建设在一栋三连跨塑料薄膜温室中，建筑面积约为1 500m²。温室一侧山墙的正中开设大门，门后有一堵清水砖屏风（图1a），展现了中国的传统院落风格和文化。屏风的背面是服务台（图1b）。

客人可以从屏风两侧分左右两路进入生态餐厅。三跨温室的中间跨为餐厅大堂（图2b），不设围挡，空间宽敞，视野开阔；左侧为私密包间（图2a），右侧为普通包间（图2c）。所有的包间都是上部敞开，下部围挡，围挡的方法是以1.5～2.0m高的番茄、盆花等植物为材料，采用盆栽或基质槽栽培方法，形成相对封闭的餐饮空间。餐厅内还设有休闲娱乐场所，包括儿童滑梯、乒乓球桌、台球桌等（图3），设置在餐厅的不同角落。私密包间也可以作为打牌、下棋等的娱乐场所，实现了餐饮娱乐一体化。由于当地饮食大都以羊肉为主，其烹饪时间较长，食客们可以利用等待的时间开展一些娱乐活动，减少了食客们等待时的无聊感。大量的娱乐场所延长了食客们的滞留时间，还可以增加餐厅的营业额。

a   b

图1　餐厅入口的屏风

a. 正面　b. 背面

a   b   c

图2　餐厅的整体格局

a. 左侧的私密包间　b. 中央大堂　c. 右侧普通包间

a   b

图3　餐厅内的娱乐设施

a. 儿童游乐场　b. 成人娱乐场

二、餐饮特色

　　餐厅经营状况与餐饮特色有直接关系。该生态餐厅完全采用西北农家做饭的风格，每个包间内都搭建一个炉灶，有单眼灶和双眼灶两种（图4），可根据客人数量进行选

a b

图4 灶台形式
a.单眼灶 b.双眼灶

a b c

图5 灶台的排烟系统
a.总排烟筒 b.单眼灶排烟 c.双眼灶排烟

择。餐食均是现场制作（图4b），食客可以看到食物的整个烹饪过程，既可增加食客的用餐趣味，也可避免食客对食品安全性的担忧。如果你是个有心人，或许你还能从中学到一些西部菜肴的烹饪技艺。这种餐饮模式尤其适合外地游客，有助于他们了解当地的餐饮文化。同时，在餐厅内直接烹饪还省去了后厨的空间，节省了餐厅的建筑面积和建设成本。

炉灶通常采用薪柴或无烟煤做燃料。为解决炉灶的排烟问题，餐厅设计者在每列包间的上方沿温室长度方向架设了一根总排烟筒（图5a），每个灶台安装一台抽油烟机，抽油烟机的排气口与总排烟筒相连，减少了炊事过程中产生的烟气向室内扩散。此外，设计者还在每个灶台上安装一个与锅口大小相匹配的活动式透明塑料导流筒，在蒸煮烹饪期间将其连接在锅口（盖）和抽油烟机之间，打开抽油烟机，就可以将锅口或锅盖边沿扩散出来的油烟、蒸汽等在负压作用下直接导入总排烟筒，排出室外。

三、温室结构及环境控制设施

温室结构为圆拱屋面连栋塑料薄膜温室，采用单层薄膜覆盖。这种温室结构简单，造价低廉，塑料薄膜透光性能好，室内敞亮，不仅能满足作物生长的需要，还可满足食客们的餐饮需要。

a   b

图6 室外露天餐饮娱乐
a. 室内外交相呼应　b. 室外露天音乐会

屋面沿温室长度方向设有通长的卷膜开窗系统（图2c），在天气晴好的条件下，打开屋面通风窗，一方面可以降低温室内的温度，另一方面也可以排除温室内的湿气或油烟。

温室设有室外活动式遮阳系统（图3b），可根据室外光照条件和室内温度展开或收拢遮阳网，从而调节温室内的温度和光照。

由于西部地区空气干燥，温室外遮阳加屋面通风基本能够满足夏季室内的降温需要，所以温室内除了在比较私密的包间内设有制冷空调外，其他大部分区域都没有单独设置降温设备，大大降低了温室的建设和运行成本。

温室设有集中采暖系统，在温室的柱间沿温室长度方向设有散热器，为温室冬季采暖提供了方便。此外，由于所有炊事炉灶都在温室内，排烟的管道实际上也是一种散热器，可以起到补充加温的作用。食客们的餐饮时间通常都在白天或傍晚，室外温度不会到达一天中的最低温度，所以温室的采暖能够满足绿植作物正常养护需要的温度即可，可以适当低于种植温室的室内采暖温度，大大节约了温室加温的运行成本。

四、餐厅功能的外延

与该生态餐厅相呼应的是室外露天餐饮区。由于游客数量多，生态餐厅内的空间有限，为此，经营者开辟了室外露天餐饮区。5月正是人们踏青出游的好季节，天气冷暖适宜，所以露天餐饮区发挥了很大作用。尤其在夜幕降临时，生态餐厅与露天餐饮区交相呼应，形成了不同的餐饮环境（图6a）。此外，露天餐饮区还设置了露天音乐台（图6b），每天晚上会安排音乐会和各种娱乐表演活动，为游客增加了娱乐项目，游客们也可以亲自参与表演，更增添了游览休闲的魅力。

音乐、啤酒、美食，再有天公作美，谁不愿意在这里多享受一番啊！这就请你带上你的舞伴在这宽敞的大自然中翩翩起舞吧！

蝶形屋面温室

——中国农业机械化协会设施农业分会2018年设施农业装备优秀创新成果评介

随着乡村旅游业的蓬勃发展，个性化的设施生产模式及其与之相适应的造型温室已成为吸引游客的重要手段和场所。大家熟知的各地植物园内的温室（主要为热带雨林植物展示温室）基本都是造型温室，花卉园、博览园或者农业嘉年华中也经常出现造型温室，有些生态餐厅也做成整体或局部的造型温室。但这些造型温室往往空间大、造价高，运行成本也不低，对于私人经营者或小微企业经营者而言，往往由于造价和运行成本的问题，对造型温室有心无力、敬而远之。

在2018年中国农业机械化协会设施农业分会评选第二届设施农业装备优秀创新成果中，笔者见到了一种建立在常规温室基础上的造价低廉的蝶形屋面温室，笔者认为非常适合小微企业经营和生产。为了证实这种温室的真实性和可靠性，2018年7月15日，笔者在温室建造企业云南格林温室园艺工程有限公司董事长陈振林先生的陪同下，赴四川省实地调研和核实了这种温室。现就这种温室的基本配置和创新技术介绍如下。

一、工程概况

温室位于四川省某植物园内(图1)，由云南格林温室园艺工程有限公司设计建造。工程共有面积不等的3栋同类型温室，其中1栋温室面积340m²，另外2栋温室面积各为180m²，分别种植水生花卉莲花、多肉多浆植物和兰花。温室檐口高6.0m，天沟高5.0m，不论从种植要求，还是从游览观光的角度考虑，温室的高度基本具备高大宏伟的要求。温室总建筑面积700m²，总造价（不含土建工程）48万元，折合单位面积造价

图1 温室总平面布局

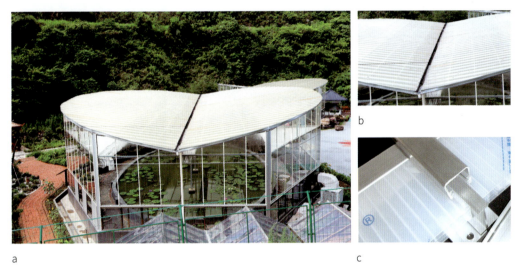

a

b

c

图2 温室屋面做法
a. 蝶形屋面整体　b. 屋面及排水沟　c. PC板密封连接大样

685元/m²，应该说是一种造价非常低廉的造型观赏温室。工程于2017年4月开工，当年7月完工，现已投入正常运营。

　　从总平面布置看，3栋不同朝向的蝶形屋面温室错落分布在公路和河流之间形成的一个独立的封闭空间内。不同规格温室群落布局，适应了不同种植品种和种植模式的个性化要求，更活跃了场区的总平面布局；合理的流向组织，不仅增加了游客的滞留时间，也克服了游客参观游览的单调感。不同屋面朝向的温室错落布局，从空中看恰似翩翩起舞的蝴蝶在飞舞，更增加了园区建筑的灵动感。游客置身于园区，游走在不同品种的室内植物园，更有融入缤纷世界大自然的体验，这种温室的布局形式很值得大家学习和借鉴。

二、温室建筑

　　从屋顶看，温室似乎是一个椭圆形建筑（图2a）。整个屋面以椭圆面的任一条轴线（短轴或长轴均可）为对称分为两个坡面，并向椭圆面的另一条轴线方向翘起，恰似展

a

b

c

图3 温室建筑立面造型
a. 垂直于天沟方向　b. 平行于天沟方向　c.仰视屋面

a

b

图4 屋面排水
a. 排水沟一侧封堵　b. 有组织排水及落水管布置

翅飞翔的蝴蝶，故命名为"蝶形屋面温室"。两个坡面交汇的椭圆轴线是温室屋面的最低点，整个屋面的雨水汇集到这里，正好形成温室的排水天沟（图2b），将温室屋面的动感效果与屋面排水功能有机地结合在一起，使温室的景观效果和实用功能得到有机统一，是建筑设计中的一种良好创意。

　　屋面覆盖材料选择8mm厚双层中空PC板，一是这种材料具有良好的保温性能和透光性能，也是温室常用的透光覆盖材料，来源丰富、造价低廉；二是这种材料用于温室屋面不存在如玻璃等脆性材料的破碎问题，对室内游客的安全有可靠保障。为了解决屋面材料拼缝处的密封问题，防止屋面漏水，该工程在设计中空PC板材料时选用了一种两边上翻的槽形板材（工厂一次成型），两块板材对接处采用两件套专用铝合金型材，一件安装在PC板的下方用于支撑PC板并与温室结构相连，另一件扣压在槽形PC板的槽沿上，一可以完全避免雨水进入相邻PC板的拼缝（图2c），二可以将相邻两块PC板紧紧相扣而牢牢固定。应该说，作为游览观光温室，选择使用这种屋面透光覆盖材料不仅是科学的，也是非常经济的。

　　从平面和立面看，温室实际上是一个多边形建筑（图3，实际为八角形），这主要是为了适应安装立面刚性玻璃的需要，同时也是为了降低结构件的加工和安装成本（直杆的加工成本肯定比曲杆的加工成本低）。多边形结构也不失建筑立面的美观，同时对

a   b   c

图5 温室桁架结构
a. 双向桁架结构整体 　b. 桁架与中柱连接大样 　c. 桁架与边柱连接大样

室内种植作物布局的影响也降低到了最低限度。

如何将多边形的温室平立面与折面椭圆形的温室屋面有机连接，是这种造型温室设计中的一大难点。该工程采用屋面挑檐的方式，将凸出温室立面的屋面作为挑檐（图3c）伸出建筑立面，将不同形状的几何体结合成为一个整体，也不失其观赏效果。

温室屋面的排水采用有组织排水（图4），双坡屋面向中间汇水，将雨水汇集到屋面天沟。由于温室单体面积较小，所以天沟的排水采用单向排水的方法，天沟的一端封闭（图4a），另一端与落水管相接，落水管绕过屋面挑檐直立固定在温室立面，将屋面雨水导流到地面排水沟（图4b）。地面排水沟采用表面封闭的暗沟。

由于温室建设场地的水源丰富（旁边即常年流水的河流，当地年降雨量大，地下水位也高），所以，从屋面收集的雨水没有集中处理再利用（考虑到建设和运行成本的因素），而是直接排放到园区南面的河流中（因为雨水无污染，这种排放也符合环保要求）。这种雨水暗排的方式，一可以减少园区积水，二可以为游客创造一种整洁、卫生的环境，很好地适应了园区作为观光游览场所的需要。

三、温室结构

该温室的屋面支撑结构采用了双向桁架结构。沿温室天沟方向用于支撑天沟的桁架为等截面平面桁架（桁架的上下弦杆平行且处于同一平面内），该桁架可以根据屋面天沟的排水坡度要求，按照基础找坡的方式实现屋面天沟的找坡。与等截面平面桁架垂直布置的是变截面平面桁架（桁架的上下弦杆不平行，但不交叉，且处于同一平面内），该桁架的下弦杆与等截面平面桁架的下弦杆同处于一个水平面，从而保证了温室室内安装的遮阳网能够处在一个水平面内；桁架的上弦杆则与屋面的坡度相一致，是形成蝶形屋面的支撑结构（图5a）。

相互垂直的两组桁架在天沟处的截面高度相同（图5b）。支撑双向桁架的立柱均采用方管截面（140mm×140mm），方便与桁架连接。天沟下的室内中柱将相互垂直交叉的两个桁架同时固定其上，立面上的桁架支撑立柱则单向支撑变截面桁架的高端（图5c）。

对于不支撑桁架的平面上拐角处的立柱则全部采用圆形截面（φ165mm圆管）。这种截面选择非常方便温室立面横向系杆的连接（图6）。为了使角柱的外观美观，温室专

a   b

图6 角柱
a. 从室内看　b. 从室外看

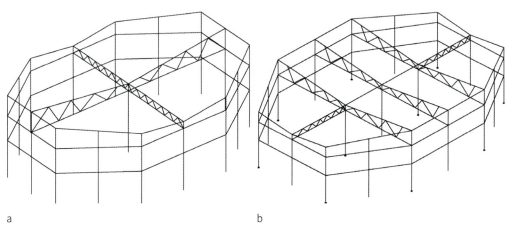

a   b

图7 温室结构布置图
a. 小面积单体，天沟沿椭圆屋面短轴布置　b. 大面积单体，天沟沿椭圆屋面长轴布置

门开发了一种铝合金外抱型材（图6b），将支撑立面玻璃的横向系杆（钢构件）以及镶嵌玻璃的竖向窗框（铝合金型材）全部包裹其中，不仅外观美观大方，而且立面密封性好，构件防腐能力强、使用寿命长。这种设计思想在其他的多边形温室结构中也具有借鉴意义。

  两种不同平面面积的温室在结构的平面布置上分别采用两种结构布置形式。

  面积较小的温室，天沟沿椭圆屋面的短轴布置，室内只设置一根立柱（图7a）。这种设计室内立柱少、空间大，非常有利于室内种植作物的布置和游人的游览路线设计。理论上，这种温室平面可以设计为等边八角形，温室屋面可以设计为圆形，是这种温室形式的一种极端变形，也是同等边长条件下面积最小的温室。由于温室单体面积小，采用天沟沿椭圆屋面短轴布置的方式可使温室的屋面高差更大，更能体现出温室的高大和宏伟。

  面积较大的温室，天沟沿椭圆屋面的长轴布置，沿椭圆屋面长轴方向形成温室的开间，可根据温室屋面在长轴方向的长度设置若干个开间，在室内沿温室天沟方向形成一排室内立柱（图7b）。理论上，椭圆屋面的长轴尺寸可以无限加长，以增大单栋温室的

图8 电动推拉窗

建筑面积，但如果长轴过长、短轴过短，从温室造型上看，蝶形屋面温室就会演化成为窄长的尖叶形屋面造型，实际设计中应根据工艺和建筑要求统筹考虑选择合适尺寸的温室造型。如果沿椭圆屋面长轴方向布置的天沟尺寸过长，设计中也可以考虑双向有组织排水，以方便屋面顺畅排水。大面积单体温室考虑在椭圆屋面长轴方向设置排水沟，也是为了降低温室屋面的高差，在保证温室屋面适度高度的情况下，尽量降低温室高度，从而降低温室造价。

这种形式的屋面，从排水的角度分析，对夏季的室外降雨应该不存在太大问题，但对于冬季的室外降雪，其排除能力将受到很大限制，主要表现在：一是屋面采用双层中空PC板，热阻大，屋面传热少，屋面积雪不易融化；二是屋面坡度小，一般达不到自动滑落积雪的设计坡度（中国温室设计荷载规范规定为60°）；三是屋面向内坡向，即使屋面有足够的坡度，积雪也只能滑向温室屋面天沟；四是如果遇到室外刮风，积雪可能会更多地集聚在温室天沟，造成局部荷载加大。因此，这种温室在中国冬季降雪量较大地区使用时，其结构设计应充分考虑温室屋面的雪荷载，尤其要重视雪荷载不均匀分布的问题。

四、温室通风降温

温室的通风降温包括自然通风和风机通风，其中风机通风还包括正压送风和负压排风两种形式。该温室的通风设计包含上述全部的通风方式，其中正压送风的通风系统中，还结合湿帘降温系统，能够直接将降温冷空气输送到温室中，使温室获得强制降温的效果。

1. 电动推拉窗自然通风

开窗通风是温室自然通风的主要方式。从密封和节省投资的角度出发，该温室没有在屋面设置通风窗，而是在温室立面安装了推拉窗（图8），且该推拉窗采用电动推拉的形式，可以根据温室内设定温度自动启闭窗户。对于多边形的温室，在每个立面上独立设置了推拉窗。由于多边形温室的面积较小，每个边的边长不大（宽1.0m，高1.2m），采用推拉窗后窗户的开启阻力相对较小，所以，设计中用于推拉窗户的电机减速机采用了塑料薄膜温室（或大棚）常用的卷膜开窗用的卷膜电机（功率100W），并用齿轮齿条水平安装驱动推拉窗，能够实现对推拉窗的平稳启闭，而且电机减速机标准化程度高、市场供应量大，相对造价也较低，是一种物美价廉的电动开窗系统。为了防止害虫进入温室，在推拉窗的外侧还安装了固定的窗纱，在窗扇打开时可以阻挡室外害虫进入温室。

319

图9 排风机排风

a

b

图10 湿帘风机正压送风
a. 室外　b. 室内

美中不足的是，温室每个边都需要安装一台单独的电机减速机，每边的窗户都是独立控制。虽然这种设计能够根据室外风向进行不同组合的窗户开启工作方案，但相对造价高，设备发生故障的概率也增加不少。如果能够采用软轴或其他形式的动力传输模式，用1～2台电机减速机带动全部立面的窗户统一启闭，将会大大节省建设投资和运行费用，设备出现故障的概率也将降低。

2. 排风机强制通风

为了避免设置排风机影响游人，同时也为了更高效地排除室内热量，设计者在设计强制排风机时将其安装到了温室室内遮阳网的上方（图9）。由于遮阳网上部是温室热空气聚集区，在这里安装排风机具有事半功倍的效果。

3. 湿帘风机正压送风

不论是开窗通风，还是风机排风，除了空气交换的作用外，其降温的能力最大只能达到室内外温差2～3℃。当室外温度较高时（尤其是超过30℃后），即使风机和窗扇全

a

b

c

图11 温室内遮阳系统
a. 从室外看温室的内遮阳　b. 内遮阳展开温室遮阳降温　c. 内遮阳收拢温室采光

开，也难以达到游人参观的舒适温度。为此，设计者采用了一种将湿帘和风机集合为一体的湿帘风机正压送风系统。该系统由湿帘箱（包括湿帘的供水系统）、送风机以及二者的连接管道组成。湿帘箱的4个立面安装湿帘，外面用百叶形成箱体的围护和进风口，底部为循环水池，上部安装风道，连接风机。安装时将湿帘箱设置在温室外，将送风机安装在温室的墙面上（图10）。湿帘供水水泵和送风风机同时开启时，湿帘箱中的水喷向湿帘的顶部，并通过湿帘空隙从上而下流经湿帘后回流到下部水池，形成水循环系统；室外高温干燥空气通过湿帘箱百叶流经湿帘后与湿帘内的水体发生湿热交换形成低温高湿空气，再通过送风机输送到温室内，形成温室的降温空气，实现温室的强制降温。

这种降温系统相比空调降温，设备投资少，运行成本低，尤其适合降温负荷大而温室空间小的游览观光温室。这种降温设备一般能将室内温度降低到30℃以下，完全能够满足游览观光环境中游客的需要。类似湿帘箱的规格较多，实际设计中可根据温室面积以及温室建设地区的温度、湿度条件合理选择配置。

五、温室遮阳

从建筑美观的角度，该温室没有采用一般温室常用的外遮阳系统，而是采用了内遮阳系统，同时兼顾遮阳和保温双重功能，且省去了支撑外遮阳的立柱和横梁，是一种经济而美观的设计（图11）。

从内遮阳的设置位置看，和普通的文洛型连栋温室一样，直接借用温室桁架结构，遮阳网直接安装在桁架结构的下弦杆上，省去了单独设置遮阳网的支撑体系。由于双向桁架的下弦杆处在一个水平面内，且与地面平行，所以，张开的遮阳网在室内看是水平

图12 温室喷灌系统

的（图11b）。虽然温室的屋面是蝶形，但游客在室内看到的是平整的网幕，不会给游客带来任何的空间错觉。从室外看，当内遮阳幕张开时，遮阳幕与温室屋面形成了2个明显的分层（这主要是由于蝶形屋面变截面桁架的高差引起），给人一种二层建筑的感觉（图11a）。由于遮阳网与温室屋面之间形成的大空间，室外太阳辐射通过屋面进入温室后，将在遮阳网和温室屋面之间形成高温空气层。设计中通过专门设置强制排风机（图9），可将该空气间层中的高温空气直接排出室外，从而降低了温室生产区（游客游览区）的热负荷，应该说是一种高效的降温措施。

该内遮阳系统采用齿轮齿条拉幕机构控制遮阳网的启闭。由于温室为多边形平面结构，设计中采用常规的拉幕系统，只能启闭温室中部矩形区域内的遮阳幕，而对边角三角形区域的保温幕则采用永久固定的方式（图11c）。这种方式在拉幕机构上节省了投资，但边角位置的固定遮阳网总会或多或少影响温室内的光照，应该说是一种不完美的设计。事实上，在边角区域采用伸缩杆式的幕布驱动杆完全能够实现对每个部位遮阳网的启闭控制，在今后的工程实践中可研究采用。

六、温室灌溉与喷淋

温室中针对不同的种植作物和种植模式采用了不同的灌溉方式，本工程设计了通用吊挂式固定喷灌系统（图12）。这种喷灌系统，不仅可用于温室内作物的喷灌，也可以用于喷药或温室消毒，还可以用于温室的喷雾降温。这些都是从温室进行作物种植的需要考虑可以利用的功能，但从观赏温室保证室内大量观光游览顾客安全的角度出发，这种喷灌系统又可用于公共场所的防火喷淋，可以说该系统具有一举多能的功用。

七、安全性的考虑

对于用作游览观光的公共建筑，时刻保证游客的人身安全是工程设计中首要考虑的因素。该温室在建筑设计中屋面材料选用中空PC板，既可保证温室的采光和保温，更可保证屋面覆盖材料不会破裂坠落；在结构设计中采用双向桁架结构，较普通的梁柱结构其承载能力大大增强；从防火安全的角度考虑，吊挂式固定灌溉系统可兼用于温室的防火喷淋；立面选择玻璃做覆盖材料，不仅美观，而且容易破碎，便于游人逃生。应该说，作为观光游览的温室，该建筑对游人安全的考虑是周到和全面的。欢迎游人或相关的专业人士路过或专程到访观光。

"长城"温室

——记成都市新津县花舞人间花卉博览园温室

2018年7月11日，笔者随中国农业科学院都市农业研究所组织的设施农业专家考察团来到了成都市南郊的花舞人间4A级旅游景区。该景区位于新津县永商镇，距离成都市约30km。景区占地面积3 000多亩，拥有迷宫花园、同心潭、杜鹃长廊、云海、花卉博览园、花舞天阶、森林漂流、金沙沟花海、海棠山舍等景点，不同季节根据花期还举办郁金香节、杜鹃花节、鲁冰花节、向日葵节、百合花节、野菊花节、花粉节、兰花红叶节等多个主题花节庆，景区365天花开不断，被誉为"西南赏花首选地"。这里山峦叠嶂、空气新鲜，再加上人工营造的能够四季盛开的各种造景花草树木，已经成为成都市郊有名的休闲观光目的地之一。

景区依山而建，山水相连。汽车一路绕山，我们也在花海中盘旋。在这迷人的花海中，我们似乎早已忘却了多日参观考察的疲倦，个个神清气爽，车厢内人们不时的惊讶声和相机咔咔的快门声，已经成为我们进入景区后的主旋律。不知不觉中，我们的车已经到了山头的最高峰，把我们引到了要参观的现代温室设施。

我们从停车场下车后，沿着导引的台阶拾步向前，从郁密的花丛中突然看到了一座宏大的玻璃建筑（图1），正面墙面上硕大的"365天花舞人间花卉博览园"告诉我们，这里就是我们要参观的目的地。

前面的花海已经调动了大家的神经，看到温室更使我精神倍增，一探温室中花海的冲动驱使我疾步向前，一时忘却了我们还是10多人的团队。

跨入温室的大门，首先看到的是敞亮的大厅，凉爽的空气环境使我不自觉地去思考温室究竟采用了什么方法降温。要知道7月的成都，室外基本是天然的"桑拿浴场"，突然进入清凉的花海世界，不仅能一饱眼福，还能避暑纳凉，因此这里必然是游客们的首选之地。作为专业的考察，找到温室的冷源，自然也就成为我们行动的必然。四周看，玻璃墙面光洁平整；抬头看，典型的文洛型温室屋面，似乎和传统的玻璃温室没有两样；定睛细看，原来温室的结构、降温方法、建造技术等与传统的文洛型温室相比，有很多改进和创新，亮点绝不止一处。不着急，这就让我们一起随着导游——温室的建设者，成都聚仓农业科技有限公司总经理杨利琼女士，一起来慢慢评鉴。

图1 花卉博览园正立面

a

b

图2 温室建设总体效果
a. 卫星遥测图　b. 鸟瞰效果图

图3 温室平面图

一、温室建筑

　　该温室依势而建在山顶上，沿着山脊方向曲曲折折地展开（图2），恰似中国北方的万里长城，故笔者称之为"长城温室"。温室总长度1 100m，虽然与万里长城的长度远远不在一个数量级上，但在国内外温室建筑中，这种宽度只有30～50m、长度超过1 000m的窄长形温室，足可以称其为温室建筑中的"长城温室"了。说温室窄长是根据温室的长宽比而言，而单从温室的跨度看，30～50m的跨度在常规温室中也不能算太小。

　　沿长度方向，温室共分为9个不同的展馆，依次用英文字母从A～I排序（图3）。每个馆根据展示内容的不同而命名，分别为"迎宾馆""峡谷馆""幸福馆""奇妙馆""花舞天阶""银色海滩"等。根据各个区域展示花卉和造型的不同，形成不同的

图4 温室地面的起伏变化
a. 立面起伏　b. 室内上坡　c. 室内下坡

功能区。实际上温室内部是完全连通的，所不同的只是每个功能区的长度和跨度有所不同，因此温室中每个功能区的面积有所不同。不同的功能区，是通过不同的植物布景和游览功能来实现的。

从平面看，温室设计的亮点在于：①温室没有进行整体地面平整，而是沿着山脊地形的起伏，温室地面标高和温室屋面标高也在起伏变化（图4），室内净空高度在6.3～7.5m范围内波动。这种设计既保证了室内作物布景和人流参观的空间要求，更减少了土建工程平整场地的土方工程，巧妙地利用山地高程，还减小了立柱高度，不仅节约了立柱用材，而且增强了温室的结构承载能力（降低温室高度可减小风荷载和立柱的长细比）。②不同功能区之间采用积木式连接，通过严密密封，将面积不等、形状不同、高度各异的相邻功能空间连接在一起，实现整个建筑的互联和通透，便于布景，更便于参观游览，使游人在不同功能区之间游览没有任何障碍。

狭长的平面布局，只有一个主出入口，不设旁门左道（消防门除外），往返超过2km，不仅延长了游人的游览停留时间，也为游人提供了充分的休闲娱乐空间，如游乐场、茶馆、餐饮区、聊天娱乐场等，这些功能区也就成为温室设计中的必要因素。

从温室建筑用材看，屋面采用中空PC板，在保证温室保温和采光的条件下，更增强了温室屋面的安全性（相对玻璃屋面而言）；墙面采用平板玻璃，透亮而美观，正面入口立面更是采用了蓝色镀膜玻璃（图1），通过建筑的色彩变化，调和了玻璃温室的单色色调，更符合观光温室吸引游客的条件。

从建筑防火安全的角度考虑，温室在每个功能馆设置了2道2 000mm×2 000mm的外开门，便于在应急情况下游客的逃生。当然，考虑到温室四周为玻璃材料，温室宽度方向的距离不长（30～50m），在应急状态下，打碎玻璃逃生也是一种可行的方案。

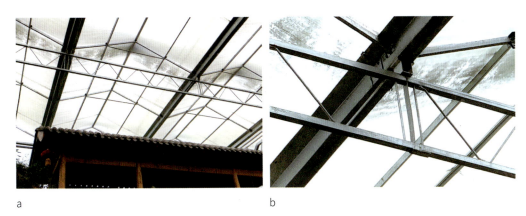

图5 平面桁架结构
a. 平面桁架支撑屋面　b. 平面桁架在天沟处的连接与加强

二、温室结构

从温室的屋面支撑结构看，温室采用传统的文洛型结构，即平面桁架支撑天沟，天沟支撑屋面梁，屋面梁支撑屋面透光覆盖材料(图5)。这是一种非常经济的屋面支撑结构，温室的屋面跨度小、矢高低，室内光照均匀，而且每个屋面的汇水面积小，相应天沟的截面面积小，天沟对室内光照的影响也小，利用支撑屋面的桁架结构还可以吊挂室内遮阳保温幕、喷灌系统（含自行走式喷灌车）、循环风机、CO_2发生器等设备。这种结构形式的承力构件和连接配件均实现了标准化生产和供应，构配件热浸镀锌，使用寿命长，技术成熟，造价低廉，因此在硬质板屋面覆盖材料（玻璃和PC板）的生产性温室中已经成为主流。近年来，有的温室企业甚至将这种结构形式应用在柔性塑料薄膜温室上，形成了小屋面的锯齿形、拱圆形或尖顶形小屋面塑料温室，使温室的标准化进一步提高、造价进一步降低、性能进一步提升（包括室内光照的均匀度和设备安装的灵活性等）。

为了增强屋面结构的承载能力，该温室在传统文洛型温室屋面结构的基础上，在每个小屋面的屋面梁上增加一道水平拉杆（图5a），不仅增强了温室屋面的承载能力，而且缩短了屋面梁的长细比，使屋面梁的截面尺寸进一步减小。应该说这种结构的加强处理方法是合理的，也是必要的。

除了对屋面梁的加强之外，该温室还对支撑屋面的平面桁架进行了局部加强，也就是在支撑天沟的位置除了传统的一道竖向支撑腹杆外，还在其两侧各平行附加了一道竖向支杆（图5b）。这种加强支撑方法是否合理值得商榷，因为3个平行的竖直支杆作为桁架的腹杆承受天沟的压力时应该全部都是压杆，如果由于安装或构件截面出现偏差，很容易发生各个击破的屈曲变形，反而使局部加强的部位成为承力薄弱点。正确的做法应该是采用斜拉腹杆的方式，尽量让腹杆承受拉力，这样构件的截面才会变小，而且桁架的整体承载能力也会更强。

传统的文洛型结构，支撑平面桁架都用立柱，而且立柱之间的间距大都为

a   b

图6 室内立柱的设置
a.超大跨度设立柱　b.大跨度无立柱

6.4～12.8m。该温室由于建设时分为2期工程设计施工，温室屋脊的走向也有2种形式：①沿温室长度方向；②沿温室宽度方向。前已叙及，该温室在长度方向的尺寸达到1 100m，而宽度方向的尺寸为30～50m。尽管温室沿长度方向分为若干个单元，但每个单元在跨度方向的尺寸，也就是单榀平面桁架的总长度，最小也在30m及以上。如此大跨度温室，单用平面桁架，如果没有支撑，其变形和构件截面将会很大，由此会大大增加温室的工程造价。

为了减小平面桁架的支撑跨度，该温室采用相互垂直的"井"字梁结构。"井"字梁结构采用截面不等高而相互垂直的两种截面的桁架。直接支撑屋面天沟的桁架为平面桁架（前已叙及），与屋脊方向垂直；与平面桁架垂直的桁架采用三角形空间桁架，其作用是支撑平面桁架，方向与温室屋脊方向平行，相当于传统文洛型温室屋面桁架的立柱支撑。

三角形空间桁架的出现大大加大了温室的跨度，设计中跨度在30m以内时（称为大跨度）不设室内立柱，跨度超过30m时（称为超大跨度）才在空间桁架下设支撑立柱（图6）。这种设计大大减少了温室内的立柱数量，温室中大部分区域基本看不到室内立柱，更有利于室内作物的布局，也不影响游客在室内的视线。

三角形空间桁架在两端以及中间与立柱的连接，采用了立柱承台的支撑方法（图7a、b），而与之交叉的平面桁架的连接则采用了对接连接的方式，即将平面桁架的端板做成与三角形空间桁架倾斜腹杆相同的倾斜角，平面桁架的下弦杆与空间桁架腹杆的下部平齐，并通过螺栓将平面桁架的端板与空间桁架的倾斜腹杆相连（图7c），从形式上看形成了相互交叉的"井"字梁桁架在二者下弦杆上的基本对齐。

相互垂直的"井"字梁桁架下弦杆上保持齐平后，由于平面桁架和空间桁架的截面高度不同，必然将使空间桁架的上弦杆远远高出平面桁架的上弦杆。为了处理好二者之间的空间关系，该设计将三角形空间桁架正好布置在温室小屋面的正下方，而且由于温室屋脊走向与空间桁架的布置方向正好是同方向，相当于将空间桁架藏在温室的小屋面内，不仅有效利用了空间，而且也不影响温室的净空。应该说这是该温室设计的最大创新亮点之一。

温室工程实用创新技术集锦❷

WENSHI GONGCHENG
SHIYONG CHUANGXIN JISHU
JIJIN ❷

a   c

图7 三角形空间桁架的支撑与连接
a. 空间桁架与室内中柱连接　b. 空间桁架与侧墙立柱连接　c. 空间桁架与平面桁架连接

三、温室通风降温

　　传统的温室通风系统大都采用开窗通风的自然通风方式，运行节能更节约成本；温室的降温系统多采用内外遮阳和湿帘风机降温相结合，降温负荷小，运行成本低。该温室考虑到采用开窗通风可能会出现屋面漏水、墙面不美观（由于温室是按照地形走势设计的，有的局部立面可能无法排风；齿条开窗时，齿条安装高度低了，可能会影响游人，高了不方便检修），所以不论温室立面还是温室屋面都采用完全封闭结构，没有设置任何的开窗通风。为了降低温室的降温负荷，温室设计了室外遮阳，但考虑到室内的美观，没有设计室内遮阳。由于屋面覆盖材料中空PC板的透光率较低（80%以下），成都市常年的室外光照强度也不高，仅用外遮阳足以满足降低室外光照强度和室内热负荷的需要。温室的通风降温主要依靠室外遮阳和风机湿帘降温系统。为增强室内空气流通，在温室局部区域还增设了循环风机和独立空调。

　　风机湿帘降温系统的设置方法与传统温室有很大不同。传统温室的风机和湿帘一般都是分别设置在相对面的山墙或侧墙上，风机与湿帘之间距离小（多控制在50m以内），室内空气运动流向相同，室内环境相对稳定、均匀。该温室考虑到温室的美观和观光游览的需要，没有将大量的风机均匀排布在温室的侧墙上，而是将湿帘相对集中安装，风机也相对集中安装。由于风机噪声大可能会影响游客，在风机安装位置的设置上大都将集中的风机组安装在人流不及的地方，或者在风机组安装的周围采用布景遮挡暗藏的方法，尽量减小风机运行时给游客带来的噪声干扰或安全隐患；而将湿帘安装到温室墙面的上部，完全不会影响室内游客游览以及室内植物的布景。

　　湿帘布置时，在跨度较大的大空间，采用相邻立面集中连续布置的方式；在跨度较

a
b
c

图8 温室风机湿帘布置方式
a. 风机布置　b. 相邻立面湿帘连续布置　c. 相对立面湿帘集中布置

小的区域，则采用相对立面均安装湿帘的布置形式（图8）。这种布置方式加大了湿帘的布置面积，因此可更有效地降低室内的空气温度，对于保持温室内适当的湿度也有很大帮助。这种湿帘、风机分别相对集中布置的降温方式也算是该温室设计的一种创新，其他温室设计可参考和借鉴。

　　风机湿帘的这种布置方法，从原理上讲，风机创造室内负压，在室内外空气压差的作用下，自然将会有室外干热空气通过湿帘降温后进入温室。由于温室屋面和墙面没有开窗，相对温室的密封性较好，温室内始终处于负压状态，湿帘风机降温的效率也较高。据介绍，这种风机湿帘降温系统基本能满足夏季室内的降温要求（我们参观时正值7月的盛夏三伏天，这个季节能有效降温，基本可以判定温室的降温系统是有效的）。美中不足的是一年四季每天都要开启风机通风（不论降温与否），相比自然通风系统，在一定程度上增加了温室的运行能耗。

　　这种完全封闭温室采用全天候风机湿帘运行的设计方案为我们的温室设计提供了一个样板。在具体的温室设计中是否要采纳这种形式的降温系统，应该经过开窗机构的建设和运行维护成本与湿帘风机的运行成本比较分析后确定，不必照搬照抄这种形式。

致谢

　　非常感谢中国农业科学院都市农业研究所杨其长副所长及其团队组织并邀请笔者参加了成都设施农业的考察，也非常感谢成都聚仓农业科技有限公司总经理杨利琼女士的热情接待并为本文提供了很多技术材料，在文章成稿后还提出了非常宝贵的修改意见。

温室工程实用创新技术集锦❷

WENSHI GONGCHENG
SHIYONG CHUANGXIN JISHU
JIJIN 2

连栋温室墙面硬质板窗户的安装与开启方法

连栋温室墙面设置窗户，一方面可以和屋面窗户结合形成大高差的热压通风系统，另一方面也可以在不打开屋面通风窗的条件下自身开启，形成室内的对流穿堂风而达到温室通风换气的目的。因此，连栋温室墙面（包括山墙和侧墙）设置通风窗是增强自然通风的一种重要手段。除自然通风外，为保证安装湿帘侧墙冬季的保温性和密封性，在安装湿帘的墙面外侧往往需要安装保护盖板，保护盖板是另一种形式的通风窗。夏季湿帘保护盖板打开，室外干热空气在室内负压作用下（风机向外排风而形成室内负压）进入湿帘，进行湿热交换后形成湿冷空气进入温室降温，此时，湿帘相当于进风口；冬季湿帘-风机系统停止运行期间，为防止室外冷风通过湿帘进入温室，将湿帘保护盖板关闭，可有效减少温室冷风渗透热损耗，减少热损失，节约能源，提高效益。

与民用建筑不同，温室大部分的通风窗并没有窗扇，或者说传统的窗扇演变成了覆盖窗洞的"盖板"。这种"盖板"有柔性材质的塑料薄膜和硬质板材的玻璃、硬质PC板（包括PC中空板和PC浪板）之分。柔性材质的塑料薄膜一般采用卷膜的方式启闭，而硬质板材的玻璃和PC板则多采用齿轮齿条的驱动方式启闭。塑料薄膜温室一般均采用柔性薄膜，用卷膜方式启闭；而玻璃和PC板温室则常采用同样材质的硬质板透光覆盖材料，推拉或提拉等方式启闭，但也不排除为了降低成本采用卷膜方式覆盖的，尤其是南方地区覆盖湿帘外墙的温室。

卷膜开窗的原理和方式比较简单，不多赘述，本文重点介绍硬质板材窗扇（为了统一表述，以下不论是含在窗框内的窗扇还是贴在窗框或通风口、湿帘墙外的"盖板"，均称为窗扇）的不同安装和开启方法。

一、温室墙面窗户的分类

按照窗扇的用途和目的来分，温室墙体上的窗户可分为通风窗和保温窗两种。这里

图1 手动推拉窗

讲的通风窗，是指安装在温室采光面上兼顾采光和通风作用的窗户，窗扇开启后温室进行通风换气；窗扇关闭后，温室保温采光。而保温窗则专指安装在湿帘外侧的窗扇，湿帘-风机降温系统运行时窗扇打开，湿帘-风机降温系统长时间停止运行期间窗扇关闭。按照上述功能，通风窗的窗扇应尽量采用与温室墙面透光覆盖材料相同材质的材料，如玻璃温室用玻璃，PC板温室用PC板，但有的玻璃温室也有用PC板材料的；而保温窗的窗扇则不必局限于使用与墙面透光覆盖材料相同材质的材料，可本着经济适用的原则选择使用材料，可以是玻璃、PC板、塑料薄膜等透光覆盖材料或彩钢板、玻璃纤维瓦楞板等不透光保温材料。

温室墙面上的窗户按照窗扇的开启方式可分为推拉窗、提拉窗、平开窗和上悬窗（外翻窗）。

推拉窗和提拉窗窗扇都是在平行于墙面的平面内运动，前者窗扇在窗口内水平运动，后者窗扇在窗口外上下运动。两种开窗方式共同的特点是窗扇不占用室内外空间，可随意控制开启面积，窗户开合时窗扇均沿轨道运行（提拉窗可不设轨道），操作轻便，防虫网安装不影响窗户的开启。但双层推拉窗最大开启度只能达到整个窗户面积的1/2，三层推拉窗最大开启度只能达到整个窗户面积的2/3，不可能实现整个窗口完全打开，在一定程度上限制了温室的通风量。而且无论是推拉窗还是提拉窗，其密封性能都不理想，冬季热损耗较大；在风雨天，窗户只能关闭而无法换气。

平开窗（连栋温室一般采用外平开）和上悬窗（主要为外翻窗）不占用室内空间；窗扇和窗框间一般采用橡胶密封压条，封闭性优良，冷风渗透热损失小；外翻窗在下雨时也可开启透风。但两者均占用室外空间。

具体温室设计中，开窗方式可根据温室的使用要求、经济水平和当地的气候条件，因地制宜地选择采用。

二、温室墙面窗户的驱动方式

1. 推拉窗

连栋温室中墙面推拉窗主要用于温室通风换气，其驱动方式有手动和电动两种。手动启闭投资少，可按照操作者的管理经验人为操作窗扇的启闭和开启面积的大小，但手动启闭要求窗户的设置高度应在便于手动作业的位置，一般窗扇下沿距地面不宜高于1.0m（图1），而且围绕开窗的墙面室内必须设计操作走道以方便开启窗扇。由于是根据经验人为操作窗扇的开启，在操作时间和时机上都难以精确把控，环境控制比较粗放，对大面积连栋温室操作比较困难，多应用在小面积的实验温室中。

电动启闭是在窗扇的边框上安装推杆，用电机减速机驱动连接齿轮齿条的驱动杆推动窗框推杆往复运动，实现窗户的启闭。

图2 提拉窗的不同驱动方式
a. 室内下框驱动   b. 室内上框驱动   c. 室外下框驱动

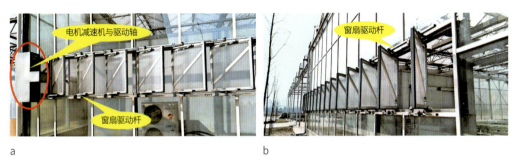

图3 电动平开窗
a. 系统局部   b. 打开状态

2. 提拉窗

连栋温室中墙面提拉窗可以用于温室通风换气，也可以用于湿帘外墙保温。由于窗扇采用提拉的方式，自身重量较大，而且操作位置较高，手动操作几乎不能实现，电动驱动是唯一的选择。电动驱动一般采用齿轮齿条开窗机构，选择直齿条竖直安装带动窗扇上下运动，实现窗扇打开和关闭的功能。电动驱动根据齿条安装的位置不同，分为室内驱动、室外驱动以及窗扇上框驱动和窗扇下框驱动几种形式（图2）。

3. 平开窗

连栋温室墙面平开窗主要用于温室通风换气。由于单扇窗户的面积较小，对窗户不多的温室可采用人工启闭。采用人工启闭对窗户安装位置及操作要求同手动推拉窗。对于温室面积大、开窗数量多的平开窗，一般也采用电动驱动的方式控制启闭。

电动驱动的平开窗（图3）是在窗户的一端安装电机减速机，电机减速机带动竖直驱动轴转动，驱动轴的两端通过齿轮转换将动力传递到系统水平驱动杆上，带动系统水平驱动杆往复运动。每扇窗扇的上下框分别安装窗扇驱动杆，并将其连接到系统水平驱动杆，通过系统水平驱动杆的往复运动即可实现窗扇的打开和关闭，从而实现电动控制窗扇启闭的功能。这种开窗系统控制面积大，精度高。

图4 通风上悬窗的主要形式
a. 高位窗　b. 中位窗　c. 低位窗

4. 上悬窗

上悬窗亦称外翻窗，是连栋温室墙面开窗的主要方式，可用于温室通风，也可用于湿帘墙保温。

温室通风用上悬窗根据窗扇的安装位置可分为高位窗、中位窗和低位窗（图4）。所谓高位窗就是上悬窗的旋转轴安装在墙面的最高位置，一般在天沟下；中位窗的上悬旋转轴安装在墙面的中部位置，同时窗扇的下沿也在温室墙面的中部；低位窗的上悬旋转轴一般安装在墙面中下部，窗扇的下沿正好达到墙面透光覆盖材料的最低位置。高位窗和中位窗由于安装位置较高，一般均采用齿轮齿条驱动开窗，而低位窗则可以采用人工开启的方式操作，由于是人工操作，所以每扇窗扇的面积也就受到限制（图4c）。电动驱动通风用上悬窗的齿条一般安装在室内，为减少齿条在室内所占空间，多采用弧形齿条。高位通风窗齿条安装和运行的位置相对较高，不会影响室内操作人员的行走，一般也不会影响室内的种植作业（图5a）；中位或低位通风窗由于齿条的安装位置较低，往往会影响室内作业人员的行走（图5b）。但高位通风窗进风口位置较高，与屋面通风口形成的联合热压通风系统由于进风口和出风口之间的高差较小，在相同开窗面积的条件下，通风量和通风效果较中位和低位通风窗差。一般墙面通风窗的进风口位置越低，与屋面通风口形成的热压通风量就越大。设计中为了最大限度增加温室墙面和屋面通风口联合热压通风的效果，同时为了避免齿条安装位置过低影响温室室内作业，可采用全墙面窗扇的高位窗形式（图6）。这种形式的窗扇结合了高位窗和低位窗的优点，但由于窗扇面积增大，启闭窗扇的动力也相应增大。

上悬式通风窗的窗扇可以是整堵墙面连续开窗（图4b），也可以是整堵墙面断续开窗（图7）。连续开窗进风均匀；断续开窗可避开墙面的一些凸出面或其他障碍物，布置灵活，每段用1台电机减速机驱动，操作控制均比较灵活。

a   b

图5 高位窗和中位窗齿条在温室内的位置
a. 高位窗齿条位置   b. 中位窗齿条位置

图6 全墙面窗扇上悬窗   **图7 中位断续上悬窗**

a   b   c

图8 湿帘保温外翻窗
a. 低位连续外翻窗   b. 低位断续外翻窗   c. 高位连续外翻窗

　　湿帘保温和密封用外翻窗，根据湿帘的安装位置可分为高位窗和低位窗两种；根据窗扇在一堵墙面上是否连续安装又分为连续外翻窗和断续外翻窗（图8）。

　　不论是连续外翻窗、断续外翻窗，还是高位外翻窗、低位外翻窗，湿帘外翻窗的共同特点是开启窗扇的驱动齿条均采用直齿条，安装在窗扇的下沿，向上（外）拉动打开窗扇，向下（内）推动关闭窗扇。由于直齿条是安装在室外，需要单独设置立柱支撑电机减速机和驱动轴，除了占用一定的室外空间外，电机减速机、轴承座、齿轮等均需要防雨。在风沙较大的地方经常发生齿轮齿条咬合部位被泥沙填塞的情况，在这些地区安装齿条时应将齿口向下安装，以尽量减少泥沙堆积，同时在运行管理中要经常清洁齿轮齿条，以确保开窗机构的安全运行。

连栋温室墙面塑料薄膜卷膜开窗机的类型

塑料薄膜连栋温室墙面通风多采用卷膜开窗的方式。这种方式设备简单、操作方便、造价低廉，非常适合比较廉价的塑料薄膜温室。

卷膜开窗机主要由卷膜器和卷膜轴及其附件组成。其工作原理是：卷膜轴连接在卷膜器的动力输出轴上，随卷膜器动力输出轴的转动而转动，同时带动活动边固定在卷膜轴上的通风口，使塑料薄膜卷起或展开，从而实现墙面通风窗的开启和关闭。其中，卷膜器是开窗机动力传输的核心部件。从机械传动原理讲，卷膜器实质上就是一个齿轮转换箱，具有动力传输和换向双重功能。卷膜器一般要求有自锁功能，能够将卷膜停放在通风口的任何位置。

在塑料薄膜温室墙面上使用的卷膜开窗机有多种形式。按照卷膜器输入动力的不同区分，有手动卷膜开窗机和电动卷膜开窗机；按照卷膜器的运动轨迹区分，有导向杆式轨道卷膜开窗机和无导向杆式自由卷膜开窗机；按照卷膜器动力输入端操作臂的长度区分，有长臂杆式卷膜开窗机、短臂杆式卷膜开窗机和无臂杆式卷膜开窗机；按照卷膜器动力传输转换齿轮数量区分，有多级动力传输卷膜开窗机和单级动力传输卷膜开窗机；按照卷膜器的尺寸区分，有大型卷膜器、小型卷膜器和微型卷膜器等。

手动卷膜器一般需要配置动力输入端操作臂，而电动卷膜器则无需配置；短臂杆手动卷膜器和电动卷膜器一般需要配置导向杆，而长臂杆卷膜器则无需配置导向杆。

图1 操作中的长臂杆卷膜器

温室工程实用创新技术集锦❷

WENSHI GONGCHENG
SHIYONG CHUANGXIN JISHU
JIJIN 2

a   b   c

图2 长臂杆卷膜器的几种形式
a.大型卷膜器   b.小型卷膜器   c.微型卷膜器

a   b   c

d   e   f

图3 不同情况下长臂操作杆的放置方法
a.卷膜轴在最高位置，臂杆自然下垂在墙面   b.卷膜轴在中上部位置，臂杆顶立在基础顶面   c.卷膜轴在中部位置，臂杆顶立在地面   d.卷膜轴在中下部位置，臂杆斜放在地面   e.卷膜轴在最低位置，臂杆斜放在地面   f.卷膜轴在最低位置，臂杆倒立在墙面

一、长臂杆手动卷膜器

    长臂杆手动卷膜器，操作简单，使用方便，对操作者的身高、臂长、力量没有过多要求，通过长臂杆动力传输可以轻松地将通风口开启在任何位置（图1）。

    笔者在走访和考察过程中，看到过三种类型的长臂杆卷膜器。由于对其内部结构没有详细的剖析，笔者根据外型体积直观地将其分为大型、小型和微型几种规格（图2）。

    长臂杆是这类卷膜器的共同特点，卷膜开窗的操作结束后，如何固定和放置长臂杆是此类卷膜开窗机共同的问题。图3是卷膜轴在不同高度位置处长臂杆的不同放置方法。由图3可见，当卷膜轴处在通风口的中上部位置（通风口的开启高度大于操作臂杆的长度）时，操作臂杆可以垂放在温室的墙面；而当卷膜轴处在通风口开启高度正好与操作臂杆等长时，操作臂杆可以直接顶在温室室外散水、地面或室外基础顶面；当卷膜轴处于通风口下部时，操作臂杆不是斜（平）放在温室外地面上（这种放置方法既占用室外

图4 短臂杆卷膜器　　　　　　　　　　　　　　图5 操作中的短臂杆卷膜器

a　　　　　　　　　　　　b　　　　　　　　　　　　c

图6 短臂杆卷膜器在通风口的不同停放位置
a. 卷膜轴在通风口最高位置　　b. 卷膜轴在通风口中部位置　　c. 卷膜轴在通风口最低位置

空间，又影响室外交通），就是将其倒立在温室墙面上（这种放置方法不占用室外空间，也不影响室外交通，是一种值得推荐的放置方案，但如果卷膜轴位置过高，则不便于操作臂杆的收放）。

操作臂杆倒立在温室墙面上时，应有固定措施，或将其压在压膜线下、落水管内侧，或用专用的固定设施固定，以免操作臂杆在风等外力作用下被吹倒，伤及作业人员或划破塑料薄膜。

二、短臂杆手动卷膜器

作为一套完整的卷膜通风机，短臂杆手动卷膜器的机构由卷膜器、导向杆和卷膜轴及其附件组成(图4)。该卷膜器有两个手柄，一个手柄用于控制卷膜器的升降，另一个手柄用于向卷膜器动力输入端输入动力，并通过卷膜器的动力输入端带动卷膜轴转动，从而带动打开或关闭卷膜通风口。

这种卷膜器，由于操作手柄较短，要将卷膜轴卷到通风口的高位，操作者必须有足够的身高和臂长（图5），而且操作时必须两手协调配合，操作具有一定的难度，也需要一定的力量。但由于省去了操作长臂，所以也就不存在操作臂如何放置的问题。

导向杆既是卷膜器行程的导轨，也是卷膜器停放时的固定杆。导向杆直立在温室通风墙面的端部，下部埋置在地面基础中，上部则固定在温室的骨架或固膜卡槽上。卷膜器一般用3～4个动滑轮固定在导向杆上，卷膜器上下运动时，主要依靠这些动滑轮的滚动来减少摩擦，从而达到操作省力的目的。

图7 电动卷膜器

a

b

图8 电动卷膜器在通风口的不同停放位置
a. 卷膜通风处于关闭状态　b. 卷膜通风处于开启状态

卷膜器配有自锁功能，可以保证卷膜轴停放在任何需要通风量的部位（图6）。

三、电动卷膜器

电动卷膜器（图7）以电力为动力，通过电机减速机将电机动力输送到卷膜器动力输出端，带动卷膜轴转动，实现通风口的开启和关闭。

和短臂杆手动卷膜器一样，电动卷膜器也需要配置导向杆，两者对导向杆的要求基本相同。

电动卷膜器一是要有电源保证；二是应配备自动控制系统，能够根据室内外温度等环境的变化自动控制卷膜器的开启；三是应该配手动操作柄，在停电或电机减速机故障的情况下，能够人工操作打开或关闭温室通风口。由于配有自动控制系统，卷膜器必须配行程开关，当卷膜轴到达通风口的最高和最低位置时能够自动断电，停止工作。此外，电机减速机内应配置自锁功能，使卷膜器能够根据通风量的要求随时停止在通风口的任何位置（图8）。

电动卷膜器操作简单，可自动控制通风口的启闭以及通风口的大小，因此，大大减轻了操作者的劳动强度，按照室内外温度传感器的感知和室内设定温度等的要求，可使温室内环境控制更加精准，是未来温室向自动化和智能化方向发展的趋势。

四、卷膜轴的形式与固膜方式

卷膜轴是卷膜通风机的重要组成部件，是通风口塑料薄膜开启和关闭的动力传输者。通风口塑料薄膜的活动边（下沿）缠绕并固定在卷膜轴上，随着卷膜轴的转动，卷起和展开通风口塑料薄膜，从而最终实现通风口的打开和关闭。

卷膜器常用的卷膜轴为热浸镀锌钢管，其来源方便、造价低廉、使用寿命长。在圆管上固定塑料薄膜一般用箍膜卡（图9a），通风口下沿塑料薄膜一般在圆管上缠绕2圈以上后用箍膜卡间隔固定。箍膜卡是一个内部装有弹簧钢丝的开口形圆管塑料件，由于内部有弹簧钢丝，具有一定的弹力，当卡箍在圆管上时能够将塑料薄膜紧紧包裹在卷膜轴

a   b

图9 不同卷膜轴固定塑料薄膜的方法
a.圆管用卡箍固定塑料薄膜　b.自带键槽的铝合金管用卡簧固定塑料薄膜

a   b

图10 不同材料卷膜轴与卷膜器和塑料薄膜的连接和安装方法
a.圆管卷膜轴　b.带键槽铝合金卷膜轴

上，由此可保证卷膜轴转动时塑料薄膜与卷膜轴能同步运动，避免塑料薄膜出现滑动而影响开窗。

但塑料材质的箍膜卡长期在室外条件下容易老化，有的箍膜卡中弹簧的质量可能存在问题，导致箍膜卡的弹力不足，这些因素都可能造成通风口塑料薄膜的固膜不牢。此外，安装箍膜卡部位的塑料薄膜在卷放过程中经常受到额外的压力，造成沿箍膜卡运动轨迹上的塑料薄膜形成一条张力过大的拉伸带，这也是造成通风口塑料薄膜过早损坏的一个原因。

为此，有企业开发了一种铝合金的卷膜轴（图9b）。该卷膜轴自带键槽（卡槽），可以直接和固膜卡簧配套使用，完全代替了塑料箍膜卡。由于自带键槽的铝合金卷膜轴上缠绕塑料薄膜后用弹簧卡丝固定，所以，对塑料薄膜的固定是连续的，而且塑料薄膜在卷膜轴上缠绕不超过1周，既节省了塑料薄膜缠绕安装的时间，也保证了塑料薄膜在卷膜轴运行时受力的均匀，铝合金材质的卷膜轴自身重量较钢管轻，也相应地减少了对卷膜器输出动力的要求。

与这种铝合金卷膜轴相配套的卷膜器输出轴连接管，也采用铝合金型材（图9b），一端连接卷膜器动力输出轴，另一端插接在铝合金卷膜轴上，用螺钉固定，牢固可靠。

从钢管卷膜轴和铝合金卷膜轴与卷膜器和通风口塑料薄膜连接的情况来看（图10），采用铝合金卷膜轴，完全避免了卷膜轴锈蚀的问题，而且连接塑料薄膜光滑平整、无皱褶，可以说这种专用铝合金卷膜轴是一种性能更好的卷膜用材，希望能在塑料薄膜温室的卷膜通风中得到更广泛的推广和应用。

光管散热器在连栋温室中的布置形式

散热器是温室加温的重要设备。散热器的选择和布置不仅影响温室采暖系统的建设投资和运行成本，而且影响温室内的温度场分布。选择经济适用的散热器并在温室中合理布置是温室采暖系统设计的一项重要任务。

民用建筑中有很多形式的散热器。虽然有些温室在设计中也采用过民用建筑中使用的散热器，但总体来讲，由于温室的采暖负荷较民用建筑大3～4倍，直接选用民用建筑用的散热器不仅造价昂贵，而且散热器需要占用很多温室生产空间，分散布置的散热器也经常造成室内温度分布不均，影响作物的生长以及作物生产产品的品质和商品性，为此，在温室中必须使用专用的散热器。

对于以热水为媒体的温室采暖系统，我国传统的连栋温室配置散热器大都采用圆翼型散热器，布置在温室四周围护墙内侧和温室开间方向的柱间。温室中常用的圆翼型散热器有铸铁圆翼散热器和钢制圆翼散热器两种。铸铁圆翼散热器是将供水管与圆翼翅片一次铸造成型，其优点是价格低，但翅片较厚，单位长度散热量小，自身重量大，防腐性能差。钢制镀锌圆翼型散热器，是将钢带直接缠绕焊接在钢管上整体热浸镀锌后制成的产品，较铸铁圆翼散热器，单位长度重量轻，散热的翅片数量多，因此散热量大（一般每米散热量在400W）、抗腐蚀能力强。因此，我国北方大量的连栋温室采暖基本都采用热浸镀锌钢制圆翼型散热器。

将散热器布置在温室四周外围护墙面和温室开间方向的柱间，基本不影响室内生产作业，对热负荷较大的温室，散热器还可以多组多层布置（图1）。但这种散热器由于管内水温高

图1 布置在柱间的圆翼型散热器

a   b   c

图2 地面轨道散热器
a. 散热器在垄间的布置　b. 散热器兼做作业车轨道　c. 散热器兼做打药车轨道

（一般设计采用95℃/75℃供回水温度），散热器周围局部空气温度高，温室跨中的空气温度低，整个温室空间内温度分布很不均匀，对温室作物生长的品质和产量都会有直接的影响。为了减小散热器由于局部温度过高可能会造成散热器附近作物植株灼伤，也为了便于对散热器及其连接管件的维修，一般种植作物总会离开散热器一定距离，对于珍贵的温室种植地面来讲，这实际上是对温室面积的浪费。

近年来，我国学习荷兰温室技术，新建的种植番茄的大面积连栋玻璃温室采暖系统基本都摒弃了圆翼型散热器，转而改为光管散热器。所谓光管散热器就是直接用钢管既作为供回水的输水管，又作为供暖的散热器（利用光管表面散热），一举两得。这种散热器材料来源丰富，光管采用国标管，不需要专门的散热器企业生产，种类和规格多，造价低廉；散热器表面光滑，不易积尘，也容易清洁；采用镀锌圆管，内外表面热浸镀锌，耐腐蚀，寿命长；钢管连接方便，也基本不需要维修，运行成本低；在温室中布置基本不占用地面生产空间，有利于提高温室的地面有效利用率。

根据散热器的布置位置和使用功能不同，可将光管散热器分为地面轨道散热器、作物株间散热器、天沟化雪散热器、空中吊挂散热器、外围护墙面散热器等，对苗床育苗区，还有专门的床下散热器。每种类型的散热器功能明确，可分别单独控制，不仅使温室内温度分布更加均匀，而且更注重对温室作物的加温，减少了对温室无效生产空间的供暖，因此采暖系统更高效，也更节能。

一、地面轨道散热器

地面轨道散热器是将光管散热器直接铺设在作物的行间距离种植地面15～20cm的位置，每个种植行间布置2根φ51mm散热管，一供一回，既是温室供暖的散热器，又是植株分头、吊蔓、打叶、采收等作业车和喷药车的固定轨道，具有一举两得的作用和功能（图2）。距离地面一定高度是为了保证散热器的散热效率，但将散热器架离地面后为了保证光管散热管作为作业设备的轨道不发生变形，一般应在散热管下间隔1.5m设一个支撑。散热管由于均匀分布在作物的行间，并位于作物的下部，在热空气向上运动的过程中，植株整体受热，所以，较柱间圆翼型散热器，这种散热器布置方式室内温度场（不

a

b

c

图3 作物株间散热器
a. 株间散热器布置   b. 散热器的吊挂方式   c. 相邻散热器的连接

论是水平方向还是垂直方向）分布更加均匀，良好均匀的生长环境对提高作物生长的整齐度和产品的商品性均具有良好的作用。

二、作物株间散热器

作物株间散热器是布置在每垄作物的冠层内或冠层顶部的散热器（图3a）。该散热器从作物的植株内部加温，可显著提高作物的叶面温度，对降低株间空气湿度也有重要的作用。由于株间散热器距离作物很近，为防止加温管表面温度过高灼烧作物叶面、茎秆或果实，要求加温管内的供水水温不宜过高，一般控制在40～45℃。根据作物的吊挂高度以及不同作物对温度的不同要求，在作物冠层内沿作物高度方向，设计可选择布置

a   b   c

图4 空中吊挂散热器及其布置
a.布置在温室种植区 b.布置在温室缓冲间 c.布置在温室操作间

1~2道散热器，一般每一垄作物内布置1根φ38mm散热管。为了能在实际生产中根据作物的高度调节散热管的高度，散热管两端均用柔性的橡胶管连接，散热管用钢丝吊线吊挂在温室结构的桁架上（图3b），也可以支撑在温室地面或栽培架上。为了与地面轨道散热器保持同程供热，相邻两垄作物的株间散热器编为一组，通过软管相连接（图3c）。由于株间散热器管内水温要求低，具体设计和管理中可用地面轨道散热器的回水做株间散热器的供水，也可从锅炉的回水中接出一条管道做株间散热器的供水，当然也可以从锅炉的主供水管中单独接出一条供水管向株间散热器供水。上述不论哪种供水形式，都必须在株间散热器的主供水管中安装温度传感器，通过检测调节供水温度，保证散热器中水温保持在40~45℃，避免造成对作物的灼伤。

三、空中吊挂散热器

空中吊挂散热器是吊挂在温室桁架下部、作物冠层上部空间的散热器（图4）。其主要作用一是补充温室的供热，弥补地面轨道散热器和作物株间散热器供热量的不足，保证温室的总采暖热负荷满足设计要求；二是在下雪期间向其供热，由于其接近温室屋面，可快速融化屋面积雪，保证温室屋面采光；三是用于温室的操作间、缓冲间、连廊、设备间等场所的采暖，可保证室内作业地面整洁无障碍，便于作业设备和运输设备的布置和操作运行。

为了降低建设成本，在夜间温度要求较低且温室结构桁架下弦杆没有安装室内保温幕或屋面为不透光保温材料的温室缓冲间或操作间，可将空中吊挂散热器直接支撑在温室结构桁架的下弦杆上（图4b、c）。如果温室结构的桁架下弦杆安装了室内保温幕，则必须采用附加支架或吊环将空中吊挂散热器安装在室内保温幕的下方（图4a），一可以避免散热器烫伤保温幕；二可以压低温室采暖空间，节约温室供热能耗，但在需要温室屋面化雪期间应该将室内保温幕收拢，以便从散热器释放的热量能不受阻碍地尽快到达温室屋面，加速温室屋面的积雪融化。

对于空中吊挂散热器，为了节约用能，精准控制，一般应独立供水并独立控制。对于设置在温室种植区的吊挂散热器，如果没有室外降雪或室外空气温度较高时，可关闭对该路散热器的供水；对于缓冲间、操作间等场所的吊挂散热器，由于夜间无人作业，

图5 苗床下散热器

a

b

图6 天沟化雪管
a.布置在天沟两侧　b.布置在天沟下方

相应控制的设定温度应比温室种植区的温度低，应适当减少对散热器的供水量或降低供热热水温度。

四、苗床下散热器

对于活动苗床或固定苗床育苗或种植叶菜、盆栽花卉的温室，由于没有像番茄种植温室中固定的垄间作业走道，也没有垄间作业设备，所以，番茄种植温室中的垄间地面轨道散热器将不复存在，为此，出现了适合苗床加温的床下散热器。和番茄种植垄间散热管布置一样，床下散热器也是在每个苗床下布置两根散热管，一供一回（图5）。由于安装在苗床下，可均匀加温苗床，加温管一方面通过辐射散热来加热苗床，另一方面通过对流换热加热苗床下空气，在热空气上升的过程中给苗床上的作物加温，因此，苗床上的作物均匀受热，热源接近种植作物，也非常节能。如果苗床下散热管的总体供热能力不能满足温室设计的采暖负荷，可结合床下散热器配套安装空中吊挂散热器，在保证温室采暖负荷的条件下，也不会影响室内苗床的布置和生产作业。

五、天沟化雪散热器

天沟化雪散热管是独立于温室供热负荷的一类散热器，与温室内作物种植的种类和作物的种植形式没有任何关系，一般安装在紧贴天沟的两侧（双根散热管，图6a）或紧贴天沟的下部（单根散热管，图6b）。天沟双侧散热器供热量大，化雪速度快，但与天沟下部的单根散热管比较需要增加1倍的散热管材料，建设成本较高。而天沟下部的单根散热管则需要在天沟支撑柱上开孔，以便散热管直接通过天沟支撑柱，这种做法需要在结构强度设计中验算天沟支撑柱的局部强度，保证结构的承力。从既不破坏天沟支撑柱结构，又能保证快速融雪的要求出发，建议采用天沟双侧布置散热器的方案更好。

天沟化雪散热器是从热源独立分出一路供热主管向其供热并单独进行控制，在室外降雪期间开启供水阀门供热，将堆积在天沟内的积雪尽快融化，一方面减轻温室结构的雪荷载；另一方面尽快融化天沟积雪的同时也将会快速排除屋面积雪，保证温室屋面采光。日常管理中，如果不是下雪天气，可关闭对天沟化雪散热器的供热，以减少运行成

图7 天沟外排水形成的冰柱

a   b   c

图8 光管散热器在外围护墙内侧的固定方式
a. 吊挂在立柱边 b. 从立柱中穿过 c. 山墙上吊挂的主管

本。对天沟化雪散热管供水的控制可与室外气象站相结合，在判定室外降雪的情况下可自动打开化雪管供热阀门，以保证温室屋面和天沟不出现积雪，尤其在无人值守的夜间下雪时，对自动控制系统的依赖将更加迫切。

  在降雪量较大的地区，天沟化雪管应该是连栋温室的标配；但在降雪量较小的地区或冬季无雪地区，可不配置天沟化雪管。值得注意的是，冬季降雪量大的地区或室外温度较低的地区，天沟的排水设计应尽量采用天沟内排水的方式将天沟融化的雪水收集到室内集中利用或排放，避免因为天沟有组织外排水由于融化雪水排入室外排水管后冷却结冰将其冻裂（图7）；或者采用天沟有组织外排水后，冬季应将室外排水管从天沟上卸下保存，待第二年天气转暖后再重新安装使用（虽然这样做会增加管护成本，而且也需要储藏空间），并在温室冬季的运行中注意经常观察天沟外侧下沿形成的冰柱，及时打碎冰柱，消除可能的隐患。一种一劳永逸的办法是天沟采用无组织自由排水，或将有组织排水的天沟落水管做成半开口的排水管，可避免排水管出现冻裂现象。

六、外围护墙面散热器

  沿外围护墙内侧四周布置散热器（图8），一是弥补室内中部散热器供热量的不足；二是在外围护墙内侧形成一层热空气幕，避免由于室内外空气温度出现较大温差时温室墙面对作物形成强烈的冷辐射而降低靠近墙面作物的体表温度；三是减小温室四周作物生产的边际效应。为了保证在外围护墙面形成强大的热空气幕，一般要求散热管沿墙体高度方向多层布置（2～3组，4～6根或以上），两根管的间距300～500mm，一般布置在温室墙面的下部，使热空气向上运动形成热风幕，同时减小作物生长边际效应，重点保护作物的生长区域，但安装在山墙的供水主管可安装在天沟下部的温室墙面上部位置（图8c）。

沿外围护墙面光管散热器的固定方式有两种：一种是采用吊链的形式将多根光管散热管用圆环串联后再用钢索吊线吊挂在温室结构的桁架上（图8a、c）；另一种是在温室的外墙柱上开孔，将所有的光管散热管穿进温室外墙柱的开孔中（图8b）。前者做法不破坏立柱截面，也不影响温室立柱的承载，但在温室结构桁架和立柱的整体承力体系计算中应充分考虑散热管的偏心荷载；后者做法整洁、美观，散热管对立柱承力不形成偏心，但由于在立柱上开孔将直接削弱立柱的承载力，温室结构设计中应按照立柱在开孔处的净截面面积验算立柱的承压能力和抗弯能力，保证结构的安全。

温室内的供回水主管应尽量暴露在温室中，不宜采用民用建筑常用的暖气沟中走线的布置方式，一是尽量减少建设暖气沟的土建工程，降低投资；二是高效使用温室的种植面积（因暖气沟建设和检修，占用的地面不能进行种植生产）；三是裸露的供回水管可将自身表面的散热完全释放到温室中，从另外的渠道增加温室的供热量。

短日照作物长日照季节温室遮光催花的遮光降温方法

很多花卉，如菊花、圣诞红等都是短日照开花植物，只有在连续日照时间不长于8h后才能开花。为了能满足长日照的夏秋季节人们对短日照花卉消费的需求，必须人为创造一种短日照环境，也就是在长日照的季节采用温室遮光的方法，使短日照植物的有效光照时间缩短到8h以内。

夏秋季节由于室外温度高，完全密封的遮光环境会使室内温度和湿度急剧上升，采用空调除湿降温所产生的运行费用又难以承受，因此，寻找和开发一种廉价的降温除湿方法具有非常现实的意义。

2015年10月23日，笔者在河南建业集团鄢陵建业绿地的花卉生产基地看到了一种简单实用的短日照植物遮光降湿的方法，推荐给大家，供业内人士参考。

基地温室为标准型文洛型玻璃温室，配置了风机湿帘进行夏季降温。温室内种植长寿花（一种短日照花卉），由于温室不是全部种植一种品种的花卉，所以，对长寿花种植只分隔出了部分种植区域进行短日照处理。

对短日照植物的遮光处理必须选择合适的遮光材料。植物光周期催花"遮光"和温室降温"遮阳"所用的材料在透光性方面要求有很大的差异。"遮光"要求种植植物处于"全黑"环境，植物不进行光合作用；而"遮阳"要求材料能透过足够强度的光照，以保证植物进行正常的光合作用。因此，遮光最好能选择100%遮光率的材料，而遮阳降温用的材料一般多选择50%左右遮阳率的遮阳网。

100%遮光率的材料往往没有透气性能，所以，温室内的湿度会迅速升高，这非常不利于植物的病害防治。因此，在实践中一般选用遮光率高、透气性能好的遮阳网进行遮光。

该基地根据多年种植长寿花的实践经验，探索选择了90%遮光率的黑白两面遮阳网作为遮光材料。这种材料具有良好的透气性能，即使在完全密封的遮光条件下也不会造

温室工程实用创新技术集锦❷

WENSHI GONGCHENG
SHIYONG CHUANGXIN JISHU
JIJIN 2

a   b

图1 黑白面遮阳网的设置方法
a.白面朝外   b.黑面朝内

a   b

图2 风机、湿帘两侧山墙面遮光处理
a.湿帘直接做遮光墙   b.风机侧山墙采用固定遮阳网

成温室内湿度快速攀升，有利于植物的生长。黑白面遮阳网的白色面朝外，反射太阳辐射减轻降温负荷，黑色面朝内吸收室内的长波辐射（图1），这就是选择使用黑白面材料的主要原因。

选择好遮阳网后，第二个考虑的问题就是如何布置和安装遮阳网。短日照遮光要求遮阳网必须密封严密，哪怕是一条缝隙的漏光都可能会造成整个短日照处理前功尽弃。

本方案中由于种植长寿花的栽培架高度较低，为了尽量压低遮光空间并节约成本，遮阳网的安装高度确定在了与湿帘同高的安装位置，温室两侧侧墙采用手动卷膜器卷放遮阳网（图1），温室湿帘山墙面则直接利用湿帘作为遮光材料（图2a），温室风机山墙面则采用固定式遮阳方法，对风机通风口以外的所有进光面安装固定式遮阳网（图2b）。排风机在运行时会吹起风机外侧的风机百叶造成漏光，因此在排风机外侧一定范围内应加装黑色遮光网，以避免从排风机口漏光。

温室内遮阳网的布置则采用温室跨间启闭的方式。遮阳网布置在保温幕的下方，与湿帘安装高度在一个平面内，与山墙和侧墙形成完全封闭的遮光空间。由于采用跨间启闭的布置方式，拉幕机构的行程较大，因此，每一跨间遮光幕使用两幅幕布，采用从立

图3 遮阳网在温室内的布置

柱向跨中拉幕的方式，用两套行程相反的拉幕机构完成遮光幕的启闭（图3、图2a）。

从节约成本的角度出发，温室遮阳网的安装高度也可以选择在温室天沟下，与通常的保温幕合二为一。因为温室冬季保温用的保温幕对密封性要求也较高，同样的遮光幕也具有良好的保温效果，两者合二为一后可节省一套保温幕的材料和驱动控制系统，只是在湿帘和风机的上方需要多增加一条固定遮光幕。

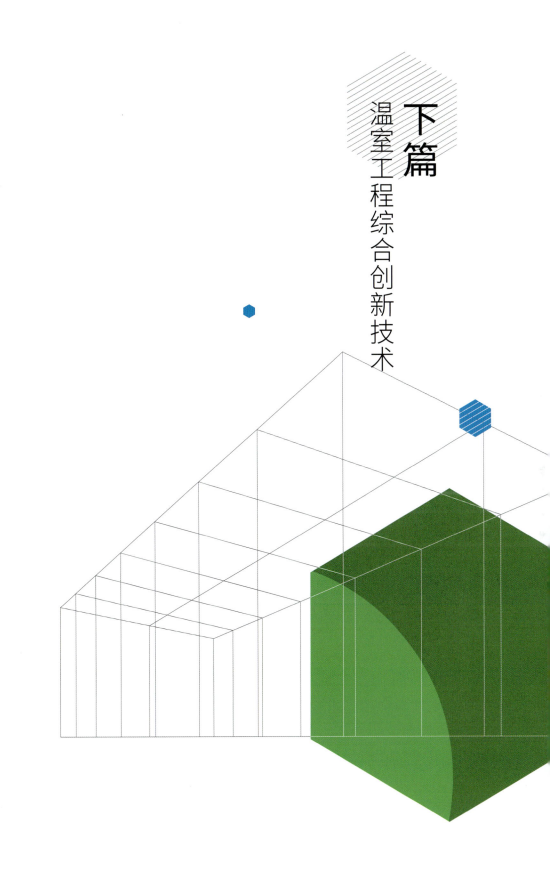

下篇

温室工程综合创新技术

面对问题，
抓细节、求创新、图提升

——记成都佳佩科技发展有限公司在连栋温室结构构造和开窗拉幕系统上的技术创新

2016年以来，笔者多次到四川和云南考察设施蔬菜和设施花卉。每次考察，总能看到成都佳佩科技发展有限公司（以下简称佳佩公司）的温室设施，而且每次都能够看到公司在温室建设方面的技术创新。一方面说明佳佩公司的产品在四川和云南占有较大的市场份额；另一方面也说明公司一直在致力于技术的不断改进和创新。每当遇到公司总经理谢健先生，他都会滔滔不绝地给我介绍公司又有了什么新的发明创造，申请了什么专利，还有什么新的改进设想或市场推广的宏伟计划等。在此，笔者就这几年考察所见所闻的佳佩公司在温室结构和开窗拉幕系统中的一些创新技术做一汇总介绍，试图给广大的读者揭开佳佩公司在温室设施上改进创新的一角，因为他们的创新远不仅仅是本文所介绍的这些内容。

一、组合装配式天沟托架与多功能天沟

1. 组合装配式天沟托架

天沟托架是连接天沟、屋面拱杆和立柱的连接构件，有的天沟托架甚至还将屋架下弦杆也连接在其上。由于温室天沟、屋面拱杆、屋架下弦杆和立柱都是温室结构的主要承力构件，所以，天沟托架的强度和连接可靠性将直接影响温室的整体结构强度和温室的使用寿命。

塑料薄膜温室天沟、立柱和屋面拱杆的连接大都不是将三者连接在一个连接构件

a   b   c

图1 传统塑料薄膜温室立柱、天沟与屋面拱杆的连接方式
a. 屋面拱杆与天沟的连接   b. 立柱与天沟通过连接板连接   c. 立柱与天沟直接连接

a   b   c

图2 组合装配式天沟托架
a. 侧视   b. 俯视   c. 仰视（与天沟相连）

a   b   c

图3 组合装配式天沟托架的应用情况
a. 有立柱处   b. 无立柱处   c. 方管拱杆配套托架

上，往往是屋面拱杆直接连接到天沟的侧边（图1），而天沟和立柱有的采用连接板连接（图1b），有的则直接将立柱通过柱顶连接板连接到天沟的底面（图1c）。这种连接方式不论是天沟的侧板还是底板都承受很大的局部外力，而且屋面拱杆与立柱的中心线也难以交汇到一点，天沟需要承受较大的弯矩，因此对天沟的强度要求较高。

为了解决这个问题，佳佩公司设计了一种组合装配式天沟托架（图2）。该托架由前后两片对称组件组成，左右两侧向上为屋面拱杆的插孔、中间向下为立柱插孔，上表面则是天沟的承托面。用此托架连接屋面拱杆、立柱和天沟后，一是天沟不再受温室结构上任何构件的集中外力，结构传力都是通过连接板传递，传力路线更加清晰；二是屋面拱杆与立柱的中心线能完全交汇于一点，实现结构连接与结构力学计算模型的完全一致；三是屋面拱杆、立柱、天沟以及托架全部通过螺栓连接，连接更加牢固；四是连接板全部采用热浸镀锌表面防腐，现场螺栓组装，不存在现场焊接作业，有效保护了温室结构构件的表面防腐层，对延长温室结构使用寿命、提高温室结构现场安装效率都有非常积极的作用。

固膜卡槽

滴水槽

图4 多功能天沟截面

a

b

图5 屋面拱杆与纵向系杆传统的连接方式
a.抱箍连接　b.弹簧卡丝连接

这种托架的通用性还表现在其既可用于有立柱部位立柱、天沟和屋面拱杆的连接（图3a），也可用于无立柱部位天沟和屋面拱杆的连接（图3b），无论是屋面拱杆与立柱一一对应，还是不一一对应都可以通用。在只有一侧有屋面拱杆的边柱处，采用单边"耳朵"的托架；对采用方管做屋面拱杆的温室，还开发了方管插孔的"耳朵"（图3c）。通过系列化产品的开发，不仅实现了产品的通用化，而且也形成了产品的系列化。

2. 多功能天沟

除了在天沟托架上的创新外，对传统的钢板天沟，佳佩公司也有自己的改进和创新（图4）。这种创新表现在：一是在天沟底部增加了滴水槽，使冬季集聚在天沟底部的结露水滴能够汇集到天沟底面的一条线上，在天沟下安装结露槽，即可将天沟表面形成的结露水滴全部导流到天沟的端部或集中汇水处，并进一步有组织收集积水并进行利用，完全避免了对天沟下部土壤或作物的流滴，也可有效降低温室内的空气湿度；二是在天沟的双侧侧沿增加了固膜卡槽，在基本不增加钢材用量的条件下省去了固定薄膜的二次卡槽以及固定卡槽的连接辅件和安装卡槽的装配作业量，不仅节省了用材成本，也节省了安装成本。更为可贵的是在传统钢板天沟上附加上述功能是在天沟成型的辊压生产线上一次成型，所有功能集成于一体，加工成本低，而且不存在各功能部件连接失效的问题。笔者将其称之为多功能天沟，是指其将天沟排水、天沟承重、屋面固膜卡槽以及天沟底面结露水汇集等多项功能汇集于一体的一套集合体。这种集多功能于一体的"多功能天沟"目前市场上比较罕见。

二、屋面拱杆与纵向系杆连接立体扣件

传统的塑料薄膜温室屋面拱杆与纵向系杆的连接基本都采用Ω抱箍或弹簧卡丝（图5）固定。这种连接方式直接借用了装配式钢管塑料大棚骨架的连接方式。不论是抱箍还是卡丝都有很多企业生产，产品标准化程度高、通用性强、来源广泛、造价低廉。但这种连接的缺点是屋面拱杆和纵向系杆为点贴交叉，对于采用压膜线压紧屋面塑料薄膜的温室而言，由于塑料薄膜和纵向系杆之间只有屋面拱杆截面高度的压紧空间，往往不能

a   b   c

图6 连接屋面拱杆与纵向系杆的立体扣件
a. 短杆扣件   b. 中杆扣件（全打开）   c. 长杆扣件（全闭合）

a   b   c

图7 立体扣件在实际工程中的应用
a. 短杆扣件用于拱杆靠近天沟处   b. 长杆扣件用于屋面拱杆中部   c. 中杆扣件用于拱杆靠近屋脊处

压紧塑料薄膜，松弛的塑料薄膜不仅影响温室透光，而且在刮风时容易引起塑料薄膜波动拍打温室屋面拱杆，严重影响塑料薄膜的使用寿命，下雨时松弛的塑料薄膜在纵向系杆处，系杆又成为阻挡水流的障碍，容易形成塑料薄膜外的水兜。从室内看，由于纵向系杆与屋面拱杆之间的空间距离小，从室外压紧的塑料薄膜将直接压贴在纵向系杆的外表面，当室内高湿度引起塑料薄膜内表面结露后，流滴膜内表面的水滴将全部流集到纵向系杆处，并最终滴落到温室地面，在温室地面上沿纵向系杆形成一道水滴线。由于棚面结露水滴中可能含有大量农药、病原或其他杂质等，这些水滴滴落到作物冠层叶面、果实表面或花蕊等处将直接给作物带来病害等影响作物正常生长的不利环境。大量实践也证明，弹簧卡丝固定拱杆与纵向系杆的牢固性不够；Ω抱箍由于自身锈蚀或连接螺栓锈蚀严重影响着结构构件连接的可靠性和温室整体结构的使用寿命。

为了解决塑料薄膜不能张紧的问题以及塑料薄膜张紧后紧贴纵向系杆的问题，笔者曾报道过一种张紧薄膜的专用部件，一端固定在纵向系杆或屋面拱杆上，另一端抵顶在塑料薄膜上。部件上有螺杆，通过调节螺杆的长度可实现对塑料薄膜的张紧。实际生产中，这种专用部件用量大，而且需要经常检查塑料薄膜的松弛度，并根据松弛程度随时调节部件螺杆长度，日常管理的工作量大，占用人力成本高，而且需要高空作业，对屋架弦杆的承载要求高。

为了从根本上解决这一问题，佳佩公司改进设计了一种立体扣件（图6）。这种立体扣件借用脚手架扣件的模式，将相互垂直的两个扣件用一根连接杆连接在一起形成一个整体立体扣件，两个扣件分别连接两个方向的屋面拱杆和纵向系杆，用螺栓扣紧扣件即可实现对屋面拱杆和纵向系杆的牢固连接。由于扣件材料为镀锌钢板，扣件连杆和穿销均采用镀锌构件，扣件一次冲压成型，所以，扣件连接牢固、结构强度高、抗腐蚀性

a   b   c

图8 复合功能屋架下弦杆及其配套连接件
a. 专用型材   b. 用专用连接件与立柱的连接   c. 用专用连接抱箍与腹杆的连接

强、使用寿命长。

由于连接两个扣件的连杆没有采用可以调节长度的丝杆，所以无法调节两个扣件之间的距离，即屋面拱杆与纵向系杆之间的间距。为此，佳佩公司设计了一组扣件，按照连杆的长度分为短杆扣件、中杆扣件和长杆扣件，分别用于屋面拱杆与纵向系杆连接的不同部位（图7）。张紧塑料薄膜要求压紧深度大的位置安装长杆扣件，要求压紧深度小的部位安装短杆扣件。一次安装到位，不用日常维护，不用丝杆做连杆也可节约成本。

三、复合功能屋架下弦杆

传统的圆拱屋面或锯齿屋面塑料薄膜温室，其屋架的下弦杆大都采用圆管材料，来源丰富、造价低廉、连接件通用、安装方便。但对于安装室内遮阳/保温幕的温室，采用圆管做屋架下弦杆时，必须在下弦杆上再安装一套卡槽/卡簧来固定遮阳/保温幕的固定边，而且圆管与遮阳/保温幕的活动边接触面小，由于下弦杆或活动边型材的变形，经常会造成密封不严的问题。为此，佳佩公司开发了一种复合功能的屋架下弦杆，一是将传统的圆管改为方管（矩形管）；二是将方管的一面直接辊压成卡槽（图8a），在不影响屋架结构承力的基础上（由于方管的截面面积较圆管大，实际上屋架下弦杆的承载能力还是得到了提高），不仅省去了附加卡槽，而且方管与遮阳/保温幕的活动边型材接触面更大，使温室的密封性能得到大大加强，此外，还大大提高了温室的安装效率。

为了方便改进后的下弦杆与屋架腹杆的连接，佳佩公司还专门开发了与之配套的连接抱箍（图8c），同时也改进了下弦杆两端与立柱的连接方式（图8b），形成了体系化的配套产品。这种改进不仅提高了温室结构的性能，而且还降低了温室结构的建造成本。

四、立柱排水

传统的连栋温室屋面排水大都采用外排水的方式。这种方法对水流的组织简单、投资少。但对于一些暴雨强度大、温室屋面排水方向距离长的温室，仅用外排水可能会使屋面水流溢出天沟，一是增加了温室屋面的荷载；二是可能会造成温室屋面漏雨；三是

图9 立柱排水   a   b

图10 文洛型塑料薄膜温室推杆式全开屋面连续开窗系统
a.外景   b.内景

对于塑料薄膜温室可能会造成塑料薄膜永久性变形，为日后形成屋面水兜埋下隐患。此外，对于北方地区，由于冬季寒冷，排水管内经常会结冰而造成排水管冻裂（尤其是北侧的落水管），为此，每到冬季来临，必须将温室屋面有组织排水的落水管拆卸存放，等到翌年春季后再重新安装。这不仅造成了管理成本的增加，而且在拆装过程中也容易造成落水管的损伤以及安装零部件的丢失或损坏。在一些暴雨强度大的地区或冬季比较寒冷地区建设的温室以及屋面排水距离长的温室，设计者经常采用室外排水结合室内排水或者完全采用室内排水的水流组织方案。事实上，采用内排水方式，还可直接收集雨水用于温室灌溉，是清洁和廉价的水源，有利于节约资源，保护生态，因此，内排水也应该是一种值得提倡和推广的节能环保技术。

传统的内排水技术都是在温室天沟上开孔接内落水管。这种做法，一是增加了落水管的成本；二是落水管在下落过程中往往和遮阳网/保温幕等温室室内设备相互存在空间上的干涉，不仅影响室内作物采光，而且也不美观。为了解决这一问题，佳佩公司开发了一种利用立柱做排水管的内排水技术（图9）。由于温室立柱大都是空心的方管或圆管，而且内外壁热浸镀锌防腐性能好，将立柱的上部直接与天沟落水口连接，在立柱的下部再设置与排水管相接的落水接头，即可很方便地实现天沟汇水的室内有组织排水。

需要注意的是这种做法由于天沟和柱底开孔安装排水管，对天沟和立柱结构可能会造成局部强度削弱，具体应用中应对其影响进行校核，以保证结构的安全性。

五、开窗系统

1. 推杆式塑料薄膜温室全开屋面开窗系统

传统文洛型温室屋面的开窗系统多是采用两组相互反向运行的推杆控制屋面天窗启闭。这种系统运行平稳，开窗电机用量少，系统运行费用低，因此，是各类温室屋面开窗系统中广受欢迎的一种形式。但这种开窗系统主要用于玻璃（或PC板）温室屋面开窗，而且传统上基本都是间隔交错开窗。对于夏季通风量要求较大的南方地区，这种开窗方式往往由于通风量不足而使室内温度过高，影响温室内作物的生长，甚至在北方地区这种温室还会由于夏季降温困难而出现大量闲置的情况。

a   b

图11 传统玻璃温室的立面开窗系统
a. 低位外推上悬窗   b. 外拉式上悬窗

为了解决南方地区利用自然通风夏季生产的问题，近年来兴起的一种全开屋面温室很好地解决了这一难题。所谓全开屋面，就是将整个温室屋面视为一套屋面窗扇，打开了温室屋面就相当于打开了传统温室的屋面窗扇。

佳佩公司在吸收全开屋面温室通风量大、降温速度快这一优点的基础上，将塑料薄膜温室造价便宜和推杆屋面开窗系统运行平稳、成本低廉等特点结合在一起开发出了一种平坡全开屋面塑料薄膜温室（图10），不仅外形美观，而且通风降温性能优良、造价低廉。这种温室也彻底颠覆了传统塑料薄膜温室一定要配套圆拱屋面（包括锯齿形圆拱屋面）的定式（主要为了便于固定塑料薄膜）。为了配套塑料薄膜在平坡屋面上的安装，佳佩公司还专门开发了一套平坡屋面上固定和张紧柔性塑料薄膜的专用连接构件。这种温室非常适合于我国夏季比较湿热的南方地区使用，结合室外或室内遮阳系统，可形成温室、遮阳棚和露地种植三种人工模拟植物生长环境，不仅可大大降低温室生产的降温成本，而且能使室内种植作物充分接受室外阳光、享受充足的CO_2；此外，温室内的空气湿度也会大大降低，从而减轻或完全消除了温室内由于高湿引起的作物病害（当然，打开屋面时应配套相应的防虫网）。这种温室可以说是一种提高温室作物品质、降低温室建设和生产运行成本的良好温室形式。

2. 提拉式玻璃温室立面开窗系统

传统的玻璃温室立面开窗基本采用上悬窗，而且大都采用直齿条或弧形齿条外推或采用直齿条外拉（图11）。对于外推式上悬窗，如果窗户的高度设置较低（图11a，主要是为了加大通风量），关闭窗户后齿条常常会影响温室作业和管理人员的操作和行走；对于外拉式上悬窗（图11b），则需要在温室外专门设置立柱，而且减速电机长期暴露在室外环境中，不仅温室的建设和维护成本高，而且开窗需要占用额外建设用地，降低了温室生产的土地利用率。

为了解决上述问题，佳佩公司开发了一种窗扇上下拉动启闭的提拉式开窗系统（图12），窗扇外挂（图12a），可以挂在墙面的上部（图12b），也可以挂在墙面的下部

a   b   c

图12 提拉式立面开窗系统
a. 窗户关闭后外景　b. 窗户打开后内景　c. 开窗机构

（图12c）。采用直齿条连接窗扇的边框，通过齿轮控制齿条运行，进而控制窗扇的启闭。这种开窗系统完全不占用温室内或温室外的空间和地面，大大提高了温室室内外的土地和空间利用率，而且温室开窗面积大，通风效果好，是一种值得推广的温室立面开窗系统。但由于窗扇重量大（尤其是玻璃窗扇），提拉窗扇需要的动力大，相比上悬窗启闭运行的能耗较高，配套动力也大。但由于实际生产中启闭窗户的频率并不高，总体运行耗电量也不会增加太多，在经济上不会带来太大的负担，不会给种植产品带来有影响的成本上升，因此，是一种经济上可接受、技术性能上有充分改进和提高空间的创新技术。这种开窗系统不仅可用于温室通风口的开窗，而且可用于温室湿帘进风口密封窗扇的启闭，系统的应用范围更加广泛。

3. 卷膜开窗机构

塑料大棚和塑料薄膜温室，不论墙面开窗还是屋面开窗，大都采用卷膜开窗的方式。这种开窗方式开窗面积大，建造成本低，安装方便，因此广受用户的欢迎。

传统的卷膜开窗大都使用圆钢管作为卷膜杆，将塑料薄膜的活动边卷绕到卷膜杆上后再用固膜卡间隔固定，驱动卷膜杆转动，即可打开或关闭通风窗。这种系统虽然圆管卷膜杆标准化程度高、来源方便、造价低廉，但往往在卷膜杆上缠绕塑料薄膜活动边时不易将塑料薄膜缠紧，而且固膜卡又是间隔一定距离固定，所以，经常造成塑料薄膜卷放不平整、卷膜杆翘曲等问题，一是将活动的塑料薄膜挤压皱褶影响透光和使用寿命；二是通风口大小不一致影响温室通风的均匀性；三是翘曲严重时甚至还会造成卷膜杆断裂或卷膜机过载。事实上，由于固膜卡总是凸出卷膜杆，在固膜卡运行轨迹上的塑料薄膜总会过早磨损，从而直接影响通风口塑料薄膜的使用寿命。

为此，佳佩公司开发了一种带卡槽的铝合金卷膜杆及其配套的连接件（图13a），用弹簧卡丝连续固定塑料薄膜的活动边，可使活动边塑料薄膜平整缠绕、均匀受力，从而实现卷膜开窗的平稳启闭和均匀开口，而且铝合金材料质量轻、防腐能力强、使用寿命长，对卷膜电机的配套功率要求也相应降低。实际应用中，将卷膜电机的输出轴通过圆管连接件直接连接到铝合金卷膜杆上，即实现卷膜杆与动力的连接（图13b），连接方便、适应性强。

除了在卷膜杆上的改进外，佳佩公司还设计开发了一种单输入双输出变速箱（图13c），将卷膜电机安装在温室通风口的中部，双向输出动力，可大大缩短卷膜杆的悬臂

温室工程实用创新技术集锦❷

WENSHI GONGCHENG
SHIYONG CHUANGXIN
JISHU 2

图13 卷膜开窗系统的创新
a. 卷膜杆及其连接件　b. 卷膜杆与卷膜电机的连接　c. 单输入双输出减速箱

图14 屋面-侧墙双平面一体化联合外遮阳系统
a. 整体　b. 局部

长度，从而提高卷膜开窗的稳定性，或者说在相同悬臂长度卷膜杆的条件下，单一卷膜电机带动开窗的面积可增加1倍，可有效提高设备的使用效率，降低生产中的运行成本。

六、屋面-侧墙双平面一体化联合外遮阳系统

传统的室外屋面遮阳系统遮阳网基本上都是在一个平面内运行（多为与地面平行的水平面）。这种遮阳方式只有在太阳光直射屋面时才能全部遮盖温室屋面。但在实际运行中，太阳光不可能长时间直射屋面（与地面垂直），一方面造成温室边缘屋面处的光线漏遮。另一方面，大量斜射的太阳光从温室侧墙和山墙照射进入温室，使温室内沿墙面附近（尤其是温室的南部和西部区域）的作物受到过强阳光的照射，一是增大了温室的降温负荷；二是局部的强烈光照会直接影响作物的产品品质。

为了解决这一问题，佳佩公司开发了一种屋面-侧墙双平面一体化联合外遮阳系统（图14）。这种系统将传统的屋面水平遮阳网的两端外伸并垂落到两侧侧墙面，用一套拉幕系统驱动带动遮阳系统在水平屋面和竖直侧立面两个平面内的运行，笔者在此将其称之为"屋面-侧墙双平面一体化联合外遮阳系统"。这种联合遮阳系统用一套驱动系统同时解决了两个面的遮阳问题，不仅解决了温室屋面边缘漏光的问题，也彻底解决了墙面遮阳的问题（主要是西侧墙面夏季的西晒问题）。相比多套遮阳系统，该系统设备材料用量少，安装一次成型，运行成本低，遮光效果好（连续无漏遮），是越夏温室生产的一种良好技术措施。

从引进到自主创新

——记兴邦（漳州）温室制造有限公司的创新之路

提起兴邦（漳州）温室制造有限公司（以下简称兴邦温室公司）可能熟悉的人不多，但作为兴邦温室公司的创始人，也就是公司董事长的刘文兴先生或许业内有很多人都认识。笔者与刘文兴先生相识似乎可以追溯到20世纪90年代，也就是我国大规模引进国外温室的第二次高潮期间（第一次引进温室的高潮是在改革开放后的20世纪80年代，当时主要从日本、罗马尼亚、保加利亚等国引进）。

1990年，刘文兴先生在我国香港代办处作为荷兰DALSEM温室公司的亚太经理，引进了我国内地的第一栋荷兰玻璃温室，建设在福建省农业科学院，用于试验研究。1997年，又是他第一次把西班牙的塑料薄膜温室引进国内，建设在宁波奥力孚农业有限公司。由于看到西班牙温室在中国的推广前景，2000年刘文兴先生与西班牙ACM公司合资成立了"西奥温室设备有限公司"，并在上海青浦设立了温室加工工厂。2002年成立西班牙ACM北京代表处，刘文兴先生从我国香港到北京任代表处首席代表，全权负责公司在中国大陆市场的开发和执行西班牙政府贷款温室项目，先后引进建设了一批大型荷兰玻璃温室项目（兰州7hm^2、上海孙桥4hm^2）和西班牙塑料薄膜温室及PC板温室项目（新疆3个5hm^2、沈阳10hm^2）。通过大型温室的现场安装和技术服务，刘文兴先生也培养出了一支以其弟弟刘文彬为首、福建老乡为骨干的温室工程技术团队。

经过20多年在温室行业内的摸爬滚打，这支技术团队基本掌握了温室工程的设计、制造和安装技术，也为建立自己的温室企业打下了坚实基础。

经过一段时间的策划和筹备，2013年刘文兴先生从北京回老家福建，以上述团队为基础，创办了兴邦（漳州）温室制造有限公司，并结合当地的气候特点将温室建设的重心转向了沿海抗台风的方向，先后开发了抗台风温室、薄膜温室顶部升降开窗系统和玻

a   b   c

图1 圆拱屋面塑料薄膜温室屋脊单侧齿轮齿条开窗系统
a. 外景 b. 直齿条开窗系统 c. 弧形齿条开窗系统

璃温室侧墙升降开窗系统等。2014年后公司产品立足福建，逐渐向沿海其他省份和内地推广，2016年后更是出口西班牙、卡塔尔、新加坡、阿拉伯联合酋长国等国家。经过多年的发展，公司产品类型聚焦玻璃温室和连栋塑料薄膜温室，广泛推广应用在蔬菜育苗、蔬菜生产、花卉生产、科研成果展览等领域，真正走出了一条从纯引进到合资办厂学习技术再到自力更生、自主创新的发展之路，供应产品也完成了从纯进口到国内合资生产再到自主设计加工并出口的蜕变，而今公司已成为东南沿海边一颗亮丽的新星。

2019年5月10—12日应兴邦温室公司刘文兴先生的邀请，笔者赴福建漳州对公司的产品进行了考察学习，现就公司的一些创新技术向大家做一介绍，希望同行们也能从中得到启迪，开发出更多更好的创新产品。

一、连栋温室开窗系统的创新

屋面开窗是温室降温、排湿和换气的一种最经济有效的方式，现已成为连栋温室的基本标配。但不同的屋面形式，甚至同种形式屋面，所用的开窗方式却有多种选择，由此也带来不同的通风降温效果和安装运行成本的差异。兴邦温室公司在学习荷兰和西班牙温室开窗技术的基础上，结合台风地区温室开窗的要求，针对连栋玻璃温室和塑料薄膜温室，创新性地分别开发出了两种独特的垂直起降开窗系统。

1. 圆拱屋面塑料薄膜温室屋脊垂直起降开窗系统

圆拱屋面（含桃形屋面）连栋塑料薄膜温室传统的屋面开窗方式按照传动机构不同，分为齿轮齿条开窗系统和卷膜开窗系统，其中齿轮齿条开窗系统又根据齿条的形状不同分为直齿条开窗系统和弧形齿条开窗系统；按照开窗位置不同，分为靠近屋脊部位的开窗（称为屋脊侧开窗）和靠近天沟部位的开窗（称为天沟侧开窗），也有在屋面中部开窗的，但用量很少；按照同一屋面上开窗的数量不同，分为屋面单侧开窗和屋面双侧开窗（图1和图2）。

按照自然通风原理，温室通风量的大小取决于：①通风口的大小，通风口面积越大通风量越大，全开屋面温室的通风量最大；②通风口的位置，进风口位置和出风口位置之间的高差越大通风量越大；③通风口的阻力，通风口阻力越小通风量越大，阻力大小

a　　　　　　　　　　　　　　　　　b

图2　圆拱屋面塑料薄温室天沟双侧卷膜开窗系统
a. 外景　b. 内景

取决于通风口形状以及通风口安装的防虫网目数及积尘情况。

从通风口大小看，传统的齿轮齿条开窗系统由于受齿条标准长度的限制，相应其通风口开口面积一般总是要小于卷膜开窗系统，而且由于前者造价较后者高，从经济有效的角度考虑，大部分圆拱屋面塑料薄膜温室都选择采用屋面卷膜通风开窗系统。但屋面卷膜开窗通风系统，一是卷膜口塑料薄膜由于经常卷放，常出现表面褶皱和积尘，严重影响薄膜的透光性能；二是下雨期间如果打开窗口，雨水将会直接进入温室；三是卷膜杆也可能会成为下雨期间阻挡屋面水流的障碍，造成屋面排水不畅并可能在屋面塑料薄膜上形成水兜，不仅增大温室的屋面荷载，而且会影响屋面塑料薄膜的使用寿命。所以，对温室性能要求较高的温室大多选择安装在屋脊侧的齿轮齿条开窗系统。

从通风口的位置看，一般屋面通风口总是和墙面通风口配套设置（对于大面积的连栋温室有的也可能不设置墙面通风口，此时屋面通风口自身自动形成进排风口），在墙面通风口大小和位置确定的情况下，屋面通风口的位置越高，温室热压通风的通风量就越大，通风效率也将越高。从这个角度看，屋脊侧通风窗的通风量较相同面积的天沟侧通风口的通风量要大，而且屋脊侧通风口能够将集聚在温室内最高处的热空气全部排除，不会形成对室内作物的二次辐射，所以，从增大通风量和提高降温效率的角度考虑，在相同条件下应优先选择屋脊侧通风。为防止卷膜杆在屋面阻水，屋脊侧通风窗常用齿轮齿条开窗系统，而且为了节省成本，多数温室仅在温室屋面的一侧设置通风口（图1）。

对屋脊单侧设置通风窗的温室，一般要求通风口应设置在温室建设地区主导风向的下风向，以防止风压大于热压时出现室外空气向室内"倒灌"影响温室排热。由于我国大部分地区夏季主导风向和冬季主导风向并不一致，或者主导风向在全年的占比并不太高，尤其在一些山地区域，风向变化可能受山形影响难以准确判定，为了保证温室的通风，大多温室建设者选择采用保守的屋脊双侧开窗的办法，并分别独立控制两侧窗扇的启闭，以适应随时变化的风向。但双侧开窗需要两套齿轮齿条，而且为了增强开窗通风的灵活性，大都采用两套减速电机和传动系统，这样势必会增加温室的建设和运行成本。

为了在不影响通风量的条件下降低温室的建设和运行成本，兴邦温室公司在西班牙

图3 圆拱屋面塑料薄膜温室齿轮齿条升降式开窗系统
a. 打开状态　b. 关闭状态　c. 室内内景

图4 玻璃温室侧墙典型开窗系统
a. 内推开窗上悬窗　b. 外拉开窗上悬窗　c. 垂直起降提拉窗

推杆式升降屋脊窗的基础上开发了一种直齿条升降屋脊窗（图3），并获得了国家实用新型专利。这种开窗系统的窗扇是一条弧形带，通风口关闭时，窗扇紧压在温室屋脊，与温室屋面密封。通风口打开时，在屋脊两侧形成通风口，一是通风口开口面积大；二是不受风向影响；三是通风口位于温室的最高处；四是出风口流道短、阻力小，可以说这是一种通风效率最高的通风口设置方法。通风窗扇连接一根（套）直齿条，在电机减速机的驱动下上下直线运动即可实现通风口的垂直启闭，安装和运行成本都较低，而且与自动控制系统连接后，可根据温室通风量的要求，随时关停驱动电机，将通风窗停留在整个行程的任何位置，对温室通风量进行精准控制，下雨期间打开通风窗也不致雨水滴落进入温室。应该说这套开窗系统为连栋塑料薄膜温室屋面通风开辟了一条新途径，而且具有良好的性价比，未来将具有良好的推广应用前景。

2. 玻璃温室侧墙垂直起降开窗系统

对玻璃温室侧墙的开窗系统，尽管也开发了很多开窗形式，有推拉窗、提拉窗、平开窗、上悬窗等，但传统上仍多用齿轮齿条驱动的上悬窗，其中上悬窗又根据启闭窗扇动力作用方式不同分为内推开窗和外拉开窗两种形式（图4a、b）。相比提拉窗和平开窗，这种开窗方式，一是内推开窗窗扇如果安装位置偏低（与屋面通风窗结合通风效率高），齿条会影响温室室内生产作业；如果安装位置偏高（图4a），温室的通风效率又较低。二是外拉开窗要求齿条长度长，且系统安装占地面积大。三是通风口空气流动流道长，风口面积小。为增强温室侧窗的通风效率，兴邦温室公司开发了一种侧墙垂直起降的开窗系统（图4c），并获得了国家实用新型专利。

a b c

图5 连栋温室室内保温系统
a.垂直卷被保温系统 b.侧墙垂落保温 c.水平拉被保温系统

这种开窗系统，如同塑料薄膜温室侧墙卷膜开窗，能够将侧墙通风口全部打开，空气流动几乎没有流道障碍，开窗面积大，孔口阻力小，而且密封严密，占用温室建设面积小，自身结构强度大、抗风能力强，尤其适合在温室侧墙外空间狭小的情况下使用，也更适合在大风地区使用。

二、连栋塑料温室内保温系统的创新

传统上连栋温室的内保温系统多用闭孔的遮阳网或保温幕以及高透光率的塑料薄膜通过压低温室的保温空间并在温室中形成两层空间，利用遮阳网或保温幕与温室外围护透光覆盖材料之间的空气间层形成隔热层来提高温室的保温性能。随着国家环保政策的不断落实，传统的低成本、高污染的化石能源越来越受到限制，而清洁的新能源供应渠道和供应价格又严重限制了其在广大的农村地区推广使用，为此广大的温室生产者对温室节能的要求越来越高，而且越来越迫切，仅靠传统的保温幕保温已经远远不能满足用户对温室节能的要求。

北方地区的节能日光温室，在不加温或少加温的条件下已经在大部分地区实现了喜温果菜的越冬生产，很好地解决了北方地区冬季蔬菜供应的问题。但这种温室占地面积大，土地利用率低；室内操作空间小，不便于机械化作业；室内温度分布不均、昼夜湿度大，作物病害严重，产品商品化率低；主要适合日照强度高、室外温度低的地区，对广大的南方地区不适用。为了解决日光温室上述局限，人们对塑料大棚和连栋温室的保温技术开展了大量研究，相应提出了外保温和内保温等多种措施。其中，温室和大棚的外保温基本都模仿了日光温室卷被外保温的方法，由于外保温系统保温被的保温性能和使用寿命受室外天气条件的影响很大，而内保温系统如果采用外保温系统的保温被材料由于保温被厚度大，保温被收拢后体积大，会在温室中形成较大的阴影带影响作物采光，因此连栋温室的保温系统大都还停留在使用较薄的保温幕材料上，尽管研究人员对保温幕材料附加了表面反光膜来减小辐射传热，也增加了材料和系统的密封性来减小对流传热，但由于保温幕材料自身热阻较小，对温室整体的保温能力仍显不足。

用自身热阻较大的厚保温被替代传统热阻较小的薄保温幕来提高连栋温室的保温性

温室工程实用创新技术集锦 ❷

WENSHI GONGCHENG
SHIYONG CHUANGXIN JISHU
JIJIN 2

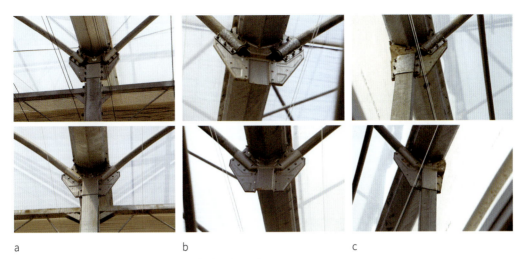

a   b   c

图6 天沟托架的创新（上下两图分别为托架的正方两面）
a. 有立柱处   b. 无立柱处   c. 边柱处

能是提高温室节能水平的一种有效措施，但选择什么样的保温被材料，采用什么样的传动方式来驱动保温被的开合是推广和应用这种保温系统的技术瓶颈。兴邦温室公司应时代要求，积极探索，采用轻质、多孔的腈纶棉高保温材料做保温被，墙面垂直方向采用卷被启闭（图5a）或自然下垂与屋面水平保温被同步启闭（图5b），而屋面水平保温被采用水平拉被启闭（图5c）的形式，所有保温被连接处均采用搭接连接的形式（图5），不仅解决了厚保温被的卷放问题，而且解决了保温被之间搭接密封的问题，为我国连栋温室节能技术的推广又增添了一种新的选择。

三、连栋塑料温室天沟托架的创新

天沟托架是连栋温室结构中连接天沟、立柱和屋面拱架的重要承力构件。其设计直接影响结构的整体强度和连接构件的局部强度及其稳定性。由于没有规范统一的连接方法，不同的温室企业在处理天沟与立柱和拱杆的连接中都有不同的做法，但多数的做法是屋面拱杆连接在天沟侧壁，立柱连接在天沟底面。这种做法实际上天沟成了立柱和屋面拱杆的连接构件。由于大部分的天沟都是开口构件，屋面拱杆的作用力很容易引起天沟截面变形，不仅影响天沟自身的承载能力，而且由于天沟是温室结构的主要承力构件，天沟承载力的下降将直接影响温室的整体结构强度。此外，天沟变形不仅影响温室屋面的排水，而且会影响温室整体屋面的变形，最终可能会影响温室结构的稳定性。

为了消除作为承力构件的天沟不再承担屋面拱杆和立柱之间构件连接件的功能，很多温室公司也在探索研发专用的一体化天沟托架，使天沟、屋面拱杆和立柱全部连接在天沟托架上，以保证各承力构件受力明确、传力清晰。兴邦温室公司就是这种连栋温室专用托架的开发者之一。

按照功能要求，兴邦温室公司开发了一套一体化的天沟托架（图6），主要包括两种

a   b   c

图7 系杆-卡槽二合一构件及其连接件
a. 构件整体   b. 构件截面   c. 构件内嵌连接件

规格：一种是通用天沟托架，主要用于温室中柱（图6a）和无立柱中柱位置（图6b）天沟、立柱和屋面拱杆的连接；另一种是用于温室侧墙边柱位置天沟、立柱和屋面拱杆之间的连接（图6c）。和其他温室公司开发的一副双板一体化托架（即用两块反对称结构的单板，实际上是同一规格的连接板，反扣贴合在一起用螺栓将立柱、天沟和屋面拱杆连接在一起，这种做法连接牢固、构件规格少）不同，兴邦温室公司开发的天沟托架采用主-副板结构，即连接主板为一块单板，其上压制了连接立柱和屋面拱杆的凹槽以及承托天沟的顶面折翼，对应屋面拱杆和立柱的连接处又分别开发了分离的Ω形和π形抱箍，形成了一主多副的托架结构，每个连接点只用一块主板，根据有无立柱以及拱杆多少（中部天沟托架为2个屋面拱杆，侧墙天沟托架为1个屋面拱杆）配套相应规格和数量的抱箍。这种做法虽然托架连接件的规格和数量增加了不少，但总体来讲，材料用量减少了，相应温室的建设成本也降低了。从生产实践看，这种连接方式还是有效的，在大风作用下也没有发现由于天沟托架连接失效的案例，总体看是一种成功的天沟、立柱和屋面拱杆的连接方式。

四、系杆-卡槽联合构件及其连接的创新

在温室和大棚的结构设计中，系杆是连接立柱和拱杆等承力构件的结构构件，而卡槽则是用于固定塑料薄膜的非结构构件。二者功能不同，截面形状和结构强度也不同，规范也明确规定了卡槽不得代替系杆使用。一般系杆多用圆管、方管、槽钢、C形钢或角钢等，而卡槽则有铝合金型材或镀锌钢板压制成型的多种规格。

为了减少构件的规格、简化安装程序，兴邦温室公司采用将系杆和卡槽二合一的设计理念，用镀锌钢板一次成型在C形钢系杆的背面辊压出固定塑料薄膜的卡槽外形，从而在基本不增加用钢量的基础上将系杆和卡槽的双重功能集合在一个构件上（图7a、b）。这种复合功能的构件，不仅省去了专用卡槽及其连接附件，而且增大了构件的净截面面积和截面模量，对提高构件的承载能力，尤其是抗压能力，具有非常积极的作用。

为方便复合构件的连接，兴邦温室公司还开发了一套特殊连接件，包括构件内嵌连接件（图7c）和构件外贴连接件（图8）。内嵌连接件为槽形连接片，其上预开了螺栓连

a   b   c

图8 系杆的连接方式
a. 内嵌连接片与系杆的连接 b. 系杆与系杆之间的连接 c. 系杆与立柱之间的连接

a   b   c

图9 提高温室结构整体抗风能力的措施
a. 拱架下弦杆改为桁架 b. 将相邻两栋温室用连杆相连 c. 设置外遮阳保护风障

接孔，连接时，内嵌连接件暗藏在复合系杆构件内，其两边槽帮正好扣压到复合系杆C形钢的两个内卷边上（图8a），用螺栓连接构件内嵌连接件和外贴连接件，即可将复合系杆连接到所要连接的构件上。构件外贴连接件，根据被连接构件的形状和位置有不同的形式，如系杆之间"丁"字形部位连接采用L形连接件（图8b），系杆与立柱之间垂直连接采用抱箍连接件等（图8c）。

五、提高温室结构整体抗风性能方面的创新

  福建是我国的沿海省份，每年都有多次台风登陆，给当地的设施农业生产带来很大威胁。为了增强温室的抗风能力，兴邦温室公司在连栋温室的设计中也独具匠心，提出了很多具有广泛推广价值的实用创新技术，非常值得大家学习和借鉴。

  为了提高温室结构的整体承载能力，兴邦温室公司的做法：一是将传统的圆拱屋面塑料薄膜温室结构中跨度方向连接柱顶的水平弦杆改变成为水平桁架（图9a），这种做法不仅加强了温室的整体结构强度，而且桁架结构为室内保温幕、遮阳网以及喷灌车、作物吊挂等提供了有效支撑，可谓是一种一举多得的举措；二是将群体温室通过侧墙柱顶连杆连接成为一体（图9b），相互支撑、共同承力，使本该被"各个击破"的单体温室形成了"团结协作"的整体温室，有效提高了外围温室的承载能力，从而降低了个体温室对抗风的要求；三是在温室侧墙顶面与温室外遮阳网之间增设导流风障（图9c），减小大风对外遮阳网的直接吹袭，从而也减小了大风作用下外遮阳立柱对温室天沟的弯

a   b   c

图10 合理设置温室斜撑
a. 设置沿温室开间方向的斜撑　　b. 边跨"川"字形吊杆加强为M形吊杆　　c. 端部开间增设空间斜撑

矩，使温室结构的整体承力荷载得到减轻。

　　除了上述温室结构上的加强外，兴邦温室公司还特别重视在温室结构构造方面的处理。一是改进天沟托架（前已叙及），这种措施大大提高了温室主要承力构件之间连接的强度和可靠度；二是加强结构斜撑的设置，重点是加强温室排架方向的相互连接以及温室边跨和端部开间的斜撑设置（图10）。

　　沿温室开间方向（即结构排架方向），除了按照常规设置屋面水平纵向系杆外，还对无立柱拱杆增设了空间斜支撑（图10a），将无立柱拱杆的脊部与连接立柱的桁架上弦杆相连（桁架连接有立柱拱杆和立柱），从而将全部屋面拱杆形成空间承力体系，可同时抵抗来自温室侧墙和山墙两个方向的风力。

　　对温室边跨结构的加强，除了上述排架方向拱杆屋脊与桁架上弦之间的斜撑外，还将传统的连接屋面拱杆与桁架下弦杆的垂直吊杆也进行了加强连接，即用斜撑将屋面拱杆中吊杆两侧的两根侧吊杆上端（吊杆与屋面拱杆连接端）与中吊杆下端（中吊杆与桁架上弦连接端）相连，使传统的屋架"川"字形吊杆结构加强成为M形吊杆结构（图10b），不仅增加了屋面拱杆向桁架的传力途径，而且大大增强了两者之间的传力能力。

　　对温室端部开间结构的加强，主要采用空间斜撑（图10c），一是将外墙屋面拱杆与天沟连接（在屋面拱杆侧吊杆上端位置与开间方向第二根拱杆所在位置的天沟处设置斜撑）；二是将外墙屋面拱杆与开间第二根拱杆连接（在屋面拱杆侧吊杆上端位置与开间方向第二根拱杆脊部之间设置斜撑）；三是将开间方向第二根拱杆与山墙立柱相连接（在开间方向第二根拱杆脊部与山墙立柱在天沟高度位置设置斜撑）。通过上述的空间斜撑，将温室山墙立柱和山墙屋面拱杆与开间方向第二根屋面拱杆实现了牢固连接，使山墙的荷载能够多途径高效地传递到温室屋面承力构件，从而分担了山墙立柱荷载，有效降低了温室山墙破坏的概率。

　　应该说斜撑是温室结构构造中不可或缺的结构承力构件，虽然在结构强度计算模型中大都没有涉及，但合理设置斜撑对提高温室结构的整体承载能力具有非常重要的作用。

　　兴邦温室公司吸收国外设计理念，经过多年的实践和改进，给我们提供了一套比较全面的温室整体结构抗风设计和斜撑设置方案，可供广大的温室结构设计者学习和借鉴。

致谢

非常感谢刘文兴先生的邀请，使我有机会到福建漳州考察学习，并深入了解兴邦（漳州）温室制造有限公司的发展历史和创新技术，在文稿的形成过程中刘文兴先生及其团队还提出了很多修改意见，也提供了多张节点照片，在此一并表示衷心感谢！

丰富多彩的
葡萄栽培设施

——陕西省西安市鄠邑区设施葡萄种植基地考察纪实

　　葡萄是一种多年生爬蔓植物，生产中为了避免果实接触地面而影响品质和产量，一般均采用架式栽培模式。用于栽培葡萄的栽培架形式多种多样，笔者曾在2016年第5期的《农业工程技术（温室园艺）》杂志中有过比较系统的总结。

　　2017年5月11日，笔者在陕西省西安市鄠邑区考察当地葡萄种植情况时，除了看到规范化的葡萄栽培架外，还看到用于葡萄种植的各种栽培设施，从露地种植到设施种植，从简易的防雹、防雨设施到现代化的连栋温室，可谓是设施葡萄种植的博物园，现汇总分享给大家，供一起学习和研究。

一、无防护的露地葡萄栽培

　　从工程建设方面看无防护的露地栽培（图1），除栽培支架和滴灌设施外，再没有其他任何附加设施。这种栽培模式，建设投资低、种植用地灵活，适合于大规模酿酒葡萄种植和一些投资能力较低的农户进行鲜食葡萄种植，但这种栽培模式抵抗不利气候条件的能力差，也不能自主调节葡萄的成熟期和上市时间，完全是靠天吃饭的自然生产模式，因而相比其他有防护设施的种植模式，其整体经济效益也将是最差的。

　　当人们开始注重葡萄品质、调控上市时间和追求最大效益后，单纯的无防护露地种植模式将难以满足要求，为此，根据建设者的投资能力和种植地区的气候条件，人们开始探索使用各种设施种植葡萄，包括从最简易的防雹网，到精准控制气候的连栋温室。很高兴的是这次在西安市鄠邑区的调研中，笔者几乎看到了栽培葡萄的所有设施类型，由此可以看出，作为西安郊区重要葡萄种植基地的鄠邑区人民，一直在不断研究和探索

温室工程实用创新技术集锦❷

WENSHI GONGCHENG SHIYONG CHUANGXIN JISHU JIJIN 2

a   b

图1 无防护的葡萄露地栽培模式
a.成片的露地栽培   b. 栽培支架

图2 防雹网保护的葡萄露地栽培模式

葡萄种植的各种方法和措施。当然，除了设施上的探索之外，他们也从国内外引进了几十种葡萄品种进行试验筛选，并在此基础上培育出了具有自主品牌的鲜食品种——"户太8号"。据说，这一品种皮厚、耐储藏和运输、含糖量高、口感香甜，露地种植一年可收获三茬果，其中最后一茬果可一直挂果到冬季，可作为当地冰葡萄酒酿造的原料，具有鲜食和酿制高档葡萄酒的双重功能。这里仅就鄠邑区葡萄种植的设施和大家做一分享。

二、防雹网防护的露地葡萄栽培

防雹网是覆盖在葡萄冠层上方，专门用于防冰雹的单一功能设施。防雹网直接固定或铺挂在葡萄种植支架上，不用配套其他设施（图2）。由于功能单一、投资少，主要用于冰雹多发地区或常年冰雹地带种植葡萄，对于无冰雹的地区可以不用这种设施。但防雹网同时还兼具防鸟功能，避免在葡萄成熟季节各种鸟类啄食果实，造成葡萄病害和减产，因此，在无冰雹的地区作为防鸟的设施在葡萄藤蔓的冠层上方安装防雹网也很有必要。

防雹网的主要作用是减弱或缓冲冰雹对葡萄植株或果实的直接打击，所以，防雹网应有较大的弹性和强度，而且由于常年暴晒，还应具有较强的抗老化能力。从防冰雹的角度讲，防雹网的网眼不宜过大，应有防止0.5mm以上直径冰雹透过的能力。冰雹发生期间往往伴随大雨或大风，虽然防雹网具有较强的透风和透水能力，但实际管理中也应

图3 防雨棚保护的葡萄栽培模式

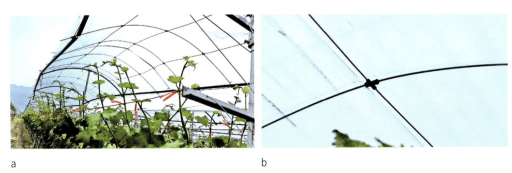

a   b

图4 防雨棚结构构造
a.防雨棚结构   b.骨架连接四通

将防雹网固定牢固，防止被风吹坏。

三、防雨棚葡萄栽培

防雨棚是在每垄种植葡萄的藤蔓冠层安装塑料薄膜"屋顶"（图3），防护植株冠层和果实不直接受到雨水浇淋。当然，防雨棚同时也起到防冰雹的作用，在一定程度上也有防风、保暖的作用。但由于受塑料薄膜透光率的影响，尤其在塑料薄膜老化或吸附尘土后，植株冠层的采光会受到一定程度的影响，但这种影响在夏季室外光照强度强烈的时候不会影响植株的光合生产，而且还有一定的遮阳降温作用，但到了阴雨天或春秋光照比较弱的季节，这种遮光对植株生长的影响可能会比较明显。为此，用于葡萄种植的防雨棚，顶部的塑料薄膜应注意观察其透光率，适时清洗或更换塑料薄膜。虽然这种做法可能会增加生产成本，但对提高葡萄的产量和品质将具有良好的作用和效果，具体生产中应权衡利弊，适时采用。

各地防雨棚的结构可能有所不同，但基本结构大都是单立柱支撑水平横撑，并以

图5 塑料大棚种植葡萄

该横撑为弦支撑半圆弧屋面（图3）。横撑的高度一般在植株冠层高度以上500mm左右（距离地面的高度一般在2.0～2.5m，在防雨的同时要兼顾植株冠层的通风），横撑的长度（屋面的跨度）一般应以能够遮盖植株冠层外轮廓为限，多为1.5～2.0m。

支撑屋面薄膜的骨架根据经济条件和建材供应情况可用竹皮、藤条、钢筋等材料。拱杆一般沿植株垄长方向间隔1.0m左右布置1根，同时用3～5根纵向系杆连接和固定拱杆使之形成屋面的整体骨架结构体系（图4a）。塑料薄膜在屋面两侧的固定可采用卡槽卡簧固定，也可采用简易的铁丝或卡子固定。由于屋面的跨度较小，除在大风地区外，一般塑料薄膜外不再设置压膜线固定。

本次考察中看到鄠邑区的种植园中，葡萄种植防雨棚的屋面拱杆采用一种专用的钢筋，而且连接拱杆钢筋和纵向钢筋采用一种专用的"四通"连接件（图4b）。看来鄠邑区的葡萄种植设施已经走向专业化道路，形成了上下游的产业链体系。专业的人做专业的事，这一点已经在鄠邑区葡萄种植中得到了应用，值得行业界借鉴和推广。

在南方地区种植葡萄，不仅要防雨还要防虫，因此，一些南方地区的葡萄防雨棚，除了上述防雨棚设施外，在两个独立的防雨棚之间还用防虫网连接，同时在种植区的四周也用防虫网防护，形成封闭的防虫体系。在鄠邑区没有看到这种做法，可能这里地处北方，防虫的压力不大吧。

防雨棚只遮盖了植株的冠层，而并没有遮盖植株的茎秆和植株之间的地面，所以，它只可使植株的冠层不直接浇淋雨水，而整个种植区的雨水并没有得到防护或减排，因此，在采用防雨棚种植葡萄时，还应做好田间排水，避免大雨造成农田洪涝或渍害。

四、塑料大棚葡萄栽培

在塑料大棚内栽培葡萄（图5），兼顾了防雨、防雹、防虫、保温等多重功能，相比防雨棚栽培，其抵御和防护不良天气条件的能力更强，环境控制的手段也更多。一是从

图6 日光温室种植葡萄
a. 日光温室外观　b. 室内种植模式

植株到根系完全摆脱了露地种植条件，可实现完全的自主控制灌溉和水肥一体化；二是与自然环境形成独立的封闭环境，可避免大面积的病虫害传播；三是可以提早升温，提早成熟，抢先上市，获得较高的经济效益。

但根据种植者的反映，塑料大棚种植葡萄也存在一些问题，主要表现为夏季大棚内温度太高，单纯地依靠两侧的卷膜开窗进行自然通风降温（这是塑料大棚的常规配置，而且为了防虫还在通风口配置了防虫网，更增大了大棚的通风阻力）难以将室内温度降低到植株适宜的生长温度，在很大程度上影响植株的正常生长。此外，和防雨棚一样，塑料薄膜的老化和附尘，也会影响葡萄植株的采光，垄间的直射光和散射光也相应减少，其总采光量较防雨棚更少，这将直接影响葡萄的色泽和品质。增强塑料大棚的通风降温能力应该是种植葡萄中重点关注和需要解决的问题。

8m跨塑料大棚内沿大棚的跨度方向定植三垄葡萄（图5），一般两侧的葡萄接受通风量大，生长和结果的效果要比中间垄的好。进一步加大塑料大棚的跨度、增加种植行数，可能会更严重地影响中间垄植株的通风。所以，对于完全依靠双侧卷膜通风的塑料大棚，种植葡萄最好不用大跨度结构，8m跨标准塑料大棚采用3行种植是种植工艺与种植设施相结合的一种比较适宜的配套模式。

五、日光温室葡萄栽培

日光温室是北方地区园艺产品的主要种植设施，由于其高效的节能和保温性能，已经成为北方地区蔬菜种植不可或缺的种植设施，而且随着近年来蔬菜种植效益的下降，大量园艺作物包括西甜瓜、花卉、中药材、果树等也开始大量进入日光温室内进行种植，葡萄也不例外。

由于多年生葡萄种植的植株较高，不能像爬蔓蔬菜一样，可以将位于日光温室南部的植株高度降低，所以，在设计种植葡萄的日光温室时，南部弧面不能过低（图6a），这应该是种植葡萄日光温室设计的一个基本要求。

除了种植蔬菜日光温室基本的设备配置（保温被与卷帘机、屋面/屋脊开窗通风）外，葡萄种植由于必须进行越夏生产，所以风机-湿帘降温系统成为这种温室的标准配置

a   b

图7 连栋温室种植葡萄的屋顶开窗通风系统
a. 屋顶通风口   b. 卷膜通风器

（图6a）。由于配置了风机-湿帘降温系统，日光温室内控制夏季降温的能力较塑料大棚有了质的改变，而且由于日光温室的保温性能较塑料大棚更好，日光温室种植葡萄比塑料大棚的成熟时间更早，所以其产值应该更高。但由于日光温室夏季降温的能耗较大，其生产的实际效益是否更高还有待进一步实践和验证。

　　和传统种植蔬菜的日光温室不同，由于葡萄种植冬季生产需要低温休眠，所以，在最冷季节温室的保温要求就要远远低于蔬菜种植温室。为此，该葡萄种植温室后墙采用370mm厚砖墙，而且没有敷设外墙保温，这大大降低了日光温室的造价。但同时也看到，这种温室仍然采用传统的蔬菜生产日光温室后屋面的做法（图6b），用彩钢板做永久固定保温。从种植情况看，位于靠后墙一侧的植株光照严重不足（和塑料大棚内种植一样，8m跨日光温室，葡萄种植也沿温室跨度方向种植三行），同一品种植株，位于温室南侧和中部的葡萄已经挂果，但靠近后墙的植株虽然枝叶茂盛，却无挂果迹象，尽管生产者在地面铺设了镀铝箔反射地膜（图6b），试图通过增加地面的散射光来弥补由于后墙和后屋面遮光造成的光照不足，但从实际效果来看还是远远没有达到期望的效果。

　　在日光温室的后墙开设采光窗，将固定后屋面改为保温被覆盖的可活动的通风后屋面或许能在一定程度上解决这种问题，生产者如有兴趣不妨一试。

六、连栋温室葡萄栽培

　　连栋温室种植葡萄，兼具塑料大棚和日光温室防雨、防雹、防虫、保温等功能，而且土地利用率高，并能弥补塑料大棚和日光温室在通风和采光方面的不足，相比日光温室造价也不高，是一种具有良好发展前景的葡萄设施种植模式。

　　种植葡萄的连栋塑料温室，为了解决夏季的通风降温问题，采用全开屋面卷膜通风的通风降温方式，温室屋面采用柔性塑料薄膜覆盖，用两组电动卷膜器分别控制屋面两侧薄膜的卷放，温室保温期间将双侧塑料薄膜展开，覆盖温室屋面形成封闭的温室保温结构；温室通风降温时，可根据室外空气温度部分或全部地从天沟向屋脊卷起塑料薄膜，实现温室通风降温（图7）。这种卷膜开窗系统，除了能保证室内不聚集过多热量使

图8 种植葡萄连栋温室的结构构造
a. 屋面结构　b. 有立柱处拱杆与天沟的连接　c. 无立柱处拱杆与天沟的连接

温室内的温度不至于过高外，卷起塑料薄膜还可以使温室内的葡萄植株最大限度地采光（相当于露地采光），从而完全克服了塑料大棚和日光温室由于塑料薄膜透光性能的下降而引起植株采光不足的问题。此外，为了保证防雨功能，温室开窗卷膜系统配置了室外降雨传感器，在感知室外降雨后，开窗卷膜系统会自动开启，展开塑料薄膜覆盖温室屋面。为了避免卷膜轴在卷放过程中受阻或变形，该温室将传统的屋面塑料薄膜压膜线改为防虫网带，既能有效防止塑料薄膜被风掀起，也可避免压膜线对塑料薄膜的过紧压迫，这种设计在传统的连栋温室屋面卷膜开窗系统中还不多见，应该属于一种设计上的创新。

温室除了配置降雨传感器控制屋面卷膜开窗机外，还配置了室内温度传感器，可设置室内控制温度，按照室内温度的高低控制屋面卷膜开窗机的启闭。为了方便管理者和参观者远程视频，温室还配置了远程控制摄像头，能随时观察温室内的情况。

该连栋塑料温室的结构从形式上看，除了在屋面卷膜通风系统上的改进外，在温室的承力结构上也有所创新（图8）。这种结构从屋面梁和支撑立柱的布置看，和大部分的连栋塑料温室没有多大区别，2根立柱之间设置3根屋面拱杆，但屋面拱杆与立柱的连接不是通过天沟连接，而是通过一根柱顶纵梁来连接（图8b、c）。天沟直接坐落在柱顶纵梁上，不起承重作用，只承担屋面排水和密封屋面塑料薄膜的功能，因此天沟的强度要求得到大大降低，用1mm厚以下的镀锌板（常用的"雪花板"）代替传统温室用的2mm以上厚度的镀锌板，即可满足其功能要求，从而使天沟的用钢量显著减少。

立柱、柱顶纵梁和屋面拱杆及屋架下弦杆之间的连接，则是通过折压成型的一组专用连接件连接。柱顶纵梁采用冷弯薄壁槽钢，槽钢背部朝上，与天沟连接并支撑天沟。开口朝下，立柱正好插入槽钢，在槽钢内连接柱头的两侧用两个折压成型的槽钢连接件，将立柱与柱顶纵梁槽钢通过螺栓连接在一起。同时，两个折压成型槽钢连接件通过柱顶纵梁槽钢的双侧侧壁，将屋面拱杆和屋架下弦杆连接在一起（图8b）。在没有立柱的位置，用同样的折压成型槽钢连接件连接屋面拱杆和屋架下弦，提高了零配件的通用性，减少了连接件的规格和数量，相应降低了温室的生产成本。立柱与柱顶纵梁以及屋面拱杆和屋架下弦之间的所有连接均采用螺栓连接，构件和连接件均为工厂加工，现场组装。这种设计相比复杂的磨具成型的立柱、天沟和屋面拱杆及屋架下弦连接件，具有制造成本低、安装方便等特点，还有一定的创新性。

图9 葡萄长廊

七、观光葡萄长廊

葡萄长廊是大家在观光采摘中经常看到的一种葡萄种植模式，兼具葡萄种植、观赏和游客乘凉的功能。很多不是葡萄种植园的观光园、采摘园、示范园等也都搭建有葡萄长廊；有的地方甚至还在葡萄长廊中布置葡萄品种、种植技术以及葡萄相关的典故、传说等科普知识展板，方便游客（尤其是中小学生）了解和学习葡萄的相关知识；还有的葡萄长廊下安排了茶座、餐桌或麻将桌、会客聊天私密小空间等多种娱乐休闲活动设施和场所，以吸引游客驻足，延长游客在园区内的滞留时间，提高人气，增加消费。

搭建葡萄长廊的做法，根据建设地区的经济和生产水平以及对观光采摘要求的不同，差异很大。这次在鄠邑区的葡萄生产基地内看到了一种与上述连栋塑料温室结构相类似的葡萄走廊结构（图9）。这种葡萄走廊不设屋面覆盖，葡萄种植在走廊两侧，在葡萄生长过程中首先沿立柱竖直方向攀爬（立柱上设有纵向钢丝，和正常生长的葡萄架一样），逐渐爬伸到走廊屋面并最终将走廊屋面完全覆盖，结出的葡萄果实从走廊屋面垂落在半空中，更是吸引游客驻足和留影的一道风景线。

创新荟萃的教学科研试验基地

——参观山东农业大学园艺科学与工程学院园艺实验站纪实

2017年4月16日，应山东农业大学园艺科学与工程学院（以下简称园艺学院）魏珉教授的邀请，笔者有机会第3次到园艺学院参观交流。记得第1次来山东农业大学是2009年6月，也是受魏珉教授的邀请，给本科生介绍温室工程设计与建造的相关知识；第2次来山东农业大学是2010年10月，是笔者组织的调研组来考察山东省的设施农业，调研的第1站就是园艺学院的实验站。此行是第3次来到山东农业大学，一大早魏珉教授和李清明教授就带我们来到了学院的实验站。6年多时间过去了，我也很有兴趣看看这里都发生了什么样的变化。

在实验站大门的右侧，首先看到了修缮一新、南北排列的两栋办公用房，红瓦坡屋面下洁白的墙面和敞亮的玻璃窗给人一种来到农村田园的感觉。两栋平房之间是水泥硬化的广场，更是便捷的停车场。停下车后我们径直走向了2016年新建的一栋据称是装备了最新科研成果的日光温室（图1）。

从外观上看，这栋温室确实配备了不少设备。屋面上，温室配置有光伏发电板、室外遮阳网、保温卷帘机和电动卷膜开窗机；山墙上，温室配置有风机-湿帘降温系统。进入温室，大量的设备配置更是琳琅满目，人工补光灯、后墙主动储放热系统、滴灌设备、水肥一体化灌溉设备、热风加温炉、轨道运输车、黄板、基质无土栽培系统、作物吊蔓系统等（图2），应该说这里已经把目前国内在日光温室中能配套到的前沿研发设备基本都配备齐全，这里为研究日光温室的各种设备性能提供了非常完善的试验场所。

或许是我看过的温室装备太多了，看完这栋温室所配套的设备后，却没有给我留下太多的深刻印象，配套的设备大都是成熟的产品或者是他人研究的成果，大量设备的堆积不一定能代表最先进的温室技术，作为试验和教学温室这种设备配置或许无可挑剔，

温室工程实用创新技术集锦 ❷

WENSHI GONGCHENG
SHIYONG CHUANGXIN JISHU
JIJIN 2

a   b

图1 新建温室外观
a. 正面   b. 背面

b   c

a   d   e

图2 新建温室内配套设备
a. 轨道运输车   b. 人工补光灯   c. 后墙主动储放热系统   d. 水肥一体化设备   e. 热风加温炉

但作为生产应用，这种豪华的设备配置恐怕没有任何一个企业或农户能够使用得起，作为自主研发的试验基地也还缺少自主知识产权的内容，看过后确实没有给我"眼前一亮"的感觉。

　　看过新建温室，我们走进了已经使用10年以上的老旧温室。这些老旧温室大多是砖墙温室，也有研究不同墙体厚度用过的机打土墙结构温室。我们从一栋温室进入另一栋温室，不同的试验品种、种植模式、管理技术、设备配置，老师和同学们的各种研究成果和正在试验研究的技术一一展现在眼前，一时间似乎有点让人眼花缭乱的感觉，这时我才真正感受到这个实验园的魅力，原来真正的创新都藏在这些不起眼的老旧温室中。本文就笔者能够看懂的一些温室设施的硬件技术做一总结，分享给大家，让我们一同了解和学习山东农业大学这个走在设施农业技术研究前列的团队所带来的最新研究成果吧。

a   b   c

图3 钢管吊挂吊蔓线的两级吊蔓系统
a. "换向式"吊线器吊蔓系统 b. 滚轮式吊线器吊蔓系统 c. 滚轮式吊线器

a   b

图4 钢管两级吊蔓系统中钢管的吊挂方式
a. 中部和后部吊挂支撑方式 b. 前部吊挂支撑方式

一、作物吊蔓系统

  说起作物的吊蔓系统，笔者曾在《农业工程技术（温室园艺）》2012年第28期中系统总结过日光温室中高秧作物的各种吊蔓形式。在日光温室中一套完整的高秧作物吊蔓系统，除了缠绕在作物茎秆上的绑蔓线外，一般还应有三维空间三个方向的三级支撑吊线或吊杆，分别称之为第一级、第二级和第三级吊线。其中，第三级吊线为沿日光温室跨度方向（一般指垄作方向）水平布置，直接吊挂绑蔓线的拉线或支杆；第二级吊线沿日光温室长度方向（垂直于垄作方向）水平布置，支撑第三级吊线的拉线或支杆；第一级吊线指竖直布置，一端固定在温室骨架或系杆上，另一端固定在第二级或第三级吊线上的吊线或拉杆。但在实验园中我们却看到了只有第三级吊线和没有第二级吊线的两种不完整吊蔓方式，由于不同程度地减少了吊蔓线的级数，相应吊蔓线的形式及其两端的固定方式也发生了变化。

  首先来看看省略了第二级吊蔓线的两级吊蔓系统（图3）。这种系统省去了传统的三级吊蔓系统中沿温室长度方向的第二级吊蔓线，并将沿温室跨度方向的第三级吊蔓线用钢管代替钢丝，将传统的柔性吊蔓线变成刚性吊蔓杆。由于刚性吊蔓杆不存在沿吊杆长度方向的变形，直接用垂直地面的第一级吊线吊挂吊杆即可形成完整的吊蔓系统，从而省去了沿温室长度方向的第二级吊线。

  这种吊蔓系统的特点是作物荷载完全竖直吊挂作用在温室的前屋面骨架上（图4），温室的后墙、山墙不再承受任何作物荷载，温室骨架也不存在水平方向的任何拉力，因

温室工程实用创新技术集锦❷

WENSHI GONGCHENG
SHIYONG CHUANGXIN JISHU
JIJIN 2

图5 钢丝吊挂吊蔓线的单级吊蔓系统
a.吊蔓线直接系扣在钢丝上　b.吊蔓线通过吊线轮吊挂在钢丝上

图6 钢丝单级吊蔓系统中钢丝在温室前屋面骨架上的固定方式
a.与钢丝直接连接　b.与钢管直接连接　c.与钢管通过花篮螺丝连接

此，这种系统完全简化了作物荷载在结构上的作用方式，结构计算更便捷、准确。

　　此外，从图3也可以看到，同样的两级吊蔓系统，不同的管理者采用了不同的作物绑蔓线吊线器。图3a是连栋温室大量使用的攀蔓作物"换向式"吊线器，这种产品在市场上已经普及，来源广泛、价格低廉。但图3b所采用的绑蔓线吊线器则采用了一种边沿护板带凹凸牙口的绕线轮（图3c），这个凹凸牙口正好形成了一种限位槽，用一根钢丝可非常简易地固定绕线轮，防止其在绑蔓线固定后发生转动，结构简单、使用方便，定型产品价格也不高，很适合在日光温室中推广。

　　再来看看只有第三级吊蔓线的单级吊蔓系统（图5）。这种吊蔓系统只采用沿温室跨度方向水平布置的第三级吊线，每一垄作物设置1根吊线。由于省略了三级吊蔓系统中的第一级和第二级吊线，室内不再是吊线密布的状况，而且第三级吊线还采用柔性钢丝，在一定程度上也减少了吊线对室内作物的遮光。

　　从结构承力的角度分析，这种吊蔓系统只有两个传力点，一个传力点在温室前屋面骨架上（图6），另一个传力点在温室后屋面骨架上或在温室后墙侧专门设置的支撑横梁上（图7）。由于是柔性钢丝做吊线，实践中很难将其拉紧到理论上的水平，只能将其保持在一定弧度的水平线上，所以，连接吊线两端的受力点将不仅承受来自作物荷载的水平拉力，而且还有竖向分力，设计中必须同时考虑这两个方向的分力（两个方向分力的大小与吊蔓线下垂的弧度相关，有专门的计算方法）。

　　另外，由于一垄作物荷载只有两个承力点，每个承力点所承受的荷载必然很大，传统的三级吊线系统中直接将第三级吊线固定在温室后墙上的做法风险很大，为此，这种

a   b

图7 钢丝单级吊蔓系统中钢丝在后墙处的固定方式
a.固定在后屋面骨架上　b.固定在专用支撑梁上

系统第三级吊线在后墙上的固定方式改为沿温室长度方向设置直接固定在温室后屋面骨架（图7a）或温室后墙立柱的钢管上（图7b），第三级吊线传给纵向钢管的力最终传递到温室骨架或后墙立柱，并最终传递到温室后屋面骨架基础（后墙墙顶圈梁）或后墙立柱基础，完全脱离了用温室后墙承力的模式。这种做法沿温室长度方向上布置的固定第三级吊线的钢管一般应保持一定的刚度，控制变形不能过大（钢管截面尺寸不宜过小），这样可能用材量会有所增大，但结构的安全性却能得到有效保障。

  第三级吊线在温室前屋面骨架上的连接有三种方法：第一种固定第三级吊线端部的连接件为固定在温室前屋面骨架上沿温室长度方向布置的钢丝（称为纵向水平钢丝），第三级柔性钢丝吊线端头直接缠绕在纵向水平钢丝上（图6a）；第二种是纵向水平钢丝用钢管替代（称为纵向水平钢管），第三级柔性钢丝吊线的端头和第一种连接纵向水平钢丝的做法一样直接缠绕其上（图6b）；第三种方法则是将第二种做法中直接缠绕第三级吊线端头的做法用花篮螺丝替代（图6c），这种做法虽然造价稍高，但更规范，固定也更结实牢靠。

  第三级吊线在温室后部钢管上的固定可采用花篮螺栓连接，也可以采用直接系扣连接的方式(图7)。从图7也可以看到，绑蔓线与第三级吊线的连接有的采用"换向式"吊线器传递连接的方式（采用滚轮式吊线器的效果也完全相同），有的则直接将绑蔓线的端头系扣在第三级吊线上，实际操作中可视操作者的喜好和产品的供应情况及价格确定。

二、温室后屋面保温

  对日光温室后屋面的功能和做法一直是学术界研究的一个薄弱环节，虽然经常将后屋面投影宽度、后屋面仰角作为日光温室结构设计的主要参数，但对如何合理选取这两个参数以及合理确定后屋面的热阻目前还没有准确的科学设计方法。以机打土墙为代表的山东寿光五代日光温室虽然保留了后屋面，但后屋面的投影宽度仅有0.5～0.8m，山东青岛、新疆等地设计的日光温室甚至完全取消了后屋面。近年来在吉林、河北等地还出现了一种非永久固定后屋面的日光温室，用塑料薄膜覆盖后屋面，并安装卷膜开窗

a

b

c

d

图8 日光温室后屋面的保温

a. 传统的日光温室保温被铺卷位置　b. 增加后屋面保温后保温被的铺卷位置　c. 土墙温室后屋面保温　d. 后墙和后屋面同时保温

机，用和日光温室前屋面保温相同的保温被在需要保温的季节和时段覆盖保温，其他时段则将保温被卷起使温室后屋面充分采光或通风。这些都代表了一种轻视后屋面作用的做法。

但走进山东农业大学园艺实验站，我们却看到了非常重视加强后屋面保温的另一种做法，并且把后屋面保温和前屋面保温与采光有机结合到了一起。

传统的日光温室后屋面都采用一定仰角的坡面，后屋面在室内的水平投影宽度多在1.0m以上，同时，日光温室保温被卷起时最多卷到屋脊前沿，按照室内水平投影计算，靠后墙接近1.5m的范围内保温被和后屋面将都是阻挡阳光进入温室的遮挡物（图8a），不仅影响温室靠后墙附近作物的光照，而且影响温室白天的升温。为此，山东农业大学园艺实验站的做法是在日光温室后屋面外再搭设一个支架，用保温被完全覆盖支架外表面，使其与温室后屋面形成一个封闭的空间三角区（图8b）。由于支架表面由保温被覆盖，支架与温室后屋面又形成了完全封闭的空间，这将大大增加温室后屋面的传热热阻，使日光温室后屋面的传热大大减少。同时，传统的日光温室前屋面保温被可以利用该支架在白天温室采光时将保温被向后卷至超过温室屋脊的位置，从而使温室前屋面的所有采光面部位均可以接受阳光，大大增加了温室的采光面积。这样做不仅可以减少或消除温室后墙附近作物的弱光区域，增大采光量，而且相当于增加了温室的得热量，能快速提高温室白天室内的温度，从而对室内种植作物的温光效应产生积极的影响。

a   b

图9 温室墙体加固方法
a.室内（后墙） b.室外（山墙）

这种做法不仅被应用在新建的砖墙结构日光温室中（图1b），而且也被应用到了传统寿光五代机打土墙结构日光温室中（图8c）。此外，为了进一步加强温室的保温，还在温室的后墙外增设了与温室长度同长、与温室后墙同高的保温走廊（图8d）。这种做法不仅增加了温室后墙的保温性能，而且走廊还可用于存放生产工具、生产资料等，一举两得，非常值得借鉴。

三、老旧温室墙体加固方法

前已述及，实验站内除了新建的温室外，还有使用10年以上的日光温室，按照常规日光温室的设计使用寿命，大部分温室已经到了温室设计使用寿命的后期。事实上，国内有大量建设在20世纪90年代甚至21世纪前10年的温室，它们大都进入了加固维修阶段。寻找经济适用的温室结构加固方法已经成为当前日光温室升级改造面临的重大需求之一。

笔者以前曾看到过墙体加固的方法主要是在温室墙体的外侧增设墙垛或者在墙体外侧堆土，这些方法简单易行，但土建工程量大，改造需要花费的时间长，成本也相应较高。山东农业大学园艺实验站在这方面做出了一种有益的尝试，他们采用角钢在温室墙体的内外两侧进行墙体加固（图9）。这种做法或许不能阻止墙体的整体倒塌，但对局部失效的墙体却具有较好的修复加固效果。

这种加固方法的使用寿命主要取决于角钢的表面防腐处理效果和连接角钢螺栓/螺母的防腐效果。一般经过热浸镀锌表面防腐处理的角钢，使用寿命至少在20年，但连接角钢的螺栓和螺母由于没有热浸镀锌处理，其抗腐蚀能力可能较差，两者在使用寿命上存在很大的不匹配度。此外，连接角钢的螺栓在墙体内将形成传热的"冷桥"，一方面可能会增大墙体的传热，另一方面可能会在螺栓周围形成冷凝水，进一步加快螺栓的锈蚀和墙体的风化，使用中应注意观察，并及时处理发生的问题或定期更换螺栓、螺母。

a   b

c   d

图10 作物栽培床架
a. 基质槽栽培   b. 基质袋栽培   c. 番茄多段栽培架   d. 草莓立体栽培架

四、作物栽培苗床

20世纪70年代，山东农业大学的邢禹贤教授发明了V形槽式砂培无土栽培技术，是当时中国无土栽培的先驱。时光跨越50多年后，山东农业大学仍保持着对创新无土栽培技术的执着追求。

作物的栽培床结构是无土栽培的主要工程载体，这次参观园艺实验站不仅看到了传统的基质槽栽培模式（图10a）和基质袋栽培模式（图10b），还看到了他们紧跟日本的番茄多段栽培模式，自行研制的番茄多段立体栽培架（图10c）以及根据草莓特点研发的双层草莓立体栽培架。前者将长季节高秧作物栽培改变为短季节、快频率栽培模式，降低了种植作物的植株高度，利用作物前期生长旺盛、抗病能力强的特点，可有效减少病虫害，提高种植产品的质量；后者由于作物本身植株低矮，立体栽培可充分利用温室空间和室内光热资源，提高温室单位面积产量。这些传承和发展的科学研究思想非常值得大家学习和借鉴。

愿山东农业大学园艺实验站不断创新，在设施园艺科研和教学的领域内不断涌现出更多、更好的创新成果和创新人才。

哈萨克斯坦国家马铃薯与蔬菜研究所引进韩国温室观感

2016年9月8日，笔者有机会访问了哈萨克斯坦国家马铃薯与蔬菜研究所，并参观了他们从韩国引进的马铃薯脱毒苗扩繁和蔬菜品种试验温室。该温室在建筑结构、环境控制、设备配置方面都有一些独到技术，现介绍给大家，供业内同仁研究和借鉴。

一、温室建筑结构

从外形上看，该温室为圆拱屋面连栋塑料温室，山墙直立，侧墙倾斜（图1a，倾斜侧墙有利于提高温室的抗风性能，在风力比较大的地区较为多见）。表面上该温室似乎和国内普通的连栋塑料温室没有什么区别，但走进温室仔细观察就会发现温室的结构承力体系与国内温室有很大不同。国内温室结构承力体系一般为立柱支撑天沟，天沟支撑屋面拱杆（图2b、c），或在柱顶安装连接件，将天沟、屋面拱杆及其弦杆等承力构件全部连接于一点（图2a）。其中天沟是重要的承力构件，兼顾排水与承力双重功能，在实

a   b   c

图1 哈萨克斯坦引进韩国圆拱屋面温室建筑及其结构承力体系
a. 外景   b. 内景   c. 结构承力体系

a　　　　　　　　　　　　　b　　　　　　　　　　　　　c

图2 国内圆拱屋面连栋塑料温室典型的屋面结构承力体系
a. 立柱支撑天沟、屋面拱杆及其弦杆　b. 天沟通过连接件支撑屋面拱杆　c. 天沟直接连接屋面拱杆

a　　　　　　　　　　　　　b　　　　　　　　　　　　　c

图3 温室结构构件连接节点
a. 立柱与纵梁的连接　b. 纵梁与屋面拱杆的连接　c. 立柱与横梁的连接

际运行中还是屋面检修、换膜等日常管理作业的通道。但韩国温室完全摒弃了天沟承力体系，用柱顶纵梁（沿温室天沟方向的梁）替代天沟承力，屋面拱杆全部连接在柱顶纵梁上，天沟仅起到屋面排水作用，因此天沟的用材变薄，柱顶与天沟的连接也省去了复杂的专用连接件，采用简易的抱箍连接（图3a、b），因此温室整体结构全部由钢管构件组成，大大减少了钢材用量并降低了温室造价，同时温室的承载能力也得到提升。

除天沟承力的区别外，国内常用的主拱、副拱结构形式一般会在立柱位置安装主拱（图2a）、柱间安装副拱（图2b）。主拱除屋面拱杆外一般还包括腹杆和弦杆，副拱可能仅为一根单管；而韩国温室的屋面拱杆则全部采用统一的单管拱杆（国内个别温室企业也有类似做法，但多用管径较小的大棚管），这样做不但统一了温室屋面用杆件，有利于提高拱杆工厂加工和现场安装的效率，而且温室内也比较整洁、美观（图1b、c）。

为了增加结构的整体强度，温室沿跨度方向接近柱顶位置设置了柱间水平拉杆（图1b、c），其功能相当于屋面主拱的下弦杆，或者更准确地讲是将温室立柱与柱顶水平拉杆形成了"门式结构"承力体系，这样柱顶拉杆实际上就成为门式结构的横梁。为了加强门式结构构件之间的连接，该温室立柱与横梁之间采用脚手架抱箍连接（图3c），此外，在温室立柱上还增设了连接横梁的短斜撑（图1b、c），使横梁的结构计算长度缩短，进一步提高了结构的整体强度。

对于排架结构的温室，除了跨度方向的承力体系外，长度方向的支撑体系更是不可或缺的考虑因素。该结构在温室纵向长度方向，不仅增加了柱间斜撑，而且增加了屋面

a   b

图4　温室斜撑的设置方法
a.山墙斜撑　b.屋面斜撑

a   b   c

图5　温室设置风机
a.屋顶风机　b.山墙风机　c.室内循环风机

斜撑（图4）。其中柱间斜撑设置在靠近山墙的第1～2个开间（图4a，传统的温室室内柱间斜撑多采用剪刀撑，一般设置在温室紧靠山墙的第二个开间，针对山墙的斜撑则可设置在温室外），而屋面斜撑则从山墙屋脊位置开始一直延续到第4个开间的柱顶，横跨15个屋面拱杆（国内大棚规范要求至少连接6个拱杆）。柱间斜撑和屋面斜撑的设置大大增强了温室承载纵向荷载（主要为风荷载）的能力，使温室的整体承载能力得到显著提升。

　　从温室侧墙斜面、屋面斜撑以及山墙斜撑的设置看，该温室设计更注重结构的抗风性，说明当地常年或季节性风力较大。中国沿海台风多发地带、内陆风力比较大的地区以及山口地带建设温室可学习借鉴这种设计方法。天沟是温室结构用钢量较大的构件，该温室采用梁柱结构，取消了天沟的承力功能，使天沟用材量大大减少（事实上，中国的海南等一些热带区域，笔者曾看到用塑料薄膜或防虫网替代钢或铝合金材质天沟的类似梁柱结构温室），从而显著降低了温室造价和建设投资。有兴趣的企业和研究单位不妨深度剖析一下这种结构，从结构的整体强度和用料方面给出更精确的量化指标。

二、温室通风

　　该温室不仅在温室结构上有所创新，其温室通风也更全面地集成和展示了通风技术。从图1a温室的外观可以明显看到，温室在山墙、侧墙和屋面都分别配置了电动卷膜通风系统，基本配全了塑料温室全部的自然通风系统。此外，温室的山墙顶部还配置了排风风机（图1a、图5b），使温室屋面和墙面在全封闭的条件下也可以进行排湿降温。

温室工程实用创新技术集锦❷

WENSHI GONGCHENG SHIYONG CHUANGXIN JISHU JIJIN 2

a   c

图6 卷膜通风口压膜带的形式
a.专用压膜线 b.塑料薄膜做压膜带 c.遮阳网做压膜带

温室内还配置了屋顶排风风机（图5a）和室内空气循环风机（图5c）。所有的风机，除了配置自动控制系统外，还配置了手动控制开关，对高位风机采用拉线开关（图5a），方便人工控制，同时也不影响室内作业。从风机的配置看，该温室也基本配齐了除湿帘风机降温用大流量排风风机外的所有风机类型。温室没有配置风机湿帘降温系统，主要是因为当地夏季室外空气温度不高，最热月份的平均温度最高不超过30℃（当地7月份平均温度为29.8℃），依靠侧墙和屋脊通风口的自然通风和安装在屋脊、山墙上的机械排风机，基本能够满足夏季温室的降温要求。

另外，该温室内的侧墙卷膜用的压膜带尤其引起了笔者兴趣。国内卷膜通风使用的压膜带大都使用专用的扁丝压膜带（图6a，和屋面、墙面塑料薄膜压膜线为相同的材料），同时配有专用挂带卡（挂带卡固定在卡槽中）。但该温室没有用专用压膜带，而是用一条塑料薄膜带来替代（图6b），塑料薄膜带的两端如同挂带卡一样固定在两端的塑料薄膜固膜卡槽中，材料可就地取材，不仅价格便宜，还能充分利用安装剩余的材料边角料，未来材料更换也更方便、便宜。事实上，国内也有温室公司使用遮阳网材料按照类似的方法制作压膜带的案例（图6c），但遮阳网对温室的透光影响较大。

从以上温室的配置，笔者体会到，出口的温室产品在功能上应在经济的前提下尽量全面综合考虑各种配置（如该温室项目中的自然通风和风机通风），在材料和构件选择上要尽量减少种类（如该温室的屋面拱杆、卷膜用压膜带等）和规格，以方便安装和更换，还能降低温室造价。

三、温室保温与采暖

韩国温室一贯重视对温室的保温，其中室内多重保温最为著名。阿拉木图冬季温度

a   b

图7 室内保温
a. 温室内部　b. 靠山墙侧

较低（1月份最低平均温度为－9.6℃），因此对温室保温节能的要求较高。该温室采用室内双层保温幕保温措施（图7a），保温幕采用内置保温棉的保温被材料，双层平铺在温室天沟下部位置，两者间距20cm左右。这种保温系统的保温被本身的保温性能就很好，再加上双层保温，温室的保温性能就更好了。尤其值得注意的还有保温幕的密封性，除了水平面上相互搭接处要求密封外，在保温幕的两端更要将保温幕垂落到地面（图7b），使保温幕与山墙之间也能形成多重保温，这样从屋面到墙面均能形成多重保温，从而形成封闭的多重保温系统，增强温室的整体保温性。

中国温室室内保温幕多采用闭孔结构的缀铝材料，在寒冷地区也经常采用双层保温幕形式，但相比韩国温室的保温材料，材料自身的保温性能有较大差距，而且温室内保温往往忽略了保温幕的密封性，导致山墙、侧墙处经常存在很大间隙，更谈不上与墙面之间形成封闭的多层空间保温。近年来，国内的温室企业也开始注意到这个问题，也有温室将山墙侧保温幕垂落到地面的案例，但该方法还没有普及。

中国在日光温室外保温被方面开发出很多产品，但针对连栋温室室内用的多层厚保温被材料至今仍处于空白，针对这种厚保温被的拉幕系统的开发也较少，从形式上与室内遮阳网的拉幕系统没有多大区别，但由于采用厚保温被后，保温被收拢后的体积将很庞大，如何收拢才能使收拢后的体积减小，以最大限度减少室内阴影是该拉幕系统需研究解决的难点。

优越的保温为温室的采暖减轻了很大的负荷，同时，高效的散热又可大大节省温室的供热量。该温室在散热器选择上采用一种翅片式铝合金材料散热器（图8）。铝合金材料相比钢材，导热速度快，质量轻，是近年来温室采暖用的一种新的散热器形式，具有国内温室采暖常用的钢串片圆翼形散热器多翅片的特点，散热面积大，散热效率高，而且远距离运输质量轻、安装方便。由于散热效率高，相同面积温室配备的散热器数量也相应减少，虽然铝合金散热器单位长度的造价可能比圆翼形钢串片散热器高，但由于配置数量减少，温室采暖系统的总体造价不一定高多少，温室企业和设计单位不妨在综合经济、技术、管理等多方面的基础上来分析和选择合适的散热器形式。

图8 铝合金散热器

四、其他配套设施与设备

该温室除了通风降温、保温、采暖的基本设备配置之外，还配套了温室人工补光系统（图1b、图7a）。高压钠灯补光，主要用于冬季光照不足季节温室的人工补光。

1. 温室栽培床

马铃薯育苗和蔬菜栽培采用不同的形式。马铃薯育苗采用固定式高架苗床（图7a），蔬菜种植采用固定式地面栽培槽栽培。不同形式栽培床的选择主要是考虑种植的需求，马铃薯育苗由于秧苗高度矮，采用高架栽培床，工人工作时不弯腰，操作方便；蔬菜种植由于果菜茎蔓长，高架栽培空间受限，而采用地面栽培床。针对不同种植品种和种植工艺合理选择种植苗床也是温室设计的重要内容。

2. 温室灌溉系统

不论是马铃薯育苗还是蔬菜栽培，均采用滴灌带灌溉，这是一种高效用水的灌溉模式，国内温室灌溉基本也采用这种方式，在此不作过多赘述。

目前，中国大多数连栋温室种植蔬菜主要以展示和示范新品种、新模式等高科技为主，往往自身经济效益较差，温室的建设投入多为政府资金，运营管理还需政府补贴。如何在现代化的连栋温室中种植蔬菜，使这种集约化用地、高科技展示的现代农业生产设施和技术成为真正可普及、能推广、有效益的农业生产方式，是长期以来一直困扰中国设施园艺科研和生产的难题。

从2015年开始，陆续有国外企业在北京、河南、甘肃等地建设大面积连栋玻璃温室（5hm²以上），用于种植黄瓜、番茄等喜温果菜，试图通过规模化生产，以周年均衡的产品供应来获得全年稳定的产品价格，并通过提高单位面积产量来降低单位产品分摊的设备折旧和管理运行成本，进而破解连栋温室种植蔬菜不能盈利的难题。但这些项目还处在建设或运营初期，能否达到预期目标还有待验证。

在北方地区还在苦苦寻找破冰途径的时候，以华南农业大学刘士哲教授团队为技术支持的连栋温室水培蔬菜生产模式已经成功运营了多年。业界"朋友圈"内经常看到有人晒现场参观的靓照和倩影。每当看到这些信息的时候，总希望有机会能亲眼目睹。2016年6月30日，借中国农业机械化协会设施农业分会在广州举办"温室工程建设国家标准宣贯培训班"的机会，觅得短暂的时间，终于了却这一愿望，在刘士哲教授亲自陪同讲解下参观了园区。

让我们随着刘教授的指引，一同领略这个能盈利、可复制，并在广东乃至全国已经形成广泛影响力的蔬菜生产基地。

一、温室及其配套设施

基地位于广州市增城区的丘陵地带，占地面积400多亩，在弯弯曲曲而又起起伏伏的

a   b

图1 基地内的两种温室形式
a. 圆拱屋面连栋塑料薄膜温室   b. 锯齿屋面连栋塑料薄膜温室

a   b

图2 温室开口处防虫网的设置
a. 温室墙面通风口防虫网   b. 温室入口防虫网

丘陵山地里，依地势变化或分散或连片地建设了200多亩的连栋塑料薄膜温室。温室中有圆拱屋面连栋塑料薄膜温室、锯齿屋面连栋塑料薄膜温室（图1）。据刘教授介绍，基地是从一个企业老板那里接手，圆拱屋面连栋塑料薄膜温室是原来企业老板使用过的温室。这种温室由于没有屋面开窗通风，仅靠四周侧墙和山墙自然通风，降温效果较差，室内温度较高，蔬菜生产的效果不理想，所以后来新建的温室全部改建为全锯齿屋面温室（图1b）。

为了节约建设成本，不论是圆拱屋面温室还是锯齿屋面温室，均没有设置室外遮阳系统，温室的遮阳降温完全依靠室内遮阳系统。由于温室内主要种植叶菜或进行育苗，设置内遮阳系统对温室生产空间几乎没有影响。但圆拱屋面温室由于没有设置屋面通风窗，室内屋顶部位的热空气难以快速排除，直接影响了温室内的温度。采用锯齿屋面温室后，由于锯齿口和温室四周墙体进风口形成流畅的自然对流，只要在遮阳网间留出一定空隙，室内热空气将会很快排出室外，降低室内的温度。对完全依赖自然通风的温室来说，锯齿屋面温室的通风降温效果要远远优于圆拱屋面温室，所以对于周年室外温度比较高的地区，温室设计又不配套机械通风系统时，锯齿屋面温室是比较理想的温室结构选型。

对于完全依靠自然通风降温的温室，最大限度开启温室四周的通风口是设计和运行管理的要点。但为了避免害虫进入温室，在所有温室的通风口和入口均应设置严密的防虫网（图2），尤其在入口处，一是要求两幅可开启的防虫网有足够的重叠（至少应达到门洞宽度的2/3，图2b），二是要求在防虫网的下部吊挂重物，避免防虫网被风吹起。

a   b

图3 依据地势地形规划布局温室

a. 圆拱屋面连栋塑料薄膜温室的规划布局　b. 锯齿屋面连栋塑料薄膜温室的规划布局

a   b   c

图4 叶菜种植模式

a. 管道水培种植模式　b. 双层蔬菜种植模式　c. 蔬菜-食用菌双层种植模式

基地内所有温室四周均采用手动卷膜器卷膜开窗。由于广州周年温度较高，大部分时间通风窗处于打开状态，只有在冬季遇到冷空气时才需要白天打开通风窗，晚上关闭通风窗。因此，卷膜器的人工操作作业时间较少，选择手动卷膜开窗也是一种经济实用的方法。

为了充分利用丘陵山区的地形条件，最大限度提高温室建设面积，基地温室在平面布局上没有局限在平整土地和规则用地的传统布局模式中，而是充分利用地势和地形，分散、错落布局（图3），将温室建筑完全融入山地环境中，既减少了温室建设的土方平衡量，又最大限度利用了土地面积。这种温室建设思路在丘陵山区值得推广。

二、蔬菜种植模式

1. 叶菜种植模式

基地内主要以叶菜种植为主，完全采用水培模式，在管道上开设定植孔，每穴定植1株蔬菜。为了适应叶菜生产对营养液的需要，定植管道采用特制方管，该管在栽培架上安装方便，管内营养液分布均匀，是一种经济实用的栽培模式（图4a）。

为了最大限度利用温室空间，提高温室地面利用率，在栽培床单层平面栽培的基础上，刘教授的团队还开发了在栽培床下栽培耐弱光蔬菜和食用菌的种植模式（图4b、c）。在交流中，刘教授还透露了开发三层栽培模式的想法，在上层栽培强光性蔬菜，中层栽培中光或弱光性蔬菜，下层种植弱光性蔬菜或暗光、微光的食用菌。多层栽培可大大降低单位产品设备的折旧摊销和运行管理费用，有效提高温室生产效益。

叶菜生产的灌溉系统采用一端供水、另一端回水的模式（图5）。从营养液供液池引

a   b   c

图5 栽培床的供排水系统
a.供水端　b.排水端　c.营养液供液池

a   b

图6 果菜种植模式
a.大截面圆管番茄吊蔓栽培　b.小截面方管西瓜匍匐栽培

出的一根主管，沿全部栽培床的一端将营养液送到每个栽培床的端头，通过支管将营养液从主管分流到栽培床床面，沿栽培床横断面设置一根配水管，在配水管上打孔或安装毛管，将营养液流分送到每个栽培管中（图5a）。管道在床面上设置一定的坡度，营养液在管道中流动直到管道的末端，可实现对整个栽培管道上每个植株的灌溉。在栽培管的末端，设置半圆管集液槽，将每个栽培管流出的营养液收集后，再集中回流到供液池（图5b）。营养液供液池按一定区域面积设置，每栋温室中按照种植面积设多个供液池（图5c）。为了避免在集液槽中滋生藻类，在栽培管的末端和集液槽的上方覆盖双面黑白两色地布，白面朝外反光，黑面朝内遮光（图5b）。

2. 果菜种植模式

为了增加基地蔬菜种植的品种，刘教授还在探索果菜水培的种植模式。①用大直径的圆管，在管道上直接开设定植孔，每孔定植一株作物，用吊线将植株通过纵向钢丝吊挂在温室结构的下弦杆上（图6a）。由于温室空间高度受限，栽培管的位置在满足操作要求和排水坡度的前提下应尽可能贴近地面。这种栽培模式实际上和栽培架上的岩棉栽培模式基本相同，所不同的是这种栽培模式完全采用水培方式，省去了岩棉或椰壳等栽培基质，也大大减少了栽培设施的建设投资。②直接沿用栽培叶菜的小截面方管种植西瓜。由于栽培叶菜的床架与床面离地较高，床面与温室下弦杆之间的空间小，采用吊蔓栽培高度不够；此外，种植叶菜的栽培管道在一个栽培床面区域内间距太小，绑蔓、放蔓作业没有操作空间，所以采用了直接在床面上爬蔓的栽培模式（图6b）。这种因地制

图7 穴盘育苗
a.基质准备 b.播种机组 c.育苗生产

宜的种植模式值得每一个种植者借鉴和学习。

三、蔬菜育苗模式

　　基地蔬菜生产用苗采用自给自足的模式。蔬菜育苗全部采用穴盘基质育苗。育苗基质采用草炭和珍珠岩的混合物（图7a）。使用时，按照两种材料的混合比例，人工搅拌混合均匀后，供给蔬菜播种机组使用。蔬菜播种机组由基质提升、基质装穴、穴盘压穴、精量播种和穴盘传送等设备组成（图7b）。穴盘播种前后的传送全部采用人工运送方式，播种机组的长度得到大大压缩，也节约了播种设备在温室中占用的空间。

　　育苗时采用两种材质的穴盘。一种是传统的黑色聚乙烯材质软质穴盘（图7a、c）；另一种是发泡硬质板穴盘（图8）。前者采用架空床架支撑穴盘育苗（图7c），而后者则采用地面水培育苗的方式（图8）。与苗床架栽培相比，地面水培育苗直接在地面上用塑料薄膜搭设水池，穴盘漂浮在水池中，不仅可节约苗床架的建设成本，还可节约栽培架之间的走道空间，进一步提高温室的地面利用率，是一种经济有效的育苗模式。这种模式在烟草育苗中已经得到广泛应用，但在蔬菜育苗中应用较少。刘教授的成功探索，为蔬菜工厂化育苗又开辟了一条新的途径。

四、废弃物处理

　　基地生产的废弃物包括老叶、茎秆、菜根、育苗栽培基质、食用菌菌棒以及水培栽培一段后需要更换掉的废弃营养液。

　　为了有效处理这些废弃物，基地利用低洼区域修建了鱼塘，鱼塘塘基还可以养鸡、

b

a

c

图8 发泡硬质板穴盘在营养液池中漂浮育苗
a. 育苗阶段　b. 生长阶段　c. 水培槽与幼苗根部生长状况

a

b

c

图9 包装与抽检
a. 人工包装　b. 包装成品　c. 质检部门抽检

鸭、鹅，基地废弃的菜叶、菜根等部分投入水池喂鱼或鸡鸭鹅；或在田间林下散养柴鸡，也可部分消化菜叶和菜根。喂养的鸡、鸭、鱼、鹅可直接用于基地游客体验餐厅的食材。

废弃基质、老叶、黄叶、蔬菜根系和种植食用菌的菌棒经过发酵处理后可用作蔬菜水培种植架下耐弱光蔬菜的生长基质，也可用于基地周围农田的土壤改良剂或肥料，可有效改良当地农田土壤结构。剩余的基质还可以通过添加适当的椰糠和肥料，生产出良好的生长基质，打包之后可以销售给花木公司作为栽培基质或者直接销售给城市居民种花种菜。

使用一段时间后废弃的营养液由于含有部分养分，可作为生产基地周边绿化或者露地栽培生产的肥源，用于周围农田或林地灌溉，也可喷洒入废弃植物残体和育苗基质的堆体中，以保持堆体的适当湿润，为此，基地建设有营养液循环水暂存池，将每茬生产结束后的废弃营养液集中存放，并根据需要来使用。

基地内完全实现了废弃物的零排放，是一种完全的生态循环生产模式。

五、经营模式

叶菜易被损伤，而中国机械化包装技术还不成熟，为此，基地基本采用人工包装（图9a）。这种包装方式建设投资低，人工成本高。包装的产品主打无公害品牌（图

a   b

图10 餐饮体验与消费
a. 水培蔬菜体验餐厅　b. 蒸煮餐饮模式

9b），每个包装袋上都有二维码标签，可追溯产品的生产过程（包括品种、播种、定植日期、采收和包装时间、生产产品所在温室等）和包装工人的工号。一旦发现问题，可直接追溯到产品生产的每个环节。为确保绿色产品认证，当地技术监督部门定期或不定期对产品进行抽检，每次抽检都需要基地管理者对抽检样品进行确认并签字（图9c）。

由于叶菜生产时间短，生产过程在全程水培条件下进行，叶菜从根到叶都没有沾染土壤，所以，产品清洁、干净、鲜嫩、纤维素含量低，但风味不减，深受广大消费者的喜爱。在销售模式上，基地采用农超对接模式，每天定量向指定的超市按时供应包装蔬菜。基地内建设有一座冷库，当天采收的蔬菜先经过预冷后再包装，包装后当天直供超市。

除了稳定的农超对接销售外，基地还通过电商模式进行定量销售。此外，基地内还会组织游客观光，一方面通过游客的品尝体验来直接消费产品；另一方面，消费者还会采买并外带一部分产品。为了满足游客品尝体验的要求，基地内专门建设了一座"绿色蔬菜体验餐厅"（图10a），蔬菜采用大锅蒸、煮、烫的烹饪模式（图10b），大大减轻了后厨加工制作的压力。后厨只要将蔬菜清洗干净，提供到消费者的餐桌前，剩下的事情完全由消费者自己完成。这种餐饮模式一方面节约了餐食加工工序，节约了后厨面积和劳动成本，另一方面也符合广东人的消费习惯，是一种非常经济健康的餐饮模式。消费者除了消费绿色蔬菜外，还可以消费基地养殖的鱼、鸭、柴鸡、鸡蛋等肉蛋产品，以及从附近农户买来的豆腐等土特产品，不仅丰富了餐桌食材品种，而且带动了周围农村的农产品销售，达到了共赢的效果。消费者的口碑成为基地的宣传广告，每天来基地参观消费的游客不断，餐饮也很红火。

为了进一步满足游客的需要，刘教授还开发了适合家庭叶菜种植的蔬菜栽培盒。这些蔬菜栽培盒完全采用营养液栽培，一组栽培盒由两个敞口塑料盒组成，下部为存放营养液的供液盒，上部为定植蔬菜的种植盒，种植盒支托或漂浮在供液盒中（图11a、b）。栽培盒除单个独立种植蔬菜外，还可以通过造型叠落的方式种植蔬菜（图11c），布置在室内不仅是蔬菜的生产场所，也是室内装饰的重要组成部分，深受游客青睐。这种一主多副的开发和经营模式是提高企业经济效益的有效措施，值得大力提倡和推广。

a

b

c

图11 家庭休闲栽培模式
a.盒栽模式（外观） b.盒栽模式（营养液及根系） c.叠落式立体栽培模式

六、启示

（1）以经济效益为目标的蔬菜生产模式应从温室结构选型、温室环境控制设备配套、蔬菜栽培设施和栽培模式等各个环节上节约建设投资。该基地因地制宜地选择锯齿屋面连栋塑料温室，采用室内遮阳系统和完全自然通风系统，大大节省了温室的建设投资；采用管道水培模式，节省了运行和管理成本。

（2）高效利用温室空间，提高温室的地面利用率是提高温室生产效益的可靠保证。该基地叶菜栽培从1层平面栽培提高到2～3层立体栽培，育苗方式从苗床架育苗模式变为全地面水培育苗模式都大大提高了温室的地面利用率，向温室空间要效益是提高温室生产效益的一种有效途径。

（3）一主多副，多种经营。该基地以生产叶菜为主，但为了满足游客的需求，配套了游客体验餐厅、家庭蔬菜种植组件，有效增加了企业的产品种类，多渠道增收，充分挖掘生产产业链中的价值产品，是另一种提质增效的有效措施。

（4）绿色生产、生态循环是企业可持续发展的保障。基地以绿色无公害蔬菜生产为标准，保证了产品的市场信誉，得到了消费者的认可，为产品的销售奠定了基础。基地采用种养循环模式，有效处理了产品生产过程中的固体和液体废弃物，并将这些废弃物二次开发利用，变废为宝，不仅保护了生态，还创造了效益，一举多得，值得推广。

（5）开拓多通道销售渠道，稳定产品价格，提高产品附加价值是保障企业经济效益的重要手段。农超对接、电商经营有效保障了产品的稳定销售价格和销售渠道。游客服务是提升产品价值和形象的有效手段，尤其对城郊都市型生产企业，这一点尤为重要。

（6）科研成果只有通过转化为生产力，在实践中经得起检验，取得效益才是最好的成果。刘士哲教授通过多年潜心研究开发的各种水培蔬菜栽培模式，现已投放到生产实践中，并亲自参股经营，一则说明了成果的实用性，二则也说明了作为科技工作者对自己成果的自信心，这才是真正写在大地上的一篇好论文。

致谢

在本文成稿过程中，刘士哲教授亲自进行审阅、补充和修改，作者深表谢意！

探访以色列阿拉瓦（ARAVA）科研基地的温室设施

　　提起以色列，首先想到的就是沙漠、不毛之地和由此衍生的先进节水灌溉技术。实际上，以色列的设施农业技术也一直位居世界前列。多年来我一直期盼可以有机会走访这块神秘的土地，亲眼目睹"沙漠奇迹"是如何创造出来的。

　　2016年9月10日晚，我终于来到了这块创造了奇迹的土地，并将首日的参观活动安排到了位于以色列南部沙漠阿拉瓦谷地的农业研究基地。据说类似的研究单位在以色列共有10个，分布在全国不同地区，针对不同的气候特征，围绕农业生产的各个方面开展技术研究和推广工作。事实上，以色列西部靠近地中海的沿岸区域是大片平原，土地肥沃、雨量充沛、气候适宜，可周年生产各种农作物，与南部的沙漠地带形成了鲜明对比。但以色列的沙漠土地占整个国土面积的2/3，所以沙漠仍然是这个国度的主要特征。

　　阿拉瓦谷地位于以色列南部，紧邻约旦边境，北起死海，南到红海，年降水量只有20～50mm，是内盖夫沙漠中的一片盐碱地。由于阿拉瓦谷地的纬度较低（北纬31°～32°），所以其周年光照强度较高，此外阿拉瓦谷地的海拔低（最低处死海的海拔在海平面以下417m，多数地段在海平面以下300m左右），冬季最低温度不低于10℃，夏季最高温度可超过40℃，从温光角度讲，阿拉瓦谷地是进行冬季农业生产的理想地区。但由于当地水资源短缺、土地盐碱、夏季酷热等原因，该地区的农业生产条件十分恶劣。勤劳而富有创新精神的以色列人民，采用地下管道输水的办法从以色列北部的加利利湖将淡水引到南部，并结合当地开采的地下微咸水和城市二次循环用水的方法有效地解决了农业生产中水资源短缺的问题。此外，以色列人还采用高效滴灌技术进一步提高了水资源的利用率，并运用设施农业技术创造了全天候的农业生产条件，自20世纪80年代以来，通过不断开发，这片不毛之地现已成为以色列重要的农产品出口基地，蔬菜远销欧洲等地，为以色列赢得了"欧洲冬季厨房"的美誉。

　　一大早我们从特拉维夫出发，驱车2个多小时，走过200多千米，来到了今天要参观

a

b

c

图1 不同形式的塑料大棚
a. 对称圆拱屋面落地大棚 b. 非对称圆拱屋面落地大棚 c. 对称圆拱屋面带肩大棚

a

b

c

d

图2 各种屋面形式连栋温室
a. 对称拱屋面温室 b. 非对称拱屋面温室 c. 大跨度尖屋面温室 d. 锯齿形拱屋面温室

的目的地——阿拉瓦科研基地（ARAVA R&D）。9月的北京已经进入中秋时节，凉意袭人，这里却依然是炎炎夏日，碧蓝的天空看不到一丝云彩，黄沙覆盖的大地上点缀着片片绿洲。温室、大棚、防虫网室……这些熟悉又陌生的农业生产设施，一窝蜂地映入了我们的眼帘，不要着急，请让我随着基地研究中心主任的步伐一一为您呈现。

一、塑料大棚

笔者在基地内看到了3种不同形式的塑料大棚结构：①传统的对称圆拱屋面落地大棚；②非对称圆拱屋面落地大棚；③对称圆拱屋面带肩大棚（图1）。

3种形式的塑料大棚分别用于不同试验。由于当地大多时间处于盛夏季节，所以塑料大棚的功能以防虫和遮阳为主。前2种落地大棚都采用防虫网覆盖，而带肩大棚则采用室外遮阳和湿帘风机降温系统。为提高防虫效果，以色列种植者在湿帘的进风口也安装了防虫网（图1c），该防虫网采用空间三角形的安装方式，而不是直接用简易的平面布置

a

b

c

图3 温室遮阳系统
a. 外遮阳外景　b. 外遮阳内景　c. 内遮阳内景

形式安装，这种做法可有效防止灰尘进入湿帘，避免湿帘堵塞。遮阳网采用平铺屋面的布置形式，固定时与塑料薄膜共用一套卡槽和卡丝，既省去了遮阳网的支架，也保证了遮阳网的安全固定。以色列夏季时间长，室外温度高，需要遮阳的生产季节长。所以，采用永久固定式遮阳方法在这里可行实用，充分体现了以色列民族的实用主义理念。

对称圆拱屋面落地大棚棚头的高度较棚体高度有所降低（图1a），这种做法或许有利于绷紧塑料薄膜或防虫网，也或许有利于抗风，值得大家做进一步的研究。非对称圆拱屋面落地塑料大棚采用东西走向，具有更好的采光性能，有利于提高塑料大棚的室内温度和光照强度。

二、连栋塑料温室

基地内的连栋塑料温室也是形状各异，有对称拱屋面温室、非对称拱屋面温室、大跨度尖屋面温室和锯齿形拱屋面温室（图2）等。从墙面类型来看，温室还有直立墙和斜面墙之分。

从使用功能上看，这里的温室主要有两种功能：防虫和降温，因而温室大体上也分为两类：一类是完全依靠自然通风的防虫网室；另一类则是依靠遮阳和风机-湿帘降温的空调温室。其中，防虫网室就是用防虫网替代塑料薄膜覆盖温室。

温室的遮阳有两种方法：一种是室外遮阳，直接将遮阳网覆盖在温室屋面的外侧（图3a、b）；另一种是室内遮阳，将遮阳网覆盖在温室内天沟高度（图3c）。一般讲，室外遮阳的降温效果要优于室内遮阳，但室内遮阳便于安装，不受室外紫外线的直接照射，有利于延长材料的使用寿命。

对于温室湿帘的防护，一是在温室外侧采用防虫网防护，和前述塑料大棚安装湿帘

卷起塑料薄膜

a   b

图4 湿帘两侧的防护
a. 湿帘外侧加防虫网　b. 湿帘内侧加塑料膜

带棱反光玻璃

带棱反光玻璃

光伏板

带棱反光玻璃

a   b   c

图5 天沟两侧安装反光玻璃和光伏板的光伏温室
a. 外景　b. 内景　c. 反光透射玻璃

一样，防虫网也要离湿帘有一定的距离（图4a的箱形方式）。二是在室内采用塑料薄膜防护，夏季湿帘运行期间，卷起塑料薄膜打开湿帘通风口（图4b）；天气转凉湿帘停止运行时，将塑料薄膜放下，既保护了湿帘，也提高了温室的保温性能。

三、创新的光伏温室

将光伏发电和温室生产相结合是高效利用资源的一种有效方法。目前中国在这方面的研究和应用较多，但大都以牺牲农业生产为代价。我们在阿拉瓦的研究基地看到一种新颖的光伏板在温室屋面铺设的方式，基本不影响温室采光，值得借鉴。

该温室的屋脊为南北走向，和传统连栋温室的布局方法相同，室内光照均匀度高，无固定阴影。光伏板沿温室天沟方向布置在温室屋面靠近天沟一侧（东侧），天沟对应的另一侧（西侧）屋面上安装相同面积的表面带棱的反光透射玻璃。由于当地地理纬度低，夏季太阳高度角大，太阳光照射到棱面玻璃后，一部分光透过玻璃进入温室供作物采光，另一部分光则直接折射到对面的太阳能光伏板，使太阳能光伏板上的光能叠加，从而增强光伏板的发电能力（图5）。

棱面玻璃本身可以透光，不影响温室采光，光伏发电板位于天沟一侧，虽然在温室中有阴影，但由于是南北走向布置，该阴影在一天之内是运动的，不会形成固定阴影

a   b

图6 创新的电动卷膜开窗机
a.侧墙电动卷膜开窗机　b.屋面电动卷膜开窗机

带。此外，光伏板的宽度不大，对温室内的光照影响很小。同时，由于安装在温室天沟一侧，可直接借用天沟构件安装光伏板，节省了安装支架。从理念上看，这是一种不错的设计方案，发电的同时也不会影响温室的正常生产，这才是真正意义上的光伏温室，光伏发电和温室生产相互支持，各取所需，互不影响。

四、创新的电动卷膜开窗机

塑料温室侧墙和屋面使用卷膜开窗机的种类很多，有电动的、手动的，笔者对此也进行过总结。但这次在阿拉瓦的试验基地又看到了2种不同形式的墙面和屋面电动卷膜开窗机（图6）。

墙面电动卷膜开窗机以传统齿轮齿条开窗电机减速机为动力，与专用电动卷膜开窗电机减速机相比，电机来源广泛，电源不用变压，总体造价也不会过高。但由于这种电机减速机自身重量大，在垂直立杆上不能自由地上下滑动，因此设计者在卷膜电机输出轴靠近电机减速机的位置安装了一根钢缆，一端缠绕在电机输出轴上，另一端固定在卷膜通风口上部的固定架上，起到了平衡电机减速机的作用。

屋面电动卷膜开窗机采用扭矩分配器原理，用一根安装在温室山墙外侧并垂直温室屋脊的传动轴通过扭矩分配器将传动扭矩分配到每个屋面的卷膜轴端部，一部电机减速机可同时带动多个屋面卷膜轴转动，大大节约了电机减速机的数量，节约了建设投资和日常开窗卷膜的运行能耗。这种卷膜开窗方式早有应用，20世纪90年代日本就曾有公司用软轴传动的方式分配力矩，但由于多个屋面需要的扭矩较大，而软轴自身材料强度有限，导致运行中经常出现软轴断裂的情况，使这一技术没有得到有效推广。该系统采用硬轴作为总动力输出轴，有效克服了软轴强度不足的问题，是一种值得学习和推广的技术。

407

a   b   c

图7 作物吊蔓方式
a. 传统的吊线吊蔓方式   b. 钢管支撑拉线靠蔓方式   c. 吊蔓与靠蔓联合方式

五、作物吊蔓系统

作物吊蔓系统是种植高秧爬蔓作物不可缺少的设施。笔者曾对中国日光温室和连栋温室中作物的吊蔓方式进行过总结。在阿拉瓦试验基地的温室中，笔者看到了另外3种不同形式的作物吊蔓设施（图7）：①国内外常见的吊线吊蔓（图7a），不必赘述；②在垄间间隔一定距离直立一根钢管，沿钢管排列方向，在钢管的不同高度张拉数道拉绳，爬蔓作物靠贴在拉绳上（图7b）。这种方法虽然浪费了很多钢管，但定植作物时不受传统吊蔓线位置的约束，可以通过调整钢管位置来改变种植垄的间距和位置，而且温室结构设计也不用考虑作物荷载，相应减少了温室结构耗材，进而降低了温室造价；③将前两种方式的联合应用，在作物幼小时用靠贴的方式，藤蔓长大后用吊线吊蔓的方式（图7c）。这种方式看似比较浪费，但对展示和试验不同高度的作物品种时却能一劳永逸，便于灵活使用。

河北省永清县日光温室创新技术巡礼

2016年3月29日至4月1日，借《永清县"十三五"农业农村发展规划》调研的机会，笔者走访了河北省永清县全县的设施农业园区和基地，看到了永清县在日光温室多方面的技术创新。现汇总成稿，供业内交流。

一、日光温室结构革新

1. 廊坊40型温室

廊坊40型日光温室结构（图1）是在学习借鉴山东寿光五代温室的基础上发展而来的。温室墙体结构沿用山东寿光下挖式机打土墙的形式，由于机打后墙用土，温室自然为半地下室建筑，室内外地面标高相差500～800mm，墙体厚度为下部5～6m、上部2～3m。温室的总体尺寸和寿光温室相差无几，跨度9～10m，脊高3.5～4.0m。与寿光温室不同的是温室前屋面没有采用"琴弦式"结构，直接用主拱架支撑屋面，室内无立柱，仅在紧靠后墙的位置设置一道钢筋混凝土立柱支撑后屋面。由于取消了室内立柱，在温室内的生产操作更加方便。根据当地人员的介绍，此类温室之所以称为"廊坊40型"，一是该温室在北纬40°区域建设，冬季不加温可越冬生产果菜；二是为了宣传廊坊。

为解决下挖式日光温室前部采光不足的问题，有些园区采用室内外同高程的建设方案。温室墙体用土不仅从温室

图1 廊坊40型温室

a   b

图2 日光温室之间土地整理的方法
a. 台地   b. 平地

图3 "几"字形温室屋面拱架加工线   图4 "几"字形屋面拱架温室内景

图5 "几"字形屋面拱架与纵向系杆连接节点   图6 "几"字形屋面拱架在屋脊部位的加强拉杆

地面取得，也从温室室外地面取得，使日光温室之间的露地地面形成台地或平地（图2）。其中在台地上还种植了果树（葡萄），使温室之间的露地得到有效利用。总体来讲，由于建造墙体取土，使温室的地面标高低于路面标高，温室场区设计中应重视温室区的排水问题，否则，夏季暴雨天气时温室区很容易形成积水，影响温室的生产和结构安全。

2. "几"字形屋面骨架

"几"字形屋面骨架在很多地方的日光温室中都有推广应用，但这里的"几"字形屋面骨架是一位当地的年轻人自己琢磨出来的，并自己建设了生产加工线，用镀锌钢带通过组合滚轮一次成型（图3）。屋面拱架采用"几"字形单管结构（图4），拱架的纵

图7 新型墙体结构日光温室

a   b   c

图8 温室热水风机加温系统
a.室外锅炉房 b.室内热风机及供回水管 c.加热锅炉

向连接采用专用的连接件（图5），为增强单管结构的整体承载能力，设计中在屋脊部位增设了一道拉杆（图6）。温室室内无立柱，空间开阔，便于作业；全部钢结构热浸镀锌，防腐性能好；完全组装式，安装方便，施工周期短。

3. 新型墙体结构温室

传统的土墙结构日光温室虽然可就地取材，建造费用低，但占地面积大，对土层的破坏严重，外观不美观，所以，永清的园区企业已经意识到这个问题，并积极创新寻找别样的日光温室墙体建造技术。图7是砖墙外贴聚苯保温板的新型日光温室墙体结构。墙体厚度控制在500mm左右，较传统的土墙结构温室墙体占地面积减少4.5~5.6m，露地土地利用率提高1倍以上，且外观整洁，是永久性日光温室建设未来发展的方向。

二、温室加温技术

为保证室内温度，育苗用日光温室大都配置加温系统。在永清考察期间看到2种形式的温室加温系统：①热水风机加温系统；②热风炉加温系统。

1. 热水风机加温系统

热水加温系统是在温室外设热水锅炉（图8a、c），每2栋日光温室共用1台锅炉。锅炉产生的热水通过管道送入温室，在温室的后墙上安装供回水管，在供回水管上间隔

图9 热水风机背面风机　图10 热水风机安装支架　　　图11 热风炉加温系统

安装热风机，供水管的热水接入热风机的进水口，并在热风机的盘管中流动，最后流出热风机的出水口，汇入温室加温系统的回水管（图8b）。热风机的背面安装有风扇（图9），当热水进入风机盘管后，开启风机吹风，将热水盘管中热水携带的热量转换为温室空气的热量，并通过风机吹送到温室，实现热水向热风的换热。事实上，温室供回水系统的管道也是热风机的支架（图10），这样可省去热风机的安装支架，节约投资。

由图8也可以看出，为了增强温室的保温性能，减少能耗，温室采用室内二道幕和地面小拱棚双重保温的措施；在温室内前屋面底脚进风口还附加了一层保温膜，与室内二道幕保温膜形成封闭的保温系统；再加上温室前屋面室外保温被，应该说这种温室的保温系统已经做到了极致，对地面育苗甚至苗床育苗都有借鉴和推广的价值。

2. 热风炉加温系统

热风炉加温系统是将热风炉直接放置在温室内，风机与加热炉为一体结构。加热炉使用原煤为燃料，也可以使用型煤或生物质燃料。燃料加热炉膛内换热管，尾气从烟筒中排出室外；风机向炉膛内送风，并将炉膛内热量通过空气带出，输送到连接在加热炉出风口的送风管道，送风管道沿温室长度方向布置，管道上开有出风孔，可将热空气均匀送到温室的各个部位（图11）。为了减少排放尾气带走的热量，温室中的排烟筒应尽量加长。

相比热水风机加温系统，热风锅炉加温系统：①需要占用温室室内面积；②夜间给锅炉添加燃煤需要进入温室，操作不方便；③室内燃烧有发生一氧化碳泄漏的危险。但热风锅炉加温系统投资小，安装方便、快捷。

三、温室通风技术

1. 前屋面开洞通风

廊坊40型温室除了在屋脊部位的通风口外，其他部位没有通风口。这种形式的通风

温室工程实用创新技术集锦②

WENSHI GONGCHENG SHIYONG CHUANGXIN JISHU JIJIN 2

a　　　　　　　　　　　　　　　　　　　　b

图12 日光温室前屋面裁洞口通风
a. 洞口位置及分布　b. 洞口大样

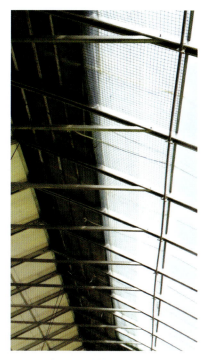

图13 屋脊通风口支撑网

口设置在冬季寒冷时节对提高温室的保温性能非常有利，但到了春夏季节，仅靠屋脊通风口通风换气，将难以满足温室的降温需要。为此，当地的农民到了春季室外温度稳定后用剪刀在前屋面距离地面0.5～1m高的位置均匀地裁出圆洞通风口，直径一般在20cm左右（图12）。该通风口结合屋脊通风口可显著增强温室的通风降温能力。随着室外温度的不断升高，一可以加密通风洞，二可以加大通风洞的直径，由此可进一步增强温室的通风能力。但由于该通风口没有闭合措施，在下雨和刮风的天气，无法控制向室内的灌水和倒风，所以，是一种不尽完善的通风方式。由于通风口剪开后无法封闭，所以，塑料薄膜一般也只能使用一季，到了秋季就必须更换塑料薄膜。这样做，虽然浪费了塑料薄膜（可选择较薄的塑料薄膜，在一定程度上也能节约投资），但可以保持塑料薄膜的透光性和流滴性，有利于温室的采光和保温，应该是一种值得提倡的做法。此外，温室前屋面通风无需增加任何设备，日常管理也不需要任何操作，尽管有环境控制不精准的缺陷，对于粗放的日光温室管理，基本能够满足生产需要，是一种廉价、简便的生产模式。

2. 屋脊通风口设支撑网

在永清看到的屋脊通风和其他地区的没有多大差别，均是在接近温室屋脊位置沿温室长度方向设置。屋脊通风口的启闭有手扒缝和室内手动拉绳两种方式。值得一提的是，为了避免温室屋脊通风口处积水，在通风口处专门设置了支撑网（图13）。这种做法可有效避免屋面通风口处塑料薄膜形成水兜，对保护塑料薄膜的使用寿命和保障温室结构的强度具有重要意义。对温室类似通风方式应大力推广应用。

a   b

图14 温室山墙上安装的风机－湿帘降温系统
a. 湿帘　b. 风机

飘带

图15 温室屋面尘土自清洁飘带   **图16 土墙外表面用砖墙做保护层**

四、温室湿帘风机降温系统

在连栋温室和砖墙结构的日光温室中为了越夏生产经常安装风机-湿帘降温系统，但在机打土墙结构日光温室上安装风机湿帘降温系统，笔者还是第一次看到（图14）。该温室在东部山墙安装了1台风机，在西部山墙安装了约1m²的湿帘。看似已经组成了一套完整的风机-湿帘降温系统，但由于温室的长度将近100m，不仅湿帘面积不足，而且风机的压力也不够，实际上，这套降温系统很难达到温室降温的目的。温室的管理者也证实了笔者的判断。建议在日光温室中设置风机-湿帘降温系统，一是要保证湿帘与风机之间的距离不宜超过50m；二是湿帘的面积与温室的降温热负荷相匹配；三是风机的流量和压力要与湿帘的面积相匹配。只有做到以上三点，风机-湿帘降温系统方能正常工作，否则，形式上安装的设备，只能是浪费钱财。

五、屋面自清洁

日光温室冬季运行在北方地区由于降水量少、风沙多，表面尘土沉积较多，直接影响温室透光覆盖材料的透光率。人工定期清扫，不仅占用大量劳动力，而且操作也很不方便。在永清看到一种飘带除尘技术，值得大家学习和推广。这种技术，就是在温室前屋面上间隔设置一定数量两端分别固定在屋脊和前底脚的布带，布带的宽度10cm左右，

温室工程实用创新技术集锦❷

WENSHI GONGCHENG SHIYONG CHUANGXIN JISHU JIJIN 2

图17 坡道与台阶相结合的屋面上人通道

长度比温室前屋面弧长增加10%左右，间距以布带围绕上下固定点形成的弧形能相互重叠搭接为宜。在风力的作用下，飘带通过左右的运动而弹除温室塑料薄膜表面的尘土（图15）。这种方法不用人工作业，虽然可能会阻挡一定的温室采光，但通过增加温室全屋面的透光率，完全能够弥补飘带自身的遮光，而且飘带经常处在运动状态，不会在温室内形成固定的阴影。

六、日光温室建筑结构细节处理技术

细节决定成败，日光温室建设也是如此。延长日光温室的使用寿命、提高日光温室操作的便利性等都需要从细节做起。永清的一些做法很值得大家学习和推广。

1. 土墙保护技术

土墙结构日光温室由于机打土墙的压实密度低，在长期的风吹雨淋中很容易风化、松软，由此造成日光温室结构坍塌的事故在全国范围内不乏实例。在考察永清县日光温室的过程中看到了几种土墙保护方法，值得学习和推广。

一种是用废旧塑料薄膜覆盖后墙，既可充分利用废旧棚膜，又可防护后墙被雨水淋洗，是一种资源节约、生态环保的有效措施。第二种是用无纺布覆盖温室山墙和后墙（图8a），这种措施容许少量降雨渗入墙体，但不会在墙体表面形成径流，从而可保证墙体表面不致风化和水土流失。无纺布覆盖墙面，可不用平整墙体表面，施工速度快，造价低。第三种是在墙体表面砌砖，形成永久性的墙体保护层（图16），这种措施虽然一次性投资较高，但一劳永逸，坚固耐用，外观美观，在一些永久建筑的示范园区内可推广应用。

2. 日光温室上屋面台阶和坡道

安装和检修卷帘机、保温被和塑料薄膜，以及手动扒缝屋脊通风口的日常管理和操作等都需要温室管理者经常上到温室屋面，为此，在温室上设置屋面上人台阶或爬梯是日光温室的基本设计要求。大部分的日光温室屋面上人台阶设置在温室靠近门斗的山墙上，利用山墙的坡度通过调整台阶的宽度和高度，可实现山墙和台阶的有机统一。但对

图18 钢筋混凝土短柱与钢骨架连接保护钢构件的做法
a.室内整体　b.室内大样　c.室外整体　d.室外大样

图19 草裙保温技术

于温室前部较陡，或塑料薄膜包裹山墙的温室，从山墙上屋面将很不方便，为此，从后墙上屋面就成为了另一种选择。在永清看到2种屋面上人台阶的做法比较别样，图16是土墙温室利用后墙砖护坡做屋面上人台阶的一种做法，图17是新型砖墙温室在温室后墙外侧通过坡道过渡到台阶的一种做法。

3. 日光温室钢骨架底部保护技术

日光温室钢骨架在后墙和前底脚基础上的固定多采用和基础圈梁上预埋件焊接的方法，或直接将钢管入混凝土圈梁中的做法。这种做法简单、方便，但会对镀锌钢构件的表面防护造成破坏，不利于延长钢构件的使用寿命，由此造成钢构件端部腐蚀引起温室结构失效的事例屡见不鲜。为了避免由于钢构件焊接而破坏其表面镀锌层的问题，在永清看到了一种用钢筋混凝土短柱基础替代基础圈梁的方法（图18）。这种方法是将镀锌钢结构拱架直接连接到安插在土壤中的钢筋混凝土基础短柱上，钢构件既不和土壤接触，也不与短柱焊接，完整保留了钢构件表面的镀锌防护层，而且也可避免土壤盐分对

图20 盒栽蔬菜

钢构件的日常腐蚀。这种做法在竹木结构的塑料大棚和日光温室中经常使用，但在钢结构的日光温室中却鲜有所见。值得注意的是这种做法钢结构拱架与混凝土短柱之间的连接必须确保牢固，否则可能会引起结构的变形甚至倒塌。

4. 草裙保温技术

日光温室在冬季寒冷季节由于前屋面底脚处塑料薄膜密封不严，室内湿热空气通过塑料薄膜底脚缝隙不断渗出温室。当夜间保温被闭合后，透过塑料薄膜底脚缝隙渗出的湿热空气在受到保温被阻挡后湿空气中的水分大量凝结在保温被表面（对一些不防水的保温被可能会直接渗入保温被的保温芯），在与外界冷空气接触后很快会结冰，致使日光温室保温被在第二天早晨无法按时卷起，或者在卷起过程中过多地增加电机减速机的动力，或者保温被表面冰碴会折断保温被的表面面材或芯材，不仅影响卷帘机、保温被的使用寿命，而且影响温室及时采光。为此，增强温室前底脚的密封性和保温性，避免大量室内湿冷空气外溢形成保温被卷被轴与保温被冻结，在日光温室的实际生产中具有非常重要的作用。在永清考察期间看到一种使用草帘覆盖日光温室前底脚的保温技术（图19），该草帘白天平铺在温室室外地面，到了夜间，待保温被覆盖后，将草帘从地面拉起覆盖到保温被的外侧，可有效增强温室前屋面底脚的保温性能，避免保温被冻结。

七、盒栽蔬菜

当前日光温室蔬菜种植普遍存在效益下滑的问题。如何提高日光温室的生产效益，已经成为影响未来日光温室能否可持续发展的重大课题。观光采摘和旅游农业的兴起，为破解这一难题提供了一条途径。让游客在学习农业科普知识和享受游览观光采摘的乐趣后，能继续亲手体验农业生产的过程和成果，将温室园区的现场游览体验进一步延伸到日常的家庭生活中，是一些游览者的诉求和期待。在永清的一个园区看到了采用塑料盒种植叶菜的生产模式（图20），据介绍，这就是专门为满足这类游客而创新的栽培模式，种植盒内以草炭、蛭石、珍珠岩等做基质，游客在游览采摘完毕后，可以将整盒的还在生长中的蔬菜带回家继续种植，既干净，又卫生，游客可在家随时采摘、随时品尝，还能全过程了解蔬菜的生产工艺和生长要求，既学到了知识，又收获了产品，一举两得。

戈壁滩上的设施农业园

——新疆克孜勒苏柯尔克孜州阿克陶县现代农业开发区设施农业园侧记

记得2015年的3月笔者曾到新疆库尔勒走访了位于且末县的农二师37团的设施农业园区。那是一个位于沙漠边缘的设施农业科研与生产基地。漫天的沙尘（据说每年3—5月这里都是沙尘天）阻挡了阳光，也蹂躏着人们的眼球，但那里对设施农业技术的创新却让人大开眼界。

2017年的3月，又是春暖花开、扬沙兴起的季节，受农业部的委派，笔者对南疆设施农业发展进行专题调研。这次选择了南疆的克孜勒苏柯尔克孜州（以下简称克州，北纬37°41′28″～41°49′41″、东经73°26′05″～78°59′02″）和和田（北纬37°41′28″～41°49′41″、东经73°26′05″～78°59′02″）两地。事实上，和田地区的民丰县和库尔勒的且末县已经是一衣带水的邻居，一条315国道穿过塔克拉玛干大沙漠，将南疆三地库尔勒、和田和喀什（克州围绕在喀什的西北）连接在一起。应该说这次考察，是对笔者2015年工作的延伸，也是笔者对南疆设施农业的一次更深入了解。

3月15日，考察工作的首站来到了克州的阿克陶县。该县位于克州的西部，也是中国的边境县，其西部、西南部分别与吉尔吉斯斯坦共和国和塔吉克斯坦共和国接壤。

阿克陶县国土面积为24 555.06km²，其中山地占96.4%，适宜农业种植的平原面积仅占3.6%，18万居住人口的人均耕地面积不足1 000m²，土地是制约当地农业发展的最大因素之一。此外，平原的农业区干旱少雨、降水量少、蒸发量大，年平均降水量60mm，完全依靠天然降水的雨养农业难以为继。

但这里日照充足，全年日照百分率为62%～68%，日照时数2 700～3 000h，年总辐射量达130～140kJ/cm²，高于中国同纬度的华北和东北地区，仅次于青藏高原，而且有

b

c

a

图1 石墙结构日光温室
a. 鹅卵石砌筑墙体　　b. 钢丝网围护填筑墙体　　c. 钢丝网装鹅卵石堆砌墙体

大量的戈壁非耕地，地下水资源较为丰富。从气温看，这里四季分明，夏季炎热、冬季寒冷、昼夜温差大、无霜期长，7月平均气温25℃，极端最高气温达39.4℃；1月平均气温－7.1℃，极端最低气温－27.4℃。冬季低于10℃的天数有46.9天，全年无霜期长达221天。

　　为此，在发展大田农业受限的情况下，开发利用戈壁滩地，发展设施农业成为当地农业发展和农民致富的一条有效途径。阿克陶县现代农业开发区设施农业园就是在18.6万亩戈壁滩上兴起和建设。目前已经建成2 000栋日光温室，成为当地牧民移居、农民致富、民族融合的设施农业特色小镇。

　　这里，笔者就该园区农业设施建设及管理的一些经验和技术特点做简单介绍。

一、戈壁滩就地取材，解决温室墙体建筑材料

　　在戈壁滩上建造日光温室，首先要解决的问题就是墙体材料。内地日光温室墙体建设用的黏土红机砖、蒸压灰砂砖等在当地造价高、供应困难；山东寿光五代温室采用的机打土墙结构和北疆等地用的干打垒土墙等，均因这里的土壤基本都是砂石，没有黏结性能而难以照搬。

　　既能承重，又能储热的建筑材料从哪里获取？

　　戈壁，是砂子和石头的天地。用戈壁的鹅卵石做日光温室墙体材料，既能承重，又具有良好的储放热性能，是被动式日光温室蓄放热墙体最理想的材料。就地取材，也省去了商品建材远距离运输的成本，就连砌筑鹅卵石用水泥砂浆的骨料（粗砂或细砂）均可以在戈壁滩上就地获得。廉价的建筑材料，可显著降低温室的建设成本，而且用水泥

a   b

图2 空心墙结构日光温室
a. 空心砖墙体　b. 后墙外侧堆筑戈壁石料保温

砂浆砌筑的鹅卵石墙体，耐久性好，使用寿命长，按折旧计算的温室运行成本也会显著降低。

从运行上看，利用鹅卵石砌筑墙体（图1a，墙体厚度下部1.5m、上部0.5m）的日光温室种植韭菜，完全可以越冬生产。日光温室内的墙面光洁，对墙面的清洗、消毒都不会损坏墙体。

但鹅卵石墙体砌筑需要的时间较长，一是由于鹅卵石的大小不同、规格不一，土建施工必须在砌筑过程中不断找寻适合尺寸的石料，费时费力；二是墙体砌筑到一定高度后必须养护一定时间待水泥凝固后方可继续向上砌筑，否则底部墙体承载力不足会造成整堵墙体倒塌；三是鹅卵石墙体必须按照梯形结构砌筑，下大上小，墙体的厚度不能太小（顶部最窄处不宜小于0.5m），大体量的墙体建造时间长，建造的用材量大，相应成本也较高。

为了有效解决砌筑鹅卵石墙体建设周期长、耗材量大的问题，一是可以借鉴内地研究提出的用钢丝网围护填筑墙体（图1b）或用钢丝网盛装鹅卵石后堆砌成墙的方法（图1c）；二是摒弃鹅卵石墙体结构，用戈壁的砂料做骨料制作空心水泥砖，用空心水泥砖做建筑材料砌筑墙体（图2a）。这种墙体材料保留了鹅卵石墙体储放热能力强的特点，墙体承载能力也能满足日光温室结构承载要求，而且建造速度快，可一次砌筑成型。从戈壁滩中筛砂筛出的大粒石子或鹅卵石可以直接堆筑在日光温室的后墙外（图2b），不仅可以增强温室后墙的保温性，而且对温室后墙也有一定支撑作用，有助于增强温室墙体的承载能力。当然，在温室后墙外堆筑石料的做法也同样适用于图1a所示的鹅卵石砌筑墙体。

从温室的实际种植情况看，两种材料墙体的日光温室种植叶菜类作物在当地均能够安全越冬生产。但同时也看出，当地建造的日光温室一是后屋面保温不够，严重的冷凝水不仅浸透了后屋面保温和承重木板（严重影响其使用寿命），而且冷凝水还局部地流渗到温室后墙，直接影响温室墙体的保温性（图1a）；二是温室前屋面屋脊处的坡度太缓，兜水严重（图2b）；三是温室的前屋面保温被采用当地加工制造的针刺毡保温被，由于对产品质量没有控制或控制没有标准，保温被使用一段时间后保温芯赶堆，出现保

a   b

图3 当地用针刺毡日光温室保温被
a.外景　b.内景

a   b   c

图4 试验温室建筑结构
a.温室外景　b.温室后屋面　c.室内前走道

温被内部大片没有保温芯的情况（图3）。以上情况不仅大大降低了温室的保温性能，直接导致温室夜间室内温度下降，而且对温室的结构强度和结构的使用寿命都可能会造成不良影响。

对这类温室，建议加强温室细部构造的处理，尤其要增强温室后屋面的保温和前屋面保温被的保温和防水性能，加强温室的密封性能，以提高温室的整体保温性能。按照同类气候条件的日光温室推演，如果能够提高当地温室后屋面和前屋面保温被的保温性能，在保证温室严格密封的条件下，现有日光温室在当地实现喜温果菜安全越冬生产是大有希望的。

二、引进内地技术，提升温室建造水平

为了提高当地日光温室建设和种植技术水平，园区引进了农业部公益性行业科技专项：适合西北非耕地园艺作物栽培的温室结构和建造技术研究与产业化示范的研究成果，按照专项研究成果建造了国内最前沿技术的试验日光温室（图4）。

试验温室从温室造型上看提高了温室前屋面的弧度，避免了温室屋脊处的兜水问题（图4a），温室后屋面采用的彩钢板（图4b）既承重又保温，而且材料的商品化程度高，材料自身重量轻，对结构的压力小，内外钢板防水，耐久性好。相比传统的木板承重后屋面做法，不论是材料的保温性、耐久性，还是防水性都有显著的提升。

此外，为了最大限度提高温室室内地面的利用率，试验温室将传统日光温室靠后墙的后走道模式改为靠温室前屋面基部的前走道形式（图4c）。这种改变一是增加了温室种植区的空间高度，进行攀蔓作物栽培可以保证全部种植区内作物的高度相同；二是可

避免温室前部种植地面的边际效应，保证温室前部栽培作物不受冷害侵袭，土壤和空气温度基本能够和室内其他部位保持相同。均匀的地温和气温是保证作物均匀生长的基础，对提高作物产品的商品化率也具有非常积极的作用。从图4c还可以看到，设置前走道也便于收集作物灌溉营养液的回液，在栽培床靠走道的边沿设置通长的回液槽，可很方便地将回流营养液收集到温室的两端或一

图5 试验温室组装式骨架　　　　图6 试验温室前墙部位的集水槽

端，为回流营养液的集中处理或循环利用创造了条件。

为了实现温室内机械化运输，减轻作业劳动强度，试验温室在前走道地面还设置了运输轨道（图4c），并配置了电动运输车，可方便温室内农资和产品的运输，极大地减轻了操作人员的劳动作业强度。但从实际管理运行看，室内运输设备并没有得到有效使用，地面运输轨道变形、锈蚀比较严重。建议研究和生产单位分析原因，不断改进设备性能，争取使之成为温室生产中真正用得上、有效益的轻便装备。

试验温室在承力骨架方面也有新的改进（图5）。承力骨架沿用传统的桁架结构，但上下弦杆均采用开口结构的外卷边C形钢，腹杆则采用压型钢带，腹杆与上下弦杆之间的连接摒弃了传统的焊接连接方式，全部采用螺栓连接方式。这种骨架形式的改变一是保证了骨架材料的表面镀锌层不会被破坏（因为没有了焊点），从而保证了材料的使用寿命；二是骨架可以在施工现场加工制作，减少了骨架的运输成本，只要将工厂加工成型的外卷边C形钢（直杆）运到施工现场，或者直接将卷盘钢带运到施工现场，在施工现场用成型设备将钢带滚压成外卷边C形钢，然后再在骨架成型台上利用骨架模具将上下弦杆压弯成型，最后用螺栓将腹杆连接到上下弦杆上即可完成对骨架的现场制作。实际上，采用外卷边C形钢做骨架的弦杆，还可以直接利用C形钢自身的内槽，上弦杆作为固定塑料薄膜的卡槽，省去压膜卡槽或压膜线；下弦杆可增设室内二道幕，将透光塑料薄膜反卡在下弦杆上，与上弦杆上塑料薄膜形成双层中空塑料薄膜夹层，利用空气的绝热特性，在基本不影响温室采光的情况下，显著提高温室的保温性能。

为了收集塑料薄膜内表面的冷凝水，试验温室在前屋面骨架基础内侧附加增设了一道用角钢做成的集水槽（图6）。从原理上讲，设置集水槽后，从塑料薄膜内表面滑落到骨架前沿基础表面的积水将全部收集到集水槽中，并通过集水槽收集到温室的两端或中间集水的位置，从而避免前屋面塑料薄膜内表面积水流淌到温室基础内表面，影响基

图7 温室后墙主动储放热系统　　　　　　　　　　图8 温室作物吊放蔓系统

础的结构和保温。但从实际运行情况看，集水槽中并没有形成可以流淌的水流，塑料薄膜表面大部分的积水还是滞留在骨架基础表面。从图6温室骨架在基础表面处发生锈蚀的情况看，集水槽设置并没有完全达到设计的目的。或许在基础表面做一个向集水槽的找坡，才可能有效避免基础表面的积水。此外，如果将该集水方法移植到温室后墙顶面，对于后屋面保温性能较差的温室（图1a）则可有效避免屋面积水对温室后墙的破坏。有兴趣的读者不妨一试。

在温室墙体储放热技术方面，试验温室摒弃了传统日光温室后墙被动储放热的理念，采用后墙主动储放热的技术（图7）。在温室后墙上安装储放热板（该板是用框架将2层间距5～10mm的塑料薄膜密封，中间通水，上供下回，利用表面黑色塑料薄膜吸热，中间流水为载热工质），在温室中央的地下建设保温水池（池容10m³）。白天储放热板表面接受阳光加热板内工质，加热的工质依靠自重回流到保温水池，然后再用水泵将其提压到储放热板的上部进水口，往复循环，不断吸热提升工质温度；到了夜间，当室内温度降到设定温度后，打开水泵重复白天工质的循环模式，工质携带热量再通过储放热板重新释放到温室中，起到提升室内温度的作用。这种方法可以人为控制夜间放热的时间和放热量，也能部分地控制白天工质的蓄热时间和蓄热量（主要通过控制循环水泵的开启时间来实现），因此，是一种更主动、更有效的储放热方式。当遇到连阴天，工质从温室后墙上吸收的热量不足时，也可以对保温池的工质直接加热（有的地方采用地源热泵技术加热工质），从而确保温室需要的供暖负荷。从设计理念上讲，这种主动储放热的技术对温室作物的安全越冬具有更高的保障。但现场考察看到，这种先进的技术设备并没有开启运转，或许是最冷的冬季过去了，设备暂停使用，也或许是整套设备根本就没有使用，其中的原委不得而知。

在温室种植攀蔓作物用的吊蔓方式上，试验温室也进行了革新。传统的攀蔓作物其吊蔓线一般是直接吊挂在日光温室骨架上，或者通过一级吊线、二级吊线、三级吊线吊挂在温室骨架或后墙上*，因此温室骨架需要额外承载作物荷载的重量，相应骨架的截面和用材量将会加大。试验温室采用可转动钢管作为吊蔓线的支撑杆（相当于三级吊

---

*三级吊线为沿日光温室跨度方向（一般指垄作方向）水平布置，直接吊挂吊蔓线的拉线或支杆；二级吊线为沿日光温室长度方向（垂直于垄作方向）水平布置，支撑三级吊线的拉线或支杆；一级吊线指竖直布置，一端固定在温室骨架或系杆，另一端固定在二级或三级吊线上的吊线或拉杆。

a   b

图9 光伏温室
a.外景　b.内景

线），一垄作物的吊蔓线全部吊挂在一根钢管上，转动钢管可一次操作一垄作物的所有吊蔓线同时吊起或放下，大大提高了吊放蔓操作的劳动效率。从原理上讲，这是一种高效的生产设施。但现场考察发现，这套吊蔓系统并没有按照设计理念使用，而是把转动钢管直接当作三级吊线（杆）使用了，确实也有些浪费。

三、发展光伏农业温室，效果不佳

光伏温室是近年来国家发展与改革委员会和国家能源局等部门为了促进绿色能源发展，提出的一种农业生产和光伏发电共生的技术模式。为此，国家投入了不少资金，也撬动了大量社会资本，在全国建设了许多不同类型的光伏温室。

以日光温室为载体的光伏温室在内地也有大量试验，有的将光伏板放置在日光温室的后屋面，有的将光伏板铺设在日光温室的前屋面，运行的效果也各有千秋。

阿克陶县现代农业开发区设施农业园也紧跟政策和技术发展的潮流，建设了多栋试验示范光伏温室（图9）。从外形上看，是传统的一面坡玻璃温室。考虑到温室屋面要安装光伏板，因为光伏板重量大（相比塑料薄膜），对骨架的变形控制严格，所以，温室骨架采用了大截面桁架结构。与传统的日光温室相似，该试验光伏温室的后墙也采用当地传统鹅卵石砌筑日光温室墙体，但后屋面采用直立透光板（实际上是用透光覆盖材料提升了温室的后墙），完全取消了保温后屋面。

先期的试验温室采用玻璃做透光覆盖材料，没有覆盖光伏板，未来计划用部分光伏板替代玻璃，以实现光伏发电和温室生产双重的生产效益。

但从目前试验温室运行的情况看，在加温条件下，室内种植的叶菜长势并不令人满意。温室没有前屋面外保温，后屋面也基本没有保温功能，温室只能作为春秋棚使用，越冬生产难度极大。

由于目前光伏发电的国家补贴越来越少，光伏发电的上网电价也在不断降低，尤其中国西部绿色发电（包括风力发电和太阳能发电）的电力难以长距离输送到东部用电负荷中心，南疆的发电主要靠就地消纳，可能会进一步降低光伏发电的效益。鉴于目前光

图10 智能化连栋育苗温室

伏发电的现状以及试验光伏温室的性能，建议停止此类光伏温室进一步建设，对已经建成的光伏温室，尽量利用温室的墙体，改造成为传统的日光温室（设置日光温室后屋面，并使后屋面的热阻达到设计要求），以确保农业生产的效益。

四、改进管理模式，确保温室稳定运行

目前园区已经建成的日光温室共有2 000栋，按照规划，未来18.6万亩戈壁滩上还要继续发展设施农业，温室生产的面积将会进一步扩大（水资源可能是制约当地日光温室大面积发展的瓶颈，目前地下水的埋深为43m，灌溉用水的机井取水深度为120m，在大面积开发戈壁前应请水利和环保等相关部门就开采地下水资源可能造成的生态问题进行评估），面对如此大规模的生产园区，如何高效运营管理成为摆在管理者面前必须破解的问题。

目前的做法是政府投资建设，企业或个人承包运营。为了使建设的日光温室能够最大限度带动当地农牧民脱贫增收，开发区管委会从外地引进了一批懂技术、会管理的汉族农民，请他们来承包日光温室，并要求每户汉族农民帮扶带动5户维吾尔族农牧民，语言上相互交流，技术上"传帮带"，不仅融洽了民族关系，而且带动了当地维吾尔族农牧民脱贫致富，收到了良好的效果。

开始运营阶段，园区管理委员会免费给种植户发放种苗，但实践证明这种做法致使农户不珍惜种苗、浪费严重，而且将生产中遇到的任何问题都归结到种苗身上，群众"等靠要"的思想严重。为此，园区管理者总结经验，所有种苗均按照0.2元/株价格销售，园区建设有智能化的连栋育苗温室（图10），统一育苗，在育苗之前，育苗企业深入每个种植户统计调研种植需求。园区培养了50名技术人员，分区负责技术指导和需求

温室工程实用创新技术集锦 ❷

WENSHI GONGCHENG
SHIYONG CHUANGXIN JISHU
JIJIN 2

统计，每周汇报各区的生产情况，及时分析决策。销售种苗时，种植者可以将穴盘连同种苗一起带走，但每个穴盘押金5元，只要完好无损地将穴盘返回，就可退回押金，这一政策有效提高了穴盘的回收利用率，也相应降低了育苗的成本。

目前园区内种植有17种蔬菜，冬季每天生产蔬菜45～50t，夏季每天生产蔬菜约70t。由于目前在阿克陶县没有蔬菜批发市场，园区生产的蔬菜首先要运送到喀什市场销售，而当地消费的蔬菜又必须到喀什市场去批发，交易的成本较高。为此，开发区计划就地建设批发市场，在销售园区蔬菜的同时，也吸引周边生产的蔬菜来此交易，从而减少当地蔬菜消费的流通成本。

开发区目前还在计划建设互联网+智能化运营管理系统，希望通过农户手机端的APP与园区管委会的终端智能化管理系统联网，形成互动，达到农资供应、种植情况、市场商情以及技术指导互融互通，从而实现整个园区的有序稳定运行。

FLC 北京丰隆 BEIJING FENGLONG

丰谷®膜

日本技术　丰隆生产　服务世界

原料虽贵,必不敢添回料一粒;品管虽繁,必坚持十年如一日。

扫码查询
裁膜宽幅

---

1 **丰谷®高透膜** 长寿命 高强度 高透光 高保温 流滴消雾

型 号	厚度 (mm)	透光率	质保	拉伸强度	断裂伸长率 (纵/横)		直角撕裂强度 (纵/横)	北京总部裁膜宽幅 (m)
TM290A	0.06	91%	14个月	30MPa	550%	650%	90kN/m	0.5/1.8/2/2.2/2.5/4/5.2 6/7/7.5/7.7/8/9/9.2/10/11
TM390A	0.08	91%	18个月	30MPa	550%	650%	90kN/m	0.5/0.8/1/1.5/1.8/2/2.2/2.5/3/3.5/4/5/5.5/6 6.5/7/8/8.5/9/9.5/10/10.5/11/11.5/12
TM490C	0.10	90%	24个月	30MPa	550%	650%	90kN/m	0.5/0.8/1/1.2/1.5/1.8/2/2.2/2.5/3/3.5/4/4.5/5/5.5/6 6.5/7/7.5/7.7/8/8.5/9/9.5/10/11/12
TM590E	0.12	90%	36个月	26MPa	550%	650%	90kN/m	0.5/0.8/1/1.2/1.5/1.8/2/2.2/2.5/3/3.5/4/4.5/5 5.5/6/6.5/7/7.5/7.7/8/8.5/8.8/9/9.2/9.5/10/11/12
TM690H	0.15	90%	48个月	26MPa	550%	650%	90kN/m	0.5/0.8/1/1.2/1.5/2/2.5/3/3.5/4/4.5/5/5.5/6/6.5/7 7.2/7.5/8/8.5/9/9.5/10/11/12
TM890J	0.20	88%	60个月	26MPa	550%	650%	90kN/m	0.5/1/2/2.5/2.8/3/3.5/4/4.5 5/6/6.5/7/7.5/8/8.5/9/9.5/10

---

2 **丰谷®散射膜** 增产显著 着色更好 透光率高 防止灼伤

型 号	厚度 (mm)	透光率	散射率	质保	拉伸强度	断裂伸长率 (纵/横)		直角撕裂强度 (纵/横)		北京总部裁膜宽幅 (m)
CM493C	0.10	90%	50%	24个月	25MPa	550%	650%	100kN/m	90kN/m	0.5/0.8/1/1.8/2/2.2 2.5/4.5/5/6/7/8/9/10
CM594E	0.12	90%	50%	36个月	25MPa	550%	650%	100kN/m	90kN/m	0.5/0.8/1/1.8 2/2.2/7/8/9/10
CM686H	0.15	89%	50%	48个月	25MPa	550%	650%	100kN/m	90kN/m	0.5/1/1.5/2/2.5/3/3.5/4 5/5.5/6/6.5/7/7.5/8/9/10
CM886J	0.20	87%	50%	60个月	25MPa	550%	650%	90kN/m	90kN/m	0.5/1/3/4.2/4.5 5.5/6/7 7.5/8/8.5/9/9.5/10/10.5

---

3 **丰谷®膜的特点**

◆ 100%新料:绝不添加回料,高品质,十年如一日;

◆ 严酷管理:引进日本品控管理技术,保证出厂产品符合要求;

◆ 耐药长寿:引进美国Q-LAB老化测试仪,定期检测,保证丰谷®膜使用寿命;

◆ 全程管控:从母粒制造到成品生产,均在我公司通州生产基地完成。

 北京丰隆 ／  **北京东都（中日合资）**

3GG® 减速机

让故障频发的投诉惊人的减少
选择3GG，从此舒心。

四大特点

3
增加了"过载、缺相"保护功能，降低了电机烧毁发生的概率；

2
优异的自锁性能（制动距离小于10mm），解决了开窗系统关闭不严的难题；

1
独特的设计，降低了行控系统的故障率；

4
巧设的停电手动开闭装置：
① 行控调节一人即可，省工时一半；
② 消除了停电后系统仍需开闭的忧虑。

性能参数

型号	功率	额定电流	额定电压	额定转速	额定扭矩	最大工作行程	制动距离	防护等级	重量
G400-550-2.6-L	550W	1.9A	AC 380V（三相）	2.6r/min	400N·m	90r	≤10mm	IP55	20kg
G400-550-5.2-L				5.2r/min					

北京丰隆温室科技有限公司
BEIJING FENGLONG GREENHOUSE
TECHNOLOGY CO.,LTD

地址：北京市海淀区中关村南大街12号中国农业科学院（国家）农作物种质保存中心三层
电话：010-62161238 / 62161239（24小时服务电话） 传真：010-82108614
网址：http://www.bflc.cn   邮箱：flsale@bflc.cn   邮编：100081
淘宝店铺：北京丰隆工厂店

绵阳兴隆科技发展有限公司

公司简介：

　　绵阳兴隆科技发展有限公司是一家专业从事温室大棚技术开发、工程设计、生产加工、产品销售、安装施工和咨询服务为一体的企业。

公司主营：

　　单栋薄膜大棚、连栋薄膜大棚、连栋阳光板温室、日光温室、玻璃温室。公司提供包括加温设施、降温设备、内 / 外遮阳设备、固定 / 移动喷灌系统、移动式 / 潮汐式苗床、施肥系统等温室配套设施。

公司实力：

　　公司拥有扎实的研发实力、先进的设计理念、雄厚的工程技术力量、丰富的施工经验和完善的售后服务。公司产品遍布省内外，成为西南地区温室行业的领头者。同时，公司的温室大棚还出口欧美、中东、东南亚、中亚、非洲等 21 个国家和地区。

移动喷灌系统

移动苗床系统

顶开窗系统

内遮阳系统

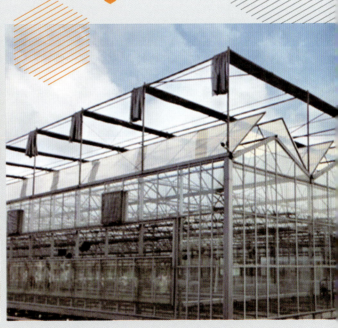

绵阳兴隆科技发展有限公司
地址：四川省绵阳市盐亭县工业园区
电话：028-87955086　13709084735
http://www.myxlkj.com

Jiangyin Shuncheng
Air Treatment Equipment

致力打造降温增湿第一品牌
专业增湿降温应用技术供应商

江阴市顺成空气处理设备有限公司简介

　　江阴市顺成空气处理设备有限公司是一家已有10多年发展历程,专业从事空气处理设备生产的制造企业。

　　公司自2000年开始成功引进具有国际先进水平的工艺和技术,致力于生产湿帘和负压风机等降温产品,年生产量湿帘可达7万米³左右、负压风机2万台左右。

　　湿帘与负压风机蒸发式降温是现代温室园艺、养殖业及工业等领域中应用最为广泛和有效的降温技术之一,具有节能环保、效果显著、经济可靠等特点。根据实际需要,可以适当控制环境的温度,尤其是在干燥的区域,还可以起到有效的增湿作用。公司长期与北京京鹏环球科技股份有限公司、青岛蓝天温室有限公司等100多家温室工程企业配套生产合作。

　　公司产品已通过欧盟CE认证,并且是农业部行业标准《纸质湿帘性能测试方法》的起草单位之一,湿帘和风机均有企业标准。

　　公司产品本着"以人为本,以品质为中心"的经营方针,以"客户满意"为目标,为广大用户提供更好的产品和更好的服务。

江阴市顺成空气处理设备有限公司

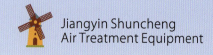
Jiangyin Shuncheng
Air Treatment Equipment

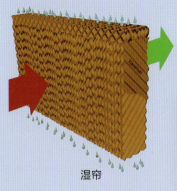

湿帘

推拉式负压风机

重锤式负压风机

江阴市顺成空气处理设备有限公司
地址：江苏省江阴市西石桥西利路51号
张总：13701525158　外贸部：13771604625
电话：0086-510-86601084　86601688　传真：0086-510-86602168
邮箱：web@shunchengkongqi.com　网址：http://www.shunchengkongqi.com

江苏润城温室科技股份有限公司
JIANGSU RUNCHENG GREENHOUSE TECHNOLOGY CO.,LTD

公司简介

　　江苏润城温室科技股份有限公司成立于2015年10月，坐落于江苏省兴化市兴东镇。公司一期占地150余亩，二期计划增建300余亩，总投资约5.66亿元。

　　润城科技是一家大型高新技术型集团企业，下设农膜厂、镀锌厂、制管厂、阳光板厂、遮阳网厂、温室骨架加工厂、设计研究院，经营项目包括温室工程设计规划到温室设施管材、全自动热浸镀锌、高分子共挤膜、现代化锻造制作、新能源研发及生产等。公司一期共投入大型生产线8条，年产镀锌钢管6万t，各种型号方管4万t、圆管2万t，共挤膜1万t，配套产品类型涵盖铁塔构件、镀锌制品、大棚膜、遮阳网、阳光板、塑料管材、温室铝合金型材、机械零部件、光伏太阳能产品、钢结构构件、五金产品等众多领域，因此无论从经营规模到产能产值，润城科技在国内都是佼佼者。

　　产业发展，技术为先。润城科技并不满足现有的成就，而是投入大量的技术力量在专业的道路上不断探索，先后取得了多项发明专利和实用新型专利。"润城科技带给您的一定是更专业的"是我们永远的初心。

　　润城科技会充分把握中国温室资材市场的发展趋势，以职业精神和不断创新的产品，致力于为客户提供全面、满意的服务。我们坚信，通过公司所有成员的努力，润城科技一定会发展为国内乃至世界最大的温室企业之一。

热镀锌方管

热镀锌圆管

苏丰牌农膜

遮阳网

温室骨架加工

阳光板

温室配件

温室配件

江苏润城温室科技股份有限公司
地址：中国·江苏兴化城东工业园绿禾路西侧

农膜　联系人：罗本红　18505238727
热镀锌管　联系人：夏永凯　15052837688
遮阳网　联系人：唐立利　13506288092
阳光板　联系人：李刘兵　15152678066
温室配件及骨架加工　联系人：赵庆生　13701705926

润城科技 RUNCHENG TECHNOLOGY

图书在版编目（CIP）数据

温室工程实用创新技术集锦. 2 / 周长吉著. —— 北京：中国农业出版社，2019.8
ISBN 978-7-109-25621-7

Ⅰ. ①温… Ⅱ. ①周… Ⅲ. ①温室－农业建筑－建筑工程－文集 Ⅳ. ①TU261-53

中国版本图书馆CIP数据核字（2019）第124110号

中国农业出版社
地址：北京市朝阳区麦子店街18号楼
邮编：100125
责任编辑：周锦玉
版式设计：刘亚宁　　责任校对：周丽芳
印刷：北京通州皇家印刷厂
版次：2019年8月第1版
印次：2019年8月北京第1次印刷
发行：新华书店北京发行所
开本：787mm×1092mm　1/16
印张：28
字数：600千字
定价：238.00元